高等农林教育"十三五"规划教材

动物科学专业实训教程

兰旅涛　吴华东　主编

中国农业大学出版社
·北京·

内 容 简 介

本教材内容以动物科学、动物医学专业岗位需求为依据，围绕实际岗位群所需的职业技能而编写，主要根据养猪生产、养牛生产、养羊生产、家禽生产、家兔生产、饲料营销、宠物护理及防疫检疫等方面，结合动物生产实际过程精选72个实训，较好地体现了"以应用为主旨、以能力培养为主线"的特色。在教材设计方面着重强调"理实一体化"，让每一个学生参与校内外实训基地生产全过程，通过实训来提高学生的动手能力、创新能力。本教材内容丰富，操作规范，实用性强，紧密联系生产实际又不脱离理论教学，充分体现专业性、应用性和先进性的原则。

图书在版编目(CIP)数据

动物科学专业实训教程/兰旅涛，吴华东主编. —北京：中国农业大学出版社，2017.2
ISBN 978-7-5655-1775-4

Ⅰ.①动… Ⅱ.①兰… ②吴… Ⅲ.①动物学—教材 Ⅳ.①Q95

中国版本图书馆CIP数据核字(2017)第004406号

书　名　动物科学专业实训教程
作　者　兰旅涛　吴华东　主编

策划编辑　潘晓丽　　**责任编辑**　王艳欣
封面设计　郑　川　　**责任校对**　王晓凤
出版发行　中国农业大学出版社
社　址　北京市海淀区圆明园西路2号　　**邮政编码**　100193
电　话　发行部 010-62818525，8625　　读者服务部 010-62732336
　　　　编辑部 010-62732617，2618　　出　版　部 010-62733440
网　址　http://www.cau.edu.cn/caup　　**E-mail** cbsszs @ cau.edu.cn
经　销　新华书店
印　刷　涿州市星河印刷有限公司
版　次　2017年2月第1版　2017年2月第1次印刷
规　格　787×1 092　16开本　21.25印张　520千字
定　价　45.00元

图书如有质量问题本社发行部负责调换

编写人员

主　　编　兰旅涛　吴华东

副 主 编　张　玉　曹华斌　姜明明　刘海霞

编　　者　（按姓名拼音排序）

安玉军（内蒙古农业大学）
曹华斌（江西农业大学）
董啟凤（江西农业大学）
郭晓秋（信阳农林学院）
姜明明（黑龙江农业经济职业学院）
兰旅涛（江西农业大学）
刘海霞（江苏农牧科技职业学院）
刘三凤（江西农业大学）
刘　燕（河南农业职业学院）
刘燕娜（赣州农业学校）
斯日古楞（内蒙古农业大学）
邬向东（江西农业大学）
吴华东（江西农业大学）
张　玉（内蒙古农业大学）
朱爱文（江苏农牧科技职业学院）

前　　言

为了进一步深入贯彻落实《国家中长期教育改革和发展规划纲要(2010—2020年)》，推动农林高等(高职)教育教学改革，推进创新创业教育，提高人才培养质量，根据普通高等教育和"十三五"规划的要求，结合动物科学专业人才培养的实际情况以及企业对人才的需求，编写了有关配套综合实践教学课程的《动物科学专业实训教程》。

动物科学专业综合实践教学课程是一门综合性、实践性很强的专业课程。该课程主要强调教学过程的实践性、开放性和职业性，体现学生理论知识与生产实践结合的一致性，培养学生具备较强的职业技能和专业素质，因此，在教材设计方面着重强调"理实一体化"，让每一个学生参与校内外实训基地生产全过程，通过实训来提高学生的动手能力、创新能力。本教材以工作过程为导向，以动物生产条件为切入点，根据动物生产各环节来设计教学内容，做到贴近生产，全过程指导，内容丰富，操作规范，实用性强，紧密联系生产实际又不脱离理论教学。此外，及时跟踪畜牧业发展趋势和行业动态，并将其新观点、新理念、新技术等最新知识纳入教材内容，体现了教学内容的新颖性。任课教师可以根据当地动物生产实际和课时情况选授相关实训内容。

本教材内容以动物科学、动物医学专业岗位需求为依据，围绕实际岗位群所需的职业技能而编写，主要根据养猪生产、养牛生产、养羊生产、家禽生产、家兔生产、饲料营销、宠物护理及防疫检疫等方面，结合动物生产实际过程精选72个实训，较好地体现了"以应用为主旨、以能力培养为主线"的特色，强化"教、学、做"一体化的现代教育理念，有利于"理实一体化"教学的全面实施，让学生边学习，边操作，边理解，边记忆。故此，本教材既适用于高等院校动物科学、动物医学及畜牧兽医专业相关课程的实验实训和综合实践教学，也适用于非动科动医类专业有关介绍畜牧业知识课程的理论教学以及动物养殖技术技能培训。

在编写过程中，本教材得到了全国部分高等农业院校、企业同行的细心指导和大力帮助，并参阅了很多文献资料以及许多新的研究成果，但由于篇幅等原因未能一一列出，在此一并表示感谢!

在编写体例、结构和内容选取等方面，编者进行了大胆的改革尝试，但由于动物科学的理论和生产实际操作在不断发展，涉及的内容较广，限于编者的能力和水平，教材中难免有不妥甚至错误之处，敬请同行专家和使用者批评指正，以便再版时修正。

编者

2016年12月

目　　录

项目一　猪场综合实训 …… 1

实训 1-1　猪的发情鉴定 …… 1

实训 1-2　公猪的采精技术 …… 3

实训 1-3　母猪的人工输精技术 …… 6

实训 1-4　母猪的妊娠诊断技术 …… 8

实训 1-5　母猪的分娩与接产技术 …… 11

实训 1-6　猪的活体测膘技术 …… 16

实训 1-7　猪的体尺测量技术 …… 18

实训 1-8　猪的阉割技术 …… 20

实训 1-9　猪场的规划和设计 …… 23

实训 1-10　种猪系谱编制与系谱鉴定 …… 27

项目二　牛场综合实训 …… 31

实训 2-1　现代化奶牛场的设计和规划 …… 31

实训 2-2　牛只的鉴定技术 …… 37

实训 2-3　牛冷冻精液的品质检查 …… 49

实训 2-4　牛的人工授精技术 …… 52

实训 2-5　牛的妊娠诊断技术 …… 56

实训 2-6　牛的清宫术 …… 61

实训 2-7　奶牛的挤乳技术 …… 63

实训 2-8　原料乳的质量检测与验收 …… 67

实训 2-9　青贮饲料的调制技术 …… 73

实训 2-10　青贮饲料质量分析评定技术 …… 78

实训 2-11　奶牛场全混合日粮(TMR)分析评定技术 …… 83

实训 2-12　奶牛舒适度的评估技术 …… 86

项目三　羊场综合实训 …… 95

实训 3-1　羊舍设计 …… 95

实训 3-2　羊的个体标记技术 …… 98

实训 3-3　羊的发情鉴定技术 …… 100

实训 3-4　羊的输精技术 …… 102

实训 3-5　羔羊接产技术 …… 106
实训 3-6　药浴驱虫技术 …… 108
实训 3-7　青干草的调制技术 …… 110
项目四　家禽综合实训 …… 117
实训 4-1　孵化操作技术 …… 117
实训 4-2　初生雏禽的分级与雌雄鉴别 …… 127
实训 4-3　鸡的断喙技术 …… 131
实训 4-4　禽体重均匀度的测定技术 …… 133
实训 4-5　高产蛋鸡的外貌鉴定与生理特征选择 …… 135
实训 4-6　蛋的构造与品质测定 …… 139
实训 4-7　活拔羽绒技术 …… 144
实训 4-8　鸡的人工授精技术 …… 147
实训 4-9　育雏技术 …… 152
实训 4-10　家禽外貌部位识别、鉴定和体尺测量 …… 157
实训 4-11　家禽屠宰及内脏观察 …… 163
实训 4-12　禽场消毒技术 …… 168
项目五　兔场综合实训 …… 173
实训 5-1　兔舍建筑设计 …… 173
实训 5-2　家兔外貌观察与体尺、体重测量 …… 178
实训 5-3　家兔品种识别和主要性状的比较 …… 183
实训 5-4　家兔发情鉴定与妊娠检查 …… 189
实训 5-5　家兔常规管理技术 …… 192
实训 5-6　家兔屠宰与取皮 …… 197
项目六　饲料营销综合实训 …… 203
实训 6-1　常见饲料原料的识别与分类 …… 203
实训 6-2　常见饲料感官鉴定与显微镜检测 …… 207
实训 6-3　饲料营销合同的签写 …… 214
实训 6-4　客户投诉与处理 …… 219
项目七　宠物综合实训 …… 226
实训 7-1　犬的接近与保定 …… 226
实训 7-2　犬一般临床检查 …… 230
实训 7-3　宠物的给药方法 …… 236
实训 7-4　宠物美容用具的识别、使用与保养 …… 242
实训 7-5　犬的基础护理技术 …… 249
实训 7-6　犬被毛的修剪、包毛与染色 …… 254
项目八　动物防疫检疫综合实训 …… 261
实训 8-1　免疫预防技术 …… 261

实训 8-2　猪瘟抗体监测 …… 269
实训 8-3　鸡新城疫抗体监测 …… 272
实训 8-4　鸡白痢快速检测 …… 275
实训 8-5　牛的两病检测技术 …… 277
实训 8-6　羊疥癣病的检疫技术 …… 281
实训 8-7　羊痘的检疫技术 …… 282
实训 8-8　盐酸克伦特罗快速检测 …… 283
实训 8-9　犬瘟热病毒、犬细小病毒快速检测 …… 285
实训 8-10　动物宰前检疫与管理 …… 288
实训 8-11　动物宰后检疫 …… 290
项目九　毕业综合实习实训 …… 295
实训 9-1　饲养工岗位实训 …… 295
实训 9-2　繁育工岗位实训 …… 306
实训 9-3　饲料员岗位实训 …… 312
实训 9-4　防疫员岗位实训 …… 315
参考文献 …… 325
附录　常见动物的体温、呼吸数、脉搏数和妊娠期一览表 …… 327

项目一

猪场综合实训

实训 1-1　猪的发情鉴定

一、实训目标和要求

了解母猪的发情特点、外部变化、行为学特点及鉴定。通过实训，掌握母猪发情鉴定方法。

二、知识背景与原理

母猪饲养到一定时间后，到达性成熟后就会开始发情，从上次发情开始到下次发情开始的间隔时间称为发情周期。猪的发情周期一般为 18～23 天，平均 21 天，每次发情的持续时间为 3～5 天，一般青年（后备）母猪比成年（经产）母猪持续时间长。进入发情期的母猪，外阴部开始红肿，阴门内黏膜呈淡红色，精神不安，不时走动鸣叫，追随爬跨其他猪，个别母猪或地方品种甚至出现跳栏现象，地方品种母猪食欲开始减退，并逐渐消失，外来品种食欲不变或稍微减少，此时母猪拒绝与公猪交配；此后母猪外阴部肿胀呈核桃形，阴门内黏膜潮红，继续走动不安，但有时发呆，两耳竖立颤动，用手按压背部，母猪站立不动，出现"静立反射"，愿意接受公猪爬跨和交配；最后，母猪拒绝与公猪交配，外阴部红肿逐渐消失并开始收缩，阴户黏膜呈淡紫色。

母猪发情鉴定的方法主要有：行为观察法、阴部观察法、试情法等。目前养猪生产实践中使用较多的是试情法，即使用试情公猪查找发情母猪。

三、实训设备和材料

1. 实训设备　母猪限位栏或空怀母猪舍。
2. 实训材料　空怀母猪群、试情公猪。

四、实训内容

猪的发情鉴定和配种技术。

五、操作方法和步骤

1. 准确判断母猪的发情

(1)发情前的信号　咬栅栏；发出声音；躁动不安；攀爬；寻找公猪；阴户肿胀，呈樱桃红色。

(2)发情的信号　食欲差,体温升高,颤抖,目光呆滞;外阴部肿胀呈核桃形,阴门内黏膜潮红,阴道分泌黏液;继续走动不安,但有时发呆,两耳竖立颤动,尾巴不动;背部按压呈静立反射,愿意接受公猪爬跨和交配。

(3)发情结束的信号　拒绝与公猪交配,外阴部红肿逐渐消失并开始收缩,阴户黏膜呈淡紫色。

2.发情的判断方法

(1)行为观察法　行为观察法是最常用的方法,主要观察猪的外部表现和精神状态,从而判断其是否发情或发情程度。

(2)阴部观察法　母猪在发情期外阴部呈现规律性的变化。发情前期阴门潮红肿胀,后备母猪肿胀程度明显,经产母猪肿胀程度不明显。阴道逐渐流出稀薄、白色的黏液,经产母猪明显。阴道黏膜颜色由浅红变深红。发情期外阴部特征为母猪阴部肿胀,阴道黏膜颜色由深红变浅红,分泌物也变浓厚,黏度增加。发情后期,发情母猪的阴部逐渐恢复正常。

(3)试情法　每日上、下午分别进行两次试情检查。限位栏饲养空怀母猪检查时,可将试情公猪赶至待配母猪舍,让其与母猪头对头接触;在小群饲养模式下,将公猪赶入母猪栏。通过公猪的嗅闻、母猪的表现判断母猪是否发情。一般在安静的环境下,当公猪对某头母猪发出求偶声音并爬跨母猪,母猪不动,或有公猪在旁时工作人员按压母猪背部(或骑背),母猪有静立反射时,说明母猪已经发情,并能配种。此时应迅速对发情母猪做好记录,记录其栏号、耳号,并统计所有发情母猪数,通知配种人员进行配种。

六、操作重点提示

1.鉴定人员的人身安全　鉴定过程中,鉴定人员要站在设置有栏杆的安全区内,防止母猪伤人,当母猪安静后,人员才能接近操作。

2.鉴定要点　鉴定过程中要仔细观察母猪的阴户是否红肿、流出黏液,有无爬跨其他母猪的表现,以便准确做出判断。

七、实训过程检查与评价

序号	检查内容	检查标准	学生自查	教师检查
1	教学互动	乐于参与		
2	出勤状况	出勤95%以上		
3	合作精神	能够积极参与课程讨论,互相补充		
4	创新意识	不随波逐流,有合理的独到见解		
5	猪的发情鉴定	熟练掌握相关要求		
检查评价	评语: 组长签字:　　教师签字: 年　月　日			

八、问题与思考

1.发情母猪外部形态有哪些变化?

2.用公猪试情时的注意事项有哪些？

实训 1-2　公猪的采精技术

一、实训目标和要求

了解公猪人工采精技术的基本要求和操作要点。通过实训，掌握公猪人工采精的基本操作步骤，能熟练对公猪精液进行检测。

二、知识背景与原理

经训练调教后的公猪，在到达采精室见到假台畜时会出现反射性的性兴奋，爬跨假台畜，这就为公猪的人工采精提供了可能。一般青年公猪一周采精一次。12 月龄后，每周可增加至 2 次，成年后 2～3 次。采精过于频繁的公猪，精液品质差，密度小，精子活力低，母猪配种受胎率低，产仔数少，公猪的可利用年限短；经常不采精的公猪，精子在附睾贮存时间过长，精子会死亡，故采得的精液活精子少，精子活力差，不适合配种。故公猪采精应根据年龄按不同的频率采精，不能随意采精。

无论采精多少次，一旦根据母猪的多少而定下来采精次数，那么采精的时间都应有规律，不能随意更换时间。因为精子的形成和成熟，有一定的规律，一旦更改，便会影响精液的品质。

采精用的公猪的使用年限，引入品种一般为 1.5 年，更新率高；地方品种一般可用 2～3 年。

公猪精液的获得，一般有两种方法，即假阴道采精法和徒手采精法。但目前最常用徒手采精法。

1.假阴道采精法　即制造一个类似假阴道的工具，利用假阴道内的压力、温度、湿润度和母猪阴道类似的原理来诱使公猪射精而获得精液的方法。

2.徒手采精法　是根据自然交配的原理而总结的一种简单、方便、可行的方法。所需设备简单(如采精杯、手套、纱布等)，不需特别设备，操作简便，目前国内外养猪界广泛应用。其优点主要是可将公猪射精的前部分和中间较稀的精清部分弃掉，根据需要取得精液；缺点是公猪的阴茎刚伸出和抽动时，容易造成阴茎碰到假台畜而损伤龟头或擦伤阴茎表皮，以及污染精液。

三、实训设备和材料

1.实训设备　采精房、假台畜。

2.实训材料　调教好的公猪，人工采精的一整套消毒后的材料，包括采精杯、集精袋、手套、剪刀、消毒药水等。

四、实训内容

公猪的采精及精液检查。

五、操作方法和步骤

采精一般在采精室进行，并通过双层玻璃窗口与精液处理室联系。

(一)器材准备

各种胶质器具经洗涤剂洗净、晾干，之后隔水煮沸 30 min(下限)。玻璃、搪瓷、金属等器具经洗涤剂洗净、晾干，之后在 160～200℃干燥箱消毒 30～60 min。采精杯应在采精前用 5%葡萄糖溶液或稀释液冲洗一次，然后在集精杯上覆盖四层纱布。采精操作者、种公猪、采精台以及一切与精液直接接触的器材都应严格进行常规消毒处理。器材温度均应保持在 30℃左右。将盛放精液用的食品保鲜袋或聚乙烯袋放进采精用的保温杯中，工作人员只接触留在杯外的袋的开口处，将袋口打开，环套在保温杯口边缘，并将消过毒的四层纱布罩在杯口上，用橡皮筋套住，连同盖子，放入 37℃的恒温箱中预热，冬季尤其应引起重视。采精时，拿出保温杯，盖上盖子，然后传递给采精室的工作人员；若采精处距离采精室较远，应将保温杯放入泡沫保温箱，然后带到采精室，这样可减少低温对精子的刺激。

(二)公猪的准备

采精之前，应将公猪包皮中的残尿挤出，若阴毛太长，则要用剪刀剪短，防止操作时抓住阴毛和阴茎而影响阴茎的勃起，以利于采精。用水冲洗干净公猪全身特别是包皮部，并用毛巾擦干净包皮部，避免采精时残液滴入或流入精液中导致精液污染，也可以减少部分疾病传播给母猪，从而减少母猪子宫炎及其他生殖道或尿道疾病的发生，以提高母猪的情期受胎率和产仔数。

(三)采精室的准备

采精前先将假台猪周围清扫干净，特别是公猪射精后部分精液胶体遗落地面时，公猪走动很容易打滑，易造成公猪扭伤而影响生产。安全区应避免放置物品，以利于采精人员因突发事件而转移到安全地方。采精室内避免积水、积尿，不能放置易倒或能发出较大响声的东西，以免影响公猪的射精。

(四)人工采精

1.假阴道采精法　将采精公猪赶到采精室内，先让其嗅、拱假台猪，工作人员用手抚摸公猪的阴部和腹部，以刺激其性欲的提高。当公猪性欲达到旺盛时，它将爬上假台猪，并伸出阴茎龟头来回抽动。此时，采精人员将阴茎龟头导入安装好的假阴道内，利用假阴道诱导公猪反射性射精。

2.徒手采精法　将采精公猪赶到采精室内，先让其嗅、拱假台猪，工作人员用手抚摸公猪的阴部和腹部，以刺激其性欲的提高。当公猪性欲达到旺盛时，它将爬上假台猪，并伸出阴茎龟头来回抽动。此时，若采精人员用右手采精，则要蹲在公猪的左侧，右手抓住公猪阴茎的螺旋状龟头处，并顺势拉出阴茎和稍微回缩，直至和公猪阴茎同时运动，左手拿采精杯；若用左手采精，则要蹲在公猪的右侧，左手抓住阴茎，右手拿采精杯。这样做使采精人员面对公猪的头部，主要是能够注意到公猪的变化，防止公猪突然跳下时伤到采精人员，同时，当采精人员能发出类似母猪发情时的“呼呼”声时，因声音和母猪接近，对刺激公猪的性欲将会有很大的作用，有利于公猪的射精。

无论用左手或右手，当握住公猪的阴茎时，都要注意要用拇指和食指抓住阴茎的螺旋状龟头部分，其余三个手指予以配合，像挤牛奶一样随着阴茎的勃动而有节律地捏动，给予公猪刺激。当公猪充分兴奋，龟头频频弹动时，表示将要射精。采精时，握阴茎的那只手一般要戴双层手套，最好是聚乙烯制品，因这种手套对精子杀伤力较小。当将公猪包皮内的尿液挤出后，应将外层手套去掉，以免污染精液或感染公猪的阴茎。

手握阴茎的力度，太大或太小都不行，应以不让其滑落并能抓住为准。用力太小，阴茎容易脱掉，采不到精；用力太大，一是容易损伤阴茎，二是公猪很难射出精液。公猪一旦开始射精，手应立即停止捏动，而只是握住阴茎，射精完后，应马上捏动，以刺激其再次射精。当公猪射精时，一般射出的前面较稀的精清部分应弃去不要，当射出乳白色的液体时，即为浓精液，就要用采精杯收集起来。射精的过程中，公猪再次或多次射出的较稀的精清和最后射出的较为稀薄的部分、胶体都应弃去不要。

应注意的是，采精杯上套的四层过滤用纱布，使用前不能用水洗，若用水洗则要烘干，因水洗后，相当于采得的精液进行了部分稀释，即使水分含量较少，也将会影响精液的浓度。采完精液后，公猪一般会自动跳下假台猪，当公猪不愿下来时，可能是还要射精，故工作人员应有耐心。对于那些采精后不下来而又不射精的公猪，不要让它形成习惯，应赶它下假台猪。对于采得的精液，先将过滤纱布及上面的胶体丢掉，然后将卷在杯口的精液袋上部撕去，或将上部扭在一起，放在杯外，用盖子盖住采精杯，迅速传递到精液处理室进行检查、处理。

(五)精液品质检查

1.精液量、色泽、气味、pH　公猪的射精量一般为100～300 mL，正常精液的色泽为乳白色或灰白色，略有腥味，pH为6.8～7.2。

2.精子浓度　精子浓度是指每毫升精液中含有精子数的多少。测定方法：检查精子浓度用血细胞计数器。其方法是用白细胞吸管吸取精液至刻度0.5处，再吸取3%氯化钠溶液至刻度101处，捏住吸管的两端充分振荡后，将吸管前部的液体吹弃2～3滴，然后滴一小滴于计数板上盖玻片边缘，使其自行渗入计数室内，待液体稳定后，在400～600倍的显微镜下计数。观察计数时应数五个有代表性的中方格(计80个小方格)内的精子数，对头部压在方格四边线上的精子，只能计算两条边上的。每次要做2～3遍，求其平均值。最后将精子总数乘以10 000，就得每立方毫米精液中所含精子数，再将此数乘以1 000，便得每毫升精液的精子数。

3.精子活力　精子活力是以直线前进运动的精子占总精子数的比率来确定的。一般采取“十级制评分法”进行评定。

精子活力测定方法：将精液滴在载玻片上，再盖上盖玻片，然后在35℃左右显微镜下放大150～200倍，仔细观察精子活动情况。

精子活力等级评定：1.0级指100%的精子呈直线式前进运动；0.9级指90%的精子呈直线式前进运动；0.8级指80%的精子呈直线式前进运动；0.7级指70%的精子呈直线式前进运动；0.6级指60%的精子呈直线式前进运动；0.5级指50%的精子呈直线式前进运动。合格的精子活力不能低于0.7级；只有60%以下的精子呈直线式前进运动的精液，不能用于输精。

4.精子畸形率的检查　检查方法是将精液做成抹片，自然晾干，浸入95%酒精，3 min后，取出用清水冲洗阴干，然后用美蓝或蓝墨水染色3 min，用清水冲洗阴干，在400～600倍的显微镜下检查。一般每次要数200个以上的精子。精子畸形率不能高于15%，高于15%的不能使用。

(六)精液稀释

猪精液的稀释液可选用专门生产的，也可自行配制。稀释液的配制可参考以下配方：葡萄糖 5 g，柠檬酸钠 0.5 g，卵黄 5 mL，蒸馏水 100 mL；或者脱脂奶粉 9 g，蒸馏水 100 mL；或者葡萄糖 6 g，柠檬酸钠 0.35 g，碳酸氢钠 0.12 g，乙二胺四乙酸二钠 0.37 g，蒸馏水 100 mL。

按配方先将糖类、奶粉及柠檬酸钠等溶于蒸馏水中，过滤后隔水蒸煮消毒 30 min，取出凉至 30～35℃时，加入卵黄，以每 100 mL 加入青霉素、链霉素各 5 万 IU，搅拌均匀备用。

稀释精液时，稀释液温度应与精液温度相等。温度应在 20（下限）～28℃（上限）。精液稀释应在无菌室内进行，将稀释液缓慢倒入精液中慢慢摇匀。稀释后，每毫升精液应含有效精子 0.5 亿个（下限）。

（七）精液的分装、贮存、运输

分装：精液稀释后，取样检查活力，合格者才能分装。分装时，按剂量量取精液倒入容器，一般每头份 80 mL。分装完后，即将容器密封，贴上标签。

贮存：精液分装后，避光、10～15℃条件下贮存。

运输：用毛巾、棉花等包裹贮精容器，装入 10～15℃冰壶或泡沫箱等恒温器中运输，防止受热、震动和碰撞。

六、操作重点提示

（1）采精应在室内进行。采精室应清洁无尘，安静无干扰，地面平坦不滑。

（2）采精员穿戴洁净工作衣帽、长胶鞋、胶手套。胶手套应先用 75% 酒精消毒、晾干，30 min 后使用。

（3）采精前，将公猪赶进采精预备室后，应用 40℃温水洗净包皮及其周围，再用 0.1% 高锰酸钾溶液擦洗、抹干。

（4）采精时注意安全，采精员站于采精台的右（左）后侧，当公猪爬上采精台后，采精员随即蹲下，采精人员要面向公猪的头部，随时注意公猪的变化，防止公猪突然跳下时伤到自己。

（5）公猪开始射精时多为精清，不宜收集，待射出较浓稠的乳白色精液时即可收集于采精杯内。当射完第一次精后，刺激公猪射第二次，继续接收。射完精后，待公猪退下采精台时，采精员应顺势用左（右）手将阴茎送入包皮中。不得粗暴推下或抽打公猪。

七、实训过程检查与评价

实训过程检查内容及评价方法请参照实训 1-1。

八、问题与思考

1. 如何准确掌握公猪采精的频率？
2. 徒手采精有哪些优缺点？

实训 1-3　母猪的人工输精技术

一、实训目标和要求

了解母猪人工输精技术的基本要求和操作要点。通过实训，掌握母猪人工授精的基本操作步骤，能熟练对母猪进行人工授精。

二、知识背景与原理

猪的人工授精，是用人工方法把公猪的精液采出来，经过稀释处理，再输入发情母猪阴道和子宫内，使母猪受胎。这是繁殖上一项行之有效的技术措施，其好处是大大提高良种公猪的利用率，加速猪种改良；可以少养公猪，节省养公猪的费用，降低生产成本；解决公、母猪体格大小悬殊、配种困难的矛盾；可以远距离给母猪输精，减少母猪的体力消耗；防止公、母猪疫病的相互传播。

三、实训设备和材料

1. 实训设备　猪人工授精的所有设备，包括橡胶输精管或一次性输精管、输精瓶、精液运输箱、润滑剂、毛巾、高锰酸钾等。

2. 实训材料　发情母猪、精液。

四、实训内容

猪的人工授精。

五、操作方法和步骤

(一)子宫颈输精法

输精时，先将输精管海绵头用精液或人工授精用润滑剂润滑，以利于输精管顺利插入。用手将母猪阴唇分开，将输精管沿着稍斜上方的角度慢慢插入阴道内。插入时要注意避开尿道口，在输精管进入 10～15 cm 之后，转成水平插入。当插入 25～30 cm 到达子宫颈时，会感到有点阻力，此时输精管顶已到子宫颈口，用手将输精管左右旋转，稍一用力，则顶部进入子宫颈第 2～3 皱褶处，回拉时则会感到有一定的阻力，即输精管被锁住。从精液贮存箱中取出输精瓶，确认公猪品种、耳号。缓慢摇匀精液，用剪刀剪去封头，接到输精管上开始输精。抬高输精瓶，使输精管外端稍高于母猪外阴部，同时按压母猪背部，刺激母猪使其子宫收缩产生负压，将精液自然吸收。绝不能用力挤压输精瓶，将精液快速挤入母猪生殖道内，否则精液易出现倒流。若出现精液倒流，可停止片刻再输。

(二)子宫深部输精法

子宫深部输精是指使用比常规输精管内部多一根细长软管的特制导管进行输精，当输精器外管堵头到达子宫颈并锁紧后，再将内管延长 10～15 cm，以通过子宫颈到达子宫体内或子宫颈前端接近子宫体的部位进行输精的一种方法。子宫深部输精法期望在达到较高受胎率及产仔数的同时，还能降低输精量，提高经济效益。操作时，先插入外管，等 1 min 左右，再插内管，插入动作会让母猪感到紧张，缓和一下，这样有利于母猪放松，子宫完全松弛。若内管在插入时有阻力，要再等一下，或稍作调整。切不可强行插入，避免对母猪子宫内壁造成不可逆的损伤。插入内管后，把摇匀的精液缓慢持续地挤进母猪体内，时间可控制在 30～60 s。这样可有效地节省时间，明显提高配种员的工作效率。输精完成后，将输精管留置在母猪阴道 5～10 min。在这段时间内，尽量避免母猪趴下，防止压迫子宫导致精液倒流。在停留的时间里，需要检查精液是否有回流或倒流。对于有回流或倒流的，需查找原因。拔出输精管后，需要检查内管头上有无脓汁或血丝等。

六、操作重点提示

1. 配种人员的人身安全　配种过程中，配种人员要站在设置有栏杆的安全区内，防止母猪伤人，当母猪安静后，人员才能接近操作。

2. 人工授精时的要点

(1)把握准确的输精时间　正常的输精时间就和自然交配一样，一般为 10 min 左右。时间太短，不利于精液的吸收，容易出现精液倒流。大量精液倒流，不能确保进入子宫内的精液总量，受胎率下降，如果出现此情况，可让母猪休息 2 h 后再重新输精。

(2)在输精后不要用力拍打母猪臀部　在输精前后任何应激因素都会对受精产生不利影响。输精后拍打母猪臀部会使母猪臀部肌肉收缩，而暂时避免精液倒流，但受到惊吓后体内会释放肾上腺素，对抗催产素等生殖激素的作用，将会减弱子宫收缩波，而影响到精液向子宫深部运行，对卵子受精会有不利影响。

(3)重视初次输精，避免输精次数过多　生产中多见重复输精。如果能准确地把握输精时间，母猪一次输精也能保证良好的受胎率和窝产仔数。第一次输精对受胎至关重要，因此应根据经验和母猪发情的各种信息，把握正确的输精时间，避免错过最佳输精时间。第二次输精是增加受胎保险系数的一种方法，初配母猪间隔时间为 12 h，经产母猪间隔时间为 12～18 h。

(4)输精结束后，应在 10 min 内避免母猪卧下　因躺下能使母猪腹压增大，易造成精液倒流。如果母猪要卧下，应轻轻驱赶，但不可粗暴对待造成应激；同时最好避免母猪饮过冷的水，否则可能会刺激胃肠和子宫收缩而造成精液倒流。

七、实训过程检查与评价

实训过程检查内容及评价方法请参照实训 1-1。

八、问题与思考

1. 猪人工授精技术有什么优点？
2. 如何提高母猪的配种受胎率？

实训 1-4　母猪的妊娠诊断技术

一、实训目标和要求

了解母猪妊娠诊断技术的基本要求和操作要点。通过实训，掌握母猪妊娠诊断的基本要点，能熟练对母猪进行妊娠诊断。

二、知识背景与原理

配种母猪受孕后，往往会出现食欲旺盛、容易上膘、毛色光亮、性情温顺、行动谨慎稳重、贪睡，阴户下联合的裂缝向上收缩形成一条线，尾巴自然下垂，随着妊娠时间的延长，母猪腹部逐渐变大、乳头下垂。同时妊娠母猪的新陈代谢旺盛，饲料利用率高，蛋白质合成增强，食欲旺盛，增重明显。母猪妊娠期间所增加的体重由体组织、胎儿、子宫及其内容物 3 部分构成。妊娠母猪能够在体内沉积较多的营养物质，以补充产后泌乳的需要。初产母猪一般妊娠全程增重 36～50 kg，而经产母猪只需要 27～39 kg，体重 150 kg 左右的母猪一般妊娠期间可增加体重 30～40 kg。胎儿的生长发育速度在整个妊娠期是不均衡的，一般妊娠开始至 70 天主要形成胚胎的组织器官，胎儿本身绝对增重不大，而母猪自身增加体重较多，而 80 天以后，母猪自身增重少，主要是胎儿的增重。

三、实训设备和材料

1. 实训设备　母猪限位栏或妊娠母猪舍、妊娠诊断仪（A 型超声波诊断仪、B 型超声波诊断仪）。

2. 实训材料　妊娠母猪群。

四、实训内容

猪的妊娠诊断技术。

五、操作方法和步骤

早期妊娠诊断方法很多，不同猪场往往根据自身的条件进行选择，目前通用的诊断方法主要有以下几种。

(一)外部观察法

母猪配种后 21 天左右，如不再发情，贪睡、食欲旺盛、容易上膘、毛色光亮、性情温顺、行动谨慎稳重、夹尾走、阴门缩，则表明已妊娠；相反，若精神不安，阴户微肿，来回走动则往往是没有受胎的表现，应及时补配。

(二)返情检查法

根据母猪配种后 18～24 天是否再次发情来判断是否妊娠。用试情公猪对配种后 18～24 天的母猪进行返情检查。若母猪出现发情表现，说明没有妊娠；若没有发情表现，说明已经妊娠。

(三)激素注射诊断法

母猪配种后的 16～18 天，肌肉注射雌激素，没有妊娠的母猪一般在 2～3 天出现发情征兆，而已经妊娠的母猪不会出现发情征兆。

(四)尿液检查法

在母猪配种 10 天以后，采集被检母猪清晨尿液 10 mL 置于烧瓶中，加入 5%碘酊 1 mL，煮沸后观察烧瓶中尿液颜色。如尿液呈现淡红色，说明已妊娠；如尿液呈现淡黄色，且冷却后颜色很快消失，说明未妊娠。

(五)超声波早期诊断法

超声波法是把超声波的物理特点和动物组织结构的声学特点密切结合的一种物理学诊断法。目前在养猪生产中应用的主要有 A 型和 B 型超声波诊断仪。

(1)A型超声波(简称A超)诊断法　A型超声波诊断仪(简称A超仪)体积小、携带方便、操作简单、价格便宜,其发射的超声波遇到充满羊水而增大的子宫就会发出声音以提示妊娠。一般在母猪配种后30天和45天进行2次妊娠诊断,探测部位在母猪两侧后肋腹下部、倒数第1对乳头的上方2.5 cm处,在探头上涂抹植物油,然后将诊断仪探头紧贴在测定部位,拇指按压电源开关,对子宫进行扫描。如果仪器发出连续的“嘟嘟”声即判定为阳性,说明母猪已妊娠;若发出断续的“嘟嘟”声则判定为阴性,说明母猪没有妊娠。

(2)B型超声波(简称B超)诊断法　B型超声波诊断仪(简称B超仪)可通过探查胎体、胎水、胎心搏动及胎盘等来判断妊娠阶段、胎儿数及胎儿状态等,具有时间早、速度快、准确率高等优点。一般在配种后22~40天进行妊娠诊断。母猪不需保定,只要保持安静即可。母猪体外探查在下腹部、后腿部前乳房上部。猪被毛稀少,探查时不必剪毛,但要保持探查部位的清洁,探查时涂抹专用药剂即可。配种后22~24天其声像图能显示完整孕囊的液性暗区,超过25天,在完整孕囊中出现胎体反射的较强回声,超过50天能见到部分孕囊和胎儿骨骼回声,均可确认为妊娠。

六、操作重点提示

1.鉴定人员的人身安全　诊断过程中,诊断人员要站在设置有栏杆的安全区内,防止母猪伤人,当母猪安静后,人员才能接近操作。

2.鉴定要点　妊娠母猪往往会出现食欲旺盛、容易上膘、毛色光亮、性情温顺、行动谨慎稳重、贪睡,阴户下联合的裂缝向上收缩形成一条线,尾巴自然下垂,随着妊娠时间的延长,母猪腹部逐渐变大、乳头下垂。外部变化鉴定时要仔细观察以便准确做出判断。使用B超鉴定时要先熟悉不同时间段妊娠和空怀母猪的影像,检查过程中要准确找到测定部位,严格按照B超仪使用说明进行操作,操作过程大胆、仔细,根据B超仪显示影像准确做出判断。

3.母猪假孕的原因和识别　不同品种、不同年龄胎次的母猪一年四季都可能发生假孕——母猪发情后,虽经人工授精或自然交配,但未受孕,然而卵巢上形成的黄体,不但未发生退化,相反却持续分泌孕酮,从而出现一系列类似妊娠的表现。造成母猪假孕的原因主要包括:

(1)母猪消瘦　由于母猪哺乳带仔时间长、仔猪较多,加上饲养管理不当,造成母猪体况瘦弱,掉膘严重,机体营养贮备大量消耗,甚至出现哺乳瘫痪,导致机体激素分泌调节机能紊乱,断奶后发情时间延长。此时母猪即使出现发情征兆,配种后也容易出现假孕现象。

(2)母猪饲料营养不平衡　母猪长期饲喂单一饲料,容易造成维生素、微量元素缺乏,特别是维生素E严重缺乏,母猪发情时间推迟或不发情。即使采取措施促进其发情也容易出现假孕现象。

(3)母猪生殖道疾病,导致卵巢功能紊乱　母猪感染细小病毒、乙型脑炎病毒、伪狂犬病毒、猪瘟病毒等,往往容易引起母猪生殖道疾病,从而导致母猪卵巢功能紊乱,往往发情后母猪并不排卵,配种后容易出现假孕现象。

(4)误用、滥用激素类药物催情　在生产上适当使用某些激素类药物是有益的,但误用或过度依赖激素则有百害而无一利。如在产后注射适量的氯前列烯醇,可以促进母猪泌乳,尤其在初产和胎龄较大的母猪更为明显;促进胎衣及恶露尽早排出,氯前列烯醇与缩宫素在促进排衣方面的区别在于缩宫素药性猛、药效快,但在体内维持半衰期时间较短,氯前列烯醇则相反,其药性缓，在体内维持半衰期时间较长，因为子宫复旧是一个缓慢的过程，所以氯前列烯醇在促进子宫复旧以及排衣方面的效果要远远好于缩宫素。

但正常繁殖母猪一定不要使用任何含有雌激素的药物，否则必然导致母猪假孕和产仔数下降。根据有关研究，雌二醇之类的雌激素与其类似物(如玉米赤霉烯酮)将导致母猪假孕比率上升和产仔数显著下降。

后备或者经产母猪生殖器红肿类似发情，但又不是真正发情，是母猪服用过含有雌激素药物、添加剂，或者食用霉变饲料所致。注射激素催情之后，母猪发情的状况并不好，最严重的是发情了，但是不排卵或者排卵数目少，以至于好不容易配上怀孕的母猪在114天之后产仔数特别不尽如人意。此外，多次注射过激素的母猪对于激素有了依赖性，产生负反馈调节，而其自身的内分泌系统紊乱。这样的直接结果就是缩短了母猪的使用年限，而且终其一生的产仔数都不好。

(5)体内寄生虫侵袭生殖系统　体内寄生虫一旦侵袭生殖系统，往往造成母猪激素分泌紊乱，从而导致假孕发生。

假孕母猪一般随着妊娠时间的延长，腹部变化不明显，个别母猪前期腹部会增大，但后期变小，同时乳头膨大和下垂不明显。肉眼观察时往往会出现差错，但使用B超仪进行鉴别时，误差很小。

七、实训过程检查与评价

实训过程检查内容及评价方法请参照实训1-1。

八、问题与思考

1. 妊娠母猪外部形态有哪些变化？
2. 母猪假孕的原因是什么？如何鉴别？

实训1-5　母猪的分娩与接产技术

一、实训目标和要求

了解母猪分娩诊断技术的基本要求和接产操作要点。通过实训，掌握母猪分娩诊断的基本要点，能熟练对母猪进行接产操作。

二、知识背景与原理

随着妊娠时间的延长，母猪身体发生一系列的变化，至配种114天时，母猪出现临产征兆。

(一)母猪临产征兆

随着胎儿的发育成熟，妊娠母猪在生理上会发生一系列的变化，如乳房膨大，产道松弛，阴户红肿，行动异常，这都是准备分娩的表现。掌握这些变化既可以合理安排接产，又可以防止流产。

1. 行为上的变化　母猪临产前6～12 h，常出现衔草做窝，无草可做窝时，也会用嘴拱地，前蹄扒地呈做窝状；临产前 2～4 h，母猪开始紧张不安，时起时卧，突然停食，频频排粪尿，量少次数多且分散（拉小尿）；临产前 30 min 至 1 h，阴部流出稀薄的带血黏液时，即“破水”，母猪开始产仔。

2. 乳房变化　在分娩前 3 周左右，母猪腹部急剧膨大下垂，乳房从后到前依次逐渐膨胀，乳头呈八字形分开，至产前 2～3 天，乳头可以挤出乳汁。产前 24 h 可挤出浓稠的初乳（只针对营养好的母猪，营养差的母猪这个特征不明显）；一般来说，前面乳头能挤出乳汁时，约24 h后产仔，中间乳头挤出乳汁时，约 12 h 后产仔，最后一对乳头挤出乳汁时，约 5 h 后产仔。

3. 体态变化　临产前母猪腹大而下垂，躺下时能看到胎儿在腹内跳动。母猪产前 3～5 天外阴部红肿异常，尾根两侧下陷，骨盆开张，为产仔做好准备。产前 6～8 h，母猪起卧不安，行动缓慢慎重，经常衔草做窝，食欲减退。当母猪时起时卧、频频排尿，阴户有羊水流出时，表示仔猪即将产出。

（二）分娩母猪的鉴别

一般情况下，母猪的妊娠期为 109～117 天，平均是三个月三周零三天，即 114 天。但是在实际生产中，母猪具体在哪一天生产，是比较难预测的。因为不同母猪的妊娠期有长有短，即使同一头母猪在不同的营养水平、不同的胎次、不同的季节产仔时，其妊娠期也会有所差别。如在营养好、胎儿较多的情况下，母猪的妊娠期就会缩短，就会早生产，相反如果营养差，胎儿数量又少，母猪的妊娠期就会延长，预产期也会延后。所以，在对妊娠母猪的实际管理中，除了要计算母猪较为准确的预产期外，还要注意观察母猪生产前的变化，以便准确做出判断，做好接产准备，保证母猪及仔猪的安全。

1. 预产期的推算　按“月上加 4 或减 8，日上减 7”的方法，可以较为准确地推算母猪预产期。“月上加 4 或减 8，日上减 7”就是在配种月数上加上 4 或减去 8，再从配种日数上减去 7，得到的日期就是母猪的预产期。如某母猪在 5 月 10 日配种，5 月加上 4，即向后数 4 个月即为 9 月，而 10 日减去 7，就是向前数 7 天，应为 3 日，这头母猪的预产期是本年的 9 月 3 日。

2. 母猪分娩前的征兆　母猪分娩前体态变化的鉴别程序一般是：一是分娩前 2 周，乳房从后面向前逐渐膨大，乳房基部与腹部之间出现明显的界限；二是分娩前 1 周乳头呈八字形向两侧分开；三是分娩前 4～5 天乳房显著膨大，呈潮红色发亮，后一对乳房用手挤压有少量清亮乳汁流出；四是分娩前 3 天，母猪起卧行动稳重谨慎，乳头可分泌乳汁，手摸乳头有热感；五是分娩前 1 天，挤出的乳汁较浓稠，呈黄色，母猪阴门肿大、松弛，呈红紫色，并有黏液从阴门流出；六是分娩前 5～10 h，母猪卧立不安、衔草做窝，外阴肿胀变红；七是分娩前 1～2 h，母猪极度不安、呼吸急促、来回走动、频繁排尿，阴门中有浅黄色黏液流出，当母猪躺卧、四肢伸直、阵缩时间越来越短、羊水流出时，第一头仔猪即将产出。

因此，在实际生产中具有上述特征的母猪，应该多给予关注，及时检查，以便做好接产准备。

三、实训设备和材料

1. 实训设备　母猪分娩产床。

2. 实训材料　临产母猪及接产所需的铁桶、毛巾、消毒药水、剪牙剪等。

四、实训内容

母猪的分娩及接产技术。

五、操作方法和步骤

(一)在猪场技术人员或指导老师的指导下,准确识别预产母猪,并做好接产准备工作

在母猪分娩前要做许多准备工作。根据预产期,在母猪临产前5～7天准备好产房,产房内要求温暖干燥,清洁卫生,舒适安静,阳光充足,空气新鲜。温度在23～25℃,相对湿度为65%～75%。

产房在母猪调入前必须进行彻底冲洗和消毒。彻底清除产房墙角和产床缝隙等处所残留的粪便后,可用2%～5%的来苏儿或2%～3%的烧碱水进行消毒,围墙可用20%的生石灰溶液粉刷消毒。空栏晾晒3～5天后方可调入母猪,并铺上柔软清洁的垫草。

产前1周将母猪赶入产房,让母猪适应新的环境。母猪进产房前要用温热的肥皂水清洗,清除母猪体表的脏物和病原体。若发现母猪身上有寄生虫,可用2%的敌百虫溶液喷雾,以免母猪将寄生虫传染给仔猪。产前清洗母猪乳房、阴部,再用0.1%高锰酸钾水溶液擦洗消毒。临产前应在圈内铺上清洁干燥的垫草,母猪产仔后立即更换垫草,清除污物,保持垫草和圈舍的干燥清洁。冬季要做好保温工作,避免母猪感冒。保持母猪乳房和乳头的清洁卫生,减少仔猪吃奶时的污染。保持产房安静,让母猪充分休息,尽快恢复体力,有利于母猪哺乳。要注意对产后母猪的观察,如有异常及时请技术人员诊治。

(二)正确进行接产操作

母猪一般在夜深人静的时候开始产仔,整个接产过程要求保持环境安静,动作迅速准确。仔猪产出后,立即用清洁的毛巾擦净仔猪口腔和鼻腔周围的黏液,以防仔猪窒息,然后用毛巾或干草擦净仔猪体表的黏液,以免仔猪受冻。

仔猪产出后一般脐带会自行扯断,但仍拖着20～40 cm长的脐带,此时应及时人工断脐。断脐时先将脐带内的血液挤向仔猪腹部,在距腹部3～5 cm,即三指宽处用手扯断脐带,不要用剪刀剪脐带。断脐前后应以5%的碘酒消毒脐部,如脐带断后仍然流血,可用手指捏住断端3～5 min,即可压迫止血。

仔猪断脐后应立即进行编号、称重,并登记母猪产仔记录卡。一般公猪编单号,母猪编双号。编号的方法很多,目前常用剪耳法,即利用耳号钳在猪耳朵上打缺口,编号原则为:“左大右小,上一下三”。

(三)正确处理难产母猪

母猪分娩正常时一般不需要助产,如果分娩过程不顺利而发生难产,则必须及时进行助产。分娩过程中是否需要助产必须进行准确的判断,不要急于助产,因为助产会增加产道感染的危险性。另一方面,如果分娩过程不顺利,又没有及时进行助产,常常会增加死胎,并且降低仔猪存活力。通过看腹部饱满程度(是否还有仔猪)和仔猪的数量来确定母猪分娩有没有结束,如果出现以下三个方面的迹象可表明为难产:

(1)当母猪羊水已经流出并不断努责,但已超过45 min还没有产出仔猪,可判定为难产。

(2)母猪已经顺利产出一头或几头仔猪,但它仍十分烦躁、极度紧张、剧烈努责且超过

45 min 仍不能继续产出仔猪，亦可判定为难产，须及时助产。

(3)所有出生仔猪皮肤上的黏液都已经干了，但仍能确定母猪体内有仔猪。

利用前两个现象判断，对两头相邻仔猪出生间隔要有一个准确的时间记录。

助产操作步骤包括：

(1)助产者应用温水加消毒剂(新洁尔灭、洗必泰等)或温肥皂水彻底清洗母猪阴户及臀部。

(2)术者手和胳膊要戴经过消毒的长臂手套并涂上润滑剂(如液体石蜡)，将手卷成锥形，趁母猪努责间歇产道扩张时伸入手臂。如果母猪右侧卧，就用右手，反之用左手。

(3)将手用力压，慢慢穿过阴道，进入子宫颈，子宫在骨盆边缘的正下方。手一进入子宫常可摸到仔猪的头或后腿，要根据胎位抓住仔猪的后腿或头或下巴慢慢把仔猪拉出。注意，不要将胎衣和仔猪一起拉出。如果两头仔猪在子宫或阴道内交叉堵住，先将一头推回，抓住另一头拖出。

在进行助产时动作要轻，避免损伤阴道和子宫颈。如果胎儿头部过大，母猪骨盆相对狭窄，用手不易拉出，可将打结的绳子伸进仔猪口中套住下巴慢慢拉出。如果通过检查发现子宫颈口内无仔猪，可能是子宫阵缩无力，胎儿仍在子宫角未下来，这时可使用催产素进行催产，通过促使子宫肌肉收缩，帮助胎儿尽快出生。在使用催产素时，一定要严格掌握注射剂量，一次注射后，如果 60 min 仍未见效，可进行第 2 次注射，若仍然没有仔猪出生，则应驱赶母猪在分娩舍附近平坦地面走动一段时间，可使胎儿复位以消除分娩障碍，使分娩过程得以顺利进行。

助产后必须给母猪注射抗菌药物，防止泌尿生殖道感染而引起泌乳障碍综合征。

(四)假死仔猪处理

有的仔猪产出后呼吸停止，但心脏和脐带动脉还在跳动，这种现象称为“假死”。据研究报道，初生时死亡的仔猪有 70%是假死。如果立即对假死仔猪进行救护，一般都能救活，使仔猪迅速恢复呼吸。判断为假死的仔猪，应立即清除口腔、鼻内和体表的黏液，立即进行急救，常见的急救办法有：

(1)倒提仔猪，轻轻拍打胸部，直到仔猪发出叫声为止。

(2)左右手分别握住仔猪肩部与臀部，腹部朝上，而后双手向腹中心回折，并迅速复位，双手一屈一伸反复进行，一般经过几次来回，就可以听到仔猪猛然发出声音，如法徐徐重做，直到呼吸正常为止。

(3)让仔猪躺在地面上，腹部向上，分别握住仔猪的两个前脚，一张一合，直到仔猪发出叫声为止。

(4)两手轻握仔猪的胸部，迅速将仔猪浸入 38℃温水中，把头部鼻孔朝上露出水面，轻轻按压仔猪的胸部，直到仔猪发出叫声为止。

有时假死仔猪的急救也采用药物刺激法，即用酒精、氨水等刺激性强的药液涂擦于仔猪鼻端，刺激鼻腔黏膜恢复呼吸。

(五)做好初生仔猪的护理

分娩结束后，应立即将仔猪送到母猪身边并固定奶头吃奶，个别仔猪生后不会吃奶，需要进行人工辅助固定。寒冷冬季，无供暖设备的圈舍要生火保温，或用红外线灯泡提高局部温度。

产后 0.5～2 h，母猪排出胎衣。这时要认真仔细检查胎衣数量，只有两侧子宫角的胎衣都排出来时，才能说明母猪产仔结束。此时，应及时将产房打扫干净，清除胎衣与污染的垫草，以防母猪因吃掉胎衣而造成消化不良、无奶及养成吃仔猪的恶癖。

(六)对无乳和不吃料的母猪进行处理

母猪出现无乳和不吃料的情况一般是由于产后感染引起，因此，日常工作中应做好：

(1)检查胎衣。检查胎衣是否完全排出，胎衣数或脐带数是否与产仔数一致。胎衣不下的，肌肉注射已烯雌酚 10 mg，等子宫颈扩张后，可每隔 30 min 肌肉注射催产素 30 IU，连续 2～3 次。确定胎衣完全排出后，向产道深部投放青霉素 80 万～160 万 IU。

(2)采取适宜的消炎方法。母猪分娩后应立即用温水与消毒液清洗消毒母猪乳房、阴部与后躯血污，并更换垫草，清除污物，保持垫草和圈舍的清洁干燥。经常保持产房安静，让母猪充分休息。保持母猪乳房和乳头的清洁卫生，减少仔猪吃奶时的污染。

初产母猪，胎儿过大或过多，难产的母猪，子宫易受损伤，消炎一般以 7 天为一疗程，每次药量按每千克体重肌肉注射青霉素 3 万 IU，每天 2 次。同时可向产道深部灌注温的 0.1%高锰酸钾溶液，直至恢复正常为止。对曾有产后患病史的经产母猪，也按上述方法用药。对正常顺产的经产母猪，每次药量按每千克体重青霉素 2 万 IU，每天 2 次，连用 20 天。

消炎后的母猪，1 周后产道仍有脓液排出的治疗：首先向子宫内灌注微温的 0.1%高锰酸钾溶液 200～300 mL，同时肌肉注射已烯雌酚 5 mg，使子宫颈扩张；30 min 左右肌肉注射催产素 30 IU，间隔 30 min 再注射 1 次，连续 2 次。同时肌肉注射青链霉素混合液，配合磷酸地塞米松注射液全身治疗。亦可向产道深部投放 10%葡萄糖生理盐水＋青霉素 80 万～160 万 IU 混合液 100 mL，每天 1 次，连续 3 天，效果极佳。

对母猪产后消炎、化瘀去滞，胎衣不下，也可采取中草药拌料喂服。取新鲜益母草 0.25 kg 加水 1 000 mL 煮至 300～400 mL，待药液温热后加入红糖 0.2 kg，分早晚拌料喂服，连喂 3 天，效果较好。

六、操作重点提示

1. 接产过程中的人身安全　接产过程中，接产人员要站在设置有栏杆的安全区内，防止母猪伤人，当母猪安静后，人员才能接近操作。对于个别护仔性能强的母猪要特别注意。

2. 接产要点　接产过程中要仔细观察仔猪的产出情况，大多数母猪一般能正常产仔，对个别出现临产征兆，又久不产仔的母猪必须采取人工助产，人工助产时必须在技术人员或老师指导下进行操作。

七、实训过程检查与评价

实训过程检查内容及评价方法请参照实训 1-1。

八、问题与思考

1. 临产母猪外部形态有哪些特点？

2. 难产有什么症状？难产母猪如何助产？

实训 1-6　猪的活体测膘技术

一、实训目标和要求

了解猪活体测膘技术的基本要求和操作要点。通过实训，掌握猪活体测膘仪器的基本操作步骤，能熟练对猪进行活体测膘。

二、知识背景与原理

随着全国生猪遗传改良计划的实施，国内各大型种猪场更加重视对生产性能的测定。测定工作是育种的基础，准确测定对于改良种猪群体起着至关重要的作用，因此必须严格按照科学、系统、规范化操作规程去实施。猪瘦肉产量与背膘厚性状存在负相关。由于背膘厚性状易于活体度量并且具有较高的遗传力($h^2=0.5$)，因此背膘厚性状成为瘦肉率改良的一个间接性状被用于瘦肉猪的遗传改良中。随着 B 超测定技术的发展，猪背膘厚活体测定越来越精确。其测定结果可作为猪胴体性状及肉质性状遗传改良的依据。

B 型超声波扫描仪是利用多个晶体探头经压电效应发射出高频超声波透过耦合剂与机体组织表面，传递到被测组织的底面，由于不同组织结构的差异，进入组织的超声波因吸收率不同而产生不同的回波。回波又能被探头接收变成高频电信号后传送给主机，并经相关软件的放大处理作用于荧光屏上，显示出被探测部位各组织切面的二维影像图。

猪的躯干骨主要包括脊柱、肋和胸骨。其中脊柱由 7 个颈椎、14～17 个胸椎、6～7 个腰椎、4 个荐椎和 20～23 个尾椎组成；肋骨 14～17 对，其中，前 7 对与胸椎和胸骨构成胸腔。猪的椎骨数为 51～58 个，构成背腰部的椎骨（胸椎、腰椎和荐椎）数为 24(14＋6＋4)～28(17＋7＋4)个。使用 B 超测定时，首先要确定测定位置，即进行体表定位。按照现行有效标准的规定，采用 B 超测定时，猪活体背膘厚的测定部位是倒数第 3～4 肋间左侧或右侧距背中线 5 cm 处。这一测定部位对应的解剖学位置，应该是顺数第 10～13 或 11～14 胸椎或倒数第 3～4 胸椎处。换言之，假如猪的椎骨长度是相对一致的，猪活体测膘的部位所对应的解剖学位置，正好是背腰部椎骨的一半(24/2～28/2)。因此，大多数猪种如杜洛克猪、大约克夏猪，活体测膘的体表部位，大约在背腰部的 1/2 处。

其次使用 B 超探头进行验证，可采用平行法或垂直法。平行法是指利用探头平行于背中线所获取的影像来确定测定部位。即将探头置于最后肋骨距背中线 5 cm 处，在保持距背中线 5 cm 且与背中线平行的状态下，边向前移动探头边观察 B 超影像，当皮肤脂肪层、眼肌纤维和 4 个肋骨弓清晰可见时，通过按压体表来确定倒数第 3～4 肋骨处。垂直法是指利用探头垂直于背中线所获取的影像来确定测定部位。即将探头垂直于背中线，放在接近于体长（不包括颈部）的 1/2 处，边向左侧移动探头边观察影像，当皮肤脂肪层清晰可见时，就是测定部位。无论平行法还是垂直法，正确的测定部位是保障测定结果正确可靠的关键。因为，猪的背膘由前向后是鬐甲处最厚，而后逐渐变薄；由上向下是背中线处最厚，而后逐渐变薄；眼肌则是前端较小后端较大，前端较圆而后端渐成不规则的椭圆形或近似菱形。

高质量的影像应具备的条件是：①设备参数设置适当，特别是增益、放大倍数和聚焦；②测定部位(倒数第 3～4 肋骨处)正确;③超声耦合剂应渗入表皮,以保障探头能够与皮肤之间形成良好的接触;④影像质感均匀一致,影像中各组织的层次与界限清晰可辨,眼肌纹理(斜纹)清晰可见;⑤影像中,由最后肋骨向前的 4 根肋骨应清晰可见,无重影。

采用平行法进行测定时,背膘厚测量起止点位于垂直于倒数第 3 肋至第 4 肋之间的纵线上,起点为影像顶端的一条淡淡的灰线(即耦合剂与皮肤层),止点为一条较粗的白线[即第 3 层膘与背最长肌(眼肌)之间的筋膜层]的中间,起点与止点之间的垂直距离即为背膘厚。在实际测定工作中,在平行法获取的影像上,界定背膘厚度的测量起止点相对简单,因为,平行法所获取的影像是背部一侧的纵切面,在高质量的影像上,不仅可以清晰地看到最后的 4 个肋骨弓,而且还能清晰地看到耦合剂与皮肤层、2～3 个脂肪层和肌肉纹理,而这些信息为正确地确定测量部位提供了客观真实的依据。测量时,只要将测量光标("十")的横线与顶端的一条淡淡的灰线(耦合剂与皮肤层)重合(起点)并垂直向下至一条较粗的白线(第 3 层膘与背最长肌的外筋膜层)即可。

三、实训设备和材料

1. 实训设备　B 超活体测膘仪器、猪保定笼或保定架。
2. 实训材料　不同品种后备种猪、商品猪。

四、实训内容

猪活体测膘技术。

五、操作方法和步骤

(一)使用前的准备

检查仪器探头连接部分有没有刮痕或裂缝,探头是否干净,根据需要可进行清洗。打开设备电源开关,检查 B 超图像是否出现,并查看屏幕显示的日期和时间是否正确。如果日期和时间显示错误,可能是内部电池组消耗完或设备损坏,应及时充电或修理。

(二)参数设置

不同型号的超声波扫描仪在测定猪背膘厚和眼肌面积时均采用探头,但探头的传输频率、图像增益显示范围、近增益、远增益、放大倍数略有不同。使用前要严格按照使用说明书进行参数设置。

(三)测定部位

《种猪登记技术规范》(NY/T 820—2004)和《种猪生产性能测定规程》(NY/T 822—2004)成为开展种猪生产性能测定的方法依据,《长白猪种猪》(GB 22283—2008)、《大约克夏猪种猪》(GB 22284—2008)、《杜洛克猪种猪》(GB 22285—2008)成为评判种猪质量水平的依据。按规定,在进行种猪鉴定时,活体背膘厚测定个体体重应为(100±5) kg,而作为猪场在选种时可以在猪的各个阶段进行测定(体重不低于 20 kg)。测定时,使用保定笼使待测个体站立,并保持背腰平直。猪背膘厚测定位置为倒数第 3～4 肋间距背中线 5 cm 处,可扫描猪的左侧或右侧,但是同组的所有猪都要在同一侧进行扫描。

(四)图像采集方法

将被测猪赶进保定笼内,保持站立且背腰平直,找到最后一根肋骨,确定测定部位后,将测定部位剪毛(尽量剪干净,必要时用温水擦洗),探头平面和猪背测定部位涂上耦合剂,将探头置于测定部位上,使探头与猪背紧密接触并保持稳定,记录影像冻结图像(每头猪至少各保存3张效果较好的背膘图像)并存储到电脑中,为下一步分析作基础。

六、操作重点提示

1. 操作人员的人身安全　测定过程中,测定人员要站在设置有栏杆的安全区内,防止猪伤人,当猪安静后,人员才能接近操作。

2. 准确确定测定部位　测定部位为倒数第3～4肋间距背中线5 cm处。

3. 保证图像的质量　在图像采集过程中应注意以下事项:①整个测定区域需要清洗,不能有污垢,如果猪被毛很厚,适当将毛刮去,以便超声波信号可以在没有过多反射或吸收的情况下传输;②探头:严禁碰撞、摔伤、撞击,使用前后要用湿的软布或吸水纸清洁探头的测定区,不能用腐蚀性化学试剂或刺激性物品清洁,也不能在硬性物体上摩擦;③保定:测定时猪应站立保定,并保持背腰相对平直;④测定部位必须正确;⑤操作:测定时探头与被测部位应紧密接触,但不要重压,探头直线平面与猪背正中线纵轴面垂直,不可斜切。

七、实训过程检查与评价

实训过程检查内容及评价方法请参照实训1-1。

八、问题与思考

1. 对猪进行活体测膘有什么意义?
2. 如何准确确定活体测膘的位置?

实训1-7　猪的体尺测量技术

一、实训目标和要求

了解猪外形部位的一般要求,观察不同品种猪的外形特点,掌握猪外形判断的基本要求,掌握猪各项体尺的起止点及测量方法。

二、知识背景与原理

猪出生后随着日龄的增加,身体在不断增长,表现为体长增加、胸围增大、体重增长。由于体尺指标的增加速度和大小可以反映猪的生长发育情况和生产性能的高低,因此,育种上就需要对猪进行体尺的测量。

体尺测量,即对猪的各个部位进行测量,以具体了解各部位的发育情况。一般可以在4月龄、6月龄、8月龄、10月龄和成年时各测量1次。常用的测定指标包括:

1. 体高　是鬐甲到地面的垂直高度,表示猪体高的生长,将测杖垂直立于左前肢附近,调节内部铁尺,使上端横尺紧贴鬐甲的最高点,然后读出刻度。

2. 体长　从两耳根中点连线的中部起,用卷尺沿背脊量至尾根的第一自然轮纹止。

3. 头长 自两耳连线中点至鼻上缘的距离，用卷尺或卡尺测量。

4. 胸围 从肩胛骨后角处用卷尺量取胸部的周径，松紧度以卷尺自然贴紧毛皮为宜。胸围是猪胸部发育的重要指标，与胸宽、胸深一起说明胸部的发育和健康状况。

5. 腿臀围 自左侧膝关节前缘经肛门绕至右侧膝关节前缘的距离，用软尺紧贴体表量取。腿臀的产肉量与胴体产肉量呈强相关，而腿臀部的产肉量又取决于腿臀的大小及其外形发育。可根据腿臀围了解腿臀的发育情况。

6. 管围 在前管部上 1/3 处用卷尺量取的周径。它表示四肢骨的发育程度。

三、实训设备和材料

1. 实训设备 测杖、卷尺、卡尺(圆形触测器)、量角仪等 4 种。

2. 实训材料 笔、记录纸、不同月龄和性别的公母猪。

四、实训内容

猪的体尺测量。

五、操作方法和步骤

1. 测量前的准备 在猪的图片上熟悉猪各部位的名称，准确掌握测量的部位。

2. 测量 要求迅速、准确，每个指标至少测量 2 次以上，取两次测量的平均值作为测量数据。

3. 数据整理 测量数据填入表格中，按照不同品种猪的要求对数据进行分析、总结。

六、操作重点提示

1. 测定人员的人身安全 测量过程中，测定人员要站在设置有栏杆的安全区内，防止猪伤人，当猪安静后，人员才能接近操作。

2. 测定要点 测量时应注意在早晨喂饲前或喂饲后 2 h 进行。测量时必须注意地面平坦，四肢要垂直立在同一水平面上，肢势正直，头部不偏歪或上举下垂，头的下颌与胸腹应基本上在一条水平线上，这主要是为了避免影响测量的准确性。

3. 测量注意事项

(1)接触猪时应胆大心细，态度温和，从猪的左前方接近，切忌从后方突然接近。

(2)被测量的猪应站立端正，肢势正直；若肢势不正，可使其前进或后退以调整之。头部不能偏高或偏低，四肢要垂直立在同一水平面上。

(3)测量之前要检查和校正测量工具的准确性。

(4)测量部位的起止点务必正确。读数要准，动作要迅速。

七、实训过程检查与评价

实训过程检查内容及评价方法请参照实训 1-1。

八、问题与思考

1. 猪的体尺测量有什么意义？

2. 通常在什么时候进行猪的体尺测量？

实训 1-8　猪的阉割技术

一、实训目标和要求

通过实训，了解仔猪阉割的意义，熟练掌握仔猪阉割的操作技能。

二、知识背景与原理

中国地方猪种性成熟早，发情早，但生长慢，如不去势，往往在屠宰前就会达到性成熟，严重影响其生长育肥效果。因此，我国传统上对育肥用的公母猪都进行去势。但对于瘦肉型猪，其生长速度已大大提高，初情期推迟，在初情期左右基本已达到出栏体重，母猪的发情对育肥效果影响不大，因此，一般不给母猪去势，去势主要针对小公猪。由于雄激素的作用，不去势的公猪胴体中会有一种腥臭味，令消费者不能接受。公猪异味主要由公猪活体分泌的两种化合物造成：弗洛蒙和粪臭素。弗洛蒙在睾丸当中合成，在唾液腺当中汇集并转换为信息素，交配过程当中可激发母猪的性行为。弗洛蒙还会在脂肪当中沉积，烹饪加热时可释放出来，造成公猪异味。粪臭素是公猪后肠内的微生物产生的，可经肠壁吸收进入血液，在肝脏代谢降解，但也可能进入脂肪组织，产生公猪异味。

一般来说，出生后 1～2 周给公猪去势比较适宜。这个时期，仔猪体内的母源抗体水平还比较高，伤口愈合快，应激较小，而且仔猪个体较小，容易保定，便于操作。地方母猪的去势主要有两种时间选择，即所谓的“小挑花”和“大挑花”。

三、实训设备和材料

1. 实训设备　猪用保定设备。
2. 实训材料　手术刀、消毒药、缝合针和线、小公猪、小母猪。

四、实训内容

猪的阉割技术。

五、操作方法和步骤

(一)公猪的阉割

1. 刀切法阉割

(1)术前检查　确定无任何传染病，对精神不振、消化不良、体质瘦弱者，暂不宜手术，待康复后再进行。检查两侧睾丸是否正常，有无阴囊疝、隐睾。

(2)保定　在保定小公猪时，术者右手握住猪的右后肢，左手抓住猪右侧膝前皱襞，使其左侧卧，背向术者。以左脚踩住颈部，右脚踩住尾巴进行保定。对于性情温顺的大公猪可直接在颈部肌肉注射 2%静松灵，0.2～0.5 mL/kg 体重，止血敏 15～30 mL；对于性情暴烈者，可利用发情母畜或假台畜引起其兴奋，乘机在颈部或臀部肌肉注射麻醉药和止血药，当公猪进入浅麻时，对其进行左侧横卧保定。

(3)把握阴囊，固定睾丸　阴囊部剪毛，用3%来苏儿清洗消毒，再用5%碘酊消毒整个阴囊。术者以左手拇指与食指把握阴囊，并以其余手指压紧右后肢，并挤压睾丸，将睾丸挤向阴囊底部，使阴囊壁绷紧，固定睾丸。

(4)确定切口　术者右手持刀，于上侧睾丸处与阴囊缝平行切开阴囊壁，直达睾丸固有鞘膜，挤出睾丸。

(5)扯断精索，摘除睾丸　挤出睾丸后，左手拇、食指捏住睾丸，右手拇、食指撕开或剪开、割开鞘膜韧带，牵引睾丸并捻转数周，以拇、食指的尖端沿精索滑动挤搓，扯断精索，摘除睾丸。同法，仍在原切口内，在阴囊纵隔上作一个切口，挤出另一侧睾丸，按同样方法摘除睾丸。大公猪则采用结扎法，分离韧带及系膜后，在靠腹壁处用止血钳将精索夹住。用粗丝线将输精管结扎，再把整个精索结扎，最后在结扎线下方2～3 cm处剪断精索。

(6)切口处理　小公猪将切口内的污血、液体等清理后，撒布磺胺粉，用5%碘酊消毒切口及其周围，同时将包皮内的积液挤出，解除保定，让其自由活动。大公猪创口较大的，除一般清创处理外，还需进行切口缝合，并肌肉注射青链霉素。

(7)术后护理　①术后将公猪移入清洁卫生、干燥通风的圈舍，也可铺上适量垫草，以防术部黏附粪便诱发感染，并给予富含多种营养成分且容易消化的饲料和清洁的饮水。②为了防止蚊虫、苍蝇叮咬，可在圈舍内喷洒灭害灵或驱蚊灵，术部周围涂以花椒油。③术后未苏醒时，可用阿托品或盐酸肾上腺素进行对抗。④对于术后去势继发症可进行对症治疗。

2.化学法阉割　公猪可使用“氯甲普”溶液合剂进行化学阉割，其配制方法是：取无水氯化钙10 g，加蒸馏水至100 mL，溶解后即为10%氯化钙溶液；再取盐酸普鲁卡因2 g，加蒸馏水至100 mL，溶解后即为2%盐酸普鲁卡因溶液；另取3 mL甲醛，与以上两种溶液混匀，即为“氯甲普”溶液合剂。最后将配合的溶液经过滤、高压灭菌消毒，备用。注射剂量：15～30日龄仔猪每个睾丸注射3 mL为宜。据有关资料介绍，仔猪在15～20日龄时进行药物去势效果最好，有效率达93.7%。

(二)母猪的阉割

1.“小挑花”　一般选择5～10 kg的小母猪进行阉割，其操作方法为：

(1)保定　术者用左手提起猪的左后肢，用右手食指和中指夹紧左耳，向内下方拧转，使猪背向术者，右侧着地。用右脚踩住猪左侧颈部，左手将猪的左后肢向后拉伸，并用左脚踩住左后肢跖部或跗部蹬紧固定，使猪呈半仰卧姿势。

(2)手术部位　在左侧腹下部，离左侧倒数1～2乳头外缘2～3 cm处(即密毛无毛交界处)与左侧荐结节内角相对处即为手术部位。但由于猪个体营养状况不同，施术部位略有差异。一般仔猪营养良好，发育快的，切口应适当地向前；仔猪身体瘦弱，营养状况较差的，切口可适当地向后；腹腔内容物较多时切口可适当地偏向腹侧；腹腔空虚时，切口可适当地朝向背侧。

(3)消毒　术部充分剪毛，用清洁水或1%消毒药水(如来苏儿、新洁尔灭等)擦洗或75%酒精棉球消毒，术者手指用清洁水或75%酒精棉球充分擦洗。

(4)手术步骤　术者右手拇指置刀身前端之上，按住手术刀，食指放于刀身前端下面，作为支点，中指放在刀身下面的中部固定手术刀。左手将术部皮肤稍向侧方牵移，中指在下，抵住同侧荐结节(胯尖)，拇指在上对着左侧荐结节内角用力向下压，使拇、中二指尽量相接，然后右手持刀贴紧拇指前端切开皮肤，切口长0.8～1 cm，再用手术刀钝端戳破腹肌和腹膜，前后活动刀柄扩大创口，并借左手拇指的压力将子宫角压出创口处。接着右手拇、食指捏住露出的子宫角，左手食指的背面用力压原来左手拇指按压的腹壁，并用左右手拇、食指轻轻地轮流向外引导出两侧卵巢、子宫角和子宫体前部，随后钝性摘除卵巢和子宫角，切口涂擦75%酒精或5%碘酊消毒，并握住左后肢向腹部折压几下，即可将猪放开。

(5)术后护理　由于术后皮肤切口移至左膝襞的内侧凹陷处，所以仔猪侧卧或伏卧都不易污染和化脓等，又因腹壁切口小，手术迅速，腹腔内器官所受的刺激也很少，而且猪的抵抗力较强，所以不需特殊护理，只在当日减少喂量即可。

2."大挑花"　一般选择体重在12～25 kg之间，最好15 kg左右较为合适，或选择3月龄以上母猪，但必须发过一次情，以免子宫角过细而被拉断。淘汰大母猪亦可采用此手术方法。具体操作如下：

(1)保定　右侧或左侧横卧保定。术者右手或左手将猪的左侧或右侧膝前皱襞抓住，使猪成右侧或左侧横卧，术者站在猪的背面。右脚或左脚踩住猪的颈左侧面或颈右侧面，助手拉住左后肢或右后肢，使蹄掌朝向地面，淘汰的大母猪还需助手用木杠压住头颈部。

(2)术者手指及术部的消毒　术者手指用清洁水充分清洗或用0.1%的消毒药水(如来苏儿、新洁尔灭等)浸泡10 min，再用75%酒精消毒；术部用清洁水或1%的消毒药水充分洗涤，再涂擦5%碘酒或75%酒精消毒。对淘汰的大母猪于术部可铺一块消毒纱布，用止血钳固定，以免子宫角拖到切口外而被污染。

(3)手术部位的确定　从髋结节外角作一虚线与腹白线(即腹中线)垂直，此虚线一部分在腹部，一部分在肋部，距肋部虚线中点前下方1 cm左右为切口位置。

(4)手术步骤　术者右手拇指置于刀刃的一面，按住刀刃前端，其余四指置于刀刃的另一面，使食、拇二指按住刀刃的前端，其他三指依次较后固定刀子。

左手拇指指向术部的后缘，右手持刀作一半月形切口，一次只切透皮肤，切口一般长3～4 cm，切口与腹白线垂直。切开皮肤后，左手拇指将切口的后缘皮肤压开，用右手食指沿切口后缘继续分离一部分皮肤和腹外斜肌约深0.5 cm，然后食指用力戳破腹肌和腹膜，同时扩大腹肌和腹膜创口，以便顺利钩取卵巢和子宫角。在捣破腹肌和腹膜时，助手要将左后肢拉直，则腹肌和腹膜张力较大，而易于戳破。右手食指扩大肋部切口以后，即可伸入腹腔和骨盆腔入口，在荐骨岬部两侧从输卵管处拉取卵巢。在拉取卵巢时要使食指尖端沿着左(或右)侧腹壁拉取，以免卵巢游离而影响卵巢顺利拉出。左手拇、食、中三指持于刀身的上半部，使刀身及钝端沿右手食指伸入腹腔，但刀的钝端紧贴于右手食指侧面，一直伸入到食指尖端，然后左手拇、食、中三指将刀身逆时针方向转180°，即可钩住输卵管，其球头以右手食指尖端按住，刀身交给右手，用右手拇、食二指及虎口固定，一直拉到切口的外面。再摘除卵巢囊和卵巢，如果怕有出血，可在输卵管处结扎卵巢系膜而摘除之。在此切口内，同法处理另一卵巢。摘除两侧卵巢以后，切口内撒布碘仿磺胺粉，切口行人字形缝合，再涂擦75%酒精或5%碘酒。

六、操作重点提示

1.时间的选择　一定要选择晴朗温暖的天气做手术，刮风阴雨天不宜手术。以早晨手术最好，也可在中午后阉割，这样可让阉割后的猪自由活动，有充分的时间观察其术后变化，以防意外。

2.去势猪选择　去势应选择仔猪健康状态时进行，经检查确定无任何传染病，对精神不振、消化不良、体质瘦弱者，暂不宜手术，待康复后再进行。如仔猪腹泻或体弱，需要等到仔猪康复后。注意不要在仔猪断奶、转群、并圈阶段去势，更不能和防疫同时进行，以免增加仔猪应激，引起过敏，造成死亡。

3. 注意事项

(1)注意人畜安全　去势前，将母、仔猪分开，老母猪圈一定要结实，防止手术过程中老母猪冲出圈舍咬伤他人。

(2)注意器械、环境消毒　手术前所有器械用 0.1%新洁尔灭溶液浸泡 24 h，缝线煮沸消毒，术者指甲剪短磨光，用肥皂水、清水洗净后用 0.1%新洁尔灭溶液浸泡消毒。阉割种公猪的圈内要打扫干净，保持干燥，防止感染。

(3)麻醉工作要细　麻醉保定要选择全麻药并注射全身止血药，以便手术操作，确保手术成功、安全。由于种公猪皮肤较厚，因此在术前麻醉、保定注射药物时，可先将针头刺入肌肉，然后再注入药物。在摘除睾丸过程中，可事先用 2%盐酸普鲁卡因作精索神经麻醉，这样可加强麻醉效果，利于手术操作，同时，在手术过程中，视公猪麻醉情况，可灵活补注麻醉剂。

(4)切口位置要正确　注意不要将切口作在阴囊中缝或阴囊纵隔上，否则会延长切口愈合时间。手术切口尽量处于阴囊下部，这样血液和腹水不能滞留，不易感染发炎，切口容易愈合。

(5)精索要扎牢　杜绝阉割种公猪死亡的技术关键是精索一定要结扎牢固，可以防止手术后内出血。

七、实训过程检查与评价

实训过程检查内容及评价方法请参照实训 1-1。

八、问题与思考

1. 如何正确选择猪的阉割时间？
2. 选择阉割猪时应注意哪些事项？

实训 1-9　猪场的规划和设计

一、实训目标和要求

了解猪场规划和设计的基本要求。通过实训，掌握不同情况下的猪场规划，并完成不同规模猪场的设计。

二、知识背景与原理

(一)猪场场址选择

选址前必须对当地的气候条件、地理条件、人口情况、水文资料等进行必要的了解，只有符合养殖条件的地方才能选择建场。此外具体选址时，还需要考虑：

1. 地形地势　猪场一般要求地形整齐开阔，地势高燥、平坦或有缓坡，场地坡度以 1%～3%为宜，最大不能超过 25%，同时要求背风向阳，最好方位为坐北朝南，北高南低。

2.土质要求　由于猪场场地土壤的物理、化学、生物学特性，对猪场的环境、猪只的健康与生产力均有影响，因此在猪场选址时，要求土壤必须透气透水性强，毛细管作用弱，吸湿性和导热性小，质地均匀，抗压性强，且未曾受过病原微生物污染。由于沙壤土兼具沙土和壤土的优点，因此是建猪场的理想土壤。土壤一旦被病原微生物、工业污染物污染，常多年具有危害性。因此，选择场址时应避免在旧猪场、其他畜牧场场地上和曾经有工业污染的土地上重建或改建。在山区建猪场时，为了少占或尽量不占耕地，选择场址时对土壤种类及其物理特性的要求不必过于苛求。

3.交通便利　交通运输条件直接关系到猪场的运行成本，关系到养殖的经济效益。由于猪场每天需要消耗大量的饲料、排出大量的粪便和污水，同时经常有猪需要出售，因此交通是否便利对猪场就显得特别重要。猪场场址必须选在交通便利的地方，但因猪场的防疫需要和对周围环境的污染，又不可太靠近主要交通干道，故猪场选址建设时，最好离主要干道1 000 m以上，同时要距离居民点1 000 m以上。如果有围墙、河流、林带等屏障，则距离可适当缩短些。但禁止在旅游区及工业污染严重的地区建场。

4.水源水质　猪场水源要求便于取用和进行卫生防护，水位在2 m以下。水质要求无色无味无臭。水源水量必须能满足场内生活用水、猪只饮用及饲养管理用水（如清洗调制饲料、冲洗栏舍、清洗机具用具等）的要求，一般一个年出栏万头肥猪的猪场，日均需水量在300 000 L左右。

5.场地面积　猪场占地面积依据猪场生产的任务、性质、规模和场地的总体情况而定。生产区面积一般可按每头繁殖母猪40～50 m^2或每头上市商品猪3～4 m^2计划。

（二）猪场总体规划与布局

在制定总体规划前，需要根据猪场建设目标、投资规模、饲养品种、生产模式、饲养规模等选择场址，根据选址点的情况进行水质、水量的调查，在水质、水量满足猪场基本要求后才能开始进行总体规划。

由于环保压力的增大，许多地方政府在进行区域规划时就已经划定了养猪业生产的禁养区、限养区和可养区。在禁养区内不准有畜牧场，已有的限期搬离；限养区内严格限制养殖数量，只准减少，不得增加；可养区内的养殖模式必须朝着生态、环保的方向发展。因此，在对猪场进行总体规划时必须考虑所选场址属于哪类地区。

1.总体布局　一般按照“四区、两道”的原则进行总体布局。

（1）生活区　包括办公室、接待室、财务室、食堂、宿舍、运动场、娱乐设施等。生活区一般设在生产区的上风向，或与风向平行的一侧，位置一般为猪场的最高点，以免受到猪场不良气体的污染。

（2）生产区　生产区是猪场养猪的场所，包括各类猪舍和生产设施，这是猪场中的主要建筑区，一般建筑面积占全场总建筑面积的70%～80%。生产区一般设置在猪场的下风向，或在猪场相对低洼的地方，种猪一般设计在猪场生产区的最里面，而肥猪一般设计在猪场生产区的外缘。

（3）饲养管理区　猪场日常生产管理所必需的附属建筑物设施，包括饲料原料仓库、饲料加工车间、饲料仓库、修理车间、变电所、锅炉房等。一般设计在生产区的外缘或靠近生产区。

（4）病猪隔离区、粪便处理系统　这些区域主要是由病猪（或引进猪）隔离区、猪尸体解剖区及尸坑或焚尸坑、猪粪尿处理区等组成，这些建筑物应远离生产区，设在下风向、地势最低的地方。

(5)道路 道路对生产活动的正常进行,对卫生防疫及提高工作效率起着十分重要的作用。场内道路应净、污分道,互不交叉,出入口分开。净道是人行和饲料运输的通道。污道为运输粪便、病猪和废弃设备的专用道。净污道路设置时的原则一般是:单列式猪场净道一般设置在猪栏的东面,污道设置在西侧;在双列式猪场,两排猪舍之间的道路为净道,并与中间主干道合并设立,人员和饲料由净道进入后向两边猪舍分开;而多列式猪场,平行猪舍之间的道路一般设置成净道,在平行猪舍的另外两端设置污道。

(6)其他 待售栏舍一般设计在猪场的下风口,靠近肥猪舍或后备种猪舍和公路的一端,有利于猪的销售。供、排水系统包括水井、水塔和各类管道。水井选址时一定要远离猪场,位置要求较高,处于猪场上风向,猪场污水或粪便处理时不经过水井。水塔是清洁饮水正常供应的保证,位置选择要与水源条件相适应,且应安排在猪场最高处。猪场水管一般采用密闭式管道,而且最好能埋在地下,以免冬天因温度低而导致水管破裂。排水系统按照要求采取净、污分开设置的原则,即每栋猪舍排出的污水是一条沟,而干净的天水是另外一条沟。养猪场出于防疫的要求都要求设置围墙,以保证生物安全性,但山区或边远地区在设计猪场时,可充分利用地形、地貌等地理特点,以水库、河流、树木或其他自然条件作为隔离设备。

2.猪舍朝向和间距

(1)猪舍朝向 在设计猪场时一定要因地制宜确定猪舍朝向。一般来说,最佳的朝向是坐北朝南偏东5°～15°,这样夏天的太阳不容易直接进入猪栏,有利于降温;而冬天阳光刚好能最大限度地照进猪舍,有利于提高猪舍温度,而且能起到杀菌消毒的效果。封闭式有窗猪舍、全开放式猪舍、半开放式猪舍采取开放或半开放设计建设,因此其朝向就非常重要。在全封闭式猪舍,特别是工厂化养猪场,由于采取高密度饲养的模式,因此一栋猪舍的建筑面积比传统猪舍要大得多,由于猪舍内的温度、湿度、光线、风速由机械进行自动控制,此类猪舍对朝向没有特殊要求,其设计时往往依据地形地貌进行。

(2)猪舍间距 一般来说,考虑光照、通风因素时,猪舍间距一般为屋檐高度的4～5倍;而考虑防疫、防火因素时,猪舍间距一般为屋檐高度的10～15倍。猪舍间距太小,不利于通风、光照、防疫和防火,但间距太大,则土地的利用率低,投资成本提高。所以在设计猪舍时,一般猪舍间距取4～5倍的猪舍屋檐高度是比较经济、合理的。

3.美化、绿化 在中国,现代化猪场在进行总体规划设计时,非常重视环境的美化、绿化。在场界周边种植乔木和灌木混合林带,作场界林带;在场界周边对于冬季上风向(防冷风)或夏季上风向(防风沙)种植宽5～8 m、3～5行的乔木和灌木,作防风林带;在场区隔离墙内外种植宽3～5 m、2～3行的乔木,作场区隔离林带,起分隔和防火的作用;在场内外道路旁种植乔木或亚乔木1～2行,在猪舍之间种植1～2行乔木或亚乔木,作遮阴林;在猪舍边上种藤蔓植物,在裸露的地面上种草;在猪场空地上种优质的牧草。猪场在设计时,一般绿化或美化面积可占猪场占地面积的20%以上。同时还可以在生活区设计假山、流水、喷泉等美化设施,不仅可美化环境,而且可以净化空气。

(三)主要参数指标确定

1.母猪繁殖指标的确定 母猪的繁殖指标主要包括:可繁母猪头数、母猪年产胎次、母猪每胎产活仔数、哺乳仔猪成活率等。集约化养猪场常用的技术指标参数见表1-9-1。

表 1-9-1 集约化养猪场技术指标参数参考值

项目	参数	项目	参数
妊娠期	114 天	哺乳期成活率	94%
哺乳期	21～28 天	保育期成活率	96%
保育期	35 天	生长期成活率	98.5%
生长期	56 天	育肥期成活率	99.5%
育肥期	56 天	母猪年更新率	30%
繁殖周期	168 天	母猪情期受胎率	85%～90%
母猪年产胎数	2.0～2.5 胎	消毒空栏时间	7 天
母猪窝产仔数	10 头	妊娠母猪提前进产房时间	7 天
窝产活仔数	9 头	母猪配种后进妊娠栏时间	21 天
公母比例	1:100 或 1:25	繁殖节律	7 天

2.各类猪只存栏数量的确定

(1)所需猪舍的种类　根据生产工艺流程可知，所需猪舍的种类有种公猪舍、空怀母猪舍、妊娠母猪舍、分娩哺乳舍、断奶仔猪保育舍、生长猪舍、肉猪育肥舍。

(2)各类猪舍中的猪只存栏量　各类猪舍中的猪只存栏量计算如下：

$$\text{年需要母猪总头数}=\frac{\text{年出栏商品猪总头数}}{\text{母猪年产胎数}\times\text{窝产活仔数}\times\text{各阶段成活率}}$$

$$\text{空怀舍母猪头数}=\frac{\text{总母猪头数}\times\text{饲养日数}}{\text{繁殖周期}}$$

$$\text{妊娠舍母猪头数}=\frac{\text{总母猪头数}\times\text{饲养日数}}{\text{繁殖周期}}$$

$$\text{分娩哺乳舍母猪头数}=\frac{\text{总母猪头数}\times\text{饲养日数}}{\text{繁殖周期}}$$

$$\text{分娩哺乳舍哺乳仔猪头数}=\frac{\text{总母猪头数}\times\text{年产胎数}\times\text{窝产活仔数}\times\text{饲养日数}}{\text{繁殖周期}}$$

$$\text{断奶仔猪保育舍仔猪头数}=\frac{\text{总母猪头数}\times\text{年产胎数}\times\text{窝产活仔数}\times\text{哺乳期成活率}\times\text{饲养日数}}{365}$$

$$\text{生长猪舍育成猪头数}=\frac{\text{总母猪头数}\times\text{年产胎数}\times\text{窝产活仔数}\times\text{哺乳期成活率}\times\text{保育期成活率}\times\text{饲养日数}}{365}$$

$$\text{肉猪育肥舍育肥猪头数}=\frac{\text{总母猪头数}\times\text{年产胎数}\times\text{窝产活仔数}\times\text{哺乳期成活率}\times\text{保育期成活率}\times\text{生长期成活率}\times\text{饲养日数}}{365}$$

在确定各类猪只的存栏基数后，根据每栏饲养的数量即可确定所需要的猪栏数量。

三、实训设备和材料

计算器、纸、笔。

四、实训内容

猪场规划和设计。

五、操作方法和步骤

(1)由老师结合场地特点,进一步讲解猪场平面布局的要求。

(2)由老师讲解猪场主要的技术指标,确定猪场各参数,并计算各类猪只的存栏数。

(3)由老师讲解如何根据存栏数计算各类猪只占地面积和栏数,并计算各类栏舍的面积。

(4)学生现场绘制平面布局图,并根据场地特点,进一步理解猪场猪舍设计的要求。

(5)由老师根据猪舍主要的技术参数,提示学生猪舍设计要点并设计各种猪舍。

(6)根据猪舍设计,学生现场绘制各类猪舍,并对设计的猪舍进行分析讨论,指出其优缺点。

(7)随机提出一规模化猪场的产量,由学生进行猪场设计,并解释设计理由。

六、操作重点提示

(1)在规划和设计过程中,技术参数的确定非常重要,学生在设计技术参数指标时,必须在老师的指导下,根据不同区域的生产指标来进行确定。

(2)对不同猪舍进行设计时,一定要根据当地的气候特点,结合所选场址的特点,并考虑环保要求等进行。

七、实训过程检查与评价

实训过程检查内容及评价方法请参照实训 1-1。

八、问题与思考

1. 猪场规划时应注意哪些事项?
2. 猪舍有哪些类型?

实训 1-10　种猪系谱编制与系谱鉴定

一、实训目标和要求

通过实训,能够依据给定的资料进行系谱的编制,掌握系谱鉴定的原则和方法。

二、知识背景与原理

系谱测定的目的在于通过分析各代祖先的生产性能、发育情况及其他资料,推断其后代品质的优劣，即估计其近似种用价值，以便确定其是否留种。具体方法是将两头以上的被鉴定家畜系谱放在一起比较，选出祖先较优秀的个体留作种用。比较时应注意以下几点：

(1)两系谱要进行同代祖先比较，即亲代与亲代，祖代与祖代，父系与母系祖先分别比较。

(2)重点应放在亲代的比较上，然后是祖代，血统越远影响越小。

(3)在比较时以生产性能为主，同时也应注意有无近交和遗传缺陷等。

三、实训设备和材料

种猪场的系谱材料。

四、实训内容

种猪系谱编制与系谱鉴定。

五、操作方法和步骤

(一)系谱编制

1. 横式系谱(括号式系谱)　它是按子代在左，亲代在右，公畜在上，母畜在下的格式来填写的。系谱正中可画一横虚线，表示上半部为父系祖先，下半部为母系祖先(图 1-10-1)。

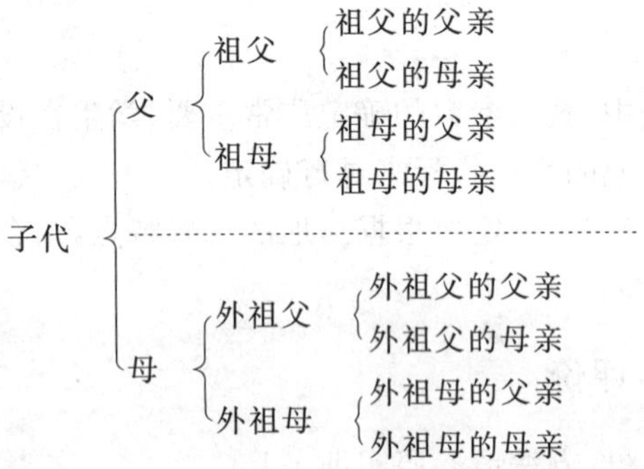

图 1-10-1　横式系谱

简单的系谱，一般只记录祖先的号数或名字。而完全系谱除应记载祖先的号数、名字外，还应登记生产性能记录、体尺、体重、评定等级，以及后裔鉴定材料等。

在编制系谱时，如果某个祖先无从查考，则应在规定的位置上画线注销，不留空白。

2. 结构式系谱　结构式系谱比较简单，无须注明各项内容，只要能表明系谱中个体间的亲缘关系即可。结构式系谱形式如图 1-10-2 所示。

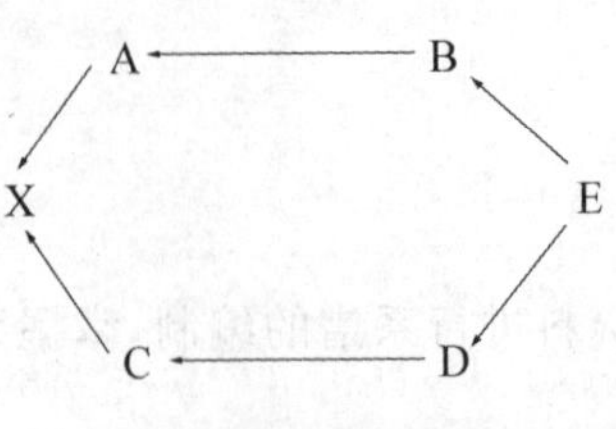

图 1-10-2　结构式系谱

3. 竖式系谱　竖式系谱编制时，种畜的畜号或畜名记在上面，下面是父母代，再向下是祖代，依此类推。见图 1-10-3，同一代中的公畜记在右侧，母畜记在左侧。系谱中间画出竖线。

<table>
<tr><td colspan="4">母</td><td colspan="4">父</td><td>亲代</td></tr>
<tr><td colspan="2">外祖母</td><td colspan="2">外祖父</td><td colspan="2">祖母</td><td colspan="2">祖父</td><td>祖代</td></tr>
<tr><td>外祖母的母亲</td><td>外祖母的父亲</td><td>外祖父的母亲</td><td>外祖父的父亲</td><td>祖母的母亲</td><td>祖母的父亲</td><td>祖父的母亲</td><td>祖父的父亲</td><td>曾祖代</td></tr>
</table>

图 1-10-3　竖式系谱各祖先血统关系模式

4. *畜群系谱*　畜群系谱是为整个畜群统一编制的。通过畜群系谱不仅可以了解群体内不同个体的来源、亲缘关系和亲缘程度，同时还能观察出每一个体在群体中的作用，因而有助于我们全面了解畜群情况和组织育种工作。编制步骤如下：

(1)编制群体母系记录表　形式如表 1-10-1 所示。

表 1-10-1　群体母系记录表

畜号	性别	父亲	母亲	外祖父	外祖母	外祖母的父亲	外祖母的母亲
25	母						
35	公	101	25				
36	母	101	25				
104	母	106	12				
51	母	106	12				
71	母	106	25				
79	母	35	104	106	12		
150	母	35	51	106	12		
109	母	35	36	101	25		

(2)绘制草图　先画出几条横线，在横线的左端用方块表示公猪并注明具体公猪号，如图 1-10-4 中 101、106、35 号三头公猪，横线的多少取决于种公猪的头数，每条横线代表一头公猪。公猪的排序以其利用时间的早晚为标准，利用早的排放在下面(如 101)，利用晚的排放在上面。

根据母猪基础群的头数，在最早与配公猪横线的下面标识出母猪，母猪用圆圈表示(如 25 号、12 号母猪)并注明其具体母猪号，然后向上画出垂线，和公猪横线相交处为本场生产留种的种猪，公猪用方块表示，母猪用圆圈表示，并注明种猪的号码(如 51 号、104 号母猪)。标明母猪时，如果某头母猪的留种较多，则其与其他母猪的距离适当留宽些。

如果产生的后代继续留种，则从该头留种的母猪继续往上画线，与其他公猪横线相交后标明留种号码。如果公猪继续留种使用，则由此公猪号码再画一条横线(如 35 号公猪)。

如果产仔留种母猪继续留种，则继续往上画线(如 51 号、104 号母猪)。

如果母猪不与公猪交配，则不再往上画线(如 71 号母猪)。

(3)绘制正图　对草图进行调整，画出一个精确、清晰、美观的畜群系谱(图 1-10-4)，一个个体在正图中只能出现一次。繁殖留作种用的可以从它所在位置向上引箭头，并在图的左侧引出该留种公畜的横线。

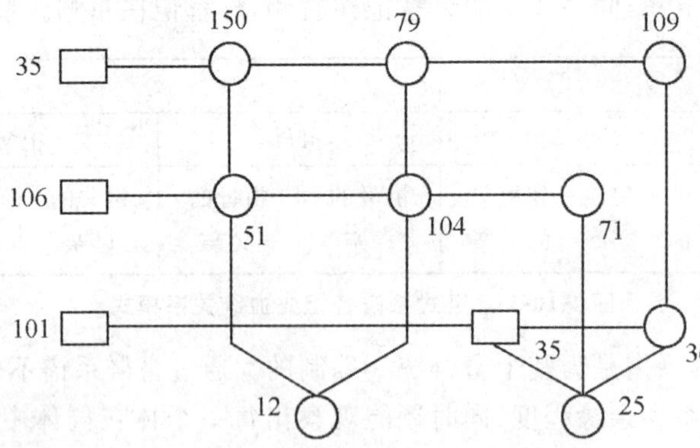

图 1-10-4　畜群系谱

(二)系谱鉴定

系谱鉴定就是通过分析各代祖先的生产性能、生长发育、外形等,估计种猪的种用价值,了解种猪祖先的血缘情况,为选配工作提供依据。具体方法是:将两头种猪的系谱放在一起比较,选出祖先优秀的个体作种用。

系谱测定多用于种猪幼年和青年时期本身无产量记录的情况下,是早期选种必不可少的手段,也可用于对种公猪限性性状的选择。但是,单独使用系谱测定,选种准确性比较低,应结合其他方法综合使用。

六、操作重点提示

在绘制系谱图时一定要准确收集种猪的信息,绘制完后要对照系谱图进行检查,防止错误。

在进行系谱鉴定比较时要注意三点:一是用两个系谱同代祖先互相比,即亲代与亲代、祖代与祖代、父系与母系的祖先分别比较;二是重点以审查亲代为主,血统越远影响越小;三是以比较生产性能为主,同时要注意有无遗传缺陷。

七、实训过程检查与评价

实训过程检查内容及评价方法请参照实训 1-1。

八、问题与思考

1. 种猪系谱图有哪几种?
2. 在进行系谱鉴定时应注意哪些事项?

项目二

牛场综合实训

实训 2-1 现代化奶牛场的设计和规划

一、实训目标和要求

通过实训，能够初步规划设计一个现代化养牛场，能够分析评价牛场的设计理念、牛场总体规划、建筑设计、工艺设计、设备设施选型的优缺点。

二、知识背景与原理

(一)现代化奶牛场的目标、理念、标志

四个目标：优质、高产、高效、环保；

四个理念：先进性、科学性、实用性、创新性；

八大标志：规模化、集约化、专业化、设施化、自动化、电子化、数字化、标准化。

(二)奶牛场的规模

养殖规模大小是奶牛场区规划与设计的重要依据，养殖规模大小的确定应考虑以下几个方面：

1. 自然资源　特别是饲草饲料资源，是影响饲养规模的主要因素。生态环境对饲养规模也有很大影响。

2. 资金情况　奶牛生产所需资金较多，资金回报率较低，投资回收周期较长。资金雄厚，规模可大，总之要量力而行，进行必要的资金运行分析。一般情况新建一个奶牛场，包括牛舍、挤奶厅、青贮窖、饲喂设备以及粪污处理、供电、道路等附属设施，按设计存栏头数，平均每头牛投资 0.6 万～1 万元。因地区、生产方式、挤乳方式、粪污处理等不同投资强度差异很大。

3. 经营管理水平　社会经济条件的好坏，社会化服务程度的高低，价格体系的健全与否，以及价格政策的稳定性等，对饲养规模有一定的制约作用。在确定饲养规模时，应予以考虑。

4. 场地面积　牛场大小可根据每头牛所需面积，结合长远规划计算出来。一个比较理想的存栏 1 000～1 500 头奶牛场，采用散栏饲养，TMR(全混合日粮)饲喂，每头牛 60 m^2，匹配饲料地面积 667 m^2(1 亩≈667 m^2)/头，一般占地面积为 10～12 hm^2(1 hm^2＝15 亩)，以长/宽＝1.2/1 或方形场地为好(土地利用系数最高)；建筑系数 20%～25%，绿化系数 30%～35%，道路系数 8%～10%，运动场地和其他用地 35%～40%。

5.品种因素　规模饲养奶牛应根据乳品加工产品对原料奶的要求来选择品种。不同品种的奶牛，体型大小差异较大，影响奶牛的占地面积。如荷斯坦奶牛，美加系体型较大，欧系较小；荷斯坦牛体型相对较大，娟姗牛体型较小。在设计牛舍、挤奶厅等建筑和内部设施时需要考虑这些因素。

(三)奶牛生理阶段划分及奶牛分群、转群标准

1.奶牛不同生理阶段的划分

(1)犊牛　指出生后0～6月龄的奶牛，又分为新生犊牛、哺乳犊牛和断奶犊牛。新生犊牛指出生后24 h以内的犊牛；哺乳犊牛指出生后1～60天的犊牛，犊牛一般哺乳60天；断奶犊牛指出生后2～6月龄的犊牛。

(2)育成牛　指7月龄至初次配种受胎时(16月龄)的奶牛，又可分为小育成牛、大育成牛。小育成牛指7～12月龄的奶牛；大育成牛指13～16月龄的奶牛。

(3)青年牛　指怀孕后(17月龄)至产犊的奶牛，16月龄后大部分的牛开始配种受胎，又称青年初孕牛。

(4)成母牛　指分娩以后的奶牛，包括泌乳早期：指分娩至产后15天的奶牛；泌乳盛期：指产后16～100天的奶牛；泌乳中期：产后101～200天的奶牛；泌乳后期：指产后201天至干奶的奶牛。

2.奶牛分群的标准

(1)犊牛的分群标准　新生犊牛、哺乳犊牛采用犊牛岛饲养，一犊一岛；哺乳犊牛断奶后15天内仍在犊牛岛饲养，过渡期结束后，断奶犊牛没有问题的再转入断奶群中；断奶15天以后奶牛按照饲养月龄进行分群饲养，最好将断奶犊牛20～30头分成小群进行饲养。

(2)育成牛的分群标准　育成牛主要参考月龄、体高及体况进行分群，遵循月龄相近、体况相近分在一群的原则，偏瘦牛或偏胖牛可单独组群来调整体况。育成牛存栏量较大的牛场，为方便工作，可组成配种牛群和妊娠牛群。

(3)成母牛的分群标准　泌乳牛群主要考虑产奶量，同时适当考虑泌乳天数及奶牛体况；应尽量减少奶牛的转群应激，确实不符合目前所在群营养的则必须转群，泌乳牛转群可以每月一次。

新产牛群：经产牛产后至泌乳30天，头胎牛产后至泌乳50天；如果能组成两个群，可分为经产母牛新产群和头胎母牛新产群，应分配在离挤奶厅最近的舍区。

高产牛群：经产牛产后30天以上，头胎牛产后50天以上，奶量大于30 kg的泌乳牛；泌乳天数100天以内，而体况评分小于本群牛0.5分以上的中、低产奶牛，应调至高产牛群。

中产牛群：经产牛产后30天以上，头胎牛产后50天以上，奶量20～30 kg的泌乳牛；泌乳天数100～200天，而体况评分小于本群牛0.5分以上的低产奶牛，可调至中产牛群。

低产牛群：经产牛产后30天以上，头胎牛产后50天以上，奶量小于20 kg的泌乳牛，即将干奶的牛群；为方便工作，可将最近需要干奶的牛分在一个群，不考虑奶量。

干奶牛群：正常干奶的(产前55～65天)奶牛集中饲养，应保证干奶牛有足够的运动空间；非正常干奶牛，应与青年牛一起饲养，直至产前60天，再调至干奶牛群进行饲养。

围产期牛群：经产牛为产前21天的奶牛，头胎牛为产前30天的奶牛，直接从育成牛群调入围产牛群;如果能分成两个区,可将成母牛和头胎牛独立分群饲养,专人监护,及时转入产房和新产牛舍。

特需牛群:特需牛群主要是牛奶中有抗生素的牛只或者正在特殊护理治疗的牛只,治疗过程中及治愈初应独群饲养,单独一个挤奶厅,不能满足单独挤奶厅的要最后上厅挤奶,经检测牛奶无抗生素、质量有保证时再调至相应的牛群。

3.奶牛的转群频率　干奶牛、围产牛每周进行一次,其他泌乳牛群、育成牛群每月调整一次。

(四)合理的牛群结构

正常情况下规模奶牛场的合理结构为成母牛55%~60%。在成母牛中1~2胎母牛占母牛群总数的40%,3~5胎牛占牛群总数的40%,6胎以上占20%。老弱病牛应淘汰,规模奶牛场淘汰率可达20%~25%,以保持牛群高产稳产。青年牛应占整个牛群的13%;大育成牛应占整个牛群的9%;小育成牛应占整个牛群的9%;对于出生的母犊牛要根据其父母代生产性能和本身的体型外貌进行选留,作为后备母牛进行培育,其他犊牛要尽快销售,留作后备母牛的犊牛应占整个牛群的9%。

(五)生产工艺

现在奶牛场设计多采用散栏式工艺,可满足牛全天候自由采食、自由运动的需求。奶牛的饲养工艺由精粗分开饲喂向全自动饲喂转变,传送带饲喂系统将引领新的饲喂革命。挤奶由人工挤奶、管道式挤奶向挤奶厅鱼骨式挤奶、转盘式挤奶、机器人挤奶转变,做到奶牛饲养区和挤奶区的完全分开,保证牛奶的卫生质量。散栏式饲养按照奶牛的生态学和生物学特性,进一步完善了奶牛场的建筑、生产工艺和配套设施,使奶牛场生产由传统的手工生产方式,转变为机械化工厂生产方式,是实现规模化、工厂化生产的重要途径。散栏式牛舍是一种没有固定牛卧床的牛舍,这种牛舍可以方便奶牛自由采食和饮水,使用这种牛舍养牛可以减少应激,提高牛群自身抵抗力和奶牛的奶质。因此,建造散栏式奶牛场十分必要。

(六)奶牛场选址和规划布局

1.场址选择

(1)地势　首先,要相对平坦,地势高。由于北方地区日照时间长、光照强、雨量相对南方少、气候干燥,故北方建设牛场的地理优势非常明显。第二,要背风向阳,不宜建在地势低洼,风口处。第三,要排水良好,有一定坡度,平原地区1%~3%的坡度为宜,山区牛场建筑坡度不宜超过8%。不要建在地下水位较高的地方,水位高局部可能会有积水,潮湿会大大提高奶牛乳房炎的发病率。然而对于南方地区,这些基本的要素说来简单,真正符合条件的并不多,雾霾天气多,光照相对少,雨量多,潮湿,那么就需要在开工前平整场地时适当调整现场整体地面标高,达到排水要求。

(2)土质　土质在选址中可以说是最重要的,直接关乎整个牧场后期的生产效益。沙土最好,因为沙土土质松软,透水性强,雨水和尿液不易积累,雨后很快就干了,大大降低了蹄病、乳房炎和其他疾病的发病率,所以在建场之前一定要多寻找,多走访,多查看,多咨询等。

(3)水源和水质　必须要有一个可靠的水源,并且水量充足,能满足场内人畜的饮用和生产、管理用水需要。一般牧场水源分为井水和自来水。由于井水水质容易被污染,含有重金属或其他杂质,需要进行水处理。此外水源要便于防护,保证水源水质处于良好状态,不受周围环境条件的污染，取用方便。

(4)气候　奶牛生产适宜的温度为15℃(8～20℃)，相对湿度50%～70%。综合我国气候条件划分为长城以北的寒冷区、长城以南至长江流域以北的温带区、长江流域的温湿区、北回归线的炎热区。北方地区牛舍环境建设考虑的重点是冬季，需要注意的问题主要包括牛舍保温除湿、防风、有害气体(NH_3、H_2S、CO_2)的排放、设备设施的防冻保温。南方地区牛舍环境建设考虑的重点是夏季，需要注意的问题是夏季防暑降温，冬季保持舍内空气清新。

(5)草料丰富　应距秸秆、青贮和干草饲料资源较近，以保证草料供应，减少运费，降低成本。

(6)交通便捷　由于饲料运进，牛奶运出，粪肥的销售，运输量很大，来往频繁，有些运输要求风雨无阻。

(7)卫生防疫　距离主要交通要道、村镇工厂1 000 m以外，一般交通道路500 m以外，对奶牛场污染的屠宰、化工和工矿企业1 500 m以外，特别是化工类企业。符合兽医卫生和环境卫生的要求，周围无传染源。

(8)节约用地　不占或少占耕地。地形开阔整齐，正方形、长方形较理想，避免狭长和多边角。

(9)避免地方病　人畜地方病多因土壤、水质缺乏或过多含有某种元素而引起。

2. 场区的规划与布局　牛场规划和布局应以经营方针、饲养规模、饲养工艺、机械化程度、气象条件、地形、交通、水、电和通信等为依据。在满足经营管理和生产要求的前提下，总体布局要本着因地制宜、统筹安排和长远规划，紧凑整齐、美观大方，提高土地的利用率和节约基本建设投资的原则来设计，以保证养殖环境的净化和畜产品的安全。一般牛场分区如下：

(1)生产区和辅助生产区

①生产区　包括奶牛舍(泌乳牛舍、育成牛舍、犊牛舍、犊牛岛、干奶牛舍、产房)、配套运动场、挤奶厅等。这是奶牛场的核心，应设在场区地势较低的位置，要能控制场外人员和车辆，使之不能直接进入生产区，要保证安全、安静。各牛舍之间要保持不少于20 m距离，布局整齐，以便防疫和防火。但也要适当集中，节约水电线路管道，缩短饲草饲料及粪便运输距离，便于科学管理。

②辅助生产区　包括饲料库、饲料加工车间、变配电室、青贮池、干草棚、机械车辆库等。精料库的布局要靠近饲料进出门和牛舍，精料库、干草棚、青贮窖等设施的布局与TMR加料顺序保持一致，考虑各种车辆的停放、维修区域。必须防止奶牛舍和运动场的污水渗入而污染草料，所以，一般应建在地势较高的地方。

生产区和辅助生产区要用围栏或围墙与外界隔离。大门口设立门卫传达室、消毒室、更衣室和车辆消毒池，严禁非生产人员出入场内，出入人员和车辆必须经消毒室或消毒池进行消毒。消毒池长度要保证车辆轮胎旋转两圈，设置净道和污道。

(2)奶牛场管理区　包括办公室、财务室、接待室、档案资料室、活动室、实验室等。管理区要和生产区严格分开，保证50 m以上距离为好。

(3)奶牛场生活区　职工生活区应在牛场上风头和地势较高地段，并与生产区保持100 m以上距离，以保证生活区良好的卫生环境。设置人员消毒室。

(4)病牛隔离治疗区　包括兽医诊疗室、隔离舍和病死牛处理区。此区设在下风头，地势较低处，与生产区距离300 m以上。病牛隔离治疗区应便于隔离，单独通道，便于消毒，便于污物处理等。

(5)粪污处理区　粪污处理设施先进，粪尿污水处理应有单独对外出口，并考虑牛场冬季粪污堆积空间，粪沟建设要考虑地区冻土层深度。

(七)散栏式牛舍设计

散栏式奶牛场的内部布局包括饲料区、饲养区、兽医室、人工授精室、排污区和生活区。饲料区主要有粗饲料区和精饲料区，散养奶牛饲料区非常重要，基本上牛场都有自己的饲料生产线，能够随时满足牛群供给，保证养牛的效率。兽医室与人工授精室相隔开，以便保证人工授精的安全和无污染。生活区主要包括员工休息区和牛场办公室，是牛场用来接待外访人员、牛场员工住场生活的地方。饲养区由泌乳牛舍、干奶牛舍、产房、犊牛舍、育成牛舍构成，其中干奶牛、犊牛与产房靠近，泌乳牛与挤奶厅靠近。牛场应该还有总锅炉房、供电区和供水区，以便提供牛场的日常用水、用电。散栏式养奶牛，建设大型运动场是关键，运动场是用于牛群自由采食和运动的地方，并且在场地上应该有天然的青饲料。

散栏式牛舍能够给奶牛提供一个采食、饮水、休息、运动和泌乳所需的相对独立自由活动的场所，将不良气候影响降到最小，自由卧床、自由采食、自由饮水、自动清粪相互匹配，并保证奶牛各种行为有足够的空间，在任何气候条件下，奶牛都可以在散栏式牛舍内进行日常生产活动，通风良好，劳动力成本低，牛舍使用寿命长。

散栏式牛舍呈列式，一般可建2～6列。而牛场的总占地面积可根据每头牛所占的空间和饲养牛的数量来计算，一般一头奶牛所占面积为95～130 m^2，再乘以饲养奶牛的总数就是牛场的总占地面积。

三、实训设备和材料

牛场实例图片和视频、国内知名牧场设计公司网站、绘图纸、碳素笔、铅笔、圆规、三角板、电脑。

四、实训内容

(1)了解现代化牛场(舍)建筑设计与布局的一般要求；

(2)掌握现代化牛场(舍)建筑设计的基本方法；

(3)绘制现代化牛场设计与布局图。

五、操作方法和步骤

(1)观看现代化牛场视频、图片和经典设计案例，以了解奶牛场的规划布局以及奶牛舍的建筑设计要求。

(2)在设定的虚拟场址进行总体规划和建筑设计。

(3)制定工艺设计方案，设计应符合现代奶牛生产工艺流程，注意先进技术、设备设施的运用。

(4)利用网络进行牛场设备设施选型，充分搜集和分析网络上知名设计公司的经典案例。

(5)消防、环保设计。

六、操作重点提示

1.奶牛养殖成功的必备条件

(1)场址　洁净,防疫环境合格。

(2)配套土地　满足八成以上青粗饲料供应及所有粪尿消纳。

(3)水电网　可饮用水资源充足,拥有电力与网络资源。

(4)防疫管理　体系完整,严格执行。

(5)奶牛育种水平　与现代化奶牛场设施匹配。

(6)资金链　拥有按奶牛业生产特点配置的资金链。

(7)加工销售　短货架期乳品的奶源基地与乳品加工厂及消费市场毗邻。

(8)人才团队　有一支既懂奶牛养殖又会经营管理并有良好合作精神的团队。

2.设计工艺测算　奶牛场规划设计,应测算如下参数:场区用地面积(m^2);建筑物、构筑物用地面积(m^2);建筑系数(%);道路和广场用地面积(m^2);绿化占地面积(m^2);绿地率(%);土石方工程量(m^2)。

七、实训过程检查与评价

序号	检查内容	检查标准	学生自查	教师检查
1	教学互动	乐于参与		
2	出勤状况	出勤95%以上		
3	合作精神	能够积极参与课程讨论,互相补充		
4	创新意识	不随波逐流,有合理的独到见解		
5	现代化奶牛场的目标、理念、标志	熟练掌握相关要求		
6	奶牛舍建造标准	结合实践能够掌握标准		
7	分析评价奶牛场	能够分析评价已有的牛场并提出改进意见		
检查评价	评语: 组长签字:　　教师签字: 年　月　日			

八、问题与思考

1.确定奶牛场的规模需要重点考虑哪五个方面?

2.进行奶牛场规划和布局一般把牛场分为哪几个区?

3.简述奶牛场址选择原则。

实训 2-2　牛只的鉴定技术

一、实训目标和要求

通过实训，熟悉牛的外貌评分鉴定、体尺测量鉴定、线性评定和奶牛体况评分技术，掌握奶牛和肉牛的外貌鉴定标准和具体鉴定方法。

二、知识背景与原理

(一)外貌评分鉴定

1. 乳用牛的外貌评分鉴定　牛的外貌评分鉴定是根据牛的不同生产类型，按各部位与生产性能和健康程度的关系，分别规定出不同的分数和评分标准，进行评分，总分 100 分，最后综合各部位评得分数，即得出该牛的总分数，以此划分牛的外貌等级。鉴定人员根据评分标准评分，鉴定时人与奶牛保持 5～8 m 的距离，从前、侧、后不同的角度，观察奶牛的体型，再令其走动，再走近牛体，对各部位进行细致审查、分析，评出分数，详见表 2-2-1、表 2-2-2。

表 2-2-1　中国荷斯坦母牛外貌评分鉴定表

项目	细目与给满分标准	标准分
一般外貌与乳用特征	1. 头、颈、鬐甲、后大腿等部位棱角和轮廓明显	15
	2. 皮肤薄而有弹性，毛细而有光泽	5
	3. 体高大而结实，各部结构匀称，结合良好	5
	4. 毛色黑白花，界限分明	5
	小计	30
体躯	5. 长、宽、深	5
	6. 肋骨间距宽，长而开张	5
	7. 背腰平直	5
	8. 腹大而不下垂	5
	9. 尻长、平、宽	5
	小计	25
泌乳系统	10. 乳房形状好，向前后延伸，附着紧凑	12
	11. 乳房质地：乳腺发达，柔软而有弹性	6
	12. 四乳区：前乳区中等大，四个乳区匀称，后乳区高、宽而圆，乳镜宽	6
	13. 乳头：大小适中，垂直呈柱形，间距匀称	3
	14. 乳静脉弯曲而明显，乳井大	3
	小计	30
肢蹄	15. 前肢：结实，肢势良好，关节明显；蹄形正，蹄质坚实，蹄底呈圆形	5
	16. 后肢：结实，肢势良好，左右两肢间宽，系部有力；蹄形正，蹄质坚实，蹄底呈圆形	10
	小计	15
	总计	100

注：对于乳用小母牛，由于泌乳系统尚未发育完全，可只对其他三部分作重点鉴定。

表 2-2-2 中国荷斯坦公牛外貌评分鉴定表

项目	细目与给满分标准	标准分
一般外貌	1. 毛色黑白花，体格高大	7
	2. 有雄相，肩峰中等，前躯较发达	8
	3. 各部位结合良好而匀称	7
	4. 背腰平直而结实，腰宽而平	5
	5. 尾长而细，尾根与背线呈水平	3
	小计	30
体躯	6. 中躯：长、宽、深	10
	7. 胸部：胸围大，宽而深	5
	8. 腹部：紧凑，大小适中	5
	9. 后躯：尻部长、平、宽	10
	小计	30
乳用特征	10. 头、后大腿的棱角明显，皮下脂肪少	6
	11. 颈长适中，垂皮少，鬐甲呈楔形，肋骨扁长	4
	12. 皮肤薄而有弹性，毛细而有光泽	3
	13. 乳头呈柱形，排列距离大，呈方形	4
	14. 睾丸：大而左右对称	3
	小计	20
肢蹄	15. 前肢：肢势良好，结实有力，左右两肢间宽，系部有力；蹄形正，蹄质坚实	10
	16. 后肢：肢势良好，结实有力，左右两肢间宽，飞节轮廓明显，系部有力；蹄形正，蹄质坚实	10
	小计	20
总计		100

根据外貌评分结果，按表 2-2-3 评定等级。

表 2-2-3 中国荷斯坦奶牛、良种黄牛、水牛及引进纯种肉牛外貌评分等级标准 分

性别	特等	一等	二等	三等
公	≥85	80～84	75～79	70～74
母	≥80	75～79	70～74	65～69

注：对公、母牛进行外貌鉴定时，若乳房、四肢和体躯其中一项有明显生理缺陷者，不能评为特等；两项时不能评为一等；三项时不能评为二等。

2. 肉牛的外貌评分鉴定 牛传统的外貌评分鉴定方法是百分法，即将牛体各部位依其重要程度给予一定分数，各部位分数累加即得出该牛的总分数。表 2-2-4 为我国肉牛繁育协作组制定的肉用种牛外貌评分鉴定标准。

表 2-2-4　肉用种牛外貌评分鉴定表

部位	鉴定要求	满分	
		公	母
整体结构	品种特征明显，结构匀称，体质结实，肉用牛体型明显。肌肉丰满，皮肤柔软有弹性	25	25
前躯	胸宽深，前胸突出，肩胛宽平，肌肉丰满	15	15
中躯	肋骨开张，背腰宽而平直，中躯呈圆桶形。公牛腹部不下垂	15	20
后躯	尻部长、平、宽，大腿肌肉突出延伸。母牛乳房发育良好	25	25
肢蹄	肢蹄端正，两肢间距宽，蹄形正，蹄质坚实，运步正常	20	15
合计		100	100

根据外貌评分结果，按表 2-2-3 评定等级。

3. 黄牛的外貌评分鉴定　中国良种黄牛育种委员会制定的良种黄牛外貌评分鉴定标准见表 2-2-5。

表 2-2-5　中国良种黄牛外貌评分鉴定表

部位	鉴定要求	满分	
		公	母
品种特征	品种特征明显，全身被毛、眼圈、鼻镜、肢蹄等的颜色，角的形状、长短和色泽符合该品种要求	30	30
整体结构	体质结实，结构匀称，体躯宽深，发育良好，皮肤粗厚，毛细短、光亮，头形良好。公牛有雄相，母牛俊秀		
前躯	公牛鬐甲高而宽，母牛较低但宽。胸宽深，肋弯曲扩张，肩长而斜	20	15
中躯	背腰平直宽广，长短适中，结合良好。公牛腹部呈圆桶形，母牛腹大不下垂	15	15
后躯	尻宽长不过斜，肌肉丰满。公牛睾丸两侧对称、大小适中，附睾发育良好。母牛乳房呈球形，发育良好，乳头较长，排列整齐	15	20
四肢	肢健壮结实，肢势良好，蹄大、圆，蹄质坚实，蹄缝紧，动作灵活有力，行走时后蹄能赶过前蹄	20	20
合计		100	100

根据外貌评分结果，按表 2-2-3 评定等级。

4. 水牛的外貌评分鉴定　中国水牛改良及育种协作组制定的水牛外貌评分鉴定标准见表 2-2-6。

表 2-2-6　中国水牛外貌评分鉴定表

部位	鉴定要求	满分	
		公	母
整体结构	头形良好，体质结实，前躯高于后躯，结构匀称，体躯宽深，发育良好，毛色、体态、头形和角形等具有品种特征	30	30

续表 2-2-6

部位	鉴定要求	满分	
		公	母
体躯	公牛鬐甲高而宽，母牛较低。肩长而斜，胸部宽深，肋弯曲扩张，肋骨长，弯曲良好，背腰宽广平直，长短适中。公牛腹部充实似圆桶，母牛腹大而不下垂。尻部肌肉发达，长、宽而略斜。公牛睾丸大小适中而对称，发育良好。母牛乳房呈球形，发育良好，乳头长短适中，排列对称	50	50
四肢	肢势良好，肢健壮有力，行走时后蹄超前蹄，动作灵活稳健，蹄形正，质地坚实	20	20
合计		100	100

根据外貌评分结果，按表 2-2-3 评定等级。

（二）体尺测量鉴定

体尺是牛体各部位长、宽、高、围度等数量化的指标。牛体尺测量的器具有测杖、卷尺、圆测器等。

进行体尺测量时，应使牛站于平坦的地面上，肢势要端正，四腿成两行，从前往后看，前后腿端正，从侧面看，左右腿互相掩盖，背腰不弓不凹，头自然前伸，不左顾右盼，不昂头或下垂，待体躯各部呈自然状态后，迅速、准确地进行测量。体尺测量的项目，依测量目的而定。按各主要部位的指标分别进行测量，每项测量 2 次，取其平均值，做好记载。测量应准确，操作宜迅速。牛体尺测量主要指标如下：

（1）体高（鬐甲高） 鬐甲最高点到地面的垂直距离（测杖）。

（2）胸深 肩胛骨后方从脊椎到胸骨的直线距离（测杖）。

（3）胸围 肩胛骨后缘处体躯的水平周径，其松紧度以能插入食指和中指自由滑动为准（卷尺）。

（4）腰高（十字部高） 两腰角连线与腰椎相交点到地面的垂直距离（测杖）。

（5）荐高 尻部最高点到地面的垂直距离（测杖）。

（6）尻长 从腰角前缘到坐骨结节后缘的直线距离（圆测器）。

（7）体长（体斜长） 由肩端前缘到同侧坐骨端（坐骨结节）的距离（用测杖测量取直线长度，卷尺取自然长度，估计体重需用卷尺）。

（8）体直长 由肩端前缘向下引的垂线与臀端向下引的垂线间的水平距离（测杖）。

（9）管围 前肢掌骨上 1/3 处的周径，即前管最细处的周径（卷尺）。

（10）头长 从额顶（两牛角根连线中间点）至鼻镜上缘的距离（卷尺）。

（11）最大额宽 眼眶最远点的距离（圆测器、卷尺）。

（12）坐骨宽 左右坐骨结节最外隆凸间的宽度（圆测器）。

（13）胸宽 两肩胛后缘之间的最大距离，即左右第六肋骨之间的距离（测杖）。

（14）腰角宽 两腰角外缘的距离（测杖、圆测器）。

（15）后腿围 从一侧的后膝前缘开始，在尾根下绕胫股间至对侧后膝前缘的半圆周径（卷尺）。

（16）乳房围 乳房最大的周径（卷尺）。

(17)腹围 腹部最粗部位的垂直周径,饱食后测量(卷尺)。

(三)线性评定

具体的评分方法,目前世界上有两种,即50分制和9分制,在我国这两种方法均有应用。

奶牛体型线性评定原理是根据牛的生物学特性,通过系统分析研究各性状(部位)与生产性能的关系,确定各性状的线性评分标准,将与产奶有关的外貌性状分成体躯容积、乳用特征、一般外貌和泌乳系统4个特征性状。根据各性状表现型的分布情况,将每一性状表现型的两极之间分为50等份,一极为1分,另一极为50分,中间为25分。线性分的高低只是性状的客观描述,不直接反映该性状的优劣。在线性评分后,根据牛的生物学特性及各性状(部位)与生产性能的关系,将线性评分转换为功能分。根据各性状的相对重要性,对每一性状给出一个加权系数,通过加权系数将各功能分总和为百分制,得到牛的总体评分。根据总体评分,确定牛的外貌等级。

1.体型鉴定时期 多数体型性状的线性评分与乳牛的年龄、泌乳阶段和饲养管理水平无明显的关系,不过为了提高评定的一致性和准确性,最理想的鉴定个体应处在头胎产犊后90～120天。通常母牛在1～4个泌乳期之间均可开展鉴定,头胎牛在产犊后90～120天,其他胎次牛只可在产犊后60～150天内,挤奶前进行鉴定,用最好胎次成绩代表该个体水平。公牛在2～5岁,每年评定一次。干乳期、产犊后、疾病期间以及6岁以上的乳牛不宜作评定对象。

2.奶牛体型线性评定的性状识别和判断 目前要求评定的性状有体高、胸宽、体深、棱角性、尻角度、尻宽、后肢侧视、蹄角度、前乳房附着、后乳房高度、后乳房宽度、悬韧带、后乳房深度、乳头位置及乳头长度。

单个体型性状的识别与判断,我国现阶段主要注重鉴别评定以下15个主要性状。

(1)体高 体高为140 cm者属中等,得25分,低于130 cm评1～5分,高于150 cm评45～50分,在140 cm基础上每增减1 cm,则线性分增减2分。通常认为,当代奶牛的最佳体高为145～150 cm。

(2)胸宽 胸宽反映了母牛保持高产水平和健康状态的能力,奶牛胸宽用前内裆宽表示(即两前肢内侧的胸底宽度)。前内裆宽低于15 cm,属于极端纤弱窄缩的个体,评给1～5分;25 cm,属于强健结实度中等的个体,评给25分;大于35 cm,属于极强健结实的个体,评给45～50分。在25 cm的基础上,每增减1 cm,增减2个线性分。通常认为,棱角鲜明、偏强健结实的体型是当代奶牛的最佳体型结构。从定等给分看,以线性评分30～40分最佳,胸过宽产量低,胸窄的牛不耐久。

(3)体深 为奶牛体躯最后一根肋骨处腹部的深度。体深程度可反映个体能否采食大量粗饲料,以胸深率(即胸深与体高之比)表示。当胸深率为50%时属中等,评25分,极端深的评45～50分,极浅的评1～5分,在50%的基础上每增减1%,增减3个线性分。此外,体深还须考虑肋骨开张度,最后两肋间不足3 cm扣1分,越过3 cm加1分,以左侧为准。通常认为,适度体深的体型是当代奶牛的最佳体型结构。

(4)棱角性(乳用性、清秀度) 主要观察奶牛整体的3个三角形是否明显,鬐甲棘突高出肩胛骨的清晰程度。其中等程度为头狭长清秀,颈长短适中,能透过皮肤隐约看到胸椎棘突的突起,四肢关节明显,胸侧面可见2～3根肋骨,评25分,极不清秀的评1～5分,极端清秀的评45～50分。

评定时,鉴定员也可依据第12、13肋骨,即最后两肋的间距衡量开张程度,两指半宽为中等程度，三指宽为较好。

(5)尻角度　依据腰角与坐骨结节连线与水平线夹角大小进行线性评分，腰角高于坐骨结节时，所形成的角度为正角度，反之为负角度。尻角度小于－6°评 1～5 分，＋2°评 25 分，大于 10°评 45～50 分，在中间范围内，每增减 1°，增减 2.5 个线性分。当代奶牛的最佳尻角度是腰角稍高于坐骨结节，且两角连线与水平线呈 5°夹角。

(6)尻宽　尻宽主要是根据髋宽评分。髋宽在 15 cm 以下评 1～5 分，20 cm 评 25 分，24 cm 以上评 45～50 分。在 20 cm 的基础上，每增减 1 cm，增减 2 个线性分。通常认为，尻极宽的体型是当代奶牛的最佳体型结构。

(7)后肢侧视　依据侧望牛只后肢飞节的弯曲程度进行线性评分。飞节角度大于 155°评 1～5 分，145°时评 25 分，小于 135°时评 45～50 分；在 145°的基础上，每增减 1°，增减 2 个线性分。通常认为，两极端的奶牛均不具有最佳侧视姿势，只有适度弯曲的体型(飞节角度为 145°)才是当代奶牛的最佳体型结构，且偏直一点的奶牛耐用年数长。后肢一侧伤残时，应看健康的一侧。

(8)蹄角度　依据蹄侧壁与蹄底的夹角进行评分。蹄角度小于 25°评 1～5 分，45°时评 25 分，大于 65°时评 45～50 分；在 45°的基础上，每增减 1°增减 1 个线性分。适当的蹄角度(55°)是当代奶牛的最佳体型结构。蹄的内外角度不一致时，应看外侧的角度。评定时以后肢的蹄角度为主。

(9)前乳房附着　依据侧望乳房前缘韧带与腹壁连接附着的角度进行线性评分，角度越大，附着越紧凑。角度小于 90°评 1～5 分，110°时属于中等附着，评 25 分，大于 130°评 45～50 分；在 110°～130°范围之内，每增加 1°增减 0.67 个线性分，在 90～110°范围内，每减少 1°减去 0.44 个线性分。通常认为，连接附着偏于充分紧凑(角度 110～120°)的体型是当代奶牛的最佳体型结构。乳房损伤或患乳房炎时，应看不受影响或受影响较小的一侧。

(10)后乳房高度　主要根据后乳房附着点(后腿窝连接乳房的转驻点)与飞节和臀端的相对位置而定，即依据后乳房附着点在中心点(臀端与飞节连线的中点)上下位置进行线性评分。后乳房附着点距中心点下 10 cm 以上评 1～5 分，与中心点重合评 25 分，距中心点上10 cm 以上评 45～50 分；在与中心点重合的基础上，每增减 1 cm，增减 2 个线性分。附着点极高的体型是当代奶牛的最佳体型结构。

也可以根据乳汁分泌组织的顶部到阴门基部的垂直距离进行线性评分。该距离为 20 cm 以下评 45～50 分，30 cm 评 25 分，40 cm 以上评 1～5 分。在 30 cm 的基础上，增减 1 cm 线性评分变动 2 分。通常认为，乳汁分泌组织的顶部极高的体型是当代奶牛的最佳体型结构。

(11)后乳房宽度　是影响乳房容积大小的因素之一，根据后乳房左右两附着点间的宽度评分。宽度在 7 cm 以下评 1～5 分，15 cm 时评 25 分，23 cm 以上评 45～50 分；在 7～23 cm 之间，每增加 1 cm，增加 2 个线性分，每减少 1 cm，减 3 个线性分。通常认为，后乳房极宽的体型是当代奶牛的最佳体型结构。刚挤完奶时，可依据乳房皱褶多少，加 5～10 分。

(12)悬韧带　主要根据后乳房底部中隔纵沟的深度评分，即在左右乳房之间的深度。0 cm 无角度向下松弛呈圆弧评 1～5 分，中等深度为 3 cm 呈钝角评 25 分，6 cm 以上呈锐角评 45～50 分，在 3 cm 的基础上每增减 1 cm，增减 6.67 个线性分。通常认为，强度高的悬韧带是当代奶牛的最佳体型。

(13)后乳房深度　后乳房深度关系到乳房容积大小，从容积上考虑，乳房应有一定的深度，但过深时，乳房容易受伤和感染乳房炎。后乳房深度根据乳房底部与飞节的相对位置评分，低于飞节 5 cm 以下评 1～5 分，高于飞节 5 cm 评为 25 分，高于飞节 15 cm 以上评 45～50 分；在高于飞节 5 cm 的基础上，每增加 1 cm 增加 2 个线性分。通常认为，各胎后乳房深度适宜是当代奶牛的最佳体型结构，即初产牛应在 30 分以上，而 2～3 胎牛的以大于 25 分，4 胎牛的以大于 20 分为好。

(14)乳头位置　以前乳头在乳房基部的位置进行评分。它反映了乳头分布的均匀程度，关系到挤奶操作的难易和乳头是否容易发生损伤。乳头越离散，分数越低，极靠外评 1～5 分，乳头中央分布评 25 分，极靠内评 45～50 分。乳头中央分布：把后乳房宽分成三等份，左侧和右侧的两个乳头恰好处于三等分线上。主要根据后视前乳区乳头的分布情况进行评分。乳头分布稍靠得近的体型是当代奶牛的最佳体型结构。

(15)乳头长度　最佳乳头长度因挤奶方式而有所变化，手工挤奶乳头长度可偏短，而机器挤奶则以 6.5～7 cm 为最佳长度。长度为 9.0 cm 评 45 分，长度为 7.5 cm 评 35 分，长度为 6.0 cm 评 25 分，长度为 4.5 cm 评 15 分，长度为 3.0 cm 评 5 分。通常认为当代奶牛的最佳乳头长度为 6.5～7 cm。

3. 线性评分和功能分　线性评分用 1～50 来衡量描述体型性状从一个极端到另一个极端不同程度的表现状态。这种线性评分的大小仅代表性状表现的程度，不能直接用其数值大小说明性状的优劣，因为有些性状以处在极端为佳，而有些性状以处在中间状态为最好。因此还须将线性评分转化为功能分。功能分为百分制，以 100 分为最好，线性评分和功能分的标准，均应由各品种协会在育种专家的参与下制定并公布执行。线性评分转换为功能分可查表2-2-7。

表 2-2-7　线性评分转换百分表

线性评分	体高	胸宽	体深	棱角性	尻角度	尻宽	后肢侧视	蹄角度	前乳房附着	后乳房高度	后乳房宽度	悬韧带	后乳房深度	乳头位置	乳头长度
50	80	75	75	75	51	88	51	80	80	97	97	80	70	75	70
49	82	75	76	76	53	89	52	81	82	96	96	83	71	78	71
48	84	76	77	77	56	90	53	82	84	94	95	86	72	81	72
47	86	76	79	79	59	91	54	83	86	92	94	89	73	84	73
46	88	77	82	82	62	93	55	84	88	91	93	92	74	87	74
45	90	77	85	85	65	95	56	85	90	90	92	95	75	90	75
44	93	78	86	87	66	97	57	86	92	89	92	94	76	90	76
43	95	78	87	89	67	95	58	87	94	88	91	93	77	89	77
42	97	79	88	91	68	93	59	88	95	87	91	92	79	89	78
41	96	82	89	93	69	91	60	89	94	86	90	91	82	88	79
40	95	85	90	95	70	90	61	90	92	85	90	90	85	88	80
39	94	88	89	93	71	89	62	91	90	84	89	89	87	87	81
38	93	91	88	91	72	88	64	92	88	83	88	88	89	87	82
37	92	94	87	89	73	87	66	93	87	82	87	87	90	86	83
36	91	92	86	87	74	86	68	94	86	81	86	86	91	86	84
35	90	90	85	85	75	85	70	95	85	81	85	85	92	85	85

续表 2-2-7

线性评分	体高	胸宽	体深	棱角性	尻角度	尻宽	后肢侧视	蹄角度	前乳房附着	后乳房高度	后乳房宽度	悬韧带	后乳房深度	乳头位置	乳头长度
34	89	88	84	84	76	84	71	93	84	80	84	84	91	85	86
33	88	86	83	83	77	83	72	91	83	80	83	83	90	84	87
32	87	84	82	82	78	82	73	89	82	79	82	82	89	84	88
31	86	82	81	81	79	82	74	87	81	78	81	81	87	83	89
30	85	80	80	80	80	81	75	85	80	78	80	80	85	83	90
29	84	79	79	79	82	80	78	83	79	77	79	79	82	82	90
28	83	78	78	78	84	80	81	81	78	77	78	78	79	82	88
27	82	77	77	77	86	79	84	79	77	76	77	77	77	81	85
26	81	76	76	76	88	78	87	77	76	76	76	76	76	81	83
25	80	75	75	76	90	78	90	76	76	75	75	75	75	80	80
24	79	75	75	76	88	77	87	75	75	75	74	74	74	79	78
23	78	74	74	74	86	76	84	74	74	74	73	73	73	78	76
22	77	74	74	73	84	76	81	73	73	72	72	72	72	77	74
21	76	73	73	72	82	75	78	72	72	71	71	71	71	76	72
20	75	73	73	70	80	74	75	71	70	70	70	70	70	75	70
19	74	72	72	69	78	73	73	70	69	70	69	69	69	73	69
18	73	72	72	68	76	72	71	69	68	69	68	68	68	71	68
17	72	72	71	67	74	71	69	69	67	69	67	67	67	69	67
16	71	70	70	66	72	70	67	68	66	68	66	66	66	67	66
15	70	69	69	65	70	69	65	68	65	68	65	65	65	65	65
14	69	68	68	64	69	68	64	67	64	67	64	64	64	64	64
13	68	67	67	63	67	67	63	67	63	67	63	63	63	63	63
12	67	66	66	62	66	66	62	66	62	66	62	62	62	62	62
11	66	65	65	61	65	65	61	65	61	66	61	61	61	61	61
10	64	64	64	60	64	64	60	64	60	65	60	60	60	60	60
9	63	63	63	59	63	63	59	63	59	64	59	58	59	59	59
8	61	61	61	58	61	61	58	61	58	63	58	58	58	58	58
7	60	60	60	57	60	60	57	59	57	61	57	57	57	57	57
6	58	58	58	56	58	58	56	58	56	59	56	56	56	56	56
5	57	57	57	55	57	57	55	56	55	58	55	55	55	55	55
4	55	55	55	54	55	55	54	55	54	56	54	54	54	54	54
3	54	54	54	53	54	54	53	53	53	54	53	53	53	53	53
2	52	52	52	52	52	52	52	52	52	52	52	52	52	52	52
1	51	51	51	51	51	51	51	51	51	51	51	51	51	51	51

4. 性状的综合评定　在得到各体型性状的得分后，按照一般外貌、乳用特征、体躯容积和泌乳系统四大部位，将有关的体型性状得分(功能分)加权合并为各部位的得分。(表 2-2-8 至表 2-2-13)

表 2-2-8　一般外貌评分的合成

体型性状	体高	胸宽	体深	尻角度	尻宽	后肢侧视	蹄角度	合计
权重	0.15	0.10	0.10	0.15	0.10	0.20	0.20	1.00
功能分								
加权后分值								

表 2-2-9　乳用特征评分的合成

体型性状	棱角性	尻宽	后肢侧视	蹄角度	尻角度	合计
权重	0.60	0.10	0.10	0.10	0.10	1.00
功能分						
加权后分值						

表 2-2-10　体躯容积评分的合成

体型性状	体高	胸宽	体深	尻宽	合计
权重	0.20	0.30	0.30	0.20	1.00
功能分					
加权后分值					

表 2-2-11　泌乳系统评分的合成

体型性状	前乳房附着	后乳房高度	后乳房宽度	悬韧带	后乳房深度	乳头位置	乳头长度	合计
权重	0.20	0.15	0.10	0.15	0.25	0.075	0.075	1.00
功能分								
加权后分值								

表 2-2-12　整体评分合成

体型性状	一般外貌	乳用特征	体躯容积	泌乳系统	合计	等级
权重	0.30	0.15	0.15	0.40	1.00	
评分						
加权后分值						

表 2-2-13　牛评分等级标准

等级	优秀	良	佳	好	中	差
整体分	90～100 分	85～89 分	80～84 分	75～79 分	65～74 分	64 分以下

(四)奶牛的体况评分

奶牛体况评分是检查牛只膘情最简单有效的办法,可作为评价奶牛饲养管理是否合理,并进行相应调整的依据,是保证牛只健康、增重和增加产奶量的有力措施之一。奶牛体况评分一般每月一次,评分的通用方法是5分制,主要是根据目测和触摸牛的尾根、尻角(坐骨结节)、腰角(髋结节)、脊柱(主要是椎骨棘突和腰椎横突)及肋骨等关键骨骼部位的皮下脂肪蓄积情况而进行的直观评分。

1. 评分标准　奶牛体况评分标准应本着准确、实用、简明、易操作的原则加以制定(表2-2-14)。

表2-2-14　奶牛体况评分标准

观测性状	性状表现				
脊峰	尖峰状	脊突明显	脊突不明显	稍呈圆形	脊突埋于脂肪中
两腰角之间	深度凹陷	明显凹陷	略有凹陷	较平坦	圆滑
腰角与坐骨之间	深度凹陷	凹陷明显	较少凹陷	稍圆	丰满呈圆形
尾根部	凹陷很深呈V形	凹陷明显呈U形	凹陷很少,稍有脂肪沉着	脂肪沉着明显,凹陷更小	无凹陷,大量脂肪沉积
整体	极度消瘦,皮包骨之感	瘦但不虚弱,骨骼轮廓清晰	全身骨节不甚明显,胖瘦适中	皮下脂肪沉积明显	过度肥胖
评分	1	2	3	4	5

按此标准,乳牛体况评定侧重于背线、腰臀及尾根等部位的肌肉和脂肪沉积程度。它将牛体的前、中、后躯评定有机结合起来,也将局部评定和整体印象结合起来,达到准确、科学评定的目的。

2. 评分方法　评定时,可将奶牛拴于牛床上进行。评定人员通过对奶牛评定部位的目测和触摸,结合整体印象,对照标准给分。评定时牛体应自然舒张,否则肌肉紧张会影响评定结果。具体评定方法如下:

首先,要观察牛体的大小,整体丰满程度。

其次,从牛体后面观察尾根周围的凹陷情况(图2-2-1),然后从侧面观察腰角和尻部的凹陷情况和脊柱、肋骨的丰满程度。

最后,触摸尻角、腰角、脊柱、肋骨以及尻部皮下脂肪的沉积情况。

操作要点为:①用拇指和食指掐捏肋骨,检查肋骨皮下脂肪的沉积情况。过肥的奶牛,不易掐住肋骨。②用手掌在牛的肩、背、尻部移动按压,以检查其肥度。③用手指和掌心掐捏腰椎横突,触摸腰角和尻角。如肉脂丰厚,检查时不易触感到骨骼。

评定时,侧重于尾根、尻角、尻部及腰角等部位的肌肉和脂肪沉积情况,结合肋骨、脊柱及整体印象,达到准确、快速、科学评定的目的。

3. 评定时期及体况变动　成母牛每年体况评定5次,分别在产犊、泌乳前期(最好于产奶高峰时)、泌乳中期、泌乳后期和干奶期进行;后备牛在6～13月龄、第一次配种和产犊时进行评定,各时期的适宜体况评分见表2-2-15。奶牛在不同时期应有一合适的体况,以使其产奶能力最大限度发挥,同时又能保证繁殖、消化机能的正常以及奶牛健康不受影响。如果奶牛的体况评分不符合要求,应该采取必要的饲养管理措施加以调整。

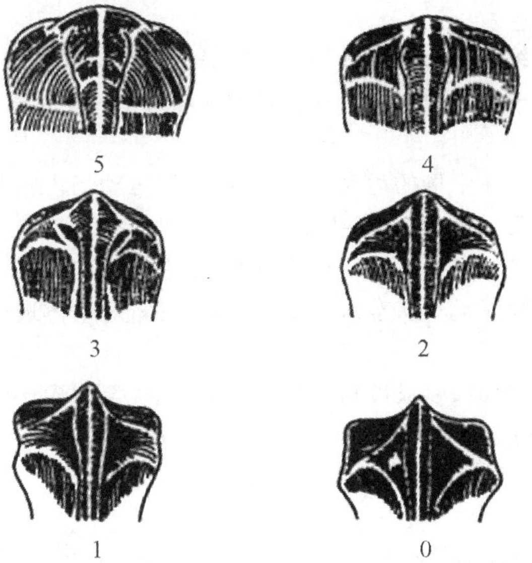

图 2-2-1　根据奶牛尾根外貌膘情确定的评分标准

5＝过肥；4＝肥；3＝良好；2＝中等；1＝差；0＝很差

表 2-2-15　奶牛各时期适宜体况评分

奶牛阶段	评定时间	适宜体况评分
成母牛	产犊（围产期）	3.5
	泌乳前期	2.75～3.0
	泌乳中期	3.0～3.25
	泌乳后期	3.25～3.5
	干奶期	3.5
后备牛	6～13 月龄	2.0～3.0
	第一次配种	2.5～3.0
	产犊（分娩期）	3.5

三、实训设备和材料

保定栏、测杖、磅秤、皮卷尺、圆测器、牛鼻钳、测角计、中国荷斯坦奶牛、中国黄牛、引进肉牛、中国水牛等。

四、实训内容

外貌评分鉴定；体尺测量鉴定；线性评定；奶牛的体况评分。

五、操作方法和步骤

1. 前期准备

(1)实训器材及各种记录表格。

(2)准备被评定牛的基本资料，包括牛号、年龄、胎次、产犊日期、产奶量、怀孕与否等，以备评定时参考。

(3)指导教师预先详细讲解与示范各项实训内容,使学生对每个项目可能出现的多种形态做到心中有数,并对于每一项的评定结果详细说明其理由。

2.外貌评分鉴定

(1)外貌评分鉴定一般在牛场的运动场进行,最好在运动场内临时设一个小围栏,把牛圈在小围栏内进行;要求地面平坦宽敞,光线充足。

(2)评定人员站在距被评定牛适当距离的地方,在牛的周围形成一个松散圆圈,对牛的整体进行观察(包括静止和随意运动状态),必要时走近牛体,对牛体进行触摸,根据评分表格内容逐一进行评定。

3.体尺测量　测量体尺时,要求被测牛只端正站立于宽敞、平坦的场地上,四肢直立,头自然前伸,姿势正常,每项测量 2 次,误差很小时,取其平均值,误差大时让牛保持体位,重新测量,记录数据,测量时应保持迅速而准确。

4.奶牛线性评定

(1)评定季节以春秋季为宜,冬夏季会掩盖或夸大其棱角性,影响等级评定的准确性;评定的对象主要是母牛,从第一胎开始到第四胎止,每胎评定一次,从中取一最高成绩认定为该牛终身的成绩。

(2)评定时间为:母牛在 1～4 个泌乳期之间均可开展鉴定,头胎牛在产犊后 90～120 天,其他胎次牛只在产犊后 60～150 天内,挤奶前进行鉴定。

5.不同泌乳阶段奶牛的体况评分

(1)指导教师先选择若干典型牛进行示范评定,对每一评定部位逐一说明,最后给出评分。

(2)操作过程中,牛只体况可能介于两个等级之间,上下为半分之差,如 2.5 分表示被测牛体况介于 2 分与 3 分之间。由于被毛丰满时,会从视觉上掩盖较差的体况,所以,体况评分不仅要靠眼观,更主要的是根据手的触觉,对牛只体表某些特定部位的脂肪覆盖程度进行衡量而决定评分。

六、操作重点提示

(1)注意操作安全,学生须先通过饲养员或技术人员了解每头牛的特性,最好选择老实、不踢人的牛只;将牛保定好,动作柔和,不可激怒牛,不要站在牛后肢两侧,以免被牛踢伤。鉴定时可用自身的体尺(如体高、臂长、拃长)作为参照标准,估计各性状。

(2)对于被评定牛只体躯左右侧均出现的某些性状,如蹄角度、后肢侧视等,应评定健康的、最佳的一侧。

(3)学生可若干人分为一组,每个学生独立进行操作,最后把每组学生对每个小项和大项的评分及总分(或测量数据)求出平均数。

(4)奶牛体况评分的基本方法完全适用于肉用牛和其他各类型牛母牛的体况评分。

七、实训过程检查与评价

实训过程检查内容及评价方法请参照实训 2-1。

八、问题与思考

1. 简述牛只体尺测量操作要点。
2. 简述奶牛体型线性评定的时期。
3. 简述奶牛体况评分的时期。

实训 2-3　牛冷冻精液的品质检查

一、实训目标和要求

通过实训，掌握精液的解冻和镜检技术，掌握检查精子密度、活率的方法，验证实验观察理化因素对精子运动及生存能力的影响，确定用于输精的合格精液。

二、知识背景与原理

国内外公牛的冷冻精液都有严格的质量标准，用户对其质量的检查主要是进一步核实其质量。

(一)精子活力检查

颗粒冻精应先取 2.9%二水柠檬酸钠 1～1.5 mL，加温到(38±2)℃，投放冻精一粒，轻轻摇荡，使之迅速融化，用压片法，立即在显微镜下检查。

细管冻精可直接投入 40℃温水中，待其融化后，立即取出，剪去棉塞一端，取样检查。解冻后应混匀，用压片法在显微镜下检查。

评定精子活力的显微镜放大倍数，以 150～600 倍为宜。用玻棒蘸取一滴原精液或稀释的精液(马、猪精液密度低不须稀释，牛、羊精液密度大，需用 0.9%氯化钠溶液稀释，其温度应与精液温度相近)，滴在载玻片上，也可滴在载玻片上翻放于凹玻片的凹窝上，最后置于显微镜下，放大 250～400 倍检查，显微镜载物台须放平。最好在暗视野中进行。

精子的活动有三种类型：直线前进运动、旋转运动和振摆运动，评价精子活率是根据直线前进运动精子数多少而定。目前评定精子活率等级的方法有两种：

十级制——在显微镜下估计直线前进运动精子所占百分数，直线前进运动精子为 100%者评为 1.0 级，90%者评为 0.9 级，依此类推。

五级制——全部精子呈直线前进运动者属于“5”级，绝大多数精子(约 80%)呈直线前进运动者为“4”级，直线前进运动的精子略多于半数者(约 60%)为“3”级，不及半数者为“2”级，呈直线前进运动的精子数目极少者属“1”级。

精子死亡百分率检查，可采用染色法或升温血细胞计数法。先将精子死活染色液分装于容量为 0.5 mL 左右的指形玻璃小管中，染色液为伊红-苯胺黑溶液(含 5%水溶性伊红和 1%苯胺黑溶液)，染色前先放入 37℃恒温箱或水浴箱中预热，滴入解冻精液 2～3 滴，混匀后再放入温箱，3 min 后即可制作抹片，待抹片风干后在油镜下观察。死精子为红色，活精子不着色或只在头部的核环处呈淡红色。随机观察 200 个精子并计算出死、活精子的比例。用这种方法所得到的活精子百分数要高于精子的活率。对于活率观察，技术熟练、估计准确的人员可不做精子死活染色的检查。

(二)精子密度检查

以用血细胞计数器检查为准;用光电比色计或其他电子仪器检查,都必须用血细胞计数器做出可靠的校正值。

取一小滴精液于清洁的载玻片上,加上盖玻片,使精液分散成均匀一薄层,但不得有气泡,也不能使精液外流或溢于盖玻片上,置显微镜下放大400～600倍观察,按下列等级评定其密度。

密——在整个视野中精子密度很大,彼此间空隙很小,看不清各个精子的活动情况。这一级属于“密”,每毫升含精子数约在10亿个以上。

中——精子之间的空隙明显,精子彼此之间距离约有一个精子的长度。有些精子的活动情况可以清楚地看到。这种精液的密度评为“中”,每毫升所含精子数在2亿～10亿个之间。

稀——精子分散存在,精子间的空隙超过一个精子长度。这种精液的密度评为“稀”,每毫升所含精子数在2亿个以下。

牛及羊的精液中由于副性腺分泌物少,要求“密5”即密度为“密”,活率为“5”级及“密4”或“中5”及“中4”一级才能作为输精之用。马与猪的精液中副性腺分泌物多,就是“稀5”甚至“稀3”的亦可用于输精。

以此为基础建立起来的光电比色法测定精液中精子密度,已经被大型公牛站广泛应用。通过密度的检查可以计算出被检精液每毫升所含的精子数,再根据解冻后的活率可得每毫升精液中的有效精子数(呈直线前进运动的精子数),最后乘以输精剂量[颗粒冷冻精液为(0.1±0.01) mL,细管冷冻精液为0.5 mL或0.25 mL]计算出每个输精剂量的有效精子数(颗粒冷冻精液为1 200万以上,细管冷冻精液为1 000万以上)。

每批冻精应进行密度检查,以确定稀释比例。

(三)其他方面的检查

包括畸形精子的比例、顶体完整率等方面的检查,在一般生产条件下是不进行的,只有在输精后母牛的受胎率明显下降又很难找到确切的原因时,才送交有关实验室进行这些项目的检查。

1. 精子畸形率定期抽样检查　取新鲜和解冻后的精液样品,放在载玻片上,按常规方法制成抹片,风干后在显微镜下检查畸形精子数,每个精液样品应观察精子总数500个,计算畸形精子百分率。不合格者,不得制作冷冻精液和贮存使用。

2. 解冻后精子顶体完整率的定期抽样检查　采用姬姆萨染色法镜检或用干扰相差(湿样品)镜检,每个样品观察精子总数500个。

3. 冻精中细菌的定期抽样检查　取0.2 mL解冻后的精液样品,放于血清琼脂平面上,在37℃恒温箱中培养24 h,统计出现的菌落数。

4. 解冻后精子存活时间的定期抽样检查　细管、安瓿冻精解冻后不再稀释,颗粒冻精以2.9%二水柠檬酸钠液解冻,在5～8℃或37℃下贮存,在38～40℃下镜检。

(四)进口精液质量标准

1. 符合出口国和我国标准　在出口国,精液受胎率不得低于60%。每剂量精液至少含有活精子1 000万个,其中30%精子呈直线前进运动。实际上,国际牛冷冻精液贸易除了按国际标准进行监督检验外，还要受双边检疫条款的制约。我国国家标准规定，解冻后精子活力≥30%，精子畸形率≤20%，精子顶体完整率≥40%，每剂量细菌菌群≤1 000 个。详细的检测包括冻精的活力（活率）、a 级精子百分率、b 级精子百分率、c 级精子百分率、d 级精子百分率、曲线速度、直线速度、平均移动角度、平均路径速度、侧摆幅度、鞭打频率、摆动性、直线性、前向性等 14 项指标，可以根据自身的要求进行检测。

2. 无特定疾病及隐性致死基因　这些疾病包括水疱性口炎、病毒性腹泻、黏膜病、鹿流行性出血症、牛结节性疹、牛海绵状脑病。在人工授精中心饲养的动物，不得感染口蹄疫、结核病、副结核病、布鲁氏菌病、滴虫病、弧菌病、钩端螺旋体病、白血病、传染性阴道炎、病毒性鼻气管炎或在授精期间由精液传播的其他疾病。

3. 注意其使用情况的收集　对其使用效果通过一定的方法进行调查。比如其后代中公母比例，这是严重影响牛场效益的一个问题。超出正常的性别比例对于非育种场来讲，是一个不好的消息。通过这种调查可以获得一手的资料去调整选配的方案。

三、实训设备和材料

1. 牛的冷冻精液　牛颗粒冻精或细管冻精。

2. 药械用品　3%和 0.9%氯化钠溶液、温度计、镊子、漏斗、玻璃棒、大搪瓷盘、热水、水浴箱、显微镜、载玻片、盖玻片、乙醚、纱布、试管、2%煤酚皂液、1/1 000 新洁尔灭、保温箱、恒温载物台、液氮罐、冰、酒精、美蓝。

四、实训内容

牛颗粒冻精解冻、牛细管冻精解冻、显微镜检查（精子活率、密度、形态）。

五、操作方法和步骤

（一）精液提取

取精时，尽可能用长镊子，切勿将提筒或纱布袋提到临界线（罐顶 10 cm 左右）以上处。

（二）精液解冻

细管冻精：先把水浴箱温度调到 39～40℃，然后在液氮罐中取出 1 支精液，迅速投入水浴箱，约 10 s 后见管内精液颜色改变，立即取出，剪去封口端，取少量精液检查品质。

颗粒冻精：需用解冻液解冻，用吸管吸取 2.9%二水柠檬酸钠解冻液 1～1.5 mL，置于小试管中，再将小试管置于 38～40℃水浴箱内，然后用长柄镊子（先预冷片刻）迅速从液氮罐中取出 1～2 粒冻精，投入小试管中，并轻轻摇动小试管，使其溶解混匀。

（三）显微镜检查

将解冻后的精液滴在载玻片上，然后用盖玻片均匀盖住整个液面，在显微镜下镜检。要求精子的活力不低于 0.3，每个输精剂量有效精子数 800 万～1 000 万个，吸入输精管中备用（如果用开膣器法作浅部输精，由于易发生精液倒流，则需要的精子数要多些，最少需 1 亿个）。若采用细管冻精输精，则将细管精液装入专用的细管金属输精枪中，外面套上专用塑料管，拧紧备用。

六、操作重点提示

1. 冷冻精液的解冻过程会影响精子的活力,要注意解冻的温度和操作方法　从贮存容器中提取冷冻精液时,精液不应超过液氮容器的颈基部,避免因温度的回升造成精液解冻活率的下降。细管精液的解冻应将封口端向上,棉塞端朝下,投入38～40℃的温水中,待细管颜色一变立即取出用于输精。解冻后的精液应立即取样检查活率,凡在0.3以上者即可使用。若一次输精母牛头数较多,也可在输精前随机抽样检查。解冻后的精液其精子存活时间较短,几乎均采用距输精数分钟至1 h之内解冻,才能保证较高的受胎率。为了方便起见,国内外一些人工授精员在到现场输精前将细管冷冻精液装入贴身的衣袋内,用体温使其解冻后进行输精,这是一种简便而有效的方法。

2. 冷冻精液的品质检查　注意检查时载玻片和显微镜所处的环境温度尽量与解冻后的精液温度接近,冬季显微镜最好放在保温灯箱中。

每批冻精,应随机取样两份,分别解冻检查。每个样品应观察3个以上的视野,注意不同液层内的精子运动状态,进行全面评定。

检查次数,应在冷冻后当时做一次(或间隔24 h再做一次),合格者贮存。冻精发放前再抽样检查,合格者方准予发放。

七、实训过程检查与评价

实训过程检查内容及评价方法请参照实训2-1。

八、问题与思考

1. 目前评定精子活率等级的方法有哪两种?
2. 我国国家标准对牛的冷冻精液指标有哪些规定?

实训2-4　牛的人工授精技术

一、实训目标和要求

通过实训,掌握母牛人工授精过程与操作方法。

二、知识背景与原理

牛人工授精就是利用器械将精液输到发情母牛生殖道适当部位使之妊娠的过程。

(一)输精器械

输精器械取决于使用精液的剂型,目前我国牛人工授精使用的是0.25 mL的细管冷冻精液,因此输精主要使用金属输精枪和塑料外套管。

(二)输精操作过程

输精是人工授精的最后一个技术环节。适时地把一定数量的优质精液准确地输送到发情母牛生殖道内的适当部位，并在操作过程中防止污染，是保证人工授精获得较高受胎率的重要环节。

1.输精前准备

(1)母牛的准备　被鉴定发情的母牛应进行适当的保定，防止伤害人工授精人员和母牛本身。待输精的母牛可在保定架、颈枷内进行保定。在选择对牛进行配种的场所时，需注意以下几方面：确保动物和配种员的安全；使用方便；有应对天气变化的遮盖物。靠近牛准备人工授精的时候，轻轻拍打牛的臀部或温和的呼唤牛将有助于避免牛受到惊吓。

(2)输精器械的准备　牛细管冷冻精液输精时应准备金属输精枪、一次性灭菌塑料外套管、长臂塑料手套和细管剪刀等。

(3)精液的准备　将细管冷冻精液从液氮罐中取出，放入 38～40℃水浴中解冻 20 s。冷冻精液解冻后的活力应不低于 0.3。精液解冻后，用洁净的纸擦拭掉细管表面的水渍，先用剪刀剪去封口，然后将细管装入输精枪，最后将输精枪装入消毒的塑料外套管内用于输精。

(4)输精人员的准备　输精人员应穿工作服，指甲剪短磨光。为了预防疾病的传播，输精操作人员进入直肠操作的手臂需戴长臂塑料手套，另外一只手戴乳胶手套。

2.输精的基本要求

(1)输精时间　母牛输精的适宜时间取决于发情母牛排卵时间、卵子和精子达到受精部位的时间，以及卵子和精子在母牛生殖道内维持受精能力的时间等。牛排卵一般发生在发情结束后 10～12 h，卵子保持受精能力的时间为 12～18 h，精子在母牛生殖道中保持受精能力的时间为 28～50 h。因此，应选择在排卵前 6～24 h 输精。但是生产实际中母牛发情后的排卵时间很难确定，一般情况下可在母牛发情接受爬跨后 8～12 h 进行第一次输精，间隔 8～12 h 进行第二次输精。

(2)输精剂量及有效精子数　一般情况下，母牛每个发情周期输精 2 次，每次输精 1 剂细管精液，每剂 0.25 mL 细管冷冻精液有效精子数大于 800 万个。

(3)输精部位　一般情况下，母牛的适宜输精部位是子宫体，但当使用分离的 X 精子或 Y 精子精液(性控精液)进行人工输精时，其适宜输精部位是子宫角。

(4)输精方法　牛人工输精方法包括阴道开膣器输精和直肠把握输精两种，目前主要采用直肠把握输精法。直肠把握输精全称是“直肠把握子宫颈输精方法”，生产中一般简称直肠把握输精。直肠把握输精时一只手伸进直肠内把握子宫颈，另一只手持输精器，两手协同配合，把输精器伸入到子宫颈 3～5 个褶皱处或子宫体内，并将精液缓慢推出。

直肠把握是牛人工授精的基础，对于初学人工授精的人员来说，将输精枪通过子宫颈口和触摸卵巢诊断卵泡发育阶段是两大难关，需要多进行实际操作的练习才能熟练掌握。首先，直肠把握输精时要正确把握子宫颈口，进入直肠内的手要把握子宫颈的后端，手要与子宫颈保持水平状态。其次，直肠把握输精时应避免输精枪阻挡在阴道褶皱或者阴道穹窿而无法达到子宫颈口。解决办法是将输精枪稍稍后退，离开褶皱，然后重新往前送输精枪到达子宫颈口。

直肠把握法是牛人工授精最普遍采用的一种方法。经过专业指导和培训，一般可在 3 天内基本掌握这一方法的操作要领，但熟练程度和自信心的提高则需要个人更多的实践。

三、实训设备和材料

母牛(含发情与未发情的母牛)、2%来苏儿溶液、0.1%～0.2%高锰酸钾溶液、开膣器、手电筒、肥皂、毛巾、瓷盆、2.9%柠檬酸钠溶液、酒精棉球、75%酒精、0.9%氯化钠溶液(生理盐水)、蒸馏水、润滑剂(凡士林或液体石蜡)、精液(液态、颗粒冻精、细管冻精)、水浴锅、长柄镊子、吸管、小试管、输精器械、长臂塑料手套、乳胶手套等。

四、实训内容

查阅发情记录,牛的保定,精液的准备,输精操作,记录输精日期、牛只编号。

五、操作方法和步骤

(一)配种时机的掌握

母牛发情开始约 18 h 后接近发情结束或发情结束时配种为最佳时机。从行为上看,一般当发情母牛接受其他牛爬跨而站立不动时,再向后推迟 8~12 h 输精效果好;从流出黏液的性质上看,当流出的黏液由稀薄透明转为黏稠微混浊状,用手指蘸取黏液,用拇指和食指牵拉7~8 次不断时配种效果好;通过直肠检查卵泡最可靠,即在发情末期,也就是母牛拒绝爬跨时,卵泡增大,卵泡直径在 1.5 cm 以上,波动明显,泡壁薄,这时是配种输精的好时机。

(二)牛的保定与牛体准备

将待配母牛保定在六柱栏内或在奶牛的畜床上输精。输精前要对被输精牛的阴门、会阴部进行清洗消毒并擦拭干净,将母牛的尾巴拉到一侧,操作员站在牛的后方。用 0.1%~0.2% 高锰酸钾溶液冲洗母牛的外阴、肛门,再用温开水冲洗附着的药液,然后用消毒抹布或纸巾擦拭干净。

(三)精液的准备

冷冻精液要先进行解冻。颗粒冻精解冻后,吸入输精器中。颗粒冻精解冻后或直接用鲜精输精时,可在钢质输精器末端接一个 1 mL 或 2.5 mL 的一次性注射器,然后吸取精液,以保证精液输入的数量。细管冻精解冻后,用专用剪刀剪去封口端约 0.5 cm(用聚乙烯醇粉或热封端,另一端为中间夹有聚乙烯醇粉的棉塞),把细管专用输精枪捅针向后拉 10~15 cm,将剪口端向前装入输精枪的前端。将输精枪外套管的后端从塑料膜中推出塑料膜外,然后将外套管与输精枪套在一起旋紧。

(四)输精枪的插入

左手压开阴门裂,右手将输精枪连同外套塑料膜斜向上约 45°插入阴门内,进入 15 cm 左右后,左手拉住外套塑料膜向后拉,右手固定住输精枪,使输精枪从塑料膜中穿出,并使输精枪的外套管推出塑料膜 7~10 cm。输精枪应经过消毒,每一输精管只能用于一头牛。

(五)直肠内的操作

术者(指甲剪短锉光)左手上涂以润滑剂,先以手抚摸肛门周围,再将手呈锥形伸入母牛的直肠中,使牛排出宿粪。然后将手向前伸,并将直肠向后扒,在骨盆腔内寻找子宫颈(手掌展平,向骨盆腔底部下压,可找到一个棒状物,质硬而且有弹性),找到后,手握子宫颈的外口处,并使子宫颈呈水平,向前推送(图 2-4-1)。

(六)输精枪进入子宫颈管内及输精

右手将输精枪向前推送,使输精枪前端到达子宫颈阴道部。双手配合,使输精枪插入子宫颈口,当输精枪进入子宫颈内时,能感觉到其通过子宫颈皱褶时“咔嘣、咔嘣”的声音,输精枪应

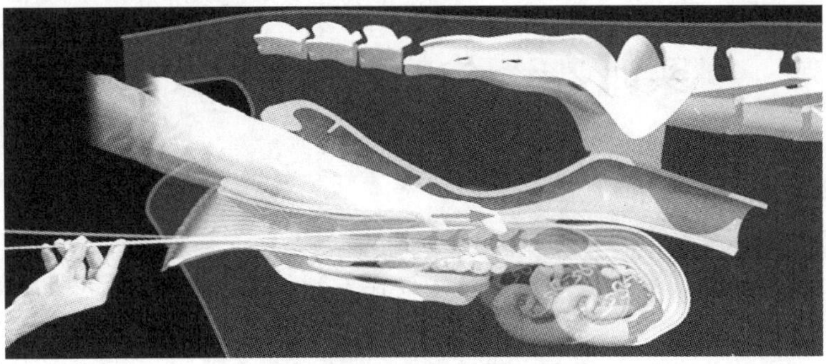

图 2-4-1　直肠把握法输精

随着子宫颈管内的皱褶变化上下调整方向，直到向前推送时，没有被皱褶阻挡的感觉时，说明输精枪已经到达子宫体。这时应避免继续向前推送。将输精枪捅针缓缓向前推，将精液送入子宫体内。

注意事项：输精枪向前推送时，应避免用蛮力，应不断调整方向，使输精枪轻松通过子宫颈管。如果在输精枪未插入子宫颈口时，母牛努责，应将子宫颈向前推送，使阴道壁伸直。如果不能确认输精枪是否到达子宫体，为了避免输精枪戳伤子宫黏膜，可于输精枪在子宫颈管内通过 4～5 个皱褶时，就将精液输入。将精液输入时，应缓慢，以防倒流。

(七)输精次数

一般情况下，如果对母牛的发情、排卵掌握得很好，母牛输精一次即可，否则，需再输一次。如果输精后 8 h 内母牛仍有明显的发情征兆，应在第一次输精后 8～10 h 进行第二次输精。通常是上午发现发情，下午输精，次日上午再输精一次；下午发现发情，次日上午和下午各输精一次。

六、操作重点提示

(1)若想获得高的繁殖率，在人工授精时请牢记以下要点：动作温和，不要过于用力；先将输精枪送到子宫颈口，再将子宫颈套在输精枪上；通过子宫颈后将精液释放在子宫体内；操作过程中不要着急，放松。

(2)在吸取或注入精液时动作要慢，以减少对精子的机械刺激；接触精液的输精器械应保持在 28～36℃，与精液温度相等或接近。输精时如遇母牛拱腰强烈努责时，应暂停操作，绝不能强行输精，可让助手捏母牛的腰椎，缓和腰部紧张；输精器插入子宫颈时，动作要轻，慢慢旋转前进，遇阻力时，不能强行插入；输精时，输精员要随牛的左右摆动而摆动，以免输精器折断；输精时如遇牛排便，可让助手用毛巾遮住外阴部。

(3)输精结束时，如发现大量精液倒流，应重新输精一次。

七、实训过程检查与评价

实训过程检查内容及评价方法请参照实训 2-1。

八、问题与思考

1. 输精前准备有哪些？
2. 牛人工输精方法有哪些？

实训 2-5　牛的妊娠诊断技术

一、实训目标和要求

通过实训，掌握直肠检查法的操作步骤与操作要领，了解阴道检查和巩膜诊断等牛的妊娠诊断方法。

二、知识背景与原理

妊娠诊断越早越好，理想时间是在母畜配种后一个发情期内完成妊娠诊断，以便及时安排未妊娠母牛下一个情期的配种工作。国际上，最早可在奶牛受精后 28～35 天通过直肠触诊或超声波进行妊娠诊断；实验室鉴定奶牛早期妊娠有奶样或血样中类固醇含量检测等方法，这些方法可在奶牛受精后 28～30 天内诊断出奶牛是否妊娠。

（一）临床诊断方法

临床方法主要是对孕体，包括胎儿、胎膜和胎水的存在与否及存在状态进行检查。根据检测手段可分为直肠检查和超声波检查两种方法。

1. *直肠检查法*　直肠检查判定母牛是否怀孕的主要依据是怀孕后生殖器官的一些变化。这些变化因胎龄的不同而表现有所侧重：在怀孕初期，以子宫角形状、质地及卵巢的变化为主；在胎胞形成后，则以胎胞的发育为主；当胎胞下沉、不易触摸时，以卵巢位置及子宫动脉的妊娠脉搏为主。

（1）配种后 19～22 天　子宫勃起反应不明显，在上次发情时卵巢上的排卵处有发育成熟的黄体，黄体柔软，孕侧卵巢较对侧卵巢大，疑为妊娠。如果子宫勃起反应明显，无明显的黄体，卵巢上有大于 1 cm 的卵泡，或卵巢局部有凹陷、质地较软，可能是刚排过卵，这两种情况均表现未孕。

（2）妊娠 30 天　孕侧卵巢有发育完善的妊娠黄体，黄体肩端丰满，顶端突起，卵巢体积较对侧卵巢大 1 倍。两侧子宫角不对称，孕角较空角稍增大，质地变软，有液体波动的感觉，孕角最膨大处子宫壁较薄；空角较硬而有弹性，弯曲明显，角间沟清楚。用手指轻握孕角从一端向另一端轻轻滑动，可感到胎膜囊由指间滑动，如用拇指及食指轻轻提起子宫角，然后稍为放松，可以感到子宫壁内先有一层薄膜滑开，这就是尚未附植的胚囊。据测定，妊娠 28 天，羊膜囊直径 2 cm，35 天为 3 cm，40 天以前羊膜囊为球形，这时的直肠检查一定要小心，动作要轻柔，并避免长时间触摸，以免引起流产。

（3）妊娠 60 天　由于胎水增加，孕角增大且向背侧突出。孕角比空角约粗 1 倍，且较长，两者相差悬殊。孕角内有波动感，用手指按压有弹性。角间沟不甚清楚，但仍能分辨，可以摸到全部子宫。

（4）妊娠 90 天　孕角如排球大小，波动明显，有时可触及漂浮在子宫腔内如硬块的胎儿，角间沟已摸不清楚。这时子宫开始沉入腹腔，子宫颈移至耻骨前缘，初产牛子宫下沉时间较晚。

（5）妊娠 120 天　子宫全部沉入腹腔，子宫颈越过耻骨前缘，触摸不清子宫轮廓的形状，只能触摸到子宫背侧面及该处明显突出的子叶，形如蚕豆或黄豆，偶尔能摸到胎儿。子宫动脉的妊娠脉搏明显可感。

(6)妊娠150天　全部子宫沉入腹腔底部，由于胎儿迅速发育增大，能够清楚地触及胎儿。子叶逐渐增大，如胡桃或鸡蛋；子宫动脉变粗，妊娠脉搏十分明显，空角侧子宫动脉尚无或稍有妊娠脉搏。

(7)妊娠180天至分娩　胎儿增大，位置移至骨盆前，能触摸到胎儿的各部分，并能感到胎动，两侧子宫动脉均有明显的妊娠脉搏。

配种前，做卵巢直肠触诊检查，详细记录两侧卵泡的位置及卵泡发育情况，在配种后10～14天做第一次检查，原卵泡发育处形成柔软的初级黄体，对卵巢及黄体的大小、形状予以记录，再过10天即配后20～25天做第二次检查，这时卵巢体积增大至原卵巢体积的几倍，表面光滑，质地柔软，有弹性，黄体略为明显，突出于卵巢表面，比第一次检查时稍硬，根据这些变化即可诊断为妊娠。若第二次检查时发现原来增大的卵巢体积缩小，即定为未孕。此法正确率较高，符合率达96%，且直感明显，易于判定。

2. *超声波检查法*

(1)超声多普勒检查法(D超)　D超是利用超声多普勒效应原理，将怀孕奶牛子宫血流变化、胎儿心跳、脐带血流及胎儿活动以声响信号形式显示出来，通过探测声响信号的变化，判断母牛是否妊娠的一种检测方法。

使用D超仪时先将探头缓慢插入阴道穹窿2 cm以下的两侧区域，仔细辨听母体宫血音，妊娠20～30天出现“阿呼”音，30～40天后有蝉鸣音。未孕牛或探头接触不良时仅能听到“呼呼”音，声音频率与奶牛脉搏相同。奶牛妊娠50天后胎儿脐血音比较明显，为节奏很快的血流音，其频率为每分钟120～180次。据报道，对19头奶牛在配种20～30天后应用D超进行早期妊娠诊断，符合率为100%。

(2)幅度调整型超声诊断法(A超)　A超是通过超声波在奶牛体内传播，仪器探头将胎囊液的反射波转变为电脉冲，探头接收到电脉冲后，将其转变成声响和灯光显示的报警信号，据此判断被检牛妊娠与否的检测方法。

具体方法是将探头缓慢插入阴道穹窿，使探头抵在穹窿下半部的阴道壁上，由左向右移动探头进行检查，若发出连续的阳性信号且指示灯持续发光，则判断为已妊娠。这种方法最早可在配种后18～21天诊断出奶牛是否妊娠。据报道，对67头成年奶牛在配种0～30天后应用A超进行早期妊娠诊断，符合率为73.1%。

(3)实时超声显像法(B超)　B超把回声信号以光点明暗的形式显示出来，回声强，光点亮，回声弱，光点暗，光点构成图像的明暗规律，反映了子宫内胎儿组织各界面反射强弱及声能衰减规律。

当超声仪发射的超声波在母体内传播并穿透子宫、胚泡或胚囊、胎儿时，仪器屏幕会显示各层次的切面图像，以此判断奶牛是否妊娠。据报道，应用兽用B超仪对224头奶牛在配种后30天内进行早期妊娠诊断，妊娠诊断符合率达到98.3%。

D超妊娠检测准确率最高，但设备价格偏高，已被市场淘汰；A超仍未摆脱手入直肠的操作，且早期妊娠诊断准确率并不高，也已被市场淘汰；手持型B超使用方便，早期妊娠诊断准确率仅次于D超，设备价格相对便宜，是目前使用较为广泛的妊娠检测仪器；同时，B超还有识别双胞胎并确定胎儿生存能力、年龄和性别的功能。使用B超需要直肠检查法的操作基础；配后 18～21 天，胎儿发育还不足以使 B 超捕捉到可信度高的信号强度，所以，还未见有早于 30 天的 B 超妊检报道。

（二）免疫诊断法

免疫诊断法通过检测从孕体、子宫、卵巢进入母体血液、尿液或乳汁的妊娠相关物质含量进行妊娠诊断。检测的物质主要有两种类型：一是出现在母体血液中的孕马血清促性腺激素（pregnant mare serum gonadotropin，PMSG）、早期妊娠因子（early pregnancy factor，EPF）等妊娠特有物质；二是孕酮（progesterone，P4）、硫酸雌酮等妊娠期间母体尿液、血液或乳中有变化的物质。

奶牛授精后 1 个发情周期（21 天）内，未妊娠牛孕酮（P4）水平较低，而已妊娠牛因黄体持续存在，孕酮水平则较高，因此孕酮可被用于早期妊娠诊断。孕酮浓度随发情周期而变化的规律，使其成为反刍动物妊娠检测中最常用的一种激素类物质。

由于乳汁中 P4 含量比血液高，且乳样采集较血样方便，所以，常测定乳汁 P4 含量判定奶牛是否妊娠。

（三）其他诊断方法

1. *血清酸滴定法*　奶牛妊娠后可产生一种特有的免疫球蛋白，该蛋白在酸性环境中可与其他蛋白形成低溶性复合物（絮状物），可据此进行早期妊娠诊断。

诊断前，取授精后 16～45 天的母牛血液 5～10 mL，室温静置 8～10 h 后离心制备血清，在血清中加入 0.2 mol/L 盐酸 7.5 mL，磁力搅拌器混合 1～2 min，再用 13% 硝酸滴定至 pH 0.68，滴定时间不少于 5 min。然后将溶液静置 20 min，在透射光下观察，若呈乳白色或乳黄色絮状物可判定为妊娠，无色透明者为未妊娠，妊娠准确率 89.92%。该法具有诊断时间早、结果准确、设备廉价等优点，但检测时间长，操作烦琐，无法进行现场诊断，采血过程中奶牛易产生应激反应。

2. *血小板计数法*　受精卵及妊娠第 7 天左右形成的桑葚胚会产生一类乙酰化的甘油磷脂，即血小板活化因子（platelet activating factor，PAF），可介导妊娠母体对胚胎的识别，引起母体妊娠的最初反应——血小板减少。此方法技术简单、时间早、准确率高、成本低廉，但采血易引起奶牛应激，且需要借助实验室显微镜才能对血小板计数，不能进行现场检测，镜检技术要求较高。

3. *碱性磷酸酶（alkaline phosphatase，AKP）诊断法*　胎盘可产生特异性耐热碱性磷酸酶，并随妊娠进展而增多，因此已妊娠牛较未妊娠牛血液中 AKP 活力高。这种方法操作简便，设备也不复杂，数小时之内可得出结果，但采血易造成奶牛应激，仅适用于实验室检测，且无法实现早期妊检。

4. *电子探针诊断法*　该法将仪器探头插入奶牛阴道距子宫 2 cm 左右处，根据显示的电阻值判断是否妊娠。奶牛授精后 21～23 天，若阴道内背侧与腹侧电阻值之差＞30 Ω 则可判定为妊娠，妊娠诊断准确率 80%，未妊娠诊断准确率 98%。

5. *巩膜血管诊断法（看眼线法）*　奶牛授精 25 天左右，瞳孔正上方的巩膜表面有 1～2 条明显的、呈直线状态的纵向血管，颜色深红，轮廓清晰，若此时奶牛又没有任何发情表现，则可判定为妊娠。但应注意与因病导致眼充血的区别。

6. *7%碘酒法*　授精后 30 天，取 10 mL 奶牛新鲜尿液，滴入 2 mL 7%碘酒，充分混合 5～

6 min,在亮处观察试管中溶液颜色,若呈现暗紫色则为妊娠,若不变色或稍带碘酒色则为未妊娠。此方法缺点是牛尿液取样不方便,试验现象需要靠肉眼观察,妊娠诊断率较低。

7. 联合诊断法　由于孕酮(P4)及雌二醇(E2)具有拮抗效应,且未妊娠与已妊娠牛血液中其浓度差异极显著($P<0.01$)。因此,可利用 RIA 法检测并比较所测定牛乳汁中 P4 及 E2 水平,以 P4 和 E2 的比值作为奶牛早期妊娠诊断的依据,其准确性高于单一 P4 测定法。

8. 外部观察法　牛妊娠后,发情周期停止,食欲增强,营养状况改善,毛色光亮,性情变得较为温顺,在妊娠后 5 个月左右,牛腹围增大,乳房增大。这种方法虽然简单,容易掌握,但不易早期确切诊断,还应结合其他方法来确定。

9. 阴道检查法　用开膣器进行妊娠诊断。向阴道内插入开膣器时感到有阻力;打开开膣器后,可看到黏膜苍白、干燥,子宫颈口关闭,向一侧倾斜。妊娠达 1.5～5 个月时,子宫塞的颜色变黄、浓稠;妊娠 6 个月后,黏液变得稀薄、透明,有些排出体外在阴门下方结成痂块。子宫颈位置前移,阴道变得深长。

三、实训设备和材料

配种后 20 天以上的母牛、临产母牛、开膣器、2%来苏儿溶液、0.1%～0.2%高锰酸钾溶液、手电筒、肥皂、毛巾、瓷盆、长臂塑料(乳胶)手套、润滑剂(凡士林或液体石蜡)、便携式 B 超仪等。

四、实训内容

外部观察法、阴道检查法、直肠检查法、巩膜血管诊断法、超声波检查法。

五、操作方法和步骤

(一)外部观察法

检查者站于妊娠母牛后面观察时,可发现右腹壁突出。

(二)阴道检查法

在配种 30 天后检查。

1. 保定　母牛保定在保定架内,用绷带缠扎尾部并拉向一侧。如无保定架也可用三角绊保定。

2. 消毒　对检查用具先用清水洗净后,再以火焰消毒或用消毒液浸泡消毒,之后必须用开水或蒸馏水将消毒液冲净。

母牛阴唇及肛门附近先用温水洗净,最后用酒精棉球涂擦。如需将手伸入阴道进行检查时,消毒手的方法与手术前手的准备相同,但最后必须用温开水或蒸馏水将残留于手上的消毒液冲净。

3. 检查方法　给已消毒过的开膣器前端约 5 cm 处向后涂以润滑剂(石蜡油等),并用消毒纱布覆盖备用。检查者站于母牛左侧的侧后方,右手持开膣器,左手的拇指和食指将阴唇分开,将开膣器合拢呈侧向,并使其前端略微向上缓缓送入阴道,待完全进入后,轻轻转动开膣器,使其两片呈扁平状态,最后压紧两柄使其完全张开,借助手电筒观察阴道和子宫颈变化。检查完毕,将开膣器恢复至送入时状态(不要完全关闭,以防损伤阴道黏膜),然后再缓慢抽出。

检查完毕将开膣器进行清洗消毒。

4.阴道黏膜及子宫颈变化　妊娠时阴道黏膜变得苍白、干燥、无光泽(妊娠末期除外),至妊娠后半期,感觉阴道肥厚。子宫颈的位置改变,向前移(随时间不同而异),而且往往偏于一侧,子宫颈口紧闭,外有浓稠黏液,在妊娠后半期黏液量逐渐增加,非常黏稠(牛在妊娠末期则变为滑润)。附着于开膣器上的黏液呈条状或块状,灰白色。

5.阴道检查时的注意事项　对于妊娠母牛开张阴道是一种不良刺激,妊娠的牛插入开膣器时有明显的阻力。因此,阴道检查动作要轻缓,以免造成妊娠中断。

(三)直肠检查法

1.检查步骤和方法　手呈锥形从肛门进入直肠。当手腕伸入肛门时手向下轻压直肠肠壁,即可触摸到棒状坚实纵向的子宫颈。将食指、中指、无名指分开沿着子宫向前摸索,在子宫体前,中指可摸到一纵行子宫角间沟,再向前探摸,食指和无名指可摸到类似圆柱状的两侧子宫角。沿子宫角的大弯向外侧下行,即可触到呈扁卵圆形、柔软、有弹性的卵巢。触摸过程中如摸不到子宫角和卵巢,应再从子宫颈开始向前逐渐触摸。

母牛妊娠诊断时须触摸:①子宫角的大小、形状、对称程度、质地、位置及角间沟是否消失;②在子宫体、子宫角可否摸到胚泡并判断其大小,子宫颈粗细、位置及牵引感觉;③有无漂浮的胎儿及胎儿活动状况;④子宫内液体性状;⑤子宫动脉粗细及妊娠脉搏的有无,子叶的大小。

2.诊断　早期诊断主要根据子宫角和卵巢黄体的变化进行判断。有孕体一侧的子宫角通常较另一侧略大,且柔软有波动感,无收缩反应;同侧卵巢也较另一侧大,卵巢上的黄体质软且突出于卵巢表面;而非孕侧子宫角较小,无液体波动感,子宫收缩反应明显,卵巢体积小,无黄体。后期的妊娠诊断主要是根据子宫中动脉特异脉搏变化和胎儿的存在进行诊断。

(四)巩膜血管诊断法

在配种20天后,妊娠的母牛,在一侧或两侧眼球瞳孔正上方的巩膜表面,有1～2条(个别3条)呈直线状态(少数弯曲)的纵向血管,颜色深红,轮廓清晰,略凸起,比正常血管粗得多,这种现象可维持到分娩后1周;没有妊娠的牛,血管细而不明显。

(五)便携式B超仪法

1.确定被检查的牛只　检查前首先要阅读牧场牛只配种记录和牛只一般繁殖状态,成母牛配种天数要大于33天,青年牛配种天数要大于30天,检查过早容易对成像产生误判,所以建议统一在配种33天左右检查。

2.检查前的准备工作　检查前首先需穿戴完好并消过毒的工作服、工作帽、长筒皮靴、一次性长臂手套等,一次性长臂手套要用石蜡油或肥皂水润滑后使用。其次要把被检查牛只保定好,最好使用止踢棒,以防止牛只对人造成伤害,性格特别顽劣的牛只最好由第二人协助处理。之后将牛直肠里的宿粪尽量掏出,直肠中的宿粪会直接对检查的显像效果造成不利影响,最后要摸清楚子宫及卵巢的位置,以便确定超声探头放置的大致位置。

3.妊娠检查工作　在对牛只进行诊断时,需要清楚B超仪的显像构成,骨骼会反射超声,因此骨骼显示为白色,超声能穿透体液,因此体液显示为黑色。首先把消过毒的超声探头“刀口”朝下,“刀口”要紧贴肠壁,正对着子宫,然后向着直肠里缓慢插入,如果遇到牛只努责,立即停止插入,应随着牛只努责节奏缓慢退回超声探头,然后对牛只直肠进行按摩,降低牛只的刺激反应,以便进行接下来的检查。在缓慢插入的过程中,超声影像也在不断变化,当显示出一大块黑影的时候要特别注意，这块黑影就是膀胱的影像，它是我们检查的一个重要判断标志。当膀胱充满尿液时，子宫会被挤压至前部，会影响妊娠影像的观察，可以待排尿后再进行检查。

超声探头移行至子宫交叉处时，空子宫的超声影像显示为小圆形，由于子宫里面没有流动的液体，所以图像看起来比较小。

妊娠达到 33 天的子宫角超声影像显示为多个充满流体的圆形，直径大概在 1.4 cm 左右，圆形里显示为黑色的流体，这时候胎儿的形体还不可见。妊娠达到 39 天的超声影像显示妊娠的子宫角充满了黑色的液体，可见到胚囊。妊娠达到 45 天的超声影像显示胎儿的轮廓，体长大概在 3.5 cm。妊娠达到 55 天的超声影像显示胎儿周围充满了黑色的液体，液体使胎儿保持直立状态。妊娠达到 85 天的超声影像显示类似纽扣一样的牛胎盘上的子叶。

由于在配种后 60 天内胎儿早期死亡率和奶牛流产率较高，建议在 33 天 B 超检查诊断后，在 90 天左右进行直肠检查以确诊。

4. 图像的保存　对牛只进行妊娠检查时，要反复在被检部位进行扫描，以获取最清晰、最具代表性的一帧画面，然后马上冻结画面进行图像储存。反复检查的同时动作一定要轻柔，避免对奶牛造成刺激。

六、操作重点提示

(1)操作时一定要细心轻柔，切勿鲁莽而造成母牛的流产。

(2)注意人身安全。

(3)注意消毒，防止交叉感染。

七、实训过程检查与评价

实训过程检查内容及评价方法请参照实训 2-1。

八、问题与思考

1. 牛妊娠诊断的临床方法有哪些？

2. 如何用便携式 B 超仪进行母牛妊娠检查？

实训 2-6　牛的清宫术

一、实训目标和要求

通过实训，掌握奶牛清宫术(子宫冲洗技术)的原理、步骤、操作手法。

二、知识背景与原理

清宫术即子宫冲洗是治疗子宫内膜炎时采用的一种方法。因牛子宫颈管细长、子宫角下垂，冲洗液不易排出，易经输卵管进入腹腔，故一般不主张进行子宫冲洗。尤其对伴有严重全身症状的急性子宫内膜炎及子宫复旧不全的病例，禁止冲洗子宫。子宫已复旧的牛施行子宫冲洗应慎重(冲洗子宫后食欲往往降低)。

三、实训设备和材料

奶牛、输精管、橡胶软管、手套、消毒药品、毛巾、土霉素、利凡诺、蒸馏水、子宫洗涤器等。

四、实训内容

子宫洗涤器的使用方法;药液配制;子宫冲洗方案设计与实施。

五、操作方法和步骤

(一)方法

一般使用40～45℃的温溶液冲洗子宫。冲洗子宫应使用带回流装置的器材,每次注入的药液量要以子宫角的膨胀程度来确定,一般每次50～100 mL,反复多次,总用液量1000 mL左右,以回流液不含炎性分泌物、清亮透明为宜。市售的牛用子宫洗涤器都没有回流功能,不利于子宫冲洗液导出。可采用回收胚胎的冲胚管来代替,将子宫洗涤液充分导出,达到清洁子宫的目的。

(二)药物选用

子宫冲洗所选药物的种类,要按子宫内膜炎的类型来确定。慢性卡他性子宫内膜炎,可以选用1%～5%的氯化钠溶液,也可用1%～2%的小苏打溶液。慢性卡他性脓性子宫内膜炎及慢性脓性子宫内膜炎,可采用0.1%高锰酸钾溶液、0.1%利凡诺溶液、0.01%～0.05%新洁尔灭溶液或碘盐液(生理盐水100 mL加2%碘酊2～3 mL)等冲洗。对病程较久的患牛,可先用10%氯化钠溶液冲洗子宫,以后逐渐将浓度降到1%,并配合其他疗法。

(三)冲洗时机

为了能够比较容易地将洗涤器插入奶牛子宫,大多数人选择在奶牛发情期进行子宫冲洗,这是因为奶牛子宫颈口只有在发情时才处于开张状态。但此时子宫角与输卵管的宫管结合部也处于开放状态,如果在此期间冲洗子宫,冲洗液的用量和压力掌握不恰当,很容易使冲洗液连同子宫内的炎性分泌物顺着宫管结合部流入输卵管,引起输卵管炎。因此,子宫洗治应避开奶牛发情期,在产后14天左右根据具体情况确定是否再冲洗子宫。为了使子宫洗涤器通过子宫颈容易一些,可事先给患牛肌肉注射雌激素,使子宫颈口开张,再插入子宫洗涤器进行冲洗。

(四)产后清宫术的常规操作

1. 产后14天以内(胎衣滞留)　严禁剥离胎衣,产后第2天,用土霉素5 g＋利凡诺0.5 g＋蒸馏水500 mL冲洗,间隔1～2天冲洗一次,连续3～5次;有全身症状时,还应进行全身治疗,同时辅助激素,促进胎衣排出。

2. 产后14天以内(胎衣自下)　恶露排出正常的不处理,当恶露出现异常并有臭味时,用土霉素5 g＋利凡诺0.5 g＋蒸馏水500 mL冲洗,间隔2～3天冲洗一次,连续冲洗2～3次;当出现全身症状时,按胎衣滞留处理。

3. 产后14天以后　子宫分泌物透明、黏稠度好时不冲洗;子宫分泌物数量逐渐减少,且透明时也不必冲洗;子宫分泌物呈脓性时,用金霉素0.8 g＋蒸馏水150～200 mL冲洗。

(五)产后清宫术的操作步骤

1. 清宫术前准备　配制处理液,准备输精管、橡胶软管、手套、消毒药品、毛巾。

2.插入输精管 按直肠检查的程序，先掏出积粪，清洗、消毒外阴部，然后操作者右手按输精操作要求，先斜上方再平插或偏斜下方插入输精管，左手在直肠内引导输精管通过子宫颈口插入子宫。

3.注入药液 在输精管后端接上软管，缓慢注入药液。

六、操作重点提示

(1)一定要用40～45℃的温溶液冲洗子宫，冬天最好将药液适当加温；以回流液不含炎性分泌物、清亮透明为宜。严禁剥离胎衣，清宫要及时。

(2)冲洗奶牛子宫后，向奶牛子宫内注入适量的广谱抗生素，可起到消炎和预防继发感染的作用；操作过程牢固树立“无菌”观念；拔出的输精管要清洗消毒后再用。

(3)繁殖配种人员不仅要做到“四勤”还要做到“四要求”。对牛群一定要熟悉，要用心，要勤思考，要有奉献精神。全面记录处理结果以便进行监督，对治疗牛只的资料应做详细记载。

(4)根据牛群的实际情况，应有专人负责产后牛只保健净化处理工作、专人负责观察发情、专人负责配种。每天晚班要梳理第二天用药保健的牛只，做到有的放矢，心中有数。只要按照净化保健方案执行，循序渐进就能取得好的效果。

七、实训过程检查与评价

实训过程检查内容及评价方法请参照实训2-1。

八、问题与思考

1.试述产后奶牛子宫冲洗的目的。

2.产后0～15天内重点关注哪些方面？

实训2-7 奶牛的挤乳技术

一、实训目标和要求

通过实训，掌握手工挤奶和机械挤奶技术操作规程和要领，掌握挤奶厅机械挤奶程序及相关仪器的操作方法，了解挤奶机的构造和工作原理。

二、知识背景与原理

奶牛的挤奶分手工挤奶和机械挤奶两个大类。手工挤奶效率低，工人劳动强度大，容易对牛奶造成污染；优点是容易发现乳房的异常情况并及时处理。机器挤奶效率高，牛奶不易受到污染，工人劳动强度低；缺点是乳房发生异常情况时不易及时发现，如机器质量差或机器发生故障时易对乳房造成损伤。

在传统奶牛生产中多采用手工挤奶，在现代奶牛生产中多采用机械挤奶。由于我国正处于由传统奶业向现代奶业过渡的进程中，手工挤奶在一些个体奶牛养殖户中仍然被采用。但随着我国奶业的发展与奶业现代化程度的提高，手工挤奶将逐渐被淘汰，取而代之的必然是机械挤奶。但当奶牛患乳房炎等乳房疾病时和产犊后刚刚开始泌乳的10～15天内,仍需要采用手工挤奶,以保护乳房。

机械挤奶有四种主要工艺,即移动式挤奶工艺、管道式挤奶工艺、集中式挤奶工艺、智能挤奶机器人。移动式挤奶工艺主要应用于小型奶牛场、奶牛养殖小区和个体奶牛养殖户,采用手推式移动挤奶机,任何场地条件均可使用,灵活方便。管道式挤奶工艺主要应用于大中型奶牛场,采用管道式挤奶设备,适用于采用拴系式饲养管理工艺的牛场。挤奶机真空管道和牛奶输送管道安装在牛舍内,奶牛在牛舍内接受挤奶。集中式挤奶工艺主要应用于大中型奶牛场,采用厅式挤奶设备,适用于采用散栏式饲养管理工艺的牛场。挤奶设备安装于挤奶厅中,奶牛在挤奶厅接受挤奶。智能挤奶机器人每天24 h运行,包括机械手臂、乳头净化设备、电脑显示器、挤奶装置和检测乳头位置的传感器。可以让奶牛决定自己的挤奶时间,当奶牛颈部的感应器发出挤奶信号后,自动排队进入挤奶厅挤奶,每天从黎明到傍晚共挤奶6次。智能挤奶机器人可以测试每头奶牛的挤奶速度,同时还可监控每头奶牛的产奶数量和质量、每天进食饲料的量、所花费的成本以及发情频率。

三、实训设备和材料

泌乳奶牛、保定绳、温水、毛巾、挤奶桶、盛奶桶、过滤纱布、次氯酸钠(或碘伏)、洗乳房水桶、工作服、挤奶器、现代化挤奶厅及机器挤奶成套设备(包括奶牛识别门、挤奶台、挤奶坑道、挤奶设备、自动流量计、清洗设备、贮奶罐、计算机以及消毒毛巾或纸巾、乳汁检查杯、乳头药浴液、自来水等)。

四、实训内容

手工挤奶训练、挤奶机机械挤奶操作和乳房护理方案制订。

五、操作方法和步骤

1. 赶牛　就是将整群待挤牛从牛舍赶往挤奶厅,挤奶结束后将其送还原舍的过程。赶牛时要尽量减少奶牛应激,禁止使用任何工具赶牛或打牛,一切外界因素造成的应激都会抑制奶牛放乳,从而减少产奶量。赶牛时应认真观察牛群整体状况,发现异常牛及时告知兽医。

2. 验奶　验奶就是在正式挤奶前将乳池中头三把奶挤出并弃掉的过程。因为这些牛奶中含有大量细菌,进入管道中会严重影响整罐牛奶质量。可以通过验奶判断乳房(乳头)是否发生病变,那些弃乳可以直接反映奶牛是否患有临床型乳房炎,以便使奶牛得到及时治疗。验奶是对乳头的初次按摩,促进催产素分泌,为泌乳做好准备。

3. 前消毒　挤奶前使用150 mg/L的碘液对奶牛乳头进行消毒处理是非常必要的。通过有效的前消毒,可以杀灭乳头表面的微生物,防止微生物污染输奶管道,降低乳房炎的发病率。

4. 擦拭　做前消毒处理后的乳头,必须使用干燥、清洁、柔软的毛巾进行擦拭,严格执行“一牛一巾”制度,有效防止交叉感染。擦拭是对奶牛乳头的二次按摩,这时已经为奶牛泌乳做好了充分的准备。

5. 上杯　从初次接触乳头到上杯这一过程,必须控制在45～90 s。因为奶牛受刺激(按摩)分泌并维持催产素的时间非常短,在奶牛已经做好泌乳准备而没有挤奶动作时,会大大降低奶牛的兴奋度,从而影响放乳。上杯要迅速,尽量减少空气的吸入。牛奶中含有不饱和脂肪酸，其吸收牛舍内空气中的异味，会降低牛奶的品质，同时也易形成“对流奶”，损伤乳腺组织，引起乳房炎。

6. 巡杯　巡杯就是对上杯结束的奶牛进行复查。通过巡杯，及时补救漏气、掉杯现象；有效判断牛奶是否被挤净，防止出现牛奶未挤净或过度挤奶；随时清洗杯组及附属设备，保持挤奶卫生。

7. 后消毒　奶牛在挤奶结束后，及时使用碘液消毒乳头。因为此时的乳头孔处于开张状态，极易受到病原微生物的侵袭，所以后消毒很关键，必须使碘液完全覆盖乳头表面，以碘液在乳头末端聚滴为准。在冬季，如果环境温度在－10℃以下，必须考虑使用凡士林均匀涂抹乳头表面，防止冻伤。

8. 泡杯　使用 20～30 mg/L 的碘液彻底浸泡杯组，能够有效阻止乳房炎交叉感染。操作中，要严格监控碘液配比浓度，杜绝不泡、漏泡、浸泡不严等现象的发生。泡杯后约 30 s 时，用清水冲去残留在杯组表面的碘液，准备下一轮挤奶。

9. 定期进行管道清洗

(1)CIP 管理　CIP(自动循环清洗)，投入成本较高，但操作安全、方便，清洗结果可靠。CIP 是目前大型牧场普遍采用的清洗方式，能够有效降低牛奶中细菌总数。培养专业 CIP 操作人员，严格按照操作规程进行管理。

(2)常规清洗　挤奶结束后要立即进行清洗。由专业操作人员按照 CIP 管理要求进行清洗，在清洗过程中需要注意监控的几个关键点如下：①预冲洗很关键，使用 35～40℃的温水可以带走管道中约 85％的污垢；②每一遍的水温要求都不同，热水温度应在 70～85℃，过高将致使乳蛋白贴于管壁难以除去，过低则会降低乳脂、蛋白、清洗剂的溶解度，所以必须严格执行，否则难以达到理想的清洗效果；③清洗过程中，酸的 pH 要达到 1.5～3.5，碱的 pH 要达到 10.5～12.5，酸碱液浓度必须符合要求，需要定期检测；④管道清洗必须符合国家饮用水标准，根据水的硬度来决定清洗剂的用量；⑤清洗剂需要有足够的时间与污垢混合反应，一般每次的清洗时间在 8～10 min；⑥定期检查清洗设备的工作状况，如气压、各处阀门、排污等。

一般来说，按照 CIP 管理要求进行清洗，管道清洗的结果完全可以让人们放心。然而，清洗过程往往受到很多外在因素(如水温过低或过高、水质受到污染、清洗剂剂量不足等)的影响，这些因素均会降低清洗的效果。

有必要对管道进行定期的过滤和排查，尤其是管道接头及死角处，极易积存大量奶垢，必须及时清除。必要时可以启动“爆炸式”清洗，即使用“强酸强碱热酸热碱”进行清洗。

10. 设备维护与保养工作　一台好的设备可以高效工作，会有较长的寿命，这些都离不开严格执行的设备维护与保养。①定期更换所有与牛奶直接或间接接触的橡胶配件，如奶衬、奶管、各种接头及衬垫等，超过使用期限则会老化，致使奶垢积存，影响牛奶质量。②定期更换机械设备零部件，添加润滑剂等，保持设备良好运行。③有效处理各种设备的突发故障，使设备遇故障时能够以最快的速度恢复运行。④启动 ISO 6690 挤奶机测试标准，定期检测设备脉动及真空度是否正常。

11. 贮藏与运输　贮藏与运输是很容易被忽视的环节，在整个挤奶环节中所占时间最少，但同样决定着原料奶的质量。①牛奶在输送过程中可能会混入杂质(如牛粪、橡胶碎屑等)，必须通过牛奶过滤纸有效阻挡这些杂质。按时更换牛奶过滤纸，并随时观察过滤纸的卫生情况，以便及时调整更换时间。②牛奶中的微生物随着温度升高而加速繁殖，快速制冷可以有效阻止微生物的繁殖。要求技术人员熟练掌握制冷设备操作技术，保证牛奶在 1 min 内降至 2～4℃。③每天必须检查装奶车的清洗情况，通过眼观、微生物培养(涂抹)来确定是否用其装运。

六、操作重点提示

1.减少奶牛的应激　学生进入挤奶厅，或接触奶牛，会给奶牛带来一定应激。故最好分成小组，小组进入挤奶厅后要保持安静，尽量不要扰乱奶牛的排乳反射。

2.注意环境卫生　牛奶中微生物来自于环境，通过改善环境卫生来降低牛奶中微生物的方法越来越被人们所关注。只要是奶牛所接触的环境，都要想尽办法提高卫生质量，因为这其中的任何一个环节都有可能污染奶源。

(1)牛舍卫生　牛舍地面的积粪要及时清理，这是牛舍最大的污染源；牛床要平整、舒适，每天至少松沙一次；运动场每天松土一次，及时拣出石块等杂物。这些工作选择在奶牛被赶往挤奶厅时进行，尽量不要打扰奶牛的正常活动、休息。挤奶员应该完全掌握牛舍的卫生情况，随时把信息反馈给牧场场长。

(2)牛体卫生　牛体是被牛舍直接污染的，所以它能反映出牛舍的卫生状况。牛的乳房表面一旦被污染，则大大增加了乳房炎的患病概率，导致乳中体细胞数急剧上升。挤奶前，要严格按照程序清洗、消毒乳房(乳头)，将被污染的乳头清理干净，然后才能上杯挤奶。

(3)挤奶厅卫生　要为奶牛创造干净舒适的挤奶环境，肮脏的挤奶厅只会对乳头、管道造成污染，直接影响牛奶质量。在挤奶操作中，要随时保持挤奶厅包括待挤厅的地面、挤奶台面、挤奶设备及附属设施的卫生清洁，尽可能减少乳房及挤奶设备附近的污染源。

(4)工作人员卫生　每一名挤奶员都要着干净整洁的工作服，定期清理手套、雨鞋、围裙、套袖等防护用品的污渍，以减少污染源。

3.建立完整的信息记录　完整的信息记录将会给饲养、繁育、兽医部门提供可靠的数据，对于牧场合理分群、饲喂、配种、治疗有着重要的参考价值。以下数据的记录和整理可以由挤奶厅来完成：

(1)挤奶时间的记录　挤奶时间的波动往往会造成产奶量及体细胞数的波动，长期波动会造成牛奶质量的不稳定。

(2)牛只头数记录　每一个牛舍的奶牛在挤奶前后数量应该是一致的，如果发生混牛则会改变奶牛原有的日粮配方，从而影响奶牛的营养摄取。及时核对牛只头数，在最短的时间内挑出混入其他牛舍的牛只。

(3)异常牛的记录　主要指跛行、乳房下垂、乳头外展、外伤等牛只，这些异常牛的奶可能会受到影响，兽医可以通过记录决定是否需要将牛隔离治疗或者淘汰。

(4)异常乳的记录　水乳、血乳、絮状或面条状乳等异常乳，通常反映了奶牛乳房的疾病(如乳房炎等)，这些奶牛的乳汁进入奶罐将会大大影响牛奶的质量。异常乳的记录为兽医提供诊断信息，以便这些牛只得到及时的预防和治疗。

(5)产奶量的记录　产奶量也是奶牛饲养价值的参考指标之一，兽医、繁育部门可以通过这个指标来考虑奶牛是否被淘汰，当然即将干奶的奶牛是不在其中的。

七、实训过程检查与评价

实训过程检查内容及评价方法请参照实训 2-1。

八、问题与思考

1. 试述正确的挤奶操作流程。
2. 挤奶厅的信息记录主要包括哪些内容?
3. 奶牛的挤奶方式有哪些?

实训 2-8　原料乳的质量检测与验收

一、实训目标和要求

通过实训,掌握鲜乳品质检查的方法和技术要点。

二、知识背景与原理

牛奶在处理和利用前都要进行认真验收,因为少量不合格牛奶混进大量牛奶中会造成很大损失,作为食品也会影响人的健康。为保证奶制品的质量,对原料奶进行卫生、理化成分检验,并根据验收标准实行按质论价的收购办法。原料奶的检验项目主要包括感官鉴定、新鲜度检验、密度或比重测定、理化成分检验、微生物检验等。

1. 感官鉴定　感官鉴定主要是看牛奶是否有异常气味、异常色泽、大量杂质和凝块。异常气味如酸味、牛粪味、腥味、蒸煮味;异常色泽如红色、绿色或明显的黄色;大量杂质如煤屑、豆渣、牛粪、尘埃和昆虫。

2. 新鲜度检验　滴定酸度<18°T;酒精试验无絮片;煮沸试验无絮片和凝固。

3. 理化成分检验　脂肪含量≥3.1%;蛋白质含量>2.95%;密度(*D*20℃/4℃)≥1.028;全乳固形物含量≥11.20%;杂质度<4 g/kg;汞(以汞计)含量≤0.01 g/kg。

4. 微生物检验　特级原料奶对微生物的指标要求是:奶中细菌总数不超过 50 万 cfu/mL(采用平板计数法)。一般牛奶中细菌总数不得超过 200 万 cfu/mL。

此外,原料奶必须是由健康牛挤得的新鲜牛奶;初乳、末乳和头 2～3 把奶不得收购;不得使用防腐剂及其他添加剂,不得掺水、掺假。

对可疑混有初乳的牛奶,可进行煮沸试验与酸度滴定。在色泽较浓的情况下,如酸度偏高或煮沸时有凝块或小絮状物,即可认为掺有初乳。

乳房炎乳的成分变化很大,免疫球蛋白、血清球蛋白、氯及钠含量增高,可通过"杯碟试验"进行判断。即将可疑乳少许置于黑色的碟内使其流动,仔细观察有无细小蛋白点或黏稠絮状物留在碟上,有上述现象时可认为是乳房炎乳。

三、实训设备和材料

新鲜牛奶,三角瓶,蒸馏水,0.5%酒精酚酞溶液,0.1 mol/L 氢氧化钠溶液,68%、70%或 72%的中性酒精,试管,滤纸,250 mL 玻璃量筒,乳密度计,酒精灯,离心机,乳品全自动分析仪,乳脂瓶,乳脂自动测定仪,体细胞计数仪,温度计,试剂盒等。

四、实训内容

感官鉴定、酸度测定、密度(比重)测定、乳脂率测定、抗生素检测等。

五、操作方法和步骤

(一)感官鉴定

色泽:将少量牛奶倒于白瓷皿中,观察其颜色。鲜生牛奶呈乳白色或稍带微黄色。

滋味与气味:取少量奶口尝,再将奶加热后嗅其气味。鲜生牛奶具有鲜奶固有的香味,无其他异味。

组织状态:取一只洁净的玻璃平皿,倒入少许被检奶,然后将其倾斜,在牛奶向下流动时,即检查奶中有无细小蛋白质变性凝固的颗粒。正常鲜奶为均匀无沉淀、无凝块的流体。

取洁净的250 mL烧杯,倒入牛奶,在室温下静置2 h,然后轻轻倒出上层奶汁,观察烧杯底部是否有肉眼可见的异物。奶中不得含有煤屑、豆渣、牛粪、尘埃、昆虫、泥沙等肉眼可见的异物。

(二)酸度测定

在生产中往往只要牛奶不超过一定酸度即可利用。因此,常常只测牛奶的界限酸度(在某一用途下作为原料奶酸度的最高限度数值)。例如,市售牛奶酸度一般要求不超过20°T,对制造炼乳的原料奶则要求不超过18°T,特别是淡炼乳的要求更为严格。酸度测定的方法有中和试验、酒精试验和酸度滴定。

1. 中和试验　预先在一支试管内注入0.1 mol/L氢氧化钠溶液2 mL(要求界限酸度18°T时,可加1.8 mL),酚酞指示剂1滴。检查时只需向试管中注入1 mL待检乳,充分混合后为红色者,说明酸度在20°T以下(18°T以下),为酸度合格乳;混合后若为白色,则是超过20°T的不合格乳。

2. 酒精试验　取3 mL 68%的酒精于试管中,再取等量的乳置于上述试管中,混匀后观察。在试管底部若出现白色颗粒或絮状物沉淀,则表示此乳酸度已超过20°T,说明乳蛋白的稳定性较差,不予收购,无絮状沉淀出现者可予以收购。根据絮状物的大小,可大致判断乳的酸度(表2-8-1)。同样方法利用70%的酒精测定,则可使酸度超过18°T的牛乳产生沉淀。

表2-8-1　不同酸度牛奶被68%酒精凝结的特征

牛奶酸度/°T	蛋白质凝固特征	牛奶酸度/°T	蛋白质凝固特征
18～20	不出现絮状	25～26	中等大小的絮状
21～22	极微小的絮状	27～28	大型的絮状
23～24	微小的絮状	29～30	极大的絮状

3. 酸度滴定　以移液管量取10 mL牛奶于烧杯内,再加入20 mL蒸馏水,加入3～4滴酚酞指示剂,一边搅拌一边用滴定管慢慢滴入0.1 mol/L氢氧化钠溶液,直至微红色,且30 s或1 min不褪色,消耗的氢氧化钠溶液体积(mL)乘以10,将其换算成100 mL牛奶滴定时所消耗的氢氧化钠溶液体积(mL),即为牛奶的总酸度(°T)。

(三)牛奶的密度或比重测定

牛奶的密度用20℃/4℃牛奶密度计测定,牛奶的比重用15℃/15℃牛奶比重计测定。相同温度下,牛奶的密度较比重小0.002。一般牛奶的密度为1.028～1.032。测定牛奶的密度或比重时,先将待测乳充分搅拌均匀,取乳样150～200 mL,将乳沿量筒壁徐徐倒入量筒内,避免产生气泡,然后将密度计或比重计轻轻地插入量筒乳的中心,使其徐徐上浮,切勿使其与筒壁相撞,待静置后读数。以乳液面月牙形上部尖端部为准。同时测定乳试样的温度,如果乳的温度不是密度计或比重计的标准温度,需进行换算;其温度每差1℃在密度计或比重计上恒差0.2(即0.000 2),故温度不在20℃时,可校正为20℃的密度(或温度不在15℃时,校正为15℃的比重)。

(四)乳脂肪、乳蛋白质含量的测定

过去乳脂肪的测定常用盖勃法、巴氏法、哥德理-罗兹法等,蛋白质含量测定用凯氏定氮法,现在多用乳成分分析仪直接检测。

乳脂率的测定:先向乳脂计加入10 mL硫酸,再沿管壁小心准确地加入11 mL样品,使样品与硫酸不要混合,然后加1 mL异戊醇,塞上橡皮塞,使管口向下,同时用布包裹以防冲出,用力振摇使呈均匀棕色液体,静置10 min(管口向下),置65～70℃水中,注意水浴水面应高于乳脂计脂肪层,20 min后取出,立即读数,即为脂肪含量的百分数。

(五)全乳固形物测定

过去多用烘干方法测定全乳固形物,现在乳品厂通常用乳成分分析仪直接检测。

(六)杂质度试验

杂质度检查的方法是用一根吸管在奶桶底部取样,用滤纸过滤。如果滤纸上留下可观察到的杂质,证明奶质量有问题,要降低奶价。也可用杂质度仪器直接检测。

(七)细菌总数的测定(平皿计数法)

牛奶的卫生质量检验实质上就是细菌含量的测定。美蓝试验可以间接评定牛奶被细菌污染的程度,得出细菌的大致含量。牛奶中细菌的准确含量可以用细菌培养试验测定。

(1)实训前准备　无菌操作台及相关用品,恒温培养箱,高压灭菌器,平皿,广口瓶,蛋白胨,琼脂,牛肉膏,氯化钠,灭菌生理盐水等。

(2)培养基(营养琼脂)的制作　营养琼脂的成分包括蛋白胨10 g,琼脂15～20 g,牛肉膏3 g,氯化钠5 g,蒸馏水1 000 mL。称量试剂,倒入蒸馏水中,搅拌并加热至试剂全部溶解;调节pH至7.2～7.4,然后过滤,分装于圆底烧瓶内,121℃高压灭菌15～20 min。

(3)样品稀释　取250 mL广口瓶,编号。将样品按次序摆好,用浸于消毒水中的湿毛巾擦拭样品容器表面,或以酒精棉进行火焰消毒。

开启样品,将25 mL奶样置于225 mL灭菌生理盐水中充分摇匀,此为10倍稀释度。

根据奶样污染情况,选择2～3个稀释度进行递增稀释。用1 mL灭菌吸管吸取10倍的稀释液1 mL,注入含有9 mL灭菌生理盐水的试管中混匀,此为100倍稀释液。另取1 mL灭菌吸管,吸取1 mL 100倍稀释液,注入9 mL灭菌生理盐水中混匀,即为1 000倍稀释液。如此往上递增,可以获得所需要的10倍系列的稀释度。本实训假定稀释度为10 000倍(10^4)。

(4)接种　将平皿编号,一个奶样做两个平皿;用1 mL灭菌吸管吸取1 mL稀释液,注入平皿中，将熔化后冷却至 45℃左右的营养琼脂培养基倒入平皿约 15 mL，然后将平皿按顺、反时针各转动数次并静置。

(5)培养　培养基凝固后翻转平皿，置于(36±1)℃培养箱中保温(48±2) h。

(6)菌落计数　计数平皿内细菌菌落数，乘以 10^4 即可得出每毫升奶样所含细菌总数。

(八)体细胞数检测

乳房炎乳给乳品工业和人类健康造成很大危害。由于外伤或者细菌感染，使乳房发生炎症，这时所分泌的乳，其成分和性质以及体细胞数(主要由白细胞和少量脱落乳腺上皮细胞构成)发生很大变化。每毫升正常牛奶中体细胞数变动范围是 5 万～20 万个，如果体细胞数超过 50 万个，判定为乳房炎乳。因此，借助体细胞计数仪可检出乳房炎乳，而且操作简便，检出率高。其测定方法如下：

(1)实训前准备　试样板(平滑黑色木板或一面涂黑漆 50 mm×90 mm 的玻璃板)，4% NaOH 试液(用 NaOH 4 g，0.04%溴甲酚紫 2 mL，蒸馏水 98 mL 配制)。

(2)样品处理　将奶样置于 30～40℃水浴中加热并搅匀，样品应在 36 h 内检测完毕。

(3)改良白边试验　取经处理的奶样 5 滴，滴于试样板上，涂抹成不大于 4 cm^2 的大圆斑，加 NaOH 试液 2 滴，用玻璃棒轻击混合物约 0.5 min，回旋转动试样板数下，最后观察判定结果。

(4)结果判定　根据表 2-8-2 判定体细胞数的范围。

表 2-8-2　白边试验结果判定

乳汁凝集反应	判定结果	相当体细胞数/(10^6 个/mL)
混合物呈不透明乳汁样，完全没有沉淀物	阴性(－)	<0.5
混合物呈不透明乳汁样，但有细小不很多的凝固物	痕迹(±)	0.5～1.0
背景较不透明，稍呈乳样，有较大片凝固物，分布整个面积	阳性(＋)	1.0～2.0
背景微呈水样，有明显凝固物，搅拌时可见细丝和线状物	阳性(＋＋)	1.5～2.5
背景呈水样，有更大呈团块状的凝固物	阳性(＋＋＋)	>3.0

(九)抗生素残留检验

鲜奶中的抗生素是某些生病牛在进行药物治疗后分泌的乳汁中有药物残留所引起的，抗生素是乳品企业生产发酵型酸奶时的必检项目。现在，国内一些大型乳品企业在生产奶粉时也对鲜奶进行抗生素检测，从而生产出无抗生素奶粉，以避免极个别的消费者出现过敏反应。长期喝含有抗生素的牛奶，人体内的细菌就会产生抗药性。由于抗生素的残留量一般都很少，小于百万分之几，因此，用一般化学仪器和设备很难在短时间内把它检测出来。

取 150 mL 奶样于 250 mL 三角瓶中，在电炉上加热煮沸后，冷却至 42℃，加入 15 mL 经接种后的乳酸菌菌种，然后置于 42℃的培养箱中发酵，1 h 后观察。如果奶样已发酵，证明无抗生素；反之，则为异常乳。

为了便于检验者观察发酵与否的现象，有人采用在检验乳中加入指示剂，因为乳酸菌发酵产生乳酸会降低溶液的 pH，通过指示剂颜色变化来判定检验乳是否发酵，从而判定检验乳中是否有抗生素或防腐剂。操作方法如下：

(1)实训前准备　恒温水浴培养箱,20 mL 试管,4% TTC 指示剂(4 g 2,3,5-氯化三苯基四氮唑溶于 100 mL 蒸馏水中),细菌液,待测定奶样若干份。

(2)细菌液制备　将嗜热乳酸链球菌接种于灭菌脱脂乳,置于(36±1)℃培养箱中保温 15 h,然后再用灭菌脱脂乳以 1∶1比例稀释备用。

(3)检测操作　取奶样 9 mL 放入试管中,置于 80℃水浴中保温 5 min,然后冷却至 37℃以下,加入细菌液 1 mL,置于(36±1)℃水浴培养箱中保温 2 h,加入 4%TTC 指示剂 0.3 mL,置水浴培养箱中保温 30 min,观察牛奶颜色的变化。

(4)结果判定　加入 TTC 指示剂并于水浴中保温 30 min 后,如检样呈红色反应,说明无抗生素残留,结果为阴性。如检样不显色,再继续保温 30 min 作第二次观察,如仍不显色,则说明有抗生素残留,结果为阳性;反之则为阴性。显色状态判定标准见表 2-8-3。

表 2-8-3　抗生素残留检测显色状态判定标准

显色状态	判　定
不显色	阳性(+)
微红色	疑似(±)
桃红色至红色	阴性(-)

(十)异常奶的检出

牛奶作为人们的营养食品和食品加工的原料,其质量和安全性极为重要。个别的牛奶生产者受经济利益的驱使,出于增加牛奶的容积、提高售价、防止鲜奶在储存过程中变质、对已变质的鲜奶做掩护等目的,在某些情况下可能会在出售的鲜奶中人为掺入一些非奶物质。这种行为的后果,轻则引起牛奶营养价值的降低和理化特性的改变,损害消费者的利益,给乳品加工企业造成严重的经济损失;重则会对消费者的身体健康造成严重的损害。因而,乳品加工企业在收购鲜奶时,对可能存在的掺杂物进行必要的检验,是保证牛奶质量重要的一环。

1. 碱性物质的检出　牛奶中掺入碱性物质(通常为碳酸氢钠)可中和其中的乳酸,降低牛奶的酸度,防止牛奶因变酸而发生凝固现象;同时可增加牛奶的比重,为向牛奶中掺水做掩护。另外,在牛场中,一些盛奶的器具(如奶桶等)一般用碱液(NaOH)进行消毒,若消毒后没有进行清洗或清洗不彻底,盛奶时也会残存碱液。向牛奶中掺碱直接影响牛奶及奶制品的质量、风味和色泽。

牛奶中碱性物质的检测常采用溴麝香草酚蓝定性法。溴麝香草酚蓝是一种酸碱指示剂,在 pH 6.0~7.6 的溶液中有从黄到蓝的颜色变化。正常牛奶呈弱酸性,其 pH 为 6.3~6.9,含碱牛奶的 pH 往往会高于这一范围,因而使溴麝香草酚蓝的显色反应与正常奶不同,由此可判断牛奶中是否含碱。操作方法:取 5 mL 牛奶于试管中,使试管保持倾斜位置。沿管壁小心加入 0.04%溴麝香草酚蓝酒精溶液 5 滴,使试管轻轻旋转 2~3 圈,使其更好地相互接触,切勿使两液体相混合。然后将试管垂直放置,2 min 后观察环层指示剂的颜色。呈黄色者属正常乳,呈青色者为加碱乳,颜色愈青则碱加入量越多。需做对照试验。

2. 豆浆的检验　豆浆易于与牛奶混合,且颜色、浓度等外观与牛奶相近,掺入牛奶不易被肉眼发现。因而,豆浆是个别人向牛奶中掺假的液体材料。豆浆中含有皂角素,皂角素与 NaOH 作用呈黄色的显色反应。检验步骤:取正常牛奶与待检奶样各 5 mL 分别于两个试管中，分别向两个试管中加入乙醇与乙醚混合液 3 mL，再分别加入 25% NaOH 溶液 2 mL，充分混匀，静置 5～10 min，观察颜色变化。如牛奶中有豆浆存在则呈黄色，无豆浆存在时颜色不变。此法（氢氧化钠显色法）灵敏度不高，掺豆浆大于 10%才呈阳性反应。

3. 淀粉或米汤的检验　淀粉分直链淀粉和支链淀粉两种，直链淀粉遇碘产生深蓝色，支链淀粉在热水中糊化形成黏稠液体，遇碘液产生紫红色，这是淀粉的特异反应，非常灵敏。检验步骤：称取 2 g 碘化钾，溶于 10 mL 蒸馏水中，加入 2 g 碘，待碘完全溶解后，转移到 100 mL 容量瓶中，定容至刻度。再分别取正常奶样与待检奶样各 5 mL 于两支试管中，煮沸。分别加入 3～5 滴碘溶液，充分混匀，观察颜色变化。如呈现蓝色或紫红色，则证明牛奶中掺有淀粉或米汤，否则为正常牛奶。

（十一）奶牛隐性乳房炎的检测

（1）实训前准备　测定盘：为一块乳白色塑料盘，其上置有 4 个深约 1.5 cm、直径为 5 cm 的圆形小室。配制试剂：称取 NaOH 15 g，烷基丙烯基磺酸钠（钾）45 g，溴甲酚紫 0.1 g，与 1 000 mL 蒸馏水混合均匀而成。

（2）检测地点与时间　在奶牛场中进行，请挤奶员协助完成，在挤奶中间进行检测。

（3）检测操作　将被检牛的 4 个乳区的牛奶，分别挤在测定盘中的 4 个小室内，倾斜测定盘，倒出多余牛奶，使每个小室内保留牛奶约 2 mL，再分别加入 2 mL 检测试剂于小室内，呈同心圆摇动测定盘，然后判定结果。判定标准见表 2-8-4。

表 2-8-4　奶牛隐性乳房炎的检测反应（CMT 法）判定标准

反应	符号	牛奶反应	体细胞数/（个/mL）	中性粒细胞百分比/%
阴性	－	液状，无沉淀物	0～2 万	0～25
可疑	±	微量极细颗粒，不久即消失	15 万～50 万	30～40
弱阳性	＋	有部分沉淀物	40 万～150 万	40～80
阳性	＋＋	凝结物呈胶状，摇动时呈中心集聚，停止摇动时，沉淀物呈凹凸状附着于盘底	80 万～500 万	60～70
强阳性	＋＋＋	凝结物呈胶状，表面突出，摇动盘时向中心集中，凸起，黏稠度大，停止摇动，凝结物仍黏附于盘底，不消失	500 万以上	70～80
碱性牛奶	P	呈深紫色（pH 7 以上）		
酸性牛奶	Y	呈黄色（pH 5.2 以下）		

六、操作重点提示

（1）所用试剂等药品规格要符合规定，所加试剂的浓度要准确可靠，严禁初乳混入常乳中检查。操作步骤必须严格按顺序进行，不能颠倒，操作过程严格按照规定进行，以免测定不准确。一般每个样品测定 2 次，以提高精确度。

（2）实训中注意身体防护，注意实验药品和试剂的安全性，尤其要避免发生浓硫酸伤人或器材损失事故；遵守实验材料和废液的排放规则，防止造成环境污染。

七、实训过程检查与评价

实训过程检查内容及评价方法请参照实训 2-1。

八、问题与思考

1. 牛奶感官鉴定主要看哪几个指标?
2. 原料乳验收内容有哪些?

实训 2-9 青贮饲料的调制技术

一、实训目标和要求

通过实训,掌握青贮设施的选址及建造、青贮原料的选择、青贮饲料的加工流程及青贮饲料的品质鉴定技能。

二、知识背景与原理

1. 青贮设备

(1)青贮窖 原料少,应采用小圆形窖。原料多,应采用长方形窖。长方形窖的四角做成圆形,内壁呈倒梯形,便于青贮料下沉。青贮窖的宽、深取决于每日饲喂的青贮量,通常以每日取料的挖进量不少于 15 cm 为宜。

(2)青贮塔 青贮塔是用钢筋、水泥、砖砌成的永久性建筑物。青贮塔呈圆筒形,上部有锥形顶盖,防止雨水淋入。塔的大小视青贮用料量而定。

(3)塑料袋青贮 这种方法投资少,是目前国内外正在推行的一种方法。我国有长、宽各 1 m,高 2.5 m 的塑料袋,可装 750～1 000 kg 玉米青贮。一个成品塑料袋能反复使用 2 年。

2. 常用的青贮原料

(1)青刈带穗玉米 玉米带穗青贮,即在玉米乳熟后期收割,整株切碎进行青贮。这种青贮料可以最大限度地保存蛋白质、碳水化合物和维生素,具有较高的营养价值和良好的适口性,是牛的优质饲料。

(2)玉米秸 收获果穗后的玉米秸上能保留 1/2 的绿色叶片,应尽快青贮,不应长期放置。若部分秸秆发黄,3/4 的叶片干枯视为青黄秸,青贮时每 100 kg 需加水 5～15 kg。

(3)各种青草 各种禾本科青草所含的水分与糖分均适宜于调制青贮饲料。豆科牧草如苜蓿因粗蛋白含量高,可制成半干青贮或混合青贮。禾本科草类在抽穗期,豆科草类在孕蕾及初花期刈割为好。

另外甘薯蔓、白菜叶、萝卜叶等都可作为青贮原料,应将原料适当晾晒到含水 60%～70%。

3. 青贮方法 青贮前彻底清扫窖,用硫黄或福尔马林加高锰酸钾熏蒸消毒。

首先将青贮原料切短,长度在 2～5 cm 之间;然后装窖,每次填入窖内 20～30 cm 厚,用人力或机械充分压实,以后每填一次压紧一遍,直至装到超过窖口 0.5 m 以上,高出窖面,使之呈拱形；最后封顶，先盖一层切短的秸秆或软草（厚 15～20 cm），再盖塑料薄膜，薄膜上覆盖 30～50 cm 厚的泥土和石块或汽车轮胎。北方寒冷地区可覆盖 1 m，将顶做成半圆形，以利排水。经一昼夜自然沉降后，可再加一次泥土。以后经常检查有无裂缝，随时加土覆盖，以防空气进入或雨水渗入。青贮时工作量大，一旦开始青贮，就必须连续不断地把工作做完，因此要安排好劳力，避开雨天。

如果原料中含蛋白质并不高，装窖时向原料中均匀地撒上尿素和硫酸铵混合物 0.3%～0.5%，青贮后，每千克青贮料中可消化蛋白质增加 8～10 g。玉米青贮料加 0.2%～0.3%的硫酸钠，可使含硫氨基酸增加 2 倍；添加 0.5%～0.7%的尿素，亦可提高青贮料中粗蛋白含量。这是由于添加物通过青贮微生物的利用形成菌体蛋白质所致。

整个过程的关键为铡细、压紧、封严，这样便可使窖内形成厌氧环境，促使乳酸菌生长，pH 下降，最终达到抑制微生物生长，保存饲草各种养分的目的。

三、实训设备和材料

青贮窖或水缸、厚度 0.1 mm 以上的农用聚乙烯塑料薄膜、青饲料、镰刀、切草机、粉碎机、混合指示剂、pH 试纸、烧杯、蒸馏水、白瓷比色盘。

四、实训内容

青贮设备的准备；制作青贮饲料的一般步骤；青贮制作的技术要点；青贮饲料质量检验。

五、操作方法和步骤

（一）窖址的选择

地势高燥，土质坚实，地下水位低，靠近畜舍，远离水源和粪坑。

（二）原料的选择、切碎、装填和压实

在青贮前首先应对原料进行选择，以无霉变、无腐烂、无毒害为标准。原料含水量禾本科植物 65%～70%，豆科植物 60%～70%，一般将原料用手搓碎，用力攥，从指缝中有汁液流出，但不形成液滴为宜。

制作青贮料时应边切碎（2～5 cm 长）、边装填、边压实。装填时底部先铺 10～15 cm 厚的垫草，再将切好的原料逐层装填逐层压实，每层厚度 20～30 cm。装填高度应为设施深度的 110%，以防止原料自重下沉而造成塌陷。

压实时根据窖的大小，用拖拉机等设备或人工踩踏的方法反复压实，边角地方及四周勿留空隙，尽量减少原料间的空气存留。整个装填过程防止雨水进入。

（三）封窖和管理

封窖时，在原料上盖 15～20 cm 厚的垫草，再盖上 0.1 mm 厚的塑料薄膜，并注意边缘密封。塑料薄膜上面加盖 30～50 cm 的细土，做成馒头形。

封窖后，在窖的四周 1 m 处挖排水沟，保持窖顶略高出窖口边缘以防雨水流入。应及时检查，如发现下陷或窖顶裂缝及时修补。6～7 周即可发酵成熟。

（四）开窖和感官鉴定

封窖后 30～40 天便可开窖取用。圆筒形窖应自上而下逐层取用，长方形窖从一端开口，

上下垂直断面，一段一段切取。每取用一次后，随即盖严出料口。出料口应防日晒雨淋、防冻、防泥土进入。青贮饲料感官鉴定标准请参照实训 2-10。

六、操作重点提示

制作青贮饲料时一定要注意以下事项：

1. 排除空气　乳酸菌是厌氧菌，只有在没有空气的条件下才能进行繁殖。如不排除空气，不仅乳酸菌不能存活，而且好气的霉菌、腐败菌会乘机滋生，导致青贮失败。因此在青贮过程中，原料切得越短，压得越实或越严，滞留空气越少越好。

2. 创造适宜的温度　原料温度在 25～35℃，乳酸菌会大量繁殖，很快占主导地位，致使其他一切杂菌都无法活动繁殖；原料温度在 50℃以上，丁酸菌就会生长繁殖，使青贮饲料出现臭味，以致腐败。因此要尽量压实，排除空气，并缩短铡草装料的时间。

3. 掌握好水分　适于乳酸菌繁殖的含水量为 70%左右。过干不易压实，温度易升；过湿酸度大，牛不爱吃。70%的含水量，相当于玉米植株下边有 3～5 片干叶；如果全株青绿，砍后可以晾半天；青黄叶比例各半，只要设法压实，不加水同样可获成功。

(1)原料水分含量过高(超过 75%)　原料含水量过高会造成青贮大量排汁，排汁可造成干物质损失 3%～5%，损失部分全部为奶牛可消化物质，而且高水分青贮对青贮发酵品质影响也很大。水分太大的青贮原料建议进行如下处理：①晾晒到水分含量在 65%～70%时再青贮。②没条件晾晒的可在青贮窖底铺干草或草帘吸收多余水分，但在铺干草前需对干草杀菌处理，可利用甲酸、丙酸、山梨酸钾、丙酸钠等有防腐作用的青贮剂来杀菌。③以上两个条件均不满足的话，需做好青贮窖的排水工作，高水分青贮不适合在地下窖或半地下窖制作，最好是地上窖，否则需要有专门排水设备。若窖底排水不畅，一定会造成底部青贮酸度较高，甚至丁酸超标，影响青贮品质；高水分青贮压窖利用轮式装载机很难压实，建议使用湿地履带推土机压窖，该设备有非常好的爬坡能力，且自重大，可以得到非常好的压窖效果。

(2)原料水分含量过低(低于 65%)　水分过低会造成原料不宜压实，空气滞留造成原料霉变，不利于乳酸菌生长。所以青贮制作时，水分过低的青贮原料需做如下处理：①调整切割长度，切割到 0.8～12 mm。短的切割长度虽然降低有效纤维，但保证青贮的饲喂价值比纤维更重要。短的切割长度可以有效提高青贮的压实密度。②喷洒青贮添加剂。低水分青贮可将青贮剂用水稀释，稀释比例加大，均匀一层一层喷洒在青贮中，既可以提高青贮中水分含量，又可以增加青贮中本身乳酸菌含量，加快青贮发酵速度。③增加压窖设备重量。由于干物质较高，很难压实，所以适当增加压窖设备重量可以提高压实密度。④延长碾压时间或增加碾压次数。干物质较高的青贮在每一层推料的时候摊得薄一点，从 20 cm 降低到 15 cm，或者从30 cm 降低到 25 cm，并且适当延长每一层的碾压时间或增加碾压次数，可以提高压实密度。低水分青贮单独使用链轨推土机很难压实，推荐使用轮式设备压实。轮式装载机对青贮接触面的压强大，但不得小于 50 型号。

4. 选择合适的原料　乳酸菌发酵需要一定的糖分。青贮原料中含糖量不宜少于 1.0%～1.5%，否则影响乳酸菌的正常繁殖，青贮饲料的品质难以保证。原料含糖多的易青贮，如玉米秸、瓜秧、青草等。含糖少的难青贮，如花生秧、大豆秸等。对于含糖少的原料，可以和含糖多的原料混合青贮，也可添加 3%～5%的玉米面或麦麸单独青贮。

5.确定适宜的时间　利用农作物秸秆青贮，要掌握好时机。玉米蜡熟时全株青贮效果最佳。

6.切割过长　由于国内机械设备的原因，青贮原料切割过程中经常出现原料长短不均的现象。原料切割过长既不利于其充分发酵，影响青贮质量，在饲喂时还容易造成挑食导致浪费。因此，购买或租赁青贮机械时应选用质量可靠、信誉良好企业的产品，最好使用有籽粒破碎功能的进口大型青贮收割机械（国产的多为籽粒揉搓）。如果发现切割不好，可以做如下处理：

(1)磨刀并缩短磨刀间隔时间　进口设备一般为自动磨刀，国产的手动磨刀，青贮机械刀锋不够锋利的时候会出现拉丝、不均匀等现象。

(2)调整动刀与定刀间的距离　设备不同，一般要求定动刀的距离不同，但绝大部分最佳距离为 0.5 mm，现在新出厂进口大型设备一般会自动调节定动刀距离。如没有可手动调节，具体间隔距离可参照说明书调节。定动刀距离调节不好也容易造成青贮拉丝和粉碎不均匀的情况。

(3)增加配套动力和刀轮转速　如果发现切割太长，玉米棒呈一截截的，也可能是刀轮转速不够或者配套的动力不够。

(4)增加刀组的刀片数量　有些人为了节省油耗，在整组的刀片中故意卸去部分刀片以达到降低油耗的目的，所以如果发现粉碎太长的时候可以检查是否存在这个原因。

7.压窖不实　压窖不实主要由原料水分偏低、切割过长、机械碾压时间不够、机械重量不足、每层铺料太厚及青贮窖建设不规范等原因造成，很容易造成青贮原料中残留空气较多，杂菌繁殖较快，有益菌发酵不充分，降低青贮质量。所以调制过程中，在保证原料水分适宜的情况下，要分层进行碾压，一般每隔 20～30 cm 就要进行一次碾压。青贮窖建设过程中内表面一定要光滑，且自上而下最好有一定倾斜度，原料不能与土壤直接接触，均有利于机械的压实。如果青贮压实不好，可做如下处理：

(1)适当增加青贮中水分，可用温水稀释青贮剂后喷洒在青贮中。

(2)适当降低切割长度。干物质≤25％，2 cm 即可；干物质 25％～30％，1.5 cm 即可；干物质 30％～40％，1 cm 即可。

(3)延长压窖设备碾压时间或增加碾压次数。

(4)选用更重的压窖设备。

(5)调整压窖方法，推料时先往窖墙两边推，这样可以人为将压窖面做成 U 形，以便于更好地压实窖边。

(6)降低每一层的推料厚度，从 20 cm 降低到 15 cm，或者从 30 cm 降低到 25 cm。

8.密封不严　青贮原料密封不严往往与封窖后期的管护有关。封窖后一定要经常到窖边查看密封情况是否受损。如果发现覆盖的塑料薄膜被老鼠咬破或被异物扎破，要立即给予补封。1 cm 的破洞约可以进去 400 L 空气，对青贮带来的损害极为严重，所以封窖工作是将空气隔绝在外的最后一道屏障。如发现封窖不好，可做如下处理：

(1)封窖后发现塑料膜发鼓，里面空气太多，可使用大功率吸尘器将吸管从边缘伸进膜内，吸取残留气体。

(2)采用双层膜封窖的方法，下层用透明膜，上层用黑白膜，达到双层密封的效果，这样可以保证有一层膜破损后还有另一层膜在保护。

(3)发现破洞要及时用大棚膜专用胶带补起来。

(4)定期检查青贮窖封窖情况。

9.制作过程时间过长 由于受青贮窖容量、人力、机械加工能力的影响,易造成封窖时间延长,最长的达 7～15 天,这很易造成青贮原料的有氧发酵,杂菌数量激增,一般封窖时间最好控制在 3 天以内。青贮工作是牧场工作的重点,要提前谋划,精心组织,保证全年的饲喂安全。如果封窖时间太长,可做如下处理:

(1)使用青贮剂,最好是乳酸菌接种剂与防腐剂同时使用。

(2)摊薄每一层青贮的厚度,既可以提高压实密度,又可以持续压窖。

(3)如果长时间没有青贮入窖,持续碾压容易破坏植物细胞壁,降低品质,需达到压实密度后喷洒一次青贮剂,再用塑料膜覆盖,避免长时间接触空气造成二次发酵。

10.下雨导致青贮压窖暂停 在青贮收购过程中不可能不下雨,若遇到下雨怎么处理呢?首先,在青贮制作期间每天都要监测后面的天气情况,如预报有雨要适当放缓收割速度,收割速度由窖内的压窖速度来决定,要确保每卸车前青贮的压实密度是符合要求的,这样才能确保青贮品质。如果遇到降雨可做如下处理:

(1)因为每卸车前密度都已经压好,所以发现有零星降雨时,立马喷洒青贮剂,喷洒量是常规量的 2 倍。

(2)对喷洒青贮剂后的青贮覆盖塑料膜,保证塑料膜与青贮接触,将塑料膜抚平,达到封窖的标准,在此处覆盖一层膜即可。

(3)覆盖塑料膜后再摆放一些轮胎,避免风将青贮吹开。

(4)如果还有没卸车的青贮,那么将青贮继续放在车上,车上没卸的青贮总是比窖内的要少,如果窖内青贮灌进去雨水霉变就得不偿失了。也可以将车上的青贮鲜喂给后备牛、干奶牛等。

(5)雨停了继续收青贮时,如果中途停的时间已经超过 72 h,那前期的青贮基本已经发酵完成,里面的空气已经消耗殆尽,再揭开膜势必让发酵好的青贮再接触一次空气。所以,如果超过 72 h,就直接覆盖黑白膜,摆放轮胎就可以了。如果在 72 h 之内,揭开塑料膜以后先对青贮喷洒青贮发酵剂,喷洒量加倍,以提高乳酸菌的优势,减少霉菌、腐败菌好氧变质,在喷洒青贮剂后要马上将新料推上去,第一层的推料要适当厚一点,避免推料不均匀造成碾压旧青贮,建议厚度控制在 20～30 cm,推料完成后要对新料进行碾压,碾压到标准密度后再推新料,这样可以有效减少发酵青贮与空气的接触时间。

七、实训过程检查与评价

实训过程检查内容及评价方法请参照实训 2-1。

八、问题与思考

1.建设青贮窖需要考虑的因素有哪些?

2.试述玉米青贮的调制方法及步骤。

3.青贮饲料制作的一般步骤是什么?

实训 2-10　青贮饲料质量分析评定技术

一、实训目标和要求

通过实训，能够根据实际情况选择相应的检测手段，监控青贮品质。

二、知识背景与原理

青贮饲料占反刍动物日粮配方的 20%以上，对青贮饲料进行理化品质评定，无论对科学研究还是实际生产，都具有十分重要的意义。青贮品质评定一般分为现场评定和理化评定。现场评定在青贮饲料现场即可进行，生产实践中比较常用，一般评定青贮饲料的色泽、结构、气味等，只能表观评定青贮饲料发酵的优劣。量化评定青贮饲料的品质，必须借助于理化评定。理化评定一般需要在实验室进行，采用化学分析的方法。随着对青贮饲料研究的深入，理化评定也从传统的评定指标——干物质、pH、有机酸（乙酸、丙酸、丁酸、乳酸）的总量和构成比例，扩展到测定淀粉、中性洗涤纤维（NDF）和可溶性糖等指标以判断发酵情况，测定游离氨（氨态氮与总氮的比值）以评估蛋白质破坏程度，以及营养素的消化效率。

三、实训设备和材料

青贮取样器、一次性手套、塑料自封袋、酸度计、色谱、光谱、分析纯试剂、烘箱、微波炉等。

四、实训内容

青贮感官评定；干物质测定；实验室分析检测。

五、操作方法和步骤

（一）采样

青贮塔（窖）中样品的采取：先取出覆盖物如黏土、碎草等及上层发霉的青贮料，然后再从不同层次中分点均匀取样。采集的样品可立即进行质量评定，也可以置于塑料袋中密闭，4℃冰箱保存、待测。注意事项：

（1）青贮料取出要均匀，要沿着塔（窖）中青贮料的整个表面呈均匀的层状取样，冬天取下一层的深度不得小于 5～6 cm，温暖季节取下一层的深度不得小于 8～10 cm。

（2）采样的部位要按如下规定：以塔（窖）中物料表面中心为圆心，从圆心到距离塔（窖）壁 30～50 cm 处为半径，划一个圆圈，然后在互相垂直的两直径与圆周相交的四个点及圆心上采样，也就是说，每一层一共是 5 个采样点。用锐利刀具切取约 20 cm 见方的青贮料样块，切忌随意取样。

（3）采样后应马上覆盖好，以免空气进入，造成腐败，冬季为了防止青贮料结块，应用草帘等轻便保暖物覆盖。

（二）干物质测定

只有当样品具有代表性时，才能准确地测定干物质含量。

(1)手工评估青贮含水量(用于粉碎后、田间)　见表2-10-1。

表2-10-1　手工评估青贮含水量的方法　　%

用手挤压青贮饲料	水分含量
水很易挤出,饲料成形	≥80
水刚能挤出,饲料成形	75～80
只能挤出少许水(或无法挤出),但饲料成形	70～75
无法挤出水,饲料慢慢分开	60～70
无法挤出水,饲料很快分开	≤60

(2)Koster烘干炉法　从青贮塔(窖)料中多处取青贮饲料约500 g,准确称取100 g,放在Koster烘干炉上烘干30 min后取出样品称重记录,再次烘干10 min称量记录,反复进行至恒重(前后两次称重之差小于0.2 mg),烘干后的重量乘以100%即为该样品的干物质含量。

(3)微波炉法

①称一下微波炉使用安全的能容纳100～200 g粗料的容器重量,记录重量(WC);

②称100～200 g粗料(WW),放置在容器内,样品越大,测定越准确;

③在微波炉内,用玻璃杯另放置200 mL水,用于吸收额外的能量以避免样品着火;

④把微波炉调到最大挡的80%～90%,设置5 min,再次称重并记录重量;

⑤重复④,直到两次之间的重量相差在5 g以内;

⑥把微波炉调到最大挡的30%～40%,设置1 min,再次称重并记录重量;

⑦重复⑥,直到两次之间的重量相差在1 g以内,这是干物质重量(WD);

⑧计算干物质含量(DM):$DM=[(WD-WC)/(WW-WC)]\times100\%$。

(4)烘箱法　称取100～200 g样品,在105℃下干燥5 h,称量其重量,再于105℃干燥箱中干燥30 min,称量其重量;如果两次称量值的变化小于等于样品质量的0.1%,以第一次称量的重量计算干物质含量;如果两次称量值的变化大于样品质量的0.1%,将试样再次放入干燥箱中于105℃干燥2 h,称其重量,若此次干燥后与第二次称量值的变化小于等于样品质量的0.2%,以第一次称量的重量计算干物质含量。

(5)近红外光谱法　实现对青贮饲料进行实时分析和在线分析,提高了效率,节约了成本,但是目前误差较大。

(三)感官评定

开启青贮容器(窖)时,根据青贮料的色泽、气味、质地、结构等指标,通过感官评定其品质好坏,这种方法简便、迅速。

(1)色泽　优质的青贮饲料非常接近于作物原先的颜色。若青贮前作物为绿色,青贮后仍为绿色或黄绿色最佳。青贮窖内原料发酵的温度是影响青贮饲料色泽的主要因素,温度越低,青贮饲料就越接近于原先的颜色。对于禾本科牧草,温度高于30℃,颜色变成深黄;温度为45～60℃,颜色近于棕色;超过60℃,由于糖分焦化近乎黑色。一般来说,品质优良的青贮饲料呈黄绿色或青绿色,中等的为黄褐色或暗绿色,劣等的为褐色或黑色。

(2)气味　品质优良的青贮料具有轻微的酸味和水果香味。若有刺鼻的酸味,则醋酸较多,品质较次。腐烂腐败并有臭味的则为劣等,不宜喂家畜。总之,芳香而喜闻者为上等,而刺鼻者为中等,臭而难闻者为劣等。

(3)质地　植物的茎、叶等结构应当能清晰辨认,结构破坏及呈黏滑状态是青贮腐败的标志,黏度越大,表示腐败程度越高。优良的青贮饲料,在窖内压得非常紧实,但拿起时松散柔软,略湿润,不粘手,茎、叶、花保持原状,容易分离。中等青贮饲料茎、叶、花部分保持原状,柔软,水分稍多。劣等的结成一团,腐烂发黏,分不清原有结构。

综上所述,青贮饲料的感官鉴定标准见表 2-10-2。

表 2-10-2　感官鉴定标准

品质等级	颜色	气味	酸味	结构
优良	青绿色或黄绿色,有光泽,近于原色	芳香酸味,给人以好感	较浓	湿润、紧密,茎、叶、花保持原状,容易分离
中等	黄褐色或暗绿色	有刺鼻酸味,香味淡	中等	茎、叶、花部分保持原状,柔软,水分稍多
低劣	黑色、褐色或暗墨绿色	具特殊刺鼻腐臭味或霉味	很淡	腐烂、污泥状、黏滑或干燥或黏结成块,无结构

(四)实验室化学分析鉴定

实验室鉴定是指应用化学试剂对青贮饲料进行品质鉴定,主要测定青贮料的酸度(pH)、各种有机酸含量,鉴定青贮饲料是否腐败、变质等,其中以测定 pH 及各种有机酸含量较普遍采用。

1.青贮饲料酸度测定　实验室测定 pH,可用精密酸度计,生产现场可用精密石蕊试纸。一般优良的青贮料的 pH 在 4.2 以下,超过 4.2 说明在青贮发酵过程中,腐败菌活动较为强烈。有机酸中的乳酸、醋酸和酪酸的含量是评定青贮品质的可靠指标,优质的青贮料中含较多的乳酸,少量的醋酸,不含酪酸。

(1)试液及试剂　①青贮料指示剂(A+B 的混合液)。其中 A 液:溴代麝香草酚 0.1 g+NaOH(0.05 mol/L)3 mL+水 250 mL;B 液:甲基红 0.1 g+95%乙醇 60 mL+水 190 mL。②盐酸酒精乙醚混合液:1.18 g/mL 的盐酸+96%乙醇+乙醚(重量比为 1∶3∶1)。③硝酸。④ 3%的硝酸银溶液。⑤盐酸溶液(1∶3)。⑥10%的氯化钡溶液。⑦各种 pH 试纸的使用范围如下:溴酚蓝,2.8~4.4;溴甲酚绿,4.2~5.6;甲基红,5.4~7.0。

(2)测定方法　取 400 mL 的烧杯加半杯青贮料,加入蒸馏水使浸没青贮料,不断地用玻璃棒搅拌,经 15~20 min 后,用滤纸过滤,将滤液 2 滴滴于点滴板上,加入指示剂(或将滤液 2 mL 注入一试管中,加入 2 滴指示剂),可观察到在 pH 3.8~6.0 的范围内表现出不同的颜色,并按三级评分(表 2-10-3)。

表 2-10-3　pH 和指示剂关系表

pH 范围	指示剂颜色	评定结果
3.8~4.4	红色到红紫色	品质良好
4.6~5.2	紫到乌暗紫蓝	品质中等
5.4~6.0	蓝绿到绿色	品质低劣

2.青贮饲料的腐败鉴定　如果青贮饲料腐败，其中含氮物质分解形成游离氨，因此检查游离氨的存在即可知青贮饲料腐败。氨态氮与总氮的比值可反映青贮饲料中蛋白质及氨基酸分解的程度，比值越大，说明蛋白质分解越多，青贮质量不佳。

(1)分析试样的调制　将均匀取样的青贮饲料切成2～3 cm，混合后取A g(相当于15 g干物质的量)，放入200 mL的广口三角瓶，加塞；加蒸馏水B mL(一般140 mL)后，冰箱内浸取24 h，期间摇晃三角瓶4次以上，以保证浸取完全。取出三角瓶，将提取物用80目涤纶筛网过滤，并将残渣中的提取液挤尽。再通过定量滤纸的液体部分作为分析用提取液。

上述方法制得的提取液1 mL，相当于青贮饲料$[A/(B+A\times M/100)]$ g，其中M为水分含量。不能立即分析的试样，应置于－20℃冰箱中保存。

(2)总氮测定方法　按GB/T 6432—1994《饲料中粗蛋白测定方法》规定执行。

(3)氨态氮测定方法　准确吸取提取液5 mL，不经硫酸消化，直接进行蒸馏、定量。测定方法按GB/T 6432—1994《饲料中粗蛋白测定方法》规定执行。

3.青贮饲料的污染鉴定　污染常常是使青贮饲料变质腐败的原因之一，地下式青贮设备常常因为内壁未抹水泥、灰浆而渗入由其他地方来的污水。因此，可根据氨、氯化物及硫酸盐的存在来判定青贮饲料的污染程度。氯化物及硫酸盐的检验方法如下：

(1)样品制备　称取青贮料25 g，剪碎装入250 mL容量瓶中，加入一定容积的蒸馏水(浸透即可)，仔细搅拌，再加入蒸馏水至标线，在20～25℃下放置1 h，在放置过程中经常搅拌振荡，然后过滤备用。

(2)氯化物的测定　取滤液5 mL，加5滴浓硝酸酸化，然后加3%的硝酸银溶液10滴，如果出现白色凝乳状沉淀，就证明青贮料中有氯化物存在，说明青贮料已被氯化物污染。

(3)硫酸盐的测定　取滤液5 mL，加5滴1∶3的盐酸溶液进行酸化，再加入10%的氯化钡溶液10滴，如果出现白色混浊，就证明青贮料已被硫酸盐污染。

4.青贮饲料有机酸含量测定　有机酸含量及其构成可以反映青贮发酵过程的好坏，其中最重要的是乳酸、乙酸和丁酸，乳酸所占比例越大越好。优良的青贮饲料，含有较多的乳酸和少量醋酸，而不含酪酸。品质差的青贮饲料，含酪酸多而乳酸少。

(1)仪器与试剂　气相色谱仪与色谱数据处理机；离心机：4 000 r/min；25%偏磷酸：分析纯；15%高碘酸：分析纯；有机酸标准液：乙酸、丙酸、丁酸均为色谱纯，乳酸为分析纯；有机酸标准溶液：用2℃蒸馏水配制1～5号浓度递增的有机酸标准溶液(表2-10-4)。

表2-10-4　有机酸标准溶液　mg/mL

有机酸	1	2	3	4	5
乙酸、丙酸、丁酸	0.01	0.03	0.05	0.07	0.09
乳酸	0.02	0.06	0.10	0.14	0.18

(2)分析试样制备　准确称取剪碎的青贮饲料样品25 g(W)于烧杯中，加入150 mL 2℃去离子蒸馏水，置于2～3℃的冰箱中浸提48 h，然后过滤于150 mL(V)容量瓶中，定容、摇匀；移提取液5 mL(v)于10 mL离心管中并加入1 mL 25%偏磷酸，静置30 min，在3 400 r/min下离心10 min，然后将上清液移入具塞试管内，用于上机分析。

(3)分析方法　色谱条件：氢火焰离子化检测仪(FID)；2 m×3 mm不锈钢柱，内充PorapakQ(50～100目)；柱温220℃，汽化室、检测器温度260℃；流速：N_2 40 mL/min，H_2 0.6 kg/cm^2，空

气 0.4 kg/cm²；纸速 5 mm/min。

(4)步骤 用外标法进行定量分析(即以各种酸的标准液浓度作为纵坐标，各种酸的峰面积作为横坐标，绘制标准工作曲线，得出回归方程、相关系数及线性范围)。用 10 μL 注射器依次吸取 0.8 μL 15%高碘酸、0.4 μL 空气，然后分别吸取表 2-10-4 配制的 1～5 号标准溶液 2.0 μL 进行分析，测出各组的峰面积，用峰面积对标准溶液浓度作图，求出表示两者关系的标准曲线。

样品处理时，以同样进样量测出各组分峰面积，从标准曲线上查出各组分的含量，然后按下式计算青贮饲料鲜样中有机酸的含量。

$$有机酸含量=[(v+1)\times P_i\times v]/[W\times V]\times 100\%$$

式中：W 为试样重量(g)；V 为试样提取液总量(mL)；v 为用于分析的提取液用量(mL)；P_i 为在气相色谱仪上测出的各有机酸含量(%)。不同青贮饲料中各种酸的含量见表 2-10-5。

表 2-10-5 不同青贮饲料中各种酸含量 %

等级	pH	乳酸	醋酸		丁酸	
			游离	结合	游离	结合
良好	4.0～4.2	1.2～2.5	0.7～0.8	0.2～0.3	—	—
中等	4.6～4.8	0.5～0.6	0.4～0.5	0.1～0.15	—	0.1～0.2
低劣	5.5～6.0	0.1～0.2	0.1～0.15	0.05～0.1	0.2～0.3	0.8～1.0

各种有机酸占总酸的比例按毫克当量计算，鲜样中有机酸百分含量与毫克当量的换算关系如下：

乳酸(mEq)=乳酸(%)×11.105

乙酸(mEq)=乙酸(%)×16.658

丁酸(mEq)=丁酸(%)×11.356

六、操作重点提示

优质青贮的标准：30%以上干物质，30%以上淀粉，50%以下 NDF，50%以上 NDF 消化率；色泽——金黄色或橄榄色；味道——呈轻快的酸味(不是刺激性很强的酸味)；触感——柔弱，不粘(用手攥一把青贮，松开手指后，被攥紧的青贮能慢慢散开)；pH <3.8；乳酸含量越高越好(一般在 1.5%～2.5%)；丁酸含量<0.1%；氨态氮含量 <6%。

七、实训过程检查与评价

实训过程检查内容及评价方法请参照实训 2-1。

八、问题与思考

1. 青贮料品质的感官评定包括哪些方面?
2. 青贮饲料干物质的测定方法有哪些?

实训 2-11　奶牛场全混合日粮(TMR)分析评定技术

一、实训目标和要求

通过实训，掌握 TMR 干物质测定技术，宾州筛和粪筛的使用技术。

二、知识背景与原理

TMR(total mixed ration)是根据奶牛在不同生长发育和泌乳阶段的营养需要，按营养专家设计的日粮配方，用特制的搅拌机对日粮各组成成分进行搅拌、切割、混合和饲喂的一种先进的饲养工艺。奶牛场 TMR 成本占牧场成本的 70%～80%，是牧场成本的主要部分，因此有效评估和管理 TMR 具有重要的意义。TMR 制作完成以后，其水分含量在 45%～55%之间，干物质含量在 50%以上；制作完成以后的 TMR 均匀度一致，无草团或混合料结团、结块等现象出现。使用宾州筛进行均匀度的检测是比较科学的判定方法。奶牛粪便的评定是检查奶牛营养问题的至关重要点。营养专家和饲养人员应该对每一头奶牛的粪便予以检查，不仅要检查粪便的外观，更要检查粪便中未消化饲料颗粒的存在。

三、实训设备和材料

宾州筛、农大筛、粪样筛、TMR、其他相关仪器。

四、实训内容

样品采集；TMR 分析；粪便分析。

五、操作方法和步骤

(一)TMR 干物质和混匀程度分析

1. 取样

(1)在牛采食前，从饲料槽的多个位置采集新鲜的 TMR，确保采集到饲槽开端、中间及末尾的样品。小心将整把的样品放入约 20 L 的桶内，尽力确保采集的样品能代表实际的精饲料和粗饲料的比例。

(2)充分混合桶内的 TMR 样品，确保谷物和细小颗粒不会落到桶底。

(3)把样品倒在平整光滑的平面上形成一个圆锥形。

(4)以四分法方式进行二次采样，并将采得的样品转移到大小合适的自封袋中，尽可能排除袋内多余的空气，密封好后尽快邮寄到实验室。

2. 样品前处理　有条件的牧场可将采集的样品在 60℃的烘箱中烘干，记录干物质数据，然后进行后续指标测量。如果外送检测，应保证样品在 2 天内寄达实验室。

3. 干物质检测　奶牛对 TMR 的干湿度很敏感，只要超出适宜的干物质范围，奶牛就会出现挑食、厌食甚至不食的现象。因此，对于泌乳牛适宜的 TMR 干物质是非常必要的。一般认为，TMR 干物质以控制在 50%～55%为宜。为了保证 TMR 干物质稳定地处于合理范围，牧场要每天对不同泌乳阶段牛群的 TMR 进行干物质检测,发现不符合规定的 TMR 要及时告知相关责任人予以相应调整。TMR 太干时适当添加水,TMR 太湿时调整配方或者减少水的百分比。找出什么原因导致日粮水分过高,是所使用的原料干物质含量出现较大误差还是在 TMR 制作时加水太多,有针对性地找出原因加以解决,使 TMR 干物质水平达到要求。除此之外,TMR 干物质含量还要为每日干物质采食量(DMI)的计算提供最直接的参考依据,因此,每日准确及时的干物质检测是一项非常重要的工作。TMR 干物质检测可采用烘干箱 105℃烘干 3 h,也可以用 Koster 烘干炉或者微波炉等进行检测。

4. TMR 宾州筛检测　宾州筛检测是评定干草切割长度与 TMR 混匀程度的好方法(表 2-11-1、表 2-11-2):①奶牛未采食前和采食剩余料各取样 400～500 g。②水平摇,不要垂直抖动,摇一下 17 cm 远,频率1.1 s 一次,每摇 5 下,转 90°;以上共重复 8 次。③分别称重,计算每层占总重量的比例。④检测每层剩余不同草料量及比例,分析发现的问题。

表 2-11-1　美国宾州筛评定 TMR 长度标准

层	筛孔直径/mm	玉米青贮/%	干草/%	TMR/%
顶层	＞19	3～8	10～20	3～8
第二层	8.0～19	45～65	45～75	30～40
第三层	1.2～8.0	30～40	20～30	30～40
底层	＜1.2	＜5	＜5	≤20

表 2-11-2　宾州筛与中国农业大学(CAU)分级筛比较　%

层	宾州筛(高产)	CAU 分级筛(高产)
顶层	6～10	10～15
第二层	30～50	20～25
第三层	30～50	40～45
底层	＜20	20～25

5. 感官评定　随机从牛 TMR 中取出一些,用手捧起,用眼观察,从感官上,搅拌效果好的新鲜 TMR 表现在:精粗饲料混合均匀,有较多精料附着在粗料的表面,松散不分离,色泽均匀,新鲜不发热,无异味,不结块。

6. 营养成分的检测　每周抽检一次。粗蛋白、粗脂肪、粗纤维、水分、钙、总磷和粗灰分的分析方法分别按照饲料工业标准汇编进行。同时应定期对新鲜 TMR 饲料样品进行完整测试,理想的话,新鲜 TMR 样品测试数据应接近"纸上"配方(表 2-11-3)。

表 2-11-3　新鲜 TMR 样品测试数据与设定配方差异　%

养分	"纸上配制"变化范围
干物质 DM	±3
粗蛋白 CP	±1
酸性洗涤纤维 ADF	±2
中性洗涤纤维 NDF	±2

(二)采食 TMR 后奶牛的粪便分析

1.取样

(1)同一组牛连续采食同一日粮达到 2 周或以上,从中选取 10 头牛采集粪样。牛的泌乳天数要小于 150 天。

(2)推荐从直肠直接采集粪样,每头牛取一整把粪样,放入桶内充分混合。

(3)如果不方便进行直肠采样,可从地面仔细挑选 10 份新鲜的牛粪从中取样,小心不要混入秸秆或其他杂物,确认样品能代表牛排出的粪便。

(4)将 10 头牛的粪样充分混匀后进行二次采样。

(5)粪便分析大约需要 250 mL 样品。

2.样品前处理　有条件的牧场可将采集的样品在 60℃ 的烘箱中烘干,记录干物质数据,然后进行后续指标测量。如果外送检测,应保证样品在 2 天内寄达实验室。

3.粪筛　粪筛是由总部设在美国明尼苏达州的嘉吉公司生产制造的。其原理是对奶牛粪便采样清洗分离后,观测不同层次的剩余饲料量,进而对奶牛饲料吸收情况进行分析,从而反映奶牛胃肠道的健康状况。奶牛采食 TMR 后的粪便每周至少评估一次。

粪筛由三层自上而下孔径分别为 3/16 in(4.762 5 mm)、3/32 in(2.381 25 mm)和 1/16 in(1.587 5 mm)的不锈钢网构成。其使用步骤如下:

(1)对所要检测的牛群分别取样:每群 100～150 头,取 10～15 头牛粪样,每头取样 2 L,并将粪样放入上层筛中。

(2)对放入筛中的粪便冲洗(淋浴状态,直至流出的水清亮为止)。

(3)冲洗后,湿干分别称量,并做好记录,如日期、筛检人、牛群、筛上物比例、拍照等。

(4)根据筛上物颗粒种类判定结果,从而发现问题并制定改善措施(表 2-11-4)。

表 2-11-4　粪便分离参考标准　　%

粪便类别	上层筛	中间筛	底层筛
高产牛/泌乳早期	＜20	＜30	＞50
低产牛	＜15	＜25	＞60
干奶牛	＜20	＜20	＞60
后备牛	＜15	＜20	＞65

粪便中颗粒的粒度不应超过 7 mm,如果粪便中颗粒粒度过长,表明瘤胃通过率太高。各层达理想比例时,瘤胃消化效率高,瘤胃养分达最佳平衡。粪便分离是评估饲料糜团快速通过率、奶牛生产性能的有力工具。

4.采食 TMR 后粪便分析　理想的粪便应表现对绝大部分饲料和营养均匀一致的消化和利用。如果看到粪便中含有大量未消化的谷物和长粗饲料(大于 1.27 cm),那就说明瘤胃发酵功能有问题,或较多的后肠发酵和大肠发酵。相对于瘤胃发酵,后肠发酵效果和价值较低,这是因为后肠营养物质的吸收率较低。其原因可能是有效纤维采食不够,没能有效刺激瘤胃反刍和保持正常的瘤胃 pH 所致。干粪便的表面如有白色呈现,说明有未消化的淀粉存在,淀粉越多,白色越明显。粪便中黏液较多,表明有慢性炎症或肠道受损,有时也能看到黏蛋白管型物在其中,这些都说明大肠有损伤,是由过度的后肠发酵和过低的 pH 引起的。粪便中如有气泡,表明奶牛可能乳酸酸中毒或后肠过度发酵产生气体。

粪堆超过 7.5 cm 高,全粗料,一般为瘤胃缺乏可发酵能量;粪堆 5～7.5 cm 高,形状规则,为高粗料，瘤胃发酵效率低；粪堆2～5 cm高，圆形，中间有2～4个环，为中等精料，瘤胃健康，发酵效率高。粪便软，无形，周围有散点，pH<6.0，为高精料，瘤胃健康受到挑战。粪便绿色，液体状有流动性，70%以上精料，瘤胃和大肠发酵异常。正常情况下牛的粪便情况如下：干奶前期：5 cm高；干奶后期：中间有环；泌乳前期：圆形，顶部平；泌乳盛期：中间有环；泌乳后期：5 cm高。详见表2-11-5。

表2-11-5　奶牛粪便评分、外观及其营养因素

评分	外观	营养因素
1	高水分含量，不呈环状，能像稀泥一样流动	蛋白过量，碳水化合物过量，缺乏有效纤维，矿物元素过量
2	松散，飞溅，少量成形，不成堆，高度低于2.5 cm，有可识别的环状	类似于1分的原因，饲喂大量适口性好、新鲜的牧草
3	粥样黏稠度，堆高3～4 cm，3～6个环，中间有浅窝	理想、营养平衡的日粮
4	浓稠，堆高大于3.8 cm，中间无内陷	瘤胃蛋白缺乏、碳水化合物缺乏、纤维过量，一般为干奶牛或大于1岁的青年牛
5	粪球、干硬，堆高大于5～10 cm	类似与4分的原因，脱水，高饲草日粮，饮水缺乏

六、操作重点提示

(1)宾州筛使用时注意地面平整。

(2)粪筛使用时注意水流速度。

(3)一般情况下，分离筛上层和中层的筛上物过多(<50%)，表明瘤胃健康状况和饲料消化存在问题；上层和中层的筛上物大颗粒(纤维、棉籽、玉米)过多，表明饲料消化存在问题。引起纤维消化率低的原因，均导致中上层筛上物比例提高。

(4)不同的产奶阶段奶牛粪便的推荐值为：干奶牛3.5；干奶后期3.0；新产牛2.5；高产牛3.0；产奶后期牛3.5。

七、实训过程检查与评价

实训过程检查内容及评价方法请参照实训2-1。

八、问题与思考

1. 试述TMR取样方法。
2. 试述TMR感官评定要点。
3. 正常情况下牛粪便的情况。

实训2-12　奶牛舒适度的评估技术

一、实训目标和要求

通过实训，掌握奶牛舒适度的评估技术和指标，评估长期舒适度差所带来的危害，以期改

善奶牛的舒适度、健康水平和养殖效益。

二、知识背景与原理

(一)奶牛舒适 ABC 法则

air(空气质量,通风);bunk(饲槽设计,TMR 配方,饲喂管理);comfort(舒适)。

(二)奶牛舒适度的评估技术

1. 走马观花　走马观花式的观察,只能获得大体上的直观印象。一个时间点看到的情形一般只能反映出部分的信息,犹如管中窥豹一样,难免会有一定局限性。只有见多识广的专家才能捕捉到牧场存在的问题,与过去的经验进行比较,进行大致的评估——这需要高超的技能和经验。

2. 肉眼观察　在一个较长的时间内,对牛舍内的牛只进行观察,分析和判断奶牛的舒适度状况。

(1)如何观察牛群　观察牛群要在三个层次上进行。首先是整体鸟瞰,站在一个制高点观察;然后是区分和间隔,划分小群,对其进行观察和分析;然后是小群中的个体(图 2-12-1 和图 2-12-2)。如一个千头规模的牧场,观察发现牛群拥挤在水槽旁边,两个牛舍共用一个水槽,则表明缺少水槽。

图 2-12-1　鸟瞰全场

图 2-12-2　观察牛群的方法

(2)牛群观察要点　牛在牛舍内的分布情况,通道和卧床的使用情况,反刍情况,运动和步态,是否拥挤、冲突,牛群均匀度。

(3)牛只个体观察要点　是否警觉,牛体清洁程度,体况,被毛及皮肤是否受损,瘤胃充盈度,行为,步态,是否肿胀、疼痛(弓背、举尾、摇尾、肌肉震颤等),有无子宫炎和乳房炎以及是否患病;犊牛是否落单、卧地不起、腹泻、咳嗽等。

3. 亲身体验　既然卧床是让奶牛躺卧和休息的,就应该亲自去体验是否舒适。常用的两个测试是膝盖测试和躺卧测试。

(1)膝盖测试　奶牛起卧过程中,前腿膝关节起着重要的作用。如果卧床不舒适,会对前腿膝关节造成很大的疼痛和伤害,久而久之,磨损严重,形成大包。膝盖测试可以反映卧床的软硬程度和舒适度,比如有无石子等。亲身体验一下,才能感受到奶牛躺卧是否舒适。膝盖测试特别适用于水泥地面和橡胶垫卧床。

见图 2-12-3,测试人员在卧床上做站立—下跪—站立动作,连续 5 次,感受自己的膝关节是否疼痛,以此来判定奶牛卧床的舒适度。

(2)躺卧测试　奶牛躺卧时,卧床对其是否舒适有着重要的作用。如果卧床不舒适,奶牛宁愿站立,也不愿意躺卧;如果卧床过短,奶牛会侧向一边,甚至横着或倒着躺卧。躺卧测试可以反映卧床的舒适度，比如软硬是否合适，垫料是否充足等。亲身躺在奶牛的卧床上体验一下，才能感受到奶牛躺卧是否舒适。躺卧测试特别适用于各种卧床，如每栋牛舍选择3～5个卧床栏位，每个栏位躺1 min，感受是否舒适(图2-12-4)。

图2-12-3 膝盖测试

图2-12-4 躺卧测试

4.监控录像 越来越多的规模化牛场配备了监控设备，可以在办公室监控牛舍各个地方，借此进行观察，减少劳动量。在一些科学研究中，每隔一定的时间(1～10 min)拍一张照片，统计各种状态下奶牛的数量，然后计算相应的指标。仅凭肉眼观察，只能观察有限的牛只，并且观察频率低；而使用摄像机和电子数据记录器，大大提高数据处理的效率，从而准确地反映奶牛的躺卧行为。

(三)奶牛舒适度的评估指标

1.奶牛每天的时间分配 奶牛每天的活动包括采食、饮水、反刍、自由活动、挤奶、躺卧、社交等，兽医治疗、配种和打扫卫生还要占用其中的部分时间。奶牛每天的时间分配见表2-12-1。

表2-12-1 奶牛每天的时间分配 h

行为和活动	理想值	范围
采食	5	3.5～5.5
饮水	0.5	0.4～0.8
反刍	8	7～10
自由活动	3	2～4
挤奶	3	2～4
躺卧休息	＞12.5	8～14

2.躺卧时间 加拿大38个牧场1 848头奶牛的测定数据显示，奶牛的平均躺卧时间是(11.0±2.1) h/天，平均休息(9±3)次/天，平均每次躺卧休息(88±30) min/次；美国加利福尼亚州39个牧场奶牛平均躺卧时间为(10.4±2.1) h/天，美国东北部40个牧场奶牛平均躺卧时间为(10.6±0.9) h/天，但各个牧场间变异范围很大。

一般认为厚垫草、锯末和沙子是最好的卧床。厚垫草有利于躺卧，其平均躺卧时间是12.9 h，而沙卧床为11.3 h，但沙卧床更利于奶牛健康，其牛体清洁度优于厚垫草卧床(4.19 VS 6.04)；厚垫草卧床肘关节损伤小于沙卧床(0.5 VS 1.0)，但沙卧床有利于改善牛蹄健康

(平均降低 2.00 VS 0)。在生产实践中,厚垫草、锯末和沙子卧床的管理难度大,人力需要大,维护成本高——特别是对于超大型规模化奶牛场。

对于已经铺设橡胶垫的牛舍,往上面撒锯末,可以改善舒适度,增加躺卧时间(1.5 h)和次数,并且锯末的量越多,改善的效果越好。对于拴系式牛舍,往橡胶垫上撒稻草和刨花均可以改善躺卧时间和次数,并且量越多,改善的效果越好。(表 2-12-2)

表 2-12-2　奶牛躺卧时间评估

牧场分级	日躺卧时间/h	卧床类型(实测躺卧时间)
好的牧场	＞12.00	沙子、锯末等 (17.95 h) 橡胶垫＋5～8 cm 沙 (12.91 h) 沙子 (12.01 h)
较好的牧场	11.01～12.00	卧床垫、橡胶垫(11.66 h)、沼渣等
一般的牧场	10.01～11.00	橡胶垫 (10.37 h)等
较差的牧场	9.00～10.00	泥土、水泥地等
最差的牧场	＜9.00	泥土、水泥地等

3.站立时间　肢蹄病影响站立时间,研究发现健康牛每天站立 2.1 h(0～4.4 h),轻微跛行牛每天站立 1.6 h(1.6～6.9 h),中等跛行牛每天站立 4.9 h(2.5～7.3 h)。

4.奶牛舒适度指标　奶牛舒适度指标(cow comfort index,CCI)最早在 1996 年提出,现已广泛用于评估牛舍舒适性。其计算方法是:躺卧牛的数量/牛舍内接触卧床牛的数量;牛舍内接触卧床的牛包括站立、躺卧和跨卧床站立的牛。一般而言,奶牛舒适度指标的最大值发生在早晨挤奶回来后 1 h 时,建议此时 CCI＞85%。

5.卧床使用指标　卧床使用指标(stall use index,SUI)的计算方法是:扣除采食的牛只后,躺卧牛的数量/牛舍内接触卧床牛的数量。由于扣除了采食的牛,SUI 比 CCI 能更准确地反映卧床舒适度。建议早晨挤奶回来后 1 h 时,SUI ＞85%。

6.奶牛站立指标　奶牛站立指标(stall standing index,SSI)的计算方法是:站立牛的数量/牛舍内接触卧床牛的数量,SSI＝1－CCI。这里的站立牛指的是四肢站立在卧床上,或者前肢站立在卧床上、而后肢站立在通道上的牛。建议在挤奶前 2 h 对牛群进行统计。

7.奶牛跨卧床站立指标　为了更好地区分站立牛,提出了奶牛跨卧床站立指标(stall perching index,SPI),SPI＝跨卧床站立牛的数量/牛舍内接触卧床牛的数量,这里所谓的跨卧床站立牛是指前肢站立在卧床上、后肢站立在通道上的牛。

卧床使用指标、站立指标是某一个特定时刻的指标,1 天内的特定时刻或连续 3 天内测定的平均值可以反映奶牛在某一个阶段的舒适状况。这些指标适用于牧场内部的日常评估。使用电子辅助设备,连续测定 5 天内的奶牛行为并计算各项指标能更加准确地反映卧床的舒适度,但主要用于科研,难以在商业化牧场普及和推广。

(四)卫生和健康指标

如果奶牛长期处于不舒适的状况,就会在身体和行为上表现出来,呈现出病态,例如跛行、牛体损伤等。定期(例如每个月)对奶牛的健康状况进行评估,并统计和分析整个牛群中的比例,可以反映过去较长时间内奶牛的舒适度状况。

1.乳房清洁度评分　通过定期对乳房清洁度进行评分,来评估卧床的清洁度和舒适度。

运营良好的牧场，整个牛群中＞3 分的牛应少于 30%；4 分的牛应少于 10%（图 2-12-5）。

评分	1分	2分	3分	4分
示例图片	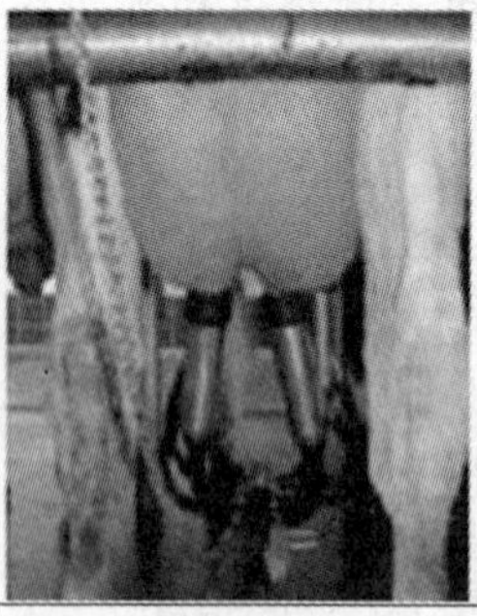	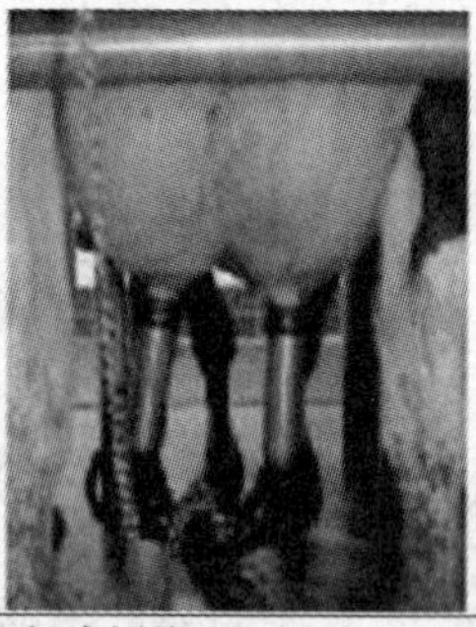	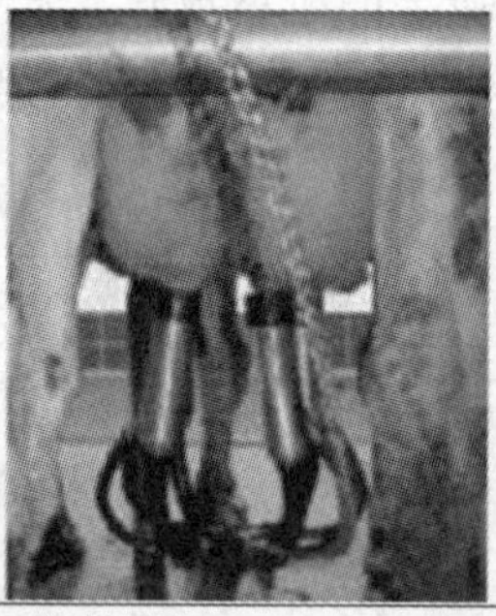	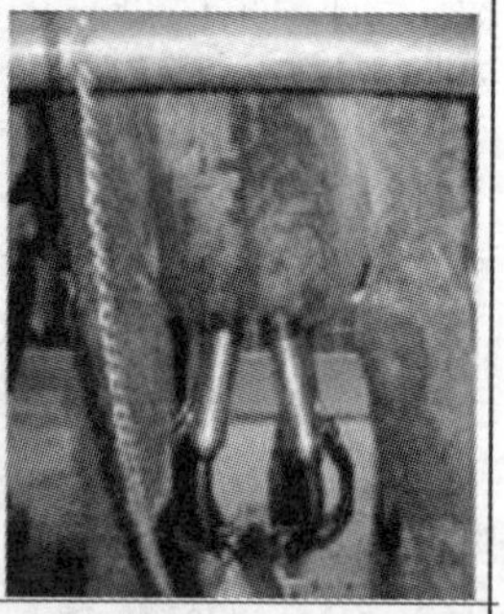
描述	干净，没有沾污	轻度污染 2%～10%面积污染	中度污染 10%～30%面积污染	重度污染 有结块，＞30%面积污染

图 2-12-5　乳房清洁度评分

2. 乳头评分　运营良好的牧场，整个牛群中＞3 分的牛应少于 30%；4 分的牛应少于 10%（图 2-12-6）。

评分	描述	图片
1分	乳头非常光滑，乳头孔周围没有环；这常见于刚开始泌乳的牛	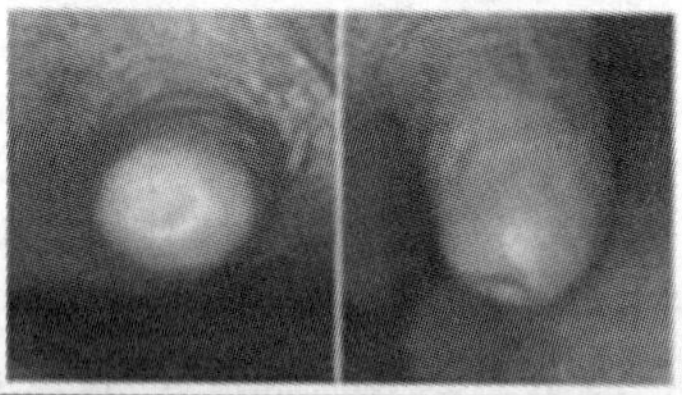
2分	乳头孔周围有环，环的直径小于3 mm	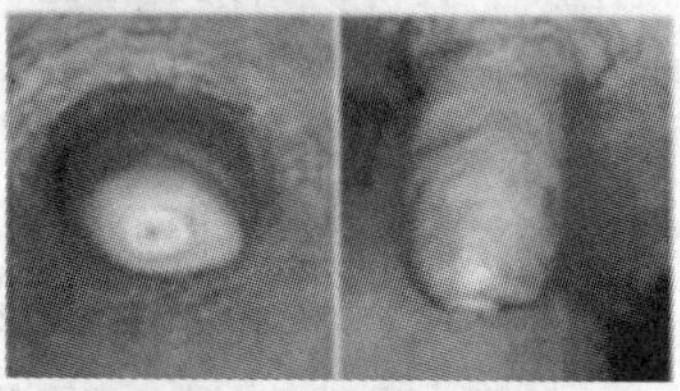
3分	环有点粗糙，有点角质蛋白	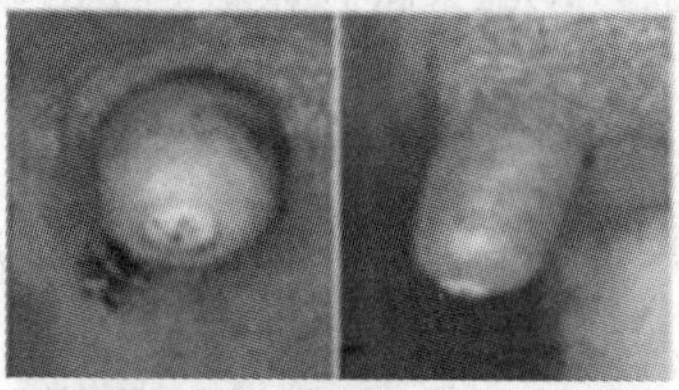
4分	环的直径大于4 mm，并且非常粗糙，有突出的角质蛋白，并且分散	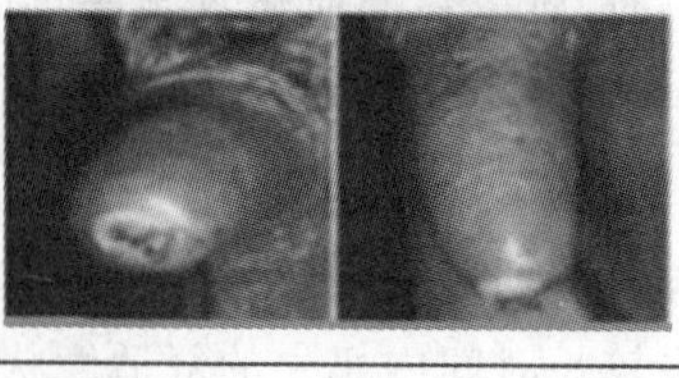

图 2-12-6　乳头评分

3. 乳头清洁度评分　乳头清洁度检查时，一般用湿巾或餐巾纸握住奶牛乳头按擦几下，然后展开纸巾，观察是否有粪便或脏东西，根据污秽物（粪便或脏东西）的多少按 1～4 分制进行评分，详见图 2-12-7。运营良好的牧场，整个牛群中＞3 分的牛应少于 30％；4 分的牛应少于 10％。

1分	2分	3分	4分

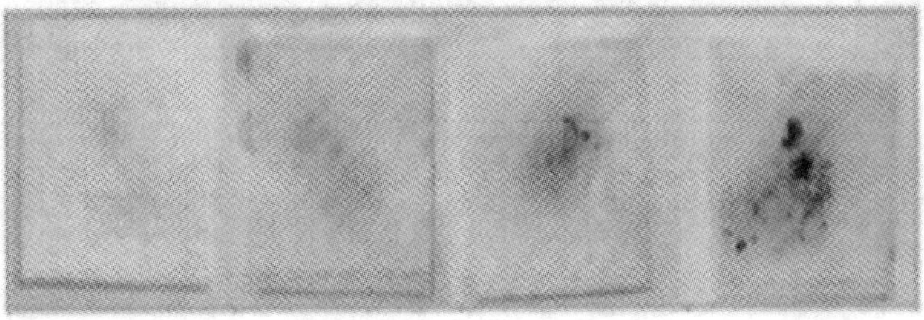

没有粪便和脏东西，非常干净	没有粪便和脏东西，比较干净	少量的粪便和脏东西，有点脏	大量的粪便和脏东西，非常脏

图 2-12-7　乳头清洁度评分

4. 牛体损伤评估　通过评估牛体跗关节磨损和外伤，来评估卧床和地面舒适度（图 2-12-8）。

评分	0分	1分	2分	3分	4分
示例图片	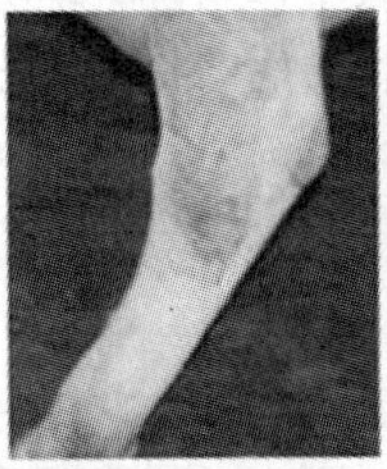	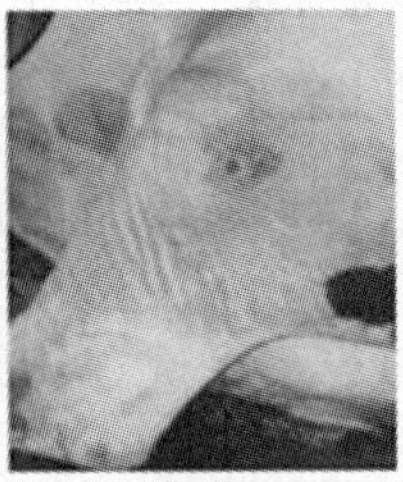	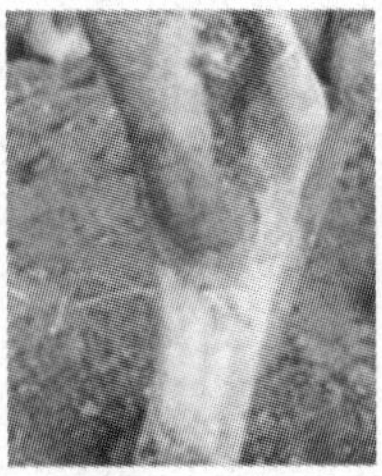	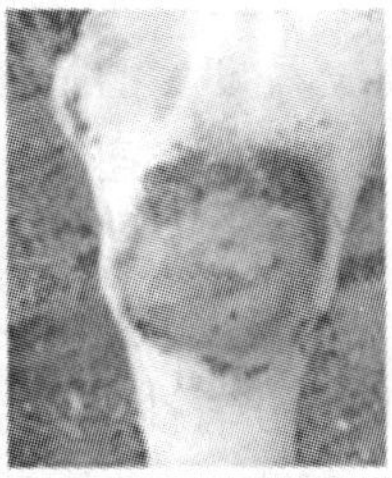	
描述	健康、无磨损，外伤损伤区域的直径＜1 cm	轻微磨损，外伤损伤区域的直径1～2 cm	有磨损，外伤损伤区域的直径2.1～5 cm	中等磨损，外伤损伤区域的直径5.1～8 cm	严重磨损和外伤，不可接受损伤区域的直径＞8 cm
评价	良好	可以接受	较差	不可接受	不可接受
目标	牛群中＜2分牛的比例：＞90%	牛群中＜2分牛的比例：＞75%	牛群中≥3分牛的比例：＜20%	牛群中≥3分牛的比例：＜10%	牛群中4分牛的比例：＜5%

图 2-12-8　牛体损伤评估

5. 步态评分　奶牛步态按 5 个等级单位进行评分，分别由正常到严重跛足给 0～4 分，逐步递增。奶牛步态评分标准详见表 2-12-3 和图 2-12-9。

表 2-12-3　奶牛步态评分方法

评分	状态	背部	评分方法
0 分	正常	平坦	奶牛站立、行走时背部挺直，平坦；步伐正常
1 分	稍跛	平坦/弓形	奶牛站立时背部挺直，平坦，但行走弓背；步伐正常
2 分	中等跛足	弓形	奶牛站立、行走皆弓背；步幅较小
3 分	跛足	弓形	一直呈明显弓背，步伐不稳，每次只走一步。一足或多足患跛，但仍能承担体重
4 分	严重跛足	3 条腿站立	患足拒绝落地，奶牛不能或非常不愿用腿承担体重

评分	0分	1分	2分	3分	4分
站立		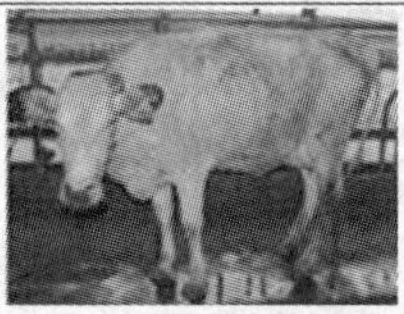			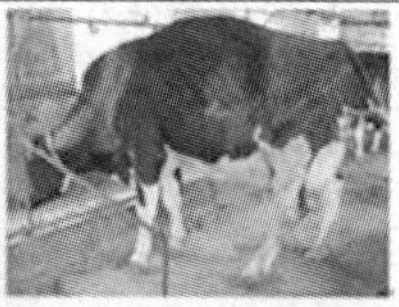
描述	背腰平直	背腰平直或轻微弓背	弓背	弓背	严重弓背
行走					
描述	背腰平直，步态正常	背腰稍弓，步态稍有跛行	弓背，跛行	弓背，严重跛行	少数肢蹄着地，有肢蹄不敢着地

图 2-12-9　步态评分

6. 瘤胃评分　瘤胃位于牛体左侧，紧挨体壁。高产荷斯坦奶牛，每天产奶量 40 L，瘤胃容积为 150～200 L。每头牛每天采食 24 kg 干物质，排泄 40 kg 或更多的粪便。

瘤胃评分能够反映过去几个小时采食量和瘤胃流通速率。实际上从牛体后面观察左侧腹部，就可以评价瘤胃充盈度。瘤胃充盈度由饲料采食量、消化速率和饲料由皱胃向小肠的流通速率等决定。日粮原料性质(瘤胃中快速或慢速降解)、颗粒大小、瘤胃中饲料原料的比例影响消化率和流通速率。

奶牛瘤胃的评分方法见图 2-12-10 至图 2-12-14。

1 分：站在奶牛后方看牛体，左侧肷窝深陷，腰椎骨以下皮肤向内弯曲，从腰角处开始皮肤皱褶垂直向下，最后一节肋骨后肷窝大于一掌宽。从侧面观察，腹部的这部分呈直角(图 2-12-10)。这种牛可能由于突发疾病、饲料不足或适口性差，而导致采食过少或没有采食。

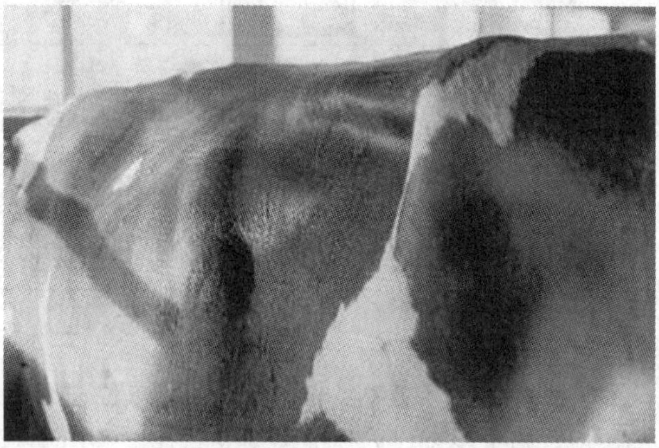

图 2-12-10　瘤胃评分(1 分)

2 分：从牛体后方左侧观察，腰椎骨以下皮肤向内弯曲，从腰角处至最后一节肋骨开始皮肤皱褶呈对角线，最后一节肋骨后肷窝一掌宽。从侧面观察，腹部的这部分呈三角形(图 2-12-11)。这种评分常见于产后第一周的母牛。泌乳后期，这种信号表明饲料采食不足或饲料流通速率过快。

3 分：从牛体后方左侧观察，腰椎骨以下皮肤向下呈直角弯曲一掌宽，然后向外弯曲。从腰角处开始皮肤皱褶不明显。最后一节肋骨后肷窝刚刚可见(图 2-12-12)。这是泌乳牛的理想评分，表明采食量充足，而且饲料在瘤胃中停留时间适宜。

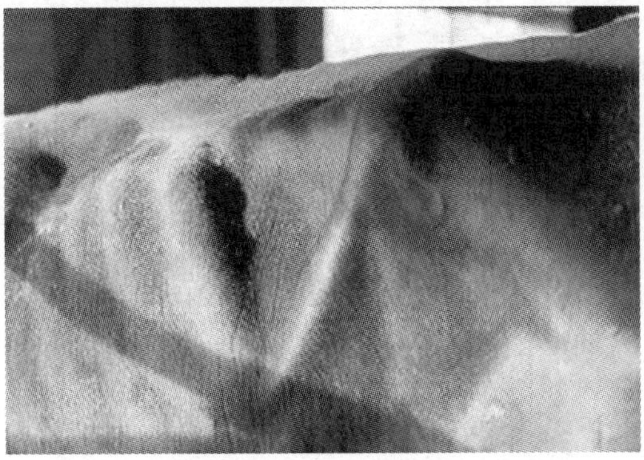

图 2-12-11　瘤胃评分(2 分)

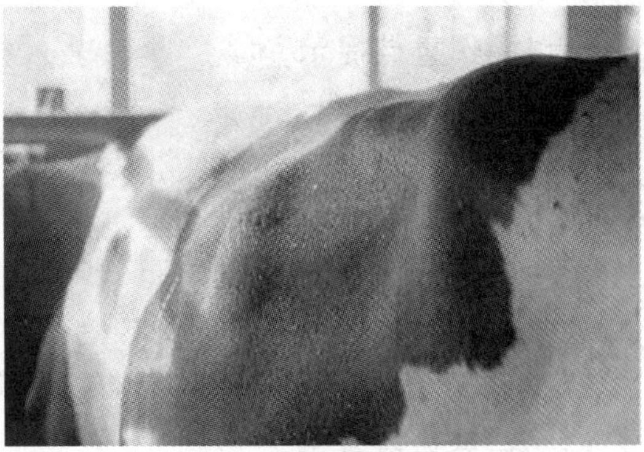

图 2-12-12　瘤胃评分(3 分)

4 分:从牛体后方左侧观察,腰椎骨以下皮肤向外弯曲,最后一节肋骨后肷窝不明显(图 2-12-13)。这种评分适于泌乳后期牛和干奶牛。

5 分:从牛体后方左侧观察,腰椎骨不明显,瘤胃被充满。整个腹部皮肤紧绷。看不见腹部和肋骨的过渡(图 2-12-14)。这是干奶牛适宜的评分。

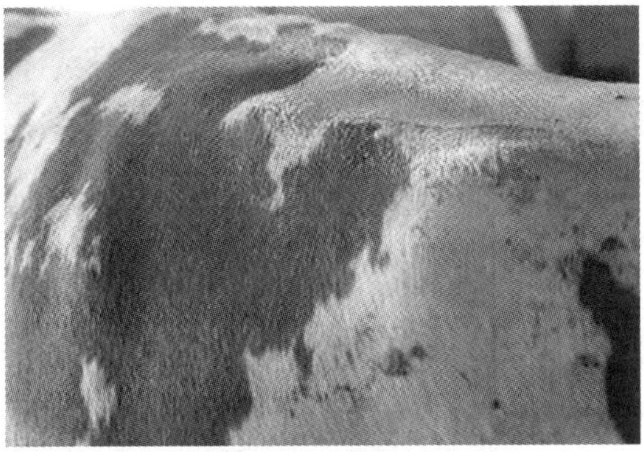

图 2-12-13　瘤胃评分(4 分)

图 2-12-14　瘤胃评分(5 分)

三、实训设备和材料

评分标准、评分表、照相机、监控设施、规模化奶牛场等。

四、实训内容

牛场和牛群观察;评估指标的计算;卫生和健康指标观察分析。

五、操作方法和步骤

(1)分成小组、设计方案。
(2)实地考察分析。
(3)汇总分析计算。
(4)PPT 汇报。

六、操作重点提示

(1)做好卫生防护。
(2)注意安全。
(3)严格按照标准执行。

七、实训过程检查与评价

实训过程检查内容及评价方法请参照实训 2-1。

八、问题与思考

1. 试述奶牛舒适 ABC 法则。
2. 奶牛舒适度的评估指标有哪些?

项目三

羊场综合实训

实训3-1　羊舍设计

一、实训目标和要求

通过实训,了解羊舍建筑设计与布局的一般要求,掌握羊舍建筑设计的基本方法,初步掌握羊场设计与规划方法。

二、知识背景与原理

羊舍是从事养羊生产的基础条件。羊场建筑设计是否科学合理,直接影响羊群健康以及生产性能的充分发挥。羊舍建造必须从羊的生物学特性出发,满足羊对环境的要求,以保证羊能够健康地生长和繁殖,有效地提高其产品的数量和质量;从管理角度来讲就是有利于饲养人员日常饲养管理、防疫灭病等方面的操作,从而提高劳动生产效率。

(一)羊场场址选择

1.地形地势　羊场应建在地形开阔整齐、有足够面积、地势高燥平坦、地下水位低(2 m以下)、有一定坡度(1%～3%为宜)、排水良好、背风向阳的地方,在农区应选在生活区的下风处。

2.土壤质地　牧场地基要求透气透水,未受病原微生物污染。沙壤土最理想,黏土不宜选用,因为沙壤土土质松软,抗压性强,透水性好,雨水、尿液不易积聚,有利于畜舍及运动场的清洁与卫生,有利于防止蹄病的发生。

3.水源充足、水质良好　水量能保证场内生活和生产用水,取用方便。切忌在严重缺水或水源严重污染地区建场。羊的需水量一般舍饲大于放牧,夏季大于冬季。水质必须符合畜禽饮用水的水质卫生标准。

4.交通、供电与通讯　交通要方便,供电要满足生活和生产需求,通讯条件方便,这是现代化、规模化牧场对外交流、合作的必备条件,且便于产品交换与流通。

5.防疫安全　羊场周围地区应为无疫病区,牧场与牧场之间要有一定的距离,有利于疾病的预防。要远离居民区的垃圾和污水排出处,更要远离化工厂、屠宰厂、制革厂等。按照牧场建设标准,距离居民区500 m以上,距国道、省际公路500 m以上,距省道、区际公路300 m以上,距一般道路100 m以上,大型牧场之间应相距不少于1 000～1 500 m,距离一般牧场不少于500 m,与各种化工厂、屠宰场、制革厂间距应不小于1 500 m,且周围要有绿化隔离带。在城镇郊区建场，距离大城市 20 km，小城镇 10 km。同时也要考虑到饲料供给、产品运出及工作人员往来等交通便利因素。羊场场址必须选择在历史上从未发生过羊传染病的地方，要建在污染源的上风头。

6. 饲料供应　牧区羊场应选择牧地广阔，牧草种类多、品质好的场所，牧场附近要有可种植牧草的优质土地种植高产牧草，以补充天然饲草不足；农区以舍饲为主，更要有足够的饲料饲草基地或饲料饲草来源；利用草山、草坡放牧养羊，也应有充足的放牧场地及大面积人工草地。

(二)羊场的规划

具有一定规模的羊场，通常分为四个功能区，即生活区、管理区、生产区和隔离区。

1. 生活区　生活区应位于全场上风和地势较高的地段，包括职工宿舍、食堂、文化娱乐设施等。

2. 管理区　管理区是羊场从事经营活动的功能区，包括行政和技术办公室、车库、杂品库等。管理区的位置应设在生活区的下风向，并应考虑与外界联系的方便。

3. 生产区　生产区是羊场的核心区，包括各类羊舍、饲料调制和贮存建筑物，应设在羊场的中心地带，位于管理区的下风向。

4. 隔离区　包括兽医室、病羊隔离舍、尸坑或焚尸炉、粪便污水处理设施等，应设在场区的最下风向和地势较低处，并与羊舍保持 300 m 以上的卫生间距，尽可能与外界隔绝。

(三)羊舍建筑

1. 羊舍设计基本参数

(1)羊舍及运动场面积　羊舍面积大小应根据羊的数量、品种和饲养方式而定。一般种公羊 1.5～2 m^2/只，成年母羊 1.0～1.5 m^2/只，育成(青年)羊 0.8 m^2/只，羔羊 0.3～0.4 m^2/只。室外运动场的面积为羊舍面积的 2～3 倍。

(2)羊舍的温湿度　冬季产房温度最低应保持在 8℃以上，一般羊舍在 0℃以上；夏季舍温不应超过 30℃。羊舍应保持干燥，空气相对湿度以 50%～70%为宜。

(3)通风换气　通风换气的作用是排出舍内污浊空气，保持舍内空气新鲜。

(4)采光　羊舍要求光线充足。采光系数，成年羊舍 1∶(15～25)，羔羊舍 1∶(15～20)。

2. 羊舍的建筑类型　根据羊舍四周墙壁封闭的严密程度及羊舍屋顶的形式，可划分为开放及半开放结合的单坡式、双坡式羊舍，封闭双坡式羊舍，吊楼式羊舍，塑料棚舍等。开放及半开放舍，三面有墙，开放舍一面无长墙，半开放舍一面有半截长墙，保温性能较差，通风采光好，适合于温暖地区；封闭舍四周墙壁完整，保温性能好，适合于较寒冷的地区采用；吊楼式羊舍和棚舍适合于炎热潮湿地区。

(1)开放及半开放结合的单坡式羊舍　由开放舍和半开放舍两部分组成，羊舍排列成“┌”形，羊可以在两种羊舍中自由活动。在半开放羊舍中，可用活动围栏临时隔出或分隔出固定的母羊分娩栏。适合炎热地区或当前经济较落后的地区。

(2)半开放的双坡式羊舍　羊舍排列成一字形，但长度增长。适合于比较温暖的地区或半农半牧区。

(3)封闭双坡式羊舍　羊舍四周墙壁封闭严密，屋顶为双坡，跨度大，排列成一字形，保温性能好。适合寒冷地区，可作冬季产羔舍。其长度可根据羊的数量适当加以延长或缩短。

(4)吊楼式羊舍　羊舍高出地面 1～2 m，安装吊楼，吊楼上为羊舍，吊楼下为接粪斜坡，后与粪池相连，楼面为木条漏缝地面，双坡式屋顶，用小青瓦或茅草覆盖，后墙与端墙为片石，前墙柱与柱之间为木栅栏。这种羊舍的特点是，离地面有一定的高度，防潮，通风透气性好，结构简单，适合于南方炎热、潮湿地区采用。

(5)塑料棚舍　这种羊舍，一般是利用农村现有的简易敞圈及简易开放式羊舍的运动场，用材料做好骨架，扣上密闭的塑料薄膜而成。骨架材料因地制宜选材，如木材、毛竹、钢材、铝丝、铁丝等均可；塑料薄膜厚度 0.2～0.5 mm，应选白色透明、透光好、强度大的膜。棚顶类型分为单坡式单层或双层膜棚、弧式单层或双层膜棚，以单坡式单层膜棚结构最简单，经济实用。扣棚时，塑料薄膜再铺平，拉紧，中间固定，边缘压实，扣棚角度一般为 35°～45°。在塑料棚较高侧墙上设排气窗，面积按圈舍或运动场的 5%～6%计算，东西方向每隔 8～10 m 设 1 个排气窗(2 m×0.3 m)，开闭方便。棚舍坐北朝南。这种暖棚，保温、采光好，经济适用，适合于寒冷地区或冬季采用，但要注意合理通风。

3. 羊场建筑的附属设施及主要设备　包括人工授精室的环境卫生条件，青贮设备的容积与羊只的补饲量需求是否一致，药浴设施建筑的形状与大小，供水设施、饲槽、草架、活动围栏等的配置情况。

三、实训设备和材料

羊舍建筑录像(资料)、比例尺、比例格纸(坐标纸)、计算机绘图软件。

四、实训内容

了解羊场(舍)建筑设计与布局的一般要求；掌握羊场(舍)建筑设计的基本方法；绘制羊场设计与布局图。

五、操作方法和步骤

(1)观看录像或资料，了解羊场建场时所需满足的基本要求、羊舍环境控制的主要内容和羊舍的主要类型。

(2)由老师结合场地特点，进一步讲解某羊场平面布局的要求。

(3)根据场地特点，进一步理解羊场羊舍设计的要求。

(4)由老师根据羊舍主要的技术参数，提示学生羊舍设计要点并设计各种羊舍。

(5)结合羊生物学特性和羊舍建筑设计的要求，绘制一个基础母羊为 2 000 只的羊场设计与布局图，并加以文字说明。

六、操作重点提示

(1)羊场规模大小要考虑饲草、饲料的供应情况以及草场的载畜量。

(2)设计羊舍类型时主要考虑当地的自然气候条件，要因地制宜。

(3)粪便、污水处理要满足环保要求。

七、实训过程检查与评价

序号	检查内容	检查标准	学生自查	教师检查
1	教学互动	乐于参与		
2	出勤状况	出勤95%以上		
3	合作精神	能够积极参与课程讨论，互相补充		
4	创新意识	不随波逐流，有合理的独到见解		
5	羊场建设基本要求	熟练掌握相关要求		
6	羊舍建造的标准	结合实践能够掌握标准		
7	规划设计羊场	能够自行规划设计羊场		
检查评价	评语： 组长签字：　教师签字： 年　月　日			

八、问题与思考

1.羊场建场时需要满足哪些基本要求？

2.具有一定规模的羊场通常分为哪四个功能区？

3.羊舍的类型有哪些？

实训3-2　羊的个体标记技术

一、实训目标和要求

通过实训，掌握羊的编号方法(个体标记技术)。

二、知识背景与原理

为了便于养羊生产管理，或掌握羊改良育种进展情况，养殖生产过程中应给每只羊编号，做个体记录。羊的编号分为群号、等级号和个体号三种。群号是指在同一群羊中羊体上的同一部位所做的同一种记号，以期与其他羊群相区别。等级号用来进行羊的鉴定。个体编号对于羊只识别和选种选配是一项必不可少的基础性工作，羔羊出生后2～3天，结合初生鉴定，即可进行个体编号。常用的方法有耳标法、剪耳法、墨刺法和烙角法。

(一)耳标法

耳标多用金属或塑料制成，有圆形、长条形和凸形。长条形耳标在多灌木的地区放牧易被刮掉，圆形者比较牢固。羔羊出生后15天左右，用耳标钳把标好耳号的耳标用力打在左耳基下部。用耳标钳打孔时，要避开血管，需先在拟打孔的地方用碘酒消毒，要避开蚊蝇多的季节。

耳标在使用前按规定统一编号，包括品种符号、出生年份及个体号等。

品种符号：以父本和母本品种的第一个汉字或汉语拼音的第一个大写字母代表。如新疆细毛羊，取“新”或“X”作为品种符号。

出生年份：取公历年份的最后一位数，如“2001”取“1”作为年号，放在个体号前；编号时以十年为一个编号年度计，各地可参考执行。

个体号：根据羊场羊群的大小，取三位或四位数；尾数为奇数代表公羊，偶数代表母羊。如系双羔，可在编号后加“-”标出 1 或 2，若羔羊数量多，可在编号前加“0”。

例如：某母羊 2006 年出生，双羔，其父本为新疆细毛羊（用 X 表示），母本为小尾寒羊（用 H 表示），羔羊编号为 48，则该羊完整的编号为 XH648-1。

（二）剪耳法

剪耳是用特制的钳子将羊耳朵剪上缺口或打上圆孔，以代表号码。其规定是：左耳作个位数；右耳作十位数。左耳的上缘剪一缺口代表 3，下缘代表 1，耳尖剪一缺口代表 100，耳中间打一孔代表 400；右耳的上缘剪一缺口代表 30，下缘代表 10，耳尖剪一缺口代表 200，耳中间打一孔代表 800。这个方法简便易行，但羊的数量多了不适用。缺口多了容易认错。因此，剪耳法常用作种羊鉴定等级的标记。纯种羊以右耳做标记，杂种羊以左耳做标记。具体规定如下：特级羊在耳尖剪一缺口；一级羊在耳下缘剪一个缺口；二级羊在耳下缘剪两个缺口；三级羊在耳上缘剪一个缺口；四级羊在耳上、下缘各剪一缺口。

（三）墨刺法

是用特制刺墨钳（上边有针制的字钉，可随意置换）蘸墨汁把号打在羊耳朵里边。本方法简便经济，且不掉号，缺点是有时字迹模糊，不易辨认，羊耳是黑色和褐色时不宜使用。这亦可作个体编号，或者其他辅助编号。

（四）烙角法

限于大型有角公羊使用。即用烧红的钢字，把号码烙在角上，一般右角烙个体号，左角烙出生号，但亦可以作辅助编号。

墨刺法和烙角法虽然简便经济，但都有不少缺点，如墨刺法字迹模糊，无法辨认，而烙角法仅适用于有角羊。所以，现在这两种方法使用较少。

三、实训设备和材料

1. 实验动物　出生 1 月龄内的羔羊。
2. 材料用具　耳标钳、耳标、碘酒、棉球等。

四、实训内容

掌握羊只耳标法编号的方法；掌握羊只剪耳法编号的方法；了解墨刺法、烙角法编号的方法。

五、操作方法和步骤

实验羊需保定。

1. 耳标法编号　用耳标钳将标好耳号的耳标打在左耳基下部，打孔时要避开血管，需先在拟打孔的地方用碘酒消毒。

2. 剪耳法编号　用钳子将耳朵剪上缺口或打上圆孔，以代表号码。左耳作个位数，右耳为十位数。

六、操作重点提示

(1)一个羊场羊的编号方法要一致，不能有重号。

(2)注意消毒，严防创口感染。

七、实训过程检查与评价

实训过程检查内容及评价方法请参照实训3-1。

八、问题与思考

1. 羊常用的个体编号方法有哪些？

2. 羊个体编号的目的是什么？

实训3-3　羊的发情鉴定技术

一、实训目标和要求

通过实训，掌握羊的发情鉴定技术。

二、知识背景与原理

(一)羊的发情特点

1. 发情具有季节性　羊属于短日照动物，一般在秋、冬季节发情。生长在寒冷地区，或品种原始的绵羊，发情呈明显的季节性，一般从当年7月份到第二年的1月份，以7、8月份发情最多。奶山羊的发情季节多为春、秋季节，而青山羊一年四季均可发情，但以秋季最集中。

2. 发情表现不明显　羊由于发情期短，外部表现不明显，在生产中，为了防止漏配常用试情公羊来鉴别发情母羊。

3. 发情终止时排卵　母羊一般在发情接近终止时排卵，即在发情开始后的11～24 h内排卵。

(二)羊的发情鉴定

掌握母羊发情鉴定技术，确定输精时间非常重要。但一般母羊发情开始时间很难判定。常见的母羊发情鉴定方法主要有外部观察法、试情法和阴道检查法。

1. 外部观察法　外部观察法是鉴定母羊是否发情最基本最常用的方法。仔细观察母羊的外部行为特征和外部生殖器官的变化。养殖规模不大，适合采用此方法判断母羊是否发情。发情母羊一般精神兴奋不安，不时高声叫，摇尾，遇公羊时呆立安静，并接受公羊爬跨。同时，食欲减退，放牧时有离群表现。外阴部及阴道充血、肿胀、松弛，并有黏液流出。发情前期，黏液清亮稀薄；中期黏液呈牵丝状、量多；后期黏液混浊黏稠。

2.试情法　在配种期内，每天定时(一般是早、晚各1次)，按公母1∶40的比例，将试情公羊放入母羊群中，让公羊自由接触母羊，挑出发情母羊，但不能让试情公羊与母羊交配。试情公羊应挑选2～4岁身体健壮、性欲强的个体，试情期间适当添草补料，保证精力充沛。为了使试情公羊在试情中不能与母羊交配，常采取以下几种方法对公羊进行处理。

(1)公羊输精管结扎法　一般先做右侧输精管结扎，再做左侧输精管结扎。其性欲与未做输精管结扎的公羊相比无临床差异，睾丸和阴囊形态也无异常变化。

(2)试情布法　取长60 cm、宽40 cm的细软白布，四角缝上布带，拴在试情公羊腰部，将阴茎兜住，不影响公羊行动、爬跨和射精，但精液被试情布兜住。采用此法时，试情布要及时更换、清洗。试情时，不能长时间使用同一只公羊，以保持试情公羊的旺盛精力。

(3)公羊瓶试情法　公山羊的角基部与耳根之间，分泌一种性诱激素，可用毛巾用力擦后放入玻璃瓶中，这就是所谓的公羊瓶。试验者手持公羊瓶，利用毛巾上的性诱激素气味将发情母羊引诱出来，可以及时发现发情母羊。

(4)试情公羊阴茎移位法　通过手术将试情公羊的阴茎转向左侧或右侧，使公羊在爬跨母羊时，阴茎不能进入母羊阴道内，待切口愈合后即可用于试情。试情方法：把试情公羊放入母羊群，如果母羊主动接近试情公羊，并接受试情公羊的爬跨，认为该母羊为发情羊。有时在试情公羊腹下戴一种专用的着色装置，当母羊接受爬跨时，母羊背上会留下着色标记，母羊背部有颜色的视为发情羊。

母羊群应放在试情圈内，试情圈地面要干燥，大小适中，以每只羊1.2～1.5 m^2为宜。圈大羊少，会加大试情公羊的活动量；圈小羊多，容易漏选、错选发情母羊。试情公羊数应为母羊数的3%～5%，可分批轮换使用。试情结束后，要分开试情公羊与母羊。这种方法通常应用于规模较大、数量较多的养羊户。

3.阴道检查法　保定母羊，洗净并消毒外阴部，并用消毒毛巾擦干。开膣器洗净、消毒，并用生理盐水浸湿。工作人员用一手将母羊阴唇分开，另一手持开膣器缓慢侧着伸入阴道内适当深度，下转把柄并按压开膣器把柄扩张阴道，借助手电光源观察阴道变化，若阴道黏膜充血，表面光滑湿润，有透明黏液流出，子宫颈充血、开放，即为发情，反之则未发情。阴道检查时，伸入开膣器要缓慢，取出时不要完全关闭，以防夹伤阴道黏膜。

三、实训设备和材料

1.实验动物　发情期母羊群和试情公羊若干。

2.实验器材　消毒液、生理盐水、阴道开膣器、手电筒、高压消毒锅、试情布、镊子等。

四、实训内容

外部观察法；阴道检查法；试情法。

五、操作方法和步骤

(1)实验羊只的准备(保定)。

(2)观察母羊的外部行为特征和外部生殖器官的变化——外部观察法进行羊发情鉴定。

(3)开膣器缓慢侧着伸入阴道内适当深度,借助手电光源观察阴道变化——阴道检查法鉴定羊只是否发情。

(4)将试情公羊放入母羊群中,让公羊自由接触母羊,挑出发情母羊——试情法鉴定羊只是否发情。

六、操作重点提示

(1)试情公羊应单独饲喂,加强饲养管理,远离母羊群,防止偷配。

(2)试情公羊每隔一周排精一次,以刺激其性欲。

七、实训过程检查与评价

实训过程检查内容及评价方法请参照实训 3-1。

八、问题与思考

1. 常见的母羊发情鉴定方法主要有哪几种?

2. 羊的发情特点是什么?

实训 3-4 羊的输精技术

一、实训目标和要求

通过实训,熟练掌握羊的输精技术,提高羊只的受胎率,提升羊群的繁殖力水平。

二、知识背景与原理

羊人工授精技术包括器械的消毒、采精、精液品质检查、精液的稀释和保存、输精等主要技术环节。

(一)消毒技术

1. 器械的消毒　采精、输精及与精液接触的所有器械都要消毒,并保持清洁、干燥,存放在清洁的柜内或烘干箱中备用。假阴道要用 2%的碳酸氢钠溶液清洗,再用清水冲洗数次,然后用 75%的酒精消毒,使用前用生理盐水冲洗。集精瓶、输精器、玻璃棒和存放稀释液及生理盐水的玻璃器皿洗净后要经过 30 min 的蒸汽消毒,使用前用生理盐水冲洗数次。金属制品如开膣器、镊子、盘子等,用 2%的碳酸氢钠溶液清洗,再用清水冲洗数次,擦干后用 75%的酒精或酒精灯火焰消毒。

2. 场地的消毒　准备一间向阳、干净的采精室,面积为 10～12 m^2,室温为 18～25℃,要求地面平整,光线充足。也可选择宽敞、平坦、清洁、安静的室外场所。日常消毒用 1%新洁尔灭或 1%高锰酸钾溶液进行喷洒,每日于采精前和采精后各进行 1 次。每周对采精室进行 1 次熏蒸消毒,所用药品是 40%的甲醛溶液 500 mL,高锰酸钾 250 g。

(二)采精技术

1.采精前的准备

(1)器械的准备　所有的器械都要提前清洗、干燥、消毒，存放于消毒柜内备用。

(2)公羊的准备　种公羊第一次采精时的年龄应在1.5岁左右，不宜过肥，也不宜过瘦。初次参加采精的公羊，应先进行采精训练，方法是让其“观摩”其他公羊配种；或用发情母羊的尿液或分泌物涂抹在公羊鼻尖上，刺激性欲。采精调教成功后，才能进行正式操作，采精前公羊腹下的污染物应擦拭干净。

(3)台羊的准备　采精前选择健康发情母羊作为台羊，外阴部用2%的来苏儿溶液消毒，再用温水洗净擦干即可进行采精。

(4)假阴道的安装　安装假阴道时，先将内胎装入假阴道外壳，再装上集精瓶，注意内胎平整，不要出现皱褶。为保证假阴道有一定的润滑度，用清洁玻璃棒蘸少许灭菌凡士林，均匀涂抹在假阴道内胎的前1/3处。为使假阴道温度接近母羊温度，从假阴道注水孔注入50～55℃的温水150～180 mL，约占内外胎空间的2/3。注水后，再通过气体活塞吹入气体，使假阴道保持一定弹性，吹入气体的量一般以内胎表面呈三角形合拢而不向外鼓出为适宜。使用前再仔细检查温度、压力、润滑度。假阴道内腔的温度为39～40℃，最高不宜超过42℃。

2.采精操作　采精时采精人员蹲在母羊右侧后方，右手横握假阴道，活塞向下，使假阴道和地面呈35°～40°的角度，当公羊爬跨母羊伸出阴茎时，采精人员以敏捷的动作，右手平移地将假阴道推向母羊臀部与公羊阴茎平行，左手轻轻托住阴茎包皮，细心而迅速地将阴茎导入假阴道内。当公羊用力耸动向前时已完成射精，从母羊身上滑下时，采精人员顺着公羊的动作将假阴道慢慢向后移动，轻轻取下，立即倒转竖立，使集精瓶的一端向下，打开活塞，放出空气，谨慎地取下集精瓶，盖上瓶盖，并记录公羊号，送精液处理室检查。

3.采精频率　青年种公羊每日采精1～2次，成年种公羊每日可采精2～3次。若多次采精应在上午、下午进行，让羊只有时间休息，也可连续两次采精，第一次采后5～10 min采第二次，因性兴奋尚未消除，第二次采精时往往射精多、活力也好。公羊连续采精3天后应休息1天。

(三)精液品质检查

精液品质检查的目的是为了评定精液品质的优劣，以便决定它能不能用于输精配种，同时，也为确定精液的稀释倍数提供科学依据。主要检查精液的颜色、气味、云雾状、射精量、精子密度、精子活力等。

公羊的精液为乳白色，略带腥味，肉眼可看到云雾状运动，绵羊每次射精量为0.8～1.2 mL，山羊为0.5～1.5 mL，每毫升精液中精子的数量为25亿个左右。精子形态检查是通过显微镜检查精液中是否有畸形精子。分别于采精后和稀释后检查精液密度和精子活力，密度达“中”以上，活力0.6以上，可用于输精。如精液中畸形精子较多，也不宜输精。

(四)精液的稀释和保存

1.精液的稀释　精液稀释的目的是扩大精液量，增加每次采精的可配母羊数，提高种公羊的利用率，还可供给精子营养，增强精子活力，有利于精液的保存、运输和输精。

(1)常用稀释液

生理盐水稀释液：用注射用生理盐水或经过过滤消毒的0.9%氯化钠溶液作稀释液。这种稀释液的稀释倍数不宜太高，一般以2倍以下为宜。

奶汁稀释液：过滤后的新鲜奶，经92～95℃加热消毒10～15 min，降至室温，去掉表面脂肪。这种稀释液稀释效果好，但稀释倍数不能太高，以3倍以下为宜。

葡萄糖卵黄稀释液：在100 mL蒸馏水中加葡萄糖3 g、柠檬酸钠1.4 g，溶解后过滤3～4次，蒸煮30 min后灭菌，降至室温，再加新鲜卵黄（不要混入蛋白）20 mL，再加青霉素10万U振荡溶解。这种稀释液有增加营养的作用，可作7倍以下的稀释。

（2）精液的稀释倍数　要根据精子密度、活力而定，稀释后的精液，每毫升有效精子数不少于7亿个。

（3）精液稀释的操作步骤　根据镜检得出的精子密度确定稀释倍数，根据稀释倍数计算出应加入的稀释液的量，用量杯量取应加的稀释液量。稀释前将两种液体置于同一温水中，然后将稀释液沿着精液瓶缓缓倒入，并用细玻璃棒轻轻搅匀。为使混合均匀可稍加摇动或反复颠倒1～2次，稀释完毕后，立即进行活力镜检，并将镜检结果填入采精登记表。

2.精液的保存

（1）常温保存　精液稀释后，保存在20℃以下的室温环境中。在这种条件下，精子运动明显减弱，可在一定限度内延长精子存活时间。常温保存只能保存1天。

（2）低温保存　在常温保存的基础上，温度进一步缓慢降至0～5℃。可用直接降温法，将精液装入小试管内，外面包以棉花，再装入塑料袋内，直接放入装有冰块的广口保温瓶或保温箱中，使温度逐渐降至2～4℃。低温下保存的有效时间为2～3天。

（3）冷冻保存　精液的冷冻保存要求的技术、环境和设备条件较严格，操作过程也比较复杂，这里不加详述。

（五）发情鉴定

羊只发情时，食欲减退，兴奋不安，嘶鸣，爬跨其他羊或接受其他羊爬跨而静立不动；频频排尿，阴门红肿，流出透明的黏液；用试情公羊与母羊隔着试情架接触，母羊表现温顺，并将后躯转向公羊，阴门肿胀；用阴道开膣器插入阴道，使之开张，发情盛期的母羊阴道潮红、润滑，子宫颈口开张，分泌的黏液呈豆花样。

（六）输精

适时配种是提高羊人工授精受胎率的关键措施之一，做好母羊发情的鉴定后我们人工输精。

1.输精前的准备

（1）人员的准备　输精人员应穿工作服，用肥皂水洗手擦干，用75%酒精消毒后，再用生理盐水冲洗。

（2）输精器械的准备　把洗涤好的开膣器、输精枪、镊子用纱布包好，一起用高压锅蒸汽消毒。

（3）母羊的准备　对发情母羊进行鉴定及健康检查后，才能输精。母羊输精前，应对外阴部进行清洗，以1/3 000新洁尔灭溶液或酒精棉球进行擦拭消毒，待干燥后再用生理盐水棉球擦拭。

（4）精液的准备　将精液置于35℃的温水中升温5～10 min后，轻轻摇匀，做显微镜检查，达不到输精要求的不能用于配种。

2.输精方法　将用生理盐水湿润后的开腟器插入阴道深部触及子宫颈后，稍向后拉，以使子宫颈处于正常位置之后，轻轻转动开腟器 90°，打开开腟器，在不影响观察子宫的情况下开张得愈小愈好(2 cm)，否则易引起母羊努责，不仅不易找到子宫颈，而且不利于深部输精。输精枪应慢慢插入到子宫颈内 0.5～1.0 cm 处，插入到位后应缩小开腟器开张度，并向外拉出 1/3，然后将精液缓缓注入。输精完毕，让羊保持原姿势片刻，放开母羊，原地站立 5～10 min，再将羊赶走。

3.输精次数和输精量

(1)输精次数　母羊 1 个情期应输精 2 次，发现发情时输精 1 次，间隔 8～10 h 应进行第 2 次输精。

(2)输精量　每头份的输精量，原精液为 0.05～0.10 mL，稀释后精液应为 0.1～0.2 mL。输精的有效精子数应保证在 0.5 亿个以上。如是冻精，剂量适当增加，有效精子数应保证在 0.7 亿个以上。

三、实训设备和材料

1.实验动物　发情期母羊群和试情公羊若干。

2.实验器材　消毒液、生理盐水、阴道开腟器、手电筒、高压消毒锅、输精设备、高温干燥箱、试管、镊子、解冻杯、显微镜等。

四、实训内容

精液的稀释方法；羊只正确的输精方法。

五、操作方法和步骤

1.采精　①制备假阴道，由外壳、内胎、漏斗、集精杯等安装组成。②让公羊绕台畜转几圈进行诱情。③配种季节，公羊每天可采精 2～3 次，但每周应休息 1～2 天。

2.精液稀释　羊的射精量为 0.5～2.0 mL，一般为 1 mL。鲜牛奶或羊奶应经 92～95℃加热消毒 10～15 min，或用 9 g 奶粉加 100 mL 蒸馏水溶解后作为稀释液。根据精液品质和精子密度，稀释的倍数以 1～3 倍为好。

3.输精　羊的适宜输精时间是发情后 10～36 h。

(1)开腟器输精　用开腟器将待配母羊的阴道扩开，借助手电光寻找子宫颈，然后把输精注射器的导管插进子宫颈口内 0.5～1.0 cm 深处，用拇指轻压活塞，将精液注射在子宫颈内。

(2)细管输精　分装好精液的塑料细管两端是密封的，输精时将剪开的一端缓慢地插入阴道内 15 cm 左右，再将细管的另一端剪开，细管内的精液便自动流入母羊阴道内。

六、操作重点提示

(1)参加配种的公羊，应在配种前 1 个月左右开始对其精液品质进行检查，每只种公羊至少要采精 15～20 次，开始可每天采精一次，后期隔天一次，每次采精都要检查精液品质。

(2)参加人工授精的母羊，要单独组群，认真管理，防止公母羊混群偷配。

七、实训过程检查与评价

实训过程检查内容及评价方法请参照实训 3-1。

八、问题与思考

1. 如何控制成年公羊的采精频率?

2. 输精前的准备工作有哪些?

实训 3-5　羔羊接产技术

一、实训目标和要求

通过实训,熟练掌握羔羊接产方面的专业知识和技能,做到接产羔羊沉着、稳定、科学、正确。

二、知识背景与原理

羔羊接产是养羊生产中的重要环节,做好羔羊出生时的接产工作是提高羔羊成活率的前提和基础。为确保接羔工作的顺利进行,每群产羔母羊除主管接羔的技术人员外,必须配备一定数量的辅助人员。接产时,接产人员及辅助人员必须分工明确、责任落实;接羔期间要求坚守岗位、认真负责。

(一)接羔准备

1. *接羔棚舍及用具的准备*　接羔工作开始前 3～5 天,必须对接羔棚舍、运动场、饲草架、饲槽、分娩栏等进行修理和清扫,并用 3%～5%的烧碱水或 10%～20%的石灰乳溶液或其他消毒药品进行彻底的消毒。

2. *饲草、饲料的准备*　在牧区,在接羔棚舍附近,从牧草返青时开始,将避风、向阳、靠近水源的地方用土墙或铁丝网围起来,作为产羔用草地,其面积大小应够产羔母羊 45 天的放牧用为宜。有条件的羊场及农牧民饲养户,应当为冬季产羔的母羊准备充足的青干草、质地优良的农作物秸秆、多汁饲料和适当的精料等;对春季产羔的母羊也应准备至少可以舍饲 15 天的饲草、饲料。

3. *接羔人员的准备*　接羔是一项繁重而细致的工作,因此,每群产羔母羊除主管牧工以外,还必须配备一定数量的辅助劳动力,才能确保接羔工作的顺利进行。

4. *兽医人员及药品的准备*　在产羔母羊比较集中的乡、村等,应当设置兽医站(点),购足防治在产羔期间母羊和羔羊常见病的必需药品和器材。

(二)接羔技术

1. *临产母羊的特征*　母羊临产前,乳房肿大,乳头直立;阴门肿胀潮红,有时流出浓稠黏液;肷窝下陷,尤其以临产前 2～3 h 最明显;行动困难,排尿次数增多;起卧不安,不时回顾腹部,或喜卧墙角,卧地时两后肢向后伸直。

2. *产羔过程及接羔技术*　母羊正常分娩时,在羊膜破后几分钟至 30 min 左右,羔羊即可产出。正常胎位的羔羊，出生时一般是两前肢及头部先出，并且头部紧靠在两前肢的上面。若是产双羔，先后间隔 5～30 min，但也偶有长达数小时以上的。

在母羊产羔过程中，非必要时一般不应干扰，最好让其自行娩出。但有的初产母羊因骨盆和阴道较为狭小，或双胎母羊在分娩第二头羔羊并已感疲乏的情况下，需要助产。方法是：人在母羊体躯后侧，用膝盖轻压其肷部，等羔羊嘴端露出后，用一手向前推动母羊会阴部，羔羊头部露出后，再用一手托住头部，一手握住前肢，随母羊的努责向后下方拉出胎儿。若属胎势异常或其他原因难产时，应及时请有经验的兽医人员解决。

3. *初生羔羊的护理*　羔羊产出后，首先把其口腔、鼻腔里的黏液掏出擦净。羔羊身上的黏液，最好让母羊舔净，这对母羊认羔有好处。如果母羊不舔或天气寒冷，可用柔软干草迅速把羔羊擦干，以免受凉。一般情况下，羔羊会自行扯断脐带。人工助产的羔羊，助产者用手将脐血向羔羊脐部捋几下，然后在离羔羊腹部 5～10 cm 处扯断并用 5%碘酒消毒。

4. *假死羔羊的处理*　如碰到分娩时间较长，羔羊出现假死情况时，一般采用两种方法进行抢救：一种是提起羔羊两后肢，使羔羊悬起，同时拍击其背部和胸部；另一种是使羔羊平卧，用两手有节奏地推压羔羊胸部两侧。

三、实训设备和材料

妊娠母羊和待产母羊各若干只。3%～5%氢氧化钠溶液、10%～20%石灰乳溶液、1%来苏儿、5%碘酊和剪刀等。

四、实训内容

产羔前的准备工作；产羔过程中的接产技术；初生羔羊的护理。

五、操作方法和步骤

消毒环境和用具，准备药物、器械。

1. *接产操作*　胎儿从显露到产出体外的时间为 0.5～2 h，产双羔时，先后间隔 5～30 min。胎儿产出时间一般不会超过 2～3 h，若尿囊破后超过 6 h 胎儿仍未产出，即应考虑胎位、胎势是否正常，超过 12 h，即应按难产处理，实施助产。

2. *羔羊护理*　在距羔羊腹部 5～10 cm 处扯断脐带，应用碘酒涂抹或浸泡处理。羔羊产下后 10～40 min 便可以站立起来，尽早让其吃到初乳。合理寄养，防止羔羊冻饿、挤压和疾病发生。

3. *产后母羊的护理*　羊的胎盘通常在分娩后 2～4 h 内排出。胎盘排出一般需要 0.5～8 h，但不能超过 12 h，否则会引起子宫炎等一系列疾病。母羊产羔后有疲倦、饥饿、口渴的感觉，个别母羊会咬吃胎盘和沾染胎液的垫草；故产后应及时给母羊饮喂一些掺进少量麦麸的温水，或饮喂一些豆浆水，以防止母羊噬食胎衣。母羊分娩后，应剪去乳房周围的长毛，用温水或消毒水清洗乳房，再用毛巾擦干，把乳房内的陈乳挤出几滴，以便羔羊及时吃到干净卫生的初乳。

六、操作重点提示

(1)正确判断母羊的临产征兆，防止在放牧地产羔。

(2)羔羊吃到初乳后 1～2 h，有黑色黏稠的胎粪排出，若在 24 h 内未排出胎粪，则用温肥皂水灌肠治疗。

(3)羔羊有采食动作后,要防止甜食粪尿、毛屑等,以免形成异食癖,影响羔羊健康。

(4)母羊产后的最初几天,要注意保暖、防潮,适当喂给些豆浆、小米粥等,促进其迅速恢复体力,增加泌乳量。

七、实训过程检查与评价

实训过程检查内容及评价方法请参照实训 3-1。

八、问题与思考

1. 羔羊接产的准备工作有哪些?
2. 假死羔羊如何进行抢救?

实训 3-6　药浴驱虫技术

一、实训目标和要求

通过实训,了解羊药浴的操作要点,掌握羊的药浴技术。

二、知识背景与原理

羊的体外寄生虫,如疥螨、痒螨、硬蜱、节虻、节虱、节蚊等,特别是前两者,对养羊业危害极大,严重影响绵羊的产毛量和羊毛品质,羊感染后,瘙痒不止,采食量减少,很快消瘦,严重时会导致死亡;一旦发生疥癣,很容易在羊群内蔓延,造成巨大的经济损失。

药浴驱虫是羊养殖过程中最常用的饲养管理技术,一般在春秋两季各进行一次,可用蝇毒磷、杀虫脒、敌百虫等药物。除对病羊及时隔离并严格进行圈舍消毒、灭虫外,药浴是防治疥癣等羊体外寄生虫病的有效方法。

药浴在专门的药浴池或大的容器内进行,目前国内外都在推广喷雾法药浴。

为保证药浴安全有效,除按不同药品的使用说明书正确配制药液外,在大批羊只药浴前,可用少量羊只进行试验,确定不会引起中毒时才能让大批羊只药浴。羊只药浴时,要保证全身各部位均要洗到,药液要浸透被毛,要适当控制羊只通过药浴池的速度。对羊的头部,需要人工辅助淋洗,但要避免将药液灌入羊的口内。药浴的羊只较多时,中途应补充水和药物,使其保持适宜的浓度。对疥癣病患羊可在一次药浴后 7 天再进行一次药浴,结合局部治疗,使其尽快痊愈。

三、实训设备和材料

(1)规模化羊场。
(2)常用的药浴药物,乳胶手套,口罩,防护衣、帽、胶靴等。

四、实训内容

药浴池的制作要求;药浴药物的准备;药浴的方法。

五、操作方法和步骤

1. 药浴时间　可根据具体情况而定，在疥癣病常发生的地区，一年可进行两次药浴。一次是治疗性药浴，在春季剪毛后10～15天进行，这时羊皮肤的创口已基本愈合，毛茬较短，药液容易浸透，防治效果较好；另一次是预防性药浴，在夏末秋初进行。

2. 药浴的准备

(1)药物准备　蝇毒磷20%乳粉或16%乳油配制的水溶液，成年羊药液的浓度为0.05%～0.08%，羔羊0.03%～0.04%；杀虫脒为0.1%～0.2%的水溶液；敌百虫为0.5%的水溶液等。

(2)药浴池　用水泥筑成，呈长方形水沟状，深1 m，长10～15 m，底宽40～60 cm，上宽60～100 cm。池的入口端为陡坡，出口端用围栏围成储羊圈，并设有滴流台，羊出浴后，应在滴流台上停留片刻，使身上药液回流池内。储羊圈和滴流台应修成水泥地面。

(3)人员防护用具　乳胶手套，口罩，防护衣、帽、胶靴。

3. 药浴的方法与技术

(1)配制药液

$$池水容量(kg)=\frac{水面长+池底长}{2}\times\frac{水面宽+池底宽}{2}\times\frac{入口水深+出口水深}{2}\times 1\,000$$

$$用药量(kg)=\frac{所需药液量(kg)\times所需药液浓度}{药物含纯药浓度}$$

(2)池浴的方法　药浴时，工作人员手持压扶杆(带钩的木棒)，在浴池两旁控制羊只从入口端徐徐前行，并使其头部抬起不致浸入药液内，但在接近出口时，要用压扶杆将羊头部压入药液内1～2次，以防头部发生疥癣。出浴后，在滴流台停留20 min放出。

除了池浴外，还可淋浴，羊场可建专门的淋浴场，并安装喷淋药械，每只羊需喷淋3～5 min。一般养羊户可采用背负式喷雾器，逐只羊进行喷淋，羊体各部位都要喷到、湿透，注意腹下、尾下及四肢内侧。

六、操作重点提示

(1)药浴应选择晴朗、暖和、无风天气，在日出后的上午进行，以便药浴后，中午羊毛能干燥。

(2)大群药浴前应先做小群(3～5只)安全试验。

(3)临药浴前羊停止放牧和喂料，浴前2 h让羊充分饮水，以防止其口渴误饮药液。

(4)先浴健康羊，后浴病羊，有外伤的羊只暂不药浴。

(5)药液应浸满全身，尤其是头部，用压扶杆将羊的头部压入药液内1～2次，但需注意羊只不得呛水，以免引起中毒。

(6)药浴持续时间，治疗为2～3 min，预防为1 min。

(7)药浴后在阴凉处休息1～2 h，即可放牧。

(8)药浴期间，工作人员应注意人身保护，防止中毒。此外，羊群若有牧羊犬，也应一并药浴。

七、实训过程检查与评价

实训过程检查内容及评价方法请参照实训3-1。

八、问题与思考

1.羊一般在什么时候药浴?

2.常用的药浴药品有哪些?

实训3-7 青干草的调制技术

一、实训目标和要求

通过实训,熟悉常见的豆科牧草和禾本科牧草,并掌握青干草调制技术。

二、知识背景与原理

(一)适合调制干草的牧草

从理论上讲,几乎所有人工栽培牧草、野生牧草均可用于制作干草。但在实际操作中,一般选择那些茎秆较细,叶面大小适中的饲草品种,即通常所说的豆科和禾本科两大类饲草,因为茎秆太粗、叶面太大、茎秆和叶相差太悬殊,都会影响干草质量。

1.禾本科牧草

(1)羊草　又名碱草,我国主要分布于东北、西北、华北和内蒙古等地,俄罗斯、朝鲜、蒙古等国也有分布。羊草为松嫩、科尔沁、锡林郭勒和呼伦贝尔等草场上的优势种和建群种,在许多地方建成了大面积的羊草人工草地。羊草不仅适于放牧各种牲畜,而且是最适于调制干草的禾本科牧草品种之一。干草粗蛋白质含量为7%~13%,粗脂肪2.3%~2.5%,叶片多而宽长,适口性好。

(2)芒麦　又名垂穗大麦草、西伯利亚碱草。芒麦是禾本科多年生牧草,为北半球北温带分布较广的野生牧草,我国主要分布在东北、西北和内蒙古一带,俄罗斯东南部、西伯利亚、远东、哈萨克斯坦及蒙古和日本也有分布。芒麦抗寒力强,耐湿润,但抗旱力较差,对土壤适应性较广泛,不仅肥沃的土壤能生长良好,在弱酸至弱碱性土壤和低湿盐碱地上也能生长。芒麦叶量丰富,幼嫩时适于放牧,在抽穗至始花期收割,调制干草,品质较好,粗蛋白质含量11%~13%,粗脂肪2%~4%。

(3)披碱草　又名野麦草、直穗大麦草,是广泛分布于温带和寒带草原地区的优良牧草,我国主要分布在"三北"(东北、华北、西北)地区。披碱草以其抗寒、抗旱、抗风沙、抗盐碱而受到欢迎。调制干草的适宜收割期在抽穗至开花前,干草粗蛋白质含量为7%~12%,粗脂肪2%~3%,若收割过晚则草质粗硬,营养成分含量下降。

(4)苇状羊茅　又名苇状狐茅,为禾本科狐茅属多年生草本植物,起源于欧、亚两洲,主要分布在温带与寒带的欧洲、西伯利亚西部及非洲北部。在陕、甘、晋、豫、鄂、湘、滇、苏、浙、皖、鲁等地均表现了良好的适应性和较高的产量。苇状羊茅丛生，须根，有短地下茎，茎直立、坚硬。耐旱、耐湿、耐热，既能在较寒冷的条件下生长，也能在亚热带丘陵岗地安全越夏，但耐寒性较差，在肥沃、潮湿的土壤上种植，产量高，再生性强，耐刈割。可在暖温带、亚热带丘陵岗地和轻盐碱地上广泛种植，也可与白三叶组成混播草地。苇状羊茅调制干草在抽穗期刈割，干草粗蛋白质含量13%～15%，粗脂肪3%～4%，收割过晚，则草质粗糙，适口性差。

(5)黑麦草　原产于西南欧、北非及西南亚，现为我国亚热带高海拔降水量较多地区广泛栽培的优良牧草，至今已经培育成不同特点的约60个品种。黑麦草为上繁草、密丛型，分蘖力强，可达数十个至百余个。黑麦草喜温暖、凉爽、湿润的气候，怕炎热，不耐干旱和寒冷。黑麦草是我国长江流域及南方各地春、秋、冬常绿的重要牧草。草质柔软，叶量较多，所有草食家畜、家禽、鱼均喜食。初穗盛期刈割调制干草，干草的粗蛋白质含量9%～13%，粗脂肪2%～3%。由于叶片多而柔软，是牲畜的优质干草。幼嫩时收割粗蛋白含量可达20%，可用于喂猪，特别是母猪。

2.豆科牧草

(1)紫花苜蓿　是目前世界上分布最广的豆科牧草，起源于小亚细亚、外高加索、伊朗和吐库曼等国家的高地。我国早在2 000年前就开始种植，主要分布在"三北"地区。苜蓿被称为"牧草之王"，不仅是由于它的草质优良，营养丰富，而且是由于其具有广泛的适应性。苜蓿茎叶柔软，适合调制干草，适宜的收割期为初花期，干草粗蛋白质含量18%～20%，粗脂肪3.1%～3.6%，收割过晚则营养成分下降，草质粗硬。

(2)沙打旺　又名直立黄芪，为豆科黄芪属多年生草本植物。我国豫、冀、鲁等省作为牧草和绿肥栽培，已有数百年历史。沙打旺不仅作为饲料用，而且也是防风固沙、保持水土、作为燃料和肥料的良好植物。沙打旺调制干草在初花期收割最适宜，干草粗蛋白质含量为12%～17%，粗脂肪2%～3%。沙打旺茎秆较粗硬，整株饲喂利用率较低，粉碎后混拌其他饲料，可提高利用率，改善养分平衡。

(3)红豆草　又名驴食豆、驴喜豆，为豆科红豆草属多年生牧草，饲用价值与苜蓿相近，有"牧草皇后"之称。现分布于欧洲、非洲和亚洲西部、南部。我国甘、宁、陕、青、川、藏等省(自治区)大面积种植，成为干旱地区很有发展前途的重要豆科牧草。开花期的红豆草适于调制干草，因为此时茎叶水分含量较低，容易晾晒，但要注意防止叶片脱落。开花期的红豆草干草粗蛋白质含量15%～16%，粗脂肪2%～5%，干物质消化率在70%左右。

(4)小冠花　为豆科小冠花属草本植物，原产于南欧及东地中海一带。我国在北京、陕西、山西、南京等地种植，生长良好。新鲜的小冠花含有一种低毒物质——3-硝基丙酸糖苷，对猪、羊安全，但喂幼兔有中毒症状，不能单独饲喂。调制干草宜在花蕾至始花期收割，干草饲喂各种家畜都很安全，盛花期的小冠花干草粗蛋白质含量为19%～22%，粗脂肪1.8%～2.9%，粗纤维含量较低，仅21%～32%。

(5)红三叶　又名红车轴草，为豆科三叶草属多年生牧草，原产小亚细亚与东南欧，广泛分布于温带及亚热带地区。在我国长江流域以南各地均有种植。红三叶草质柔软，适口性好，各种家畜均喜食。调制干草一般在现蕾盛期至初花期收割，现蕾期的红三叶干草粗蛋白质含量为20.4%～26.9%，而盛花期仅为16%～19%，粗脂肪含量4%～5%。红三叶的叶量大，茎中空且所占比例小，易于调制干草。

(6)格拉姆柱花草　是澳大利亚培育的一个热带豆科柱花草新品系。目前已在海南、广西南部地区种植，可与其他禾本科牧草建立混播草地。格拉姆柱花草是豆科柱花草属直立多分枝的多年生草本植物，是暖季生长的热带牧草，适于生长在冬季无霜而夏季高温的华南南部。格拉姆柱花草茎细、毛少、叶量丰富，适口性好。调制干草的干燥率为 23%～25%，干物质中粗蛋白质含量为 15%～17%，粗纤维为 33%～40%。干物质消化率为 48.4%，蛋白质消化率为 52.6%。

(二)青干草的制作方法

青干草的制作方法很多，但总的要求是：干燥时间短，均匀一致，营养物质损失少。

1.自然干燥法　牧草刈割后，在原地或附近干燥地段摊开曝晒，经常加以翻动，待水分降至 40%～50%时，用搂草机或手工搂成松散的草垄，或集成 0.5～1 m 高的草堆，保持草堆的松散通风。也可以做成组合式三角形草架，把牧草自下而上逐渐堆放或打成 15 cm 左右的小捆，草的顶端朝里，并避免与地面接触吸潮，草层厚度不宜超过 70～80 cm；由于草架中部空虚，空气可以流通，加快牧草水分散失，提高牧草的干燥速度，其营养损失比摊晒减少 5%～10%；水分降到 17%以下即可贮藏。如果采用摊晒和捆晒相结合的方法，可以更好地防止叶片、花序和嫩枝的脱落。

2.人工干燥法

(1)塑料大棚干燥法　近年来，有些地区把刈割后的牧草，经初步晾晒后移动到改造的塑料大棚里干燥，效果很好。具体做法是把大棚下部的塑料薄膜卷起 30～50 cm，把晾晒后含水量在 40%～50%的牧草放到棚内的架子或地面上，利用大棚的采光增温效果使空气变热，从而达到干燥牧草的目的。这种方式受天气影响小，能够避免雨淋，养分损失少。

(2)常温鼓风干燥法　为了保存营养价值高的叶片、花序、嫩枝，减少干燥后期阳光曝晒对维生素等的破坏，把刈割后的牧草在田间就地晒干至含水量 40%～50%时，再放置于设有通风道的干草棚内，用鼓风机、电风扇等吹风装置，进行常温吹风干燥。采用此方法调制干草时只要不受雨淋、渗水等危害，就能获得品质优良的青干草。

(3)低温干燥法　此法采用加热的空气，将青草水分烘干，干燥温度如为 50～70℃，需 5～6 h，如为 120～150℃，需 5～30 min 完成干燥。未经切短的青草置于浅箱或传送带上，送入干燥室(炉)干燥。所用热源多为固体燃料，浅箱式干燥机每日可生产干草 2 000～3 000 kg，传送带式干燥机每小时生产量 200～1 000 kg。

(4)高温快速干燥法　利用液体或煤气加热的高温气流，在数分钟甚至数秒钟内可使 2～3 cm 长的牧草含水量从 80%～90%降到 10%～12%。此法多用于工厂化生产草粉、草块。虽然有的烘干机内热空气温度可达到 1 100℃，但牧草的温度一般不超过 30～35℃，青草中的养分可以保存 90%～95%，消化率特别是蛋白质消化率并不降低。

(三)影响青干草质量的因素

1.牧草品种　不同种类的牧草质量不同，一般豆科牧草较禾本科牧草质量好。

2.牧草刈割时间　牧草过早刈割，水分多，不易晒干；过晚刈割，营养价值降低。禾本科草类在抽穗期，豆科草类在孕蕾及初花期刈割为好。

3. 干燥过程中机械损失或雨淋等　干草调制过程中翻草、搂草、打捆、搬运等生产环节的损失不可低估，而其中最主要的恰恰是富含营养物质的叶损失最多，减少生产过程中的物理损失是调制优质干草的重要措施。

(1)减少晾晒损失　要尽量控制翻草次数，含水量高时适当多翻，含水量低时可以少翻。晾晒初期一般每天翻 2 次，半干草可少翻或不翻。翻草宜在早晚湿度相对较大时进行，避免在一天中的高温时段翻动。

(2)减少搂草、打捆损失　搂草、打捆最好同步进行，以减少损失。目前，多采取人工一次打捆方式，把干草从草地运到贮存地、加工厂，再行打捆、粉碎或包装。为了作业方便，人工一次打捆以 15 kg 左右为宜，搂成的草堆应以此为标准，避免草堆过大，重新分捆造成落叶损失。搂草和打捆也要避开高温、干燥时段，应在早晚进行。

(3)减少运输损失　为了减少运输过程中的落叶损失，特别是豆科牧草，一定要打捆后搬运；打捆后可套纸袋或透气的编织袋，减少叶片损失。

(四)青干草的贮藏与管理

1. 青干草的贮藏方法

(1)露天堆垛贮藏　垛址应选择地势平坦干燥、排水良好的地方，但离羊舍不宜太远。垛底应用石块、木头、秸秆等垫起铺平，高出地面 40～50 cm，四周有排水沟。垛的形式一般采用圆形和长方形两种，无论哪种形式，其外形均应由下向上逐渐扩大，顶部又逐渐收缩成圆形，形成下狭、中大、上圆的形状。垛的大小可根据需要。

长方形垛：干草数量多，又较粗大宜采用长方形垛。这种垛形暴露面积少，养分损失相应地较轻。草垛方向应与当地冬季主风方向平行，一般垛底宽 3.5～4.5 m，垛肩宽 4.0～5.0 m，顶高 6～6.5 m，长度视贮草量而定，但不宜少于 8.0 m。堆垛的方法，应从两边开始往里一层一层地堆积，分层踩实，务使中间部分稍稍隆起，堆至肩高时，使全堆取平，然后往里收缩，最后堆积成 45°倾斜的屋脊形草顶，使雨水顺利下流，不致渗入草垛内。封顶时可用麦秸或杂草覆盖顶部，最后用草绳或泥土封压，以防大风吹刮。

圆垛：干草数量不多，细小的草类宜采用圆垛。和长方形草垛相比，圆垛暴露面积大，遭受雨雪阳光侵袭面也大，养分损失较多。但在干草含水量较高的情况下，圆垛由于蒸发面积大，发生霉烂的危险性也较小。圆垛一般底部直径 3.0～4.5 m，肩部直径 3.5～5.5 m，顶高5.0～6.5 m。堆垛时从四周开始，把边缘先堆齐，然后往中间填充，务使中间高出四周，并注意逐层压实踩紧，垛成后，再把四周乱草耙平梳齐便于雨水下流。

(2)草棚堆垛　气候潮湿或有条件的地方可建造简易干草棚，以防雨雪、潮湿和阳光直射。这种棚舍只需建一个防雨雪的顶棚，以及防潮的底垫即可。存放干草时，应使棚顶与干草保持一定距离，以便通风散热。

2. 防腐剂的使用　要使调制成的青干草达到合乎贮藏安全的指标(含水量 17%以下)，生产上是很困难的。为了防止干草在贮藏过程中因水分过高而发霉变质，可以使用防腐剂，应用较为普遍的有丙酸和丙酸盐、液态氨和氢氧化物(铵或钠)等。目前丙酸应用较为普遍。液态氨不仅是一种有效的防腐剂，而且还能增加干草中氮的含量。氢氧化物处理干草不仅能防腐，而且能提高青干草消化率。

3.干草贮藏注意事项

(1)防止垛顶漏雨　干草堆垛后2～3周内,一般会发生塌陷现象,必须及时铺好脊顶,并用秸秆等覆盖顶部,防止渗进雨水造成全垛霉烂。盖草的厚度应达7～8 cm,应使秸秆的方向顺着流水的方向,如能加盖两层草苫则防雨能力更强。草垛贮存期长,也可用草泥封顶,既可防雨又能压顶,缺点是取用不便。

(2)防止垛基受潮　干草堆垛时,最好选一地势较高地点作垛基。如羊舍附近无高台地,应该在平地上筑一堆积台。台高于地面约0.3 m,四周再挖0.3 m左右深、宽的排水沟,以免雨水浸渍草垛。不能把干草直接堆在土台上,垛基还必须用树枝、石块等垫高0.15 m以上,避免土壤水分渗入草垛,发生霉烂。

(3)防止干草过度发酵　干草堆垛后,营养物质继续发生变化,影响养分变化的主要因素是含水量,凡是含水量在17%以上的干草,植物体内的酶及外部的微生物仍在进行活动。适度的发酵可以使草垛紧实,并使干草产生特有的香味。但过度的发酵会产生高温,不仅无氮浸出物水解损失,蛋白质消化率也显著降低。干草水分下降到20%以下时堆垛,才不致有发酵过度的危险;如果堆垛时干草水分超过20%,则垛内应留出通风道,或纵贯草垛,或横贯草垛,20 m长的垛留两个横道即可。通风道用棚架支撑,高约3.5 m,宽约1.25 m,木架应扎牢固,防止草垛变形。

(4)防止草垛自燃　过湿的干草,贮存的前期主要是发酵而产生高温,后期则由于化学作用过程,产生挥发性易燃物质,一旦进入新鲜空气即引起燃烧。如无大量空气进入,则变为焦炭。

要防止草垛自燃,首先应避免含水量超过25%的湿草堆垛。要特别注意防止成捆的湿草混入垛内。过于幼嫩的青草经过日晒后表面上已干燥,实际上茎秆仍然很湿,混入这类草时,往往在垛内成为爆发燃烧的中心。其次堆垛时,垛内不应留下大的空隙,使空气过多。如果在检查时发现堆温已上升至65℃,应立即穿洞降温,如穿洞后温度继续上升,则宜倒垛,否则反而促进自燃。

(5)干草的压捆　散开的干草贮存愈久,品质愈差,且体积很大,不便运输,在有条件的地方可用捆草机压成30～50 kg的草捆。用来压捆干草的含水量不得超过17%,压过的干草每立方米平均重350～400 kg。压捆后可长久保持绿色和良好的气味,不易吸水,且便于运输、喂用,比较安全。

(五)干草的颜色和气味

干草的颜色和气味是干草调制好坏的最明显标志。胡萝卜素是鲜草各类营养物质中最难保存的一种成分。干草的绿色程度愈高,不仅表示干草的胡萝卜素含量高,而且其他成分的保存也愈多。干草的颜色可分为以下四类。

鲜绿色:表示青草刈割适时,调制过程未遭雨淋和阳光强烈暴晒,贮藏过程未遇高温发酵,能较好地保存青草中的养分,属优良干草。

淡绿色(或灰绿色):表示干草的晒制与保藏基本合理,未受到雨淋发霉,营养物质无重大损失,属良好干草。

黄褐色:表示青草收割过晚,晒制过程中虽受雨淋,贮藏期内曾经过高温发酵,营养成分损失严重,但尚未失去饲用价值,属次等干草。

暗褐色:表明干草的调制与保藏不合理,不仅受到雨淋,而且已发霉变质,不宜再做饲用。

干草的芳香气味,是在干草保藏过程中产生的,田间刚晒制或人工干燥的干草并无香味,只是经过堆积发酵后才产生此种气味，这可作为干草是否合理保藏的标志。

综上所述，可根据颜色和气味评定干草等级：

优等：色泽青绿，香味浓郁，没有霉变和雨淋。

中等：色泽灰绿，香味较淡，没有霉变。

较差：色泽黄褐，无香味，茎秆粗硬，有轻度霉变。

劣等：霉变严重。

干草质量还可根据含叶量和含水量来鉴定。

三、实训设备和材料

草场、牧草收割机、打捆机、运输车、干草棚。

四、实训内容

牧草收获；牧草打捆。

五、操作方法和步骤

1.适时收获　收获期要适宜，即要兼顾牧草的产量和质量，在单位面积草地上能获得最多的可消化养分时收割。一般禾本科牧草在抽穗至开花期，豆科牧草在孕蕾至开花期收割，产量和质量均较高。

2.保证质量　应保持有大量叶、嫩枝和花序等营养价值较高的器官，含水量保持在14%～17%。

3.青干草的加工　牧草的干燥方法分为人工干燥和自然干燥。干制牧草时应掌握以下原则：掌握天气情况，尽量减少雨淋。避免阳光长时间暴晒，减少维生素A、维生素C和叶片的损失。晴天晒制干草时，青草水分降低到45%～55%一般只需5～8 h，因此应勤翻动，以使植物各部位水分均匀散发，避免翻动造成叶片、细枝的更多机械损失。搂草、集草、打捆、上架及堆垛环节应注意避免折断植株幼嫩部分。

4.青干草的贮存　一般是建设干草棚用于青干草的长期贮藏，干草棚主要起到防雨、通风、防潮、防日晒的功能。干草棚应建在地势较高的地方，或周边排水条件较好的地方，同时棚内地面要高于周边地面，以防止雨水灌入，一般要高于周边地面10 cm左右。

六、操作重点提示

调制青绿干草应注意适时收割、快速干燥、防止雨淋和露水。

1.适时收割　农民常说“伏天草，牲畜料，冬天宝”。说明伏天的干草，质量是最高的，按天气一般是二伏到末伏打草。但草种不同、地区不同，成熟时间也有区别，所以还要按草的成熟情况收割。羊草在拔节时蛋白质含量最高，到结籽时蛋白质就低了；苜蓿在开花前养分高，开花后下降。一般是禾本科牧草在抽穗至开花期，豆科牧草在孕蕾至开花期收割，因此要想得到养分高的干草，必须掌握好收割时期。

2.快速干燥　选择好的天气，尽快干燥，不要长时期暴露在阳光下，以免养分被破坏。

3.防止雨淋　长期受雨淋，植物的氧化作用加强，微生物活动也旺盛，养分大受损失，所以尽量提早打捆堆垛。

七、实训过程检查与评价

实训过程检查内容及评价方法请参照实训 3-1。

八、问题与思考

1. 试述青干草制作总的要求。
2. 试述青干草的制作方法。
3. 试述影响青干草质量的因素。

项目四

家禽综合实训

实训4-1 孵化操作技术

一、实训目标和要求

通过实训,认识孵化机各部构造并熟悉其工作原理,掌握种蛋的选择、消毒,明确孵化效果的检查与分析方法。通过实际参加孵化各项工作环节,熟练掌握机器孵化的操作技术。

二、知识背景与原理

禽类自然的孵化量小,难以适应规模化生产。随着科技的发展,集约化规模化养禽业发展的需求,自动控温控湿、自动翻蛋的电孵化器近年来得以推广使用。现代化电孵化器的孵化原理是模仿禽类的自然孵化给予孵化条件(温度、湿度、翻蛋等)使之孵化,电孵化器自动化程度高,孵化条件容易控制,孵化量由几千枚到上万枚,且出雏率高、雏禽质量好。常见的电孵化器多为立体箱式孵化器。

(一)孵化厂建筑要求和设备安装调试

1. *孵化厂建筑要求* 孵化厂要尽量远离交通干线和养禽场。有时受条件所限,需和种禽场建在一起的,应遵循尽量隔离,并建在上风口的原则。孵化厂的建筑要求通风、保温,内装修要利于冲洗清洁。天花板至地面的高度一般为3.2 m以上,天花板的材料最好用防水的压制木板或金属板,天花板上面使用隔热材料。门密封性能要好,高2.4 m以上,宽1.5 m以上。具体的要求应根据实际情况而定。

2. *孵化器的构造及要求* 孵化器一般分为平面孵化器、箱式孵化器和巷道式孵化器三大类,大致结构如下:

(1)主体结构

①箱体(外壳) 孵化器的外壳要求隔热(保温)性能好、防潮、坚固和美观。外层可选用宝丽板或镀锌铁皮喷漆(或镀塑),里层选用宝丽板或铝合金板材。箱体的夹层厚约5 cm,中填玻璃纤维或聚苯乙烯泡沫板,最好采用注塑工艺,因夹层无空隙更有利于保温。箱体为可拆卸式板墙结构。分门、顶、后、两侧板和底板。由于底板的防腐问题难以处理,现多向无底式方向发展。

②种蛋盘 分1～19胚龄的孵化盘和19～21胚龄的出雏盘。要求通气性好,以利于胚蛋充分、均匀受热和获氧。还应不变形、安全可靠,孵化过程中不卡盘、掉盘,不跑雏。孵化盘分

栅式、孔式(圆孔或方孔);出雏盘多为塑料制品,重量轻且便于冲洗消毒。在设计时,应考虑孵化盘与出雏盘配套使用,以便移盘时可采用扣盘或抽盘操作,既可提高移盘速度,又可减少胚蛋的破损。

③活动转蛋架　有圆桶式、八角式和架车跷板式。现多采用架车跷板式。出雏器因不需转蛋,所以仅设出雏盘架。分固定抽屉式(由角铁作立柱和焊接等距离的小角铁的出雏盘滑道等两部分组成)及平底车叠层式(出雏盘叠放于下面的四轮平底车上)两种。

(2)控温控湿系统、降温冷却系统及报警系统

①控温系统　由电热管(如远红外加热棒)、控温电路和感温元件组成。温度调节器有棒式双金属片、乙醚胀缩饼、水银导电温度计和热敏电阻等。

②控湿系统　最原始但行之有效的控湿方法是孵化器底部放置水盘,让水自然蒸发供湿。这种方法不能自动控湿,只能通过放置水盘的数量、水位的高低和水温的高低来调节湿度。现多采用叶片轮式自动供湿装置,它由叶片轮、水槽、供湿电机和水银导电温度计(湿敏电阻)等组成。当孵化湿度不足时,供湿电路接通,使供湿电机带动叶片轮转动,以增加水分蒸发面积来提高孵化器里的相对湿度。目前较先进的有超声雾化装置供湿。

③降温冷却系统　当孵化器里的温度超过高温报警所设定的温度时,孵化器自动切断电热电源,停止供热,超温报警,并同时控制"冷排"(安装在风扇旁边的弯曲铜质水管)的电磁阀打开供给冷水,以降低机温。有的孵化器还设有应急排风口,超温时该口自动打开,加大排风量,以加速降温。

④报警系统　目前有高温、低温、低湿、电机缺相或风机停转、过载等报警系统,均可通过灯光及声响同时示警。目前多数孵化器还增设干电池超温报警系统,以备停电时原电控的超温报警不能工作时用。

(3)机械传动系统

①转蛋系统　由转蛋电机、蜗轮杆(或丝杆)、微动开关、定时器和计数器等组成。可保证1～2 h转蛋一次,转蛋角度为45°～50°,并能显示转蛋次数。

②均匀机温系统　电机带动风扇转动,以均匀孵化器内的温度。转速为200～240 r/min。

③通风换气系统　由进、出气孔和风扇等组成。进气孔多采用顶进气和前进气(极少数采用侧进气或后进气),出气孔均设在孵化器顶部。

(4)安全保护装置　除上述高温、低温、低湿报警系统以及风机过载、停转和电机缺相报警系统等安全保护外,有些孵化器还设有保护系统,开孵化器门时,电机风扇停转;关门时电机转动,以保护操作者的安全。

(5)机内照明　孵化器有照明设备,而且开门亮灯,关门灭灯,以利操作者工作。

总之,在选择孵化器时应注意两个问题:一是根据孵化场的规模及发展,决定孵化器的类型和数量以及入孵器和出雏器配套比例(即入孵器和出雏器的数量);二是根据本单位的技术力量(尤其是电工素质),选择孵化器型号。

以下各项技术精度指标可供选择孵化器时参考,不应低于下列指标:温度显示精度,0.1～0.01℃;控温精度,0.2～0.1℃;湿度显示精度,相对湿度(RH)为2%～1%;控湿精度,相对湿度为3%～2%;孵化器内左右、前后、上下、中央等各点的温差在±0.28℃范围内,则质量好。

3.安装孵化器并测试其性能　大多数孵化器生产厂家会上门完成安装。测试时应注意以下几点:

(1)控制器是否正常　高温、低温、高湿、低湿的报警是否在说明书有关技术指标之内,门表温度与控制器电子显示器上显示的温度差值有多大。

(2)转动部分是否正常　包括加湿器转轮和翻蛋系统是否有卡住的现象。

(3)风扇转动的方向　是否与说明书上要求的一致。

(4)辅助设备是否正常　孵化厂最重要的辅助设备是备用发电机,电孵化器孵化用电必须保证。长时间的停电,将造成巨大的损失。若用市电供电,应准备一台发电机;若用自备发电机供电,还得准备一台备用发电机,以确保供电正常。

(二)孵化前准备工作

1.孵化器和辅助设备的调试和检查　孵化一般都具有季节性,在较长时间不使用孵化器和其他辅助设备后,开始新一轮孵化前都应该对孵化器进行调试检查,以确保其运转正常。

2.孵化厂内外的环境和孵化器具的清洗消毒　在开孵前对孵化厂内外进行清洁消毒,地面常用烧碱兑水浇洒。孵化厂内及孵化器可按每立方米甲醛 42 mL,高锰酸钾 21 g,在温度 20～24℃、相对湿度 75%～80%的条件下密闭熏蒸 20 min。孵化厂内外环境和孵化器具的清洗消毒是一项经常性的工作,开孵后应按疫病的流行趋势、气候的变化等实际情况,进行定期和不定期的消毒。

3.孵化工作安排及孵化记录　孵化是一项时间性很强的工作。开孵前根据雏禽销售情况和本场的生产实际,制定出切合实际的孵化日程。简单地说,孵化间隔时间、工作人员的调配等,都需要做周密的安排,以最大限度地提高设备利用率和劳动效率。要将每批次的孵化情况用一定的表格记录在案,孵化记录内容主要有:开孵日期,孵化设定温湿度,实际观测温湿度(温湿度一般要求每隔 2 h 观测一次),上蛋数量,受精率,出雏情况,以及一些相关情况(如停电、机器维修)等。

(三)种蛋选择与保存

要想获得理想的孵化效果,选择优质合格的种蛋非常重要,用于孵化的种蛋要达到以下要求:

1.种蛋重量　因不同的品种和产蛋期要求不一,通常肉鸡种蛋的重量应不低于 45 g 不高于 65 g,太大太小的都不宜作为种蛋。

2.种蛋形状　种蛋形状常用蛋形指数来衡量,但在实际生产中常以正常蛋形来选择,即太圆的、太尖的、大小头不明显的蛋,都不能选用。

3.蛋壳质量　主要指蛋壳的厚度和致密度,致密度不够的“沙壳蛋”,蛋壳太厚的“钢皮蛋”都不宜选用。

4.蛋壳色泽　一个品种的鸡蛋都有正常的色泽,如罗曼的褐色、来航的白色等。不正常的色泽,往往提示种鸡群或饲料不正常,因而不符合品种正常色泽的蛋不宜选用。

5.保存期　在夏秋季不宜超过 4 天,冬春季不宜超过 7 天。种蛋入孵时越新鲜越好,但这在生产实际中不太现实,因此种蛋保存需要注意以下几点:

(1)及时消毒　通常种鸡场均采用每天两次集蛋,将收集起来的种蛋及时送入种蛋库消毒,常用甲醛熏蒸,一般每立方米空间用甲醛 28 mL,高锰酸钾 14 g。

(2)保存温度　鸡胚发育的临界温度是 24℃,种蛋保存温度至少应低于此,最好在 16～17℃。温度不能太低,低于 4℃时,鸡胚容易冻伤。故种蛋库应安装空调设备。

(3)保存湿度　以相对湿度60%～70%为宜，在使用空调时应特别注意，实际生产中常采用放置水盆的办法。

(4)保存方向　存放种蛋宜小头朝上，大头向下。

(5)通风换气　种蛋是有生命的，质量不良的空气会严重影响其生命力，因而种蛋库每天应定时开启门窗换气。

(6)其他　夏季使用空调时，种蛋从蛋库取出后，应将之置于常温下5～8 h以使蛋内容物的温度和外界的温度趋于一致。

(四)孵化温度、湿度和通风量

1.孵化温度　在孵化温度、湿度和通风量三者中，孵化温度是尤为重要的，它是决定孵化成败和孵化效果好坏的第一要素。鸡的人工孵化温度在37.8℃左右。但是，根据种蛋的大小、品种和环境温度以及机器性能不同，理想的孵化温度会有一定的变化，但高不应超过38.5℃，低不能低于36.5℃。理想的孵化温度，就是在满足孵化积温(从大于临界温度开始计算到出雏时间的累计孵化温度)的前提下，尽可能地使设定的孵化温度接近37.8℃。孵化温度设定在生产上常用恒温孵化和变温孵化两种方案。对于整批入孵变温孵化法而言，在环境温度24℃左右时，1～5天，38.2～38℃；6～13天，37.9～37.7℃；14～18天，37.6～37.4℃；19～21天，37.2～37℃。还需定期对胚蛋发育情况进行检查，作为调节温度的参考。

2.孵化湿度　孵化湿度的重要性主要体现在出雏阶段，出雏时相对湿度不能低于60%，以保持在65%～70%之间为最佳。较高的湿度有利于雏鸡啄壳，湿度低了会引起粘毛等现象，影响出雏。孵化阶段的湿度应掌握前高后低的原则，一般为前6天60%～55%，6天以后到落盘保持在50%左右即可。因湿热的穿透力强，在同样温度条件下高湿可使胚胎吸收的热量增加，应引起高度重视。

3.通风量　由于数量众多的种蛋密集在相对窄小的空间内，而胚胎的发育需要良好的空气环境，因此，电孵化器都设有大风扇和进出气孔。在使用电孵化器孵化时，只要大风扇在正常转动，无论进出气孔开启程度的大与小，只要不是密闭，由于负压的作用，孵化器都不会严重缺氧。通常，通风孔量掌握早期小后期大的原则，若能保证孵化的温度，是有利于胚胎发育的。但冬季严寒，如孵化厅保温条件差，则通风量大，不仅浪费电力，有时甚至连设定的孵化温度都不能保证，反而出现孵化效果不理想的现象。因此，当环境温度较低时，使用电孵化器孵化，在保证大风扇正常运转的前提下，考虑孵化通风量时应兼顾保证孵化温度。

综上所述，孵化温度、湿度、通风量相互影响而又共同作用，在把握好孵化的第一要素即孵化温度的前提下，兼顾好湿度和通风量将获得你所具备的条件下的较为理想的孵化效果。

(五)孵化效果检查

在种蛋品质正常的前提下，理想的孵化效果表现在：①出雏率高(一般受精率在85%以上时，受精蛋出雏率可达90%～94%)；②雏禽绒毛洁净、有光泽，蛋黄吸收良好，腹部柔软，脐部愈合好、干燥且被腹部绒毛覆盖；③雏禽站立稳，叫声洪亮，对光、声音及振动反应灵敏；④出雏时间相对集中。

1.孵化的生物学检查　通过照蛋、出雏期间的观察、死雏和死胎蛋外观和病理解剖以及死雏、死胎的微生物学检查，并结合种蛋品质和孵化操作情况，综合分析、判断孵化效果及其原因。

(1)照蛋　用照蛋灯透视胚胎发育情况。

①照蛋时间及胚胎发育特征　一般整个孵化期照蛋1～2次，如果孵化正常、孵化率高，也可仅在胚胎发育中期或移盘前照一次蛋。头照，鸡在5～7胚龄（鸭、火鸡在6～7胚龄，鹅在7胚龄）。胚蛋可明显看出黑眼点，俗称“黑眼”。二照，在移盘前，鸡在18～19胚龄（鸭、火鸡在25～26胚龄，鹅在18～28胚龄）。胚蛋气室处有黑影闪动，俗称“闪毛”。此外，还可在胚胎发育中期进行“抽验”，鸡在10～11胚龄，整个胚蛋除气室外布满血管，俗称“合拢”。参考表4-1-1用照蛋器检视鸡胚胎的发育情形，并用铅笔在蛋壳上记录检视的结果。

表4-1-1　鸡蛋孵化的照检

项目	第一次（5～7胚龄）	第二次（10～11胚龄）	第三次（18～19胚龄）
无精蛋	蛋内透明，有时蛋中央呈现一阴影（卵黄）		
中死蛋	蛋内有血圈、断片的血丝或有死亡的胚胎	蛋内呈红褐色，内部常有血条	气室小而不倾斜，边缘整齐色淡；无胎动，未见“闪毛”
发育蛋	健胚：胚胎下沉或在气室近处看到黑眼点，并有向外扩散的血管网 弱胚：胚胎浮于表面，血管网纤细而淡白	健胚：尿囊在蛋的尖端合拢，血管网扩散至蛋的尖端 弱胚：尿囊尚未合拢，蛋的尖端无血管分布，因而淡白	健胚：蛋内全为黑色，气室边界弯曲，其周围有粗大的血管，仔细可看出胎动 弱胚：气室边界平齐

②发育正常的活胚蛋和各种异常胚蛋的辨别　先通过幻灯或图片识别，然后再用实物观察。

(2)蛋重变化的测定　孵化过程中，气体交换，水分蒸发，蛋重会减轻，测量蛋重减轻比例，可以判断胚胎发育是否正常。方法是在入孵前称测一个盘的蛋重，算出平均每个蛋的重量，孵化过程中，检出无精蛋和中死蛋，称量剩下活胚蛋的重量，算出平均每个活胚蛋的重量，算出各阶段的减重百分率并与正常减重率比较，以了解减重情况是否正常。鸡蛋孵化正常减重率见表4-1-2。

表4-1-2　鸡蛋孵化过程中的减重率　%

孵化天数	6	12	19
减重率	2.5～4	7～9	12～14

(3)出雏期间的观察　主要从出雏持续时间和雏鸡表现两方面观察。如有无明显的出雏高峰、出雏结束时间，未出雏的胚蛋在出雏盘中的分布；雏鸡绒毛长短、腹部大小、脐带部愈合状况、鸣叫声、神态及有无残疾或畸形。

(4)死雏和死胚蛋外观及病理解剖　对历次照蛋剔出的死胚蛋和孵化结束时的死胎蛋，从外表观察、照蛋透视及胚蛋或胎儿的剖检等三方面按顺序检查，判断其死亡胚龄和病理变化，以便分析原因。

①外表观察　死雏主要观察绒毛长短、脐部愈合状况和卵黄囊吸收情况以及头部和腿部有无残疾或畸形；死胎蛋主要观察是否已啄壳、啄壳部位、洞口的形状和有无黏液或血迹等。

②照蛋透视　检查气室位置、大小和形态及气室边缘血管情况；胚蛋锐端的尿囊绒毛膜“合拢”情况或蛋白吸收状况（“封门”状况），以及“斜口”和“闪毛”状态。

③病理剖检　用镊子轻轻敲破气室的蛋壳并撕去内壳膜，然后依次进行观察。首先观察

胎儿是活还是已经死亡；观察尿囊绒毛膜和羊膜的状态(包括有无出血现象)；将胚蛋内容物倒入平皿中，观察卵黄囊血管是否充血、出血及吸入腹腔状况，是否有蛋白及胎位状态；取出胎儿用生理盐水冲洗干净，根据胎儿大小及外表发育特征，参照表4-1-3初步判断胚胎死亡的胚龄；继续观察雏禽脑部、颈部和皮肤，有无水肿、充血或溢血现象，有无眼疾、脚疾等，然后用手术剪刀剪开死雏或死亡胎儿的体腔，观察肠、胃、心脏、肝脏、肺脏和肾脏以及卵黄囊、尿囊绒毛膜等有何病理变化，如充血、出血、水肿、肥大、变性或畸形，判定死亡原因。

表4-1-3 不同胚龄胚胎发育的主要特征

胚龄/天	胚胎发育的主要特征
1	形成左右对称呈正方形薄片的体节4～5对；胚胎边缘出现红点，称"血岛"，俗称"白光珠"
2	开始形成卵黄囊、羊膜和绒毛膜；孵化30～42 h后，心脏开始跳动，可见20～27对体节；照蛋呈"樱桃珠"
3	尿囊开始长出，开始形成前后肢芽，眼色素开始沉着；照蛋呈"蚊虫珠"
4	卵黄囊血管包围蛋黄达1/3，肉眼可明显看到尿囊；形成羊膜腔和舌；照蛋呈"小蜘蛛"
5	胚极度弯曲，呈"C"形；可见趾原基；眼黑色素大量沉着；性腺已性分化，组织学上可分公母；照蛋呈"黑眼"
6	尿囊达蛋壳内表面，卵黄囊达蛋黄1/2以上；羊膜平滑肌收缩，胚运动；喙原基出现，翅脚可区分；照蛋呈"双珠"
7	形成"卵齿"、口腔、鼻孔和肌胃；胚胎呈明显鸟类特征；照蛋胚沉入羊水中不易看清，俗称"沉"
8	可明显分辨肋骨、肝脏、肺脏和胃；颈、背和四肢出现羽毛乳头突起；照蛋时，可见胚在羊水中浮游，俗称"浮"；背面两边蛋黄不易晃动，称"边口发硬"
9	喙开始角质化，软骨开始骨化；眼睑达虹膜，胸腔已愈合；照蛋时可见尿囊绒毛膜越过卵黄囊，称"窜筋"
10	颈、背和大腿覆盖羽毛乳头突起；形成胸骨突；照蛋时尿囊绒毛膜在蛋小头"合拢"，背部出现绒毛，冠呈锯齿状，腺胃明显可辨；腹腔即将完全闭合，仅保留脐部的开口；浆羊膜道已形成，但未打通
11	身躯覆盖绒毛；胃、肠可见蛋白
12	头和身体大部分覆盖绒毛；跖趾出现鳞片原基；眼睑达瞳孔
13	胚胎全身覆盖绒毛，头向气室；胚胎逐渐与蛋长轴平行
14	翅完全成形；趾开始形成鳞片，眼睑闭合
15	冠和肉垂明显可辨；蛋小头仅有少量蛋白，照蛋时，小头仅有少量发亮
16	两脚紧抱头部，喙向气室，蛋的小头已没有蛋白；羊膜中仍有少量蛋白羊水；照蛋时，蛋小头看不到发亮，俗称"封门"
17	头弯曲在右翼下，喙向气室；眼开始睁开；照蛋时气室倾斜，俗称"斜口"
18	尿囊绒毛膜血管开始枯萎，绝大部蛋黄与卵黄囊缩入腹腔；雏开始啄壳，可闻雏鸣叫
19	气室有翅、喙和颈的黑影闪动，俗称"闪毛"
20	尿囊绒毛膜血管完全枯萎，血循环停止，20.5胚龄大量啄壳出雏
21	雏孵出

(5)在孵化早、中、晚期,出现鸡胚胎异常死亡的表现和原因

①胚胎前期死亡　孵化前6天胚胎的死亡数占入孵蛋的1%～3%,若超过这个范围,说明孵化存在问题。从孵化的角度讲,造成胚胎早期死亡率偏高的主要原因是:种蛋熏蒸消毒不当(浓度太高,时间过长)和孵化前期温度过高。夏季孵化,种蛋从温度较低的蛋库中取出,未经逐渐升温处理,而直接孵化,会因温差太大,蛋壳表面出现冷凝水,此时若进行熏蒸消毒,往往会造成鸡胚胎早期死亡。

②胚胎中期死亡　若7～12天胚胎的死亡数占入孵蛋的5%左右,一般可视为正常情况。造成鸡胚大量的死亡一般与孵化温度过高、通风不良、翻蛋不正常有关,其中翻蛋不正常是鸡胚胎中期死亡的主要原因。

③胚胎后期死亡　温度过高、小头向上孵化和通风不良可引起后期(13～18天)胚胎死亡偏高,孵化正常时,胚胎后期死亡数不会超过入孵蛋的5%。

④出雏期间的死亡

闷死壳内:通常出雏时的高温高湿,特别是通风不良是其主要原因。

啄壳后死亡:如果洞口多黏液是高温高湿所致;而蛋黄未吸收完全,尿囊合拢不全多因落盘时温度骤降所致。出雏期胚胎的死亡数在整个孵化过程中一般占入孵蛋的6%～7%。

人工孵化的数量大,一批种蛋中会存在一定比例的弱胚,各期胚胎的死亡率在正常范围内,说明孵化技术方案没有大的问题。除不正确的孵化方案外,种蛋的保存期太长,保存期内温度过高过低,种鸡的营养不良和疾病,都会造成鸡胚胎的死亡率增高。

2.胚胎发育的观察　打开孵化1.5天、5.5天、10.5天和18.5天的鸡活胚蛋,从外部形态上观察各日龄胚胎发育情况、胎膜的发育,测量胚胎的体长、重量和蛋黄、蛋白重量,借以了解不同时期胚胎发育的外形变化。

(1)处理和观察方法　打开孵化1.5天的胚胎时,先用镊子敲开蛋的钝端,然后沿气室边缘夹去蛋壳,轻轻撕下蛋壳膜,随即看到血管网及胚胎。其次用小剪子剪断血管周围的蛋黄膜,用药匙小心地取出胚胎及其周围的血管网,放在盛有生理盐水的玻璃皿中,用广口吸管冲洗2～3次,以洗掉附着的蛋黄和蛋黄膜。将玻璃皿放在黑色的纸制米尺上面,使胚胎顺着尺放置,量其长度。然后在低倍显微镜或放大镜下观察胚胎脑泡的分化、体节的对数、心脏的跳动和血管域的直径等。用吸管分出蛋黄,并分别称量蛋黄和蛋白的重量。

按同样程序打开5.5天、10.5天和18.5天的胚蛋,首先取出胚胎,然后将蛋黄蛋白一起倒出,再分别测蛋黄和蛋白的重量。取出的胚胎用生理盐水洗净后用滤纸吸干以称量胚胎的重量。观察外部的形态变化,观察5.5天的胚胎时,应注意辨认羊膜、尿囊和卵黄囊。观察10.5天以上胚胎时应注意肝的颜色,心脏的大小、颜色,找出性腺。

(2)蛋黄、蛋白及胚胎重量变化　见表4-1-4。

表4-1-4　蛋黄、蛋白及胚胎重量变化　　g

项目	孵化日龄										
	0	2	4	6	8	10	12	14	16	18	20
蛋黄	18.3	19.0	19.5	29.1	32.8	26.9	21.0	79.0	15.8	13.2	13
蛋白	33.0	22.2	30.8	19.5	10.9	10.5	9.0	3.4	0.2	—	—
胚胎	—	0.002	0.05	0.3	1.1	2.1	4.3	8.5	17.7	22.0	31.8

(3)胚胎各部特征

1.5 天:胚胎与蛋的长轴呈垂直躺卧,尚未与胚叶分离。可辨出脑泡、眼泡以及 8～10 对体节。血管域发育良好,心脏形成并跳动,胚长 4～5 mm,血管域直径 6～8 mm。

5.5 天:第三以下鳃弓几乎为第二鳃弓遮掩,前肢及后肢进一步伸展,尿囊增大达蛋壳内面,与头相比胴体显得很小。前脑分叉消失,出现嗅窝内外两侧的隆起,即内鼻突起与外鼻突起,上腭突起和下腭突起愈益发育。胎儿沉入蛋黄的深处,胎胚重 0.18～0.4 g。

10.5 天:眼皮达瞳孔处,冠呈小长轴样。可看到爪的胚芽,羽乳头被覆整个身体,胴体已大于头部,胚胎重 2.7～3.5 g。

18.5 天:眼睁开,蛋黄开始吸进腹腔,胚胎重 23～29 g。

三、实训设备和材料

种蛋、孵化场、孵化机(器)、孵化盘、出雏机、出雏盘、雏鸡盒、控温仪、干湿球温度计、水银导电温度计、照蛋器、湿度计、体温计、标准温度计、标准湿度计、转数计、风速计、孵化室有关设备用具、记录表格、孵化规程等。

四、实训内容

孵化室的规划设计;孵化机的构造认识;种蛋选择、消毒、保存、运输;种蛋入孵管理;孵化的生物学检查与分析。

五、操作方法和步骤

每个孵化厂家使用的设备和实际生产情况不同,其孵化程序不尽一致,但大致可按以下程序操作:

1.选蛋　首先将过大、过小、形状不正的蛋,破蛋,脏蛋,壳面粗糙的蛋剔出。每手握蛋三个,活动手指使其轻度冲撞,撞击时如有破裂声,则将破蛋取出。初选后再用照蛋器照验透视,将遗漏的破蛋和壳面结构不良的剔出。

2.装盘和消毒　选蛋同时进行装盘,码盘时使蛋的钝端(大头)向上,小头朝下;装后清点蛋数,登记于孵化记录表中。种蛋码盘后即上架,在单独的消毒间内按每立方米置福尔马林 30 mL、高锰酸钾 15 g 的比例熏蒸 20～30 min。熏蒸时关严门窗,室内温度保持 25～27℃,相对湿度 75%～80%,熏蒸后打开门窗,排出气体。有时应诸多原因需要增加消毒次数时,应避开开机后 24～96 h。因为此阶段胚龄的鸡胚,对甲醛气体高度敏感。

3.种蛋预热　入孵前 12 h 将种蛋移至孵化室内,使种蛋初步升温。

4.入孵　种蛋预热后按计划于下午 3:00～5:00 上架孵化,可望白天大量出雏,便于出雏时工作。天冷时,上蛋后打开孵化机的辅助加热开关,使加速升温,以免影响早期胚胎的发育,待温度接近要求时即关闭辅助加热器。

孵化过程中应注意机件的运转,特别是电机和风扇的运转情况,注意有无发热和撞击声响的机件,定期检修加油。

5.孵化条件控制　孵化室条件,温度 20～22℃,相对湿度 55%～60%,通风换气良好。出雏室温度适当提高。鸡的孵化条件见表 4-1-5。

表 4-1-5　鸡的孵化条件

孵化条件	孵化机	出雏机
温度/℃	37.8	37.2～37.5
相对湿度/%	55	65
通气孔	开 50%～70%	全开
翻蛋	每 2 h 一次	停止

应经常检查孵化机和孵化室的温湿度情况，观察机器的灵敏程度，遇有超温或降温时，应及时查明原因、检修和调节。机内水盘每天加水一次。湿度计的纱布每出雏一次更换一次。

6. 翻蛋　翻蛋能减少鸡胚粘壳的可能性，在孵化期内都应定时翻蛋，一般每 2 h 一次。用电孵化箱时这一过程机器会自动完成。

7. 照蛋　通过光源，检查胚胎发育情况，剔出无精蛋、死胚蛋和不能继续发育的弱胚蛋。

8. 落盘　当孵化到 18 天后将蛋从孵化器移到出雏器称为落盘（鸡胚蛋 17～18 天，鸭胚蛋 25 天），常见的孵化器都有配套的出雏器。落盘时操作应轻、快、稳。落盘后应对其进行消毒，方法是：关闭出雏器的进、出气孔和箱门，每立方米用甲醛 14 mL、高锰酸钾 7 g，熏蒸 10 min 后立即大开箱门启动出雏器的大风箱迅速将残留消毒气体排出。落盘的时间根据生产实际可适当提前，但不宜早于 16 天。

9. 出雏　正常情况下孵化到 18～19 天时开始有少量啄壳出现。孵化满 20 天后，大量啄壳且有少量出雏，可将出雏机玻璃门用黑布或黑纸遮掩，免得已出的雏鸡骚动；每隔 4～8 h 捡出雏鸡和蛋壳一次，并拼盘。21 天出雏结束后，让雏鸡在出雏器内再待 3～4 h，将其绒毛烘干。然后开始拣雏。一批入孵蛋中，出雏的时间不会完全一致，一般相差 4～8 h。所以有许多厂家进行 2～3 次拣雏。但从工作安排和防疫注射多方面考虑，用电孵化器出雏，集中一次拣雏是较适宜的方式。其实多拣一两次雏，并不明显增加雏鸡数，相反却造成人员安排紧张和加大电力消耗。

对少数未能自行脱壳的雏禽，应进行人工助产。助产时只需破去钝端蛋壳，拉直头颈，然后让雏禽自行挣扎脱壳。不能人为拉出，以防出血死亡。

10. 出雏器清洗消毒　出雏时，出雏器会留存大量绒毛。出雏器内高温、高湿，是细菌繁殖的有利场所，因而出雏后应及时进行清洗消毒，可选用的消毒药品很多，本着针对性强（近期可能流行的疫病）、腐蚀性弱的原则选用即可。

当然，根据不同的情况可能会增加或减少一些程序，例如夏季孵化，有的厂家无恒温设备，此时可考虑在孵化后期（14 天以后），每天定期定时凉蛋；冬季孵化，可能出雏器的湿度加不上去，这时可用灌注温水来增加湿度。

11. 孵化记录　整个孵化期间，每天必须认真做好孵化记录和统计工作，它有助于孵化工作顺利有序进行和对孵化效果的判断。孵化结束，要统计受精率、孵化率和健雏率。孵化室日常管理记录见表 4-1-6，孵化生产记录见表 4-1-7。

六、操作重点提示

1. 避免应激　为避免对胚蛋发育产生不利影响，在孵化期间，应尽量避免一切可能产生的应激因素，如噪声、短期停电等。

2. 卫生防疫　每次孵化结束后，应对孵化室、孵化器、出雏器、出雏盘、水盘等进行彻底的清扫(清洗)和消毒,以备下次使用。

3. 孵化机开机应注意事项

(1)开机前　应严格检查是否有卡盘现象存在。

(2)开机时间　根据本场出雏时间要求确定合适的开机时间。鸡的孵化时间为21天,但应加上开机后机内温度上升到孵化设定温度的时间,根据不同的环境温度,一般要提前1~10 h。

4. 应急处理

(1)停电　若是停电时间较短,则可以采取一些简单的应对措施。在孵化前期,主要以保温为主,尽量少开机门,并加以适当的通风;若在中后期,则以通风、散热为主,避免造成机内局部或整体高温,可采取中间部位与边缘部位的蛋盘相互倒换或定时打开机门等方法。同时,还可通过手工操作,维持正常的翻蛋频率。若停电时间较长,则应利用发电设备自行发电。

(2)孵化器故障　当孵化机故障时,应立即进行检修,排除故障。若维修时间较长,可先将种蛋转移到备用机器中,继续进行孵化,然后再排除故障。

表 4-1-6　孵化室日常管理记录

机号　　　第(　)批　　　胚龄　　　　　　　　　　　　年　　月　　日

时间	机器情况					孵化室		停电	值班员
	温度/℃	相对湿度/%	通风	翻蛋	凉蛋	温度/℃	相对湿度/%		

表 4-1-7　孵化生产记录

批次	入孵日期	种蛋来源	品种	入孵数量	头照		二照		出雏					受精率/%	受精蛋孵化率/%	入孵蛋孵化率/%	健雏率/%
					无精蛋	死胚蛋	破损蛋	死胚蛋	破损蛋	落盘数	毛蛋数	弱死雏数	健雏数				

七、实训过程检查与评价

序号	考核项目	考核标准	教师检查
1	种蛋选择	大小适中，形状正，无破损蛋、脏蛋或壳面粗糙、裂纹蛋	
2	种蛋码盘和消毒	实训步骤合理，消毒措施可行，操作规范	
3	种蛋的孵化条件设定	条件设定准确，通风良好	
4	种蛋入孵管理	种蛋入孵管理合理，操作规范	
5	孵化记录情况	能准确、及时、周到、细致地记录	
6	实训过程中纪律状况	操作认真，遵守纪律	
7	实训过程中工作态度	在工作过程中乐于参与	
8	实训出勤状况	不迟到不早退	
9	安全意识	无安全事故发生	
10	卫生防疫意识	实训场所符合兽医卫生和环境卫生的要求	
11	合作精神	能够相互协作，相互帮助，不自以为是	
12	实训结束后的任务完成情况	过程合理，操作准确，与组内成员合作融洽，语言表述清楚	

<table>
<tr><td rowspan="3">检查评价</td><td>班级</td><td></td><td>第　组</td><td>组长签字</td><td></td></tr>
<tr><td>日期</td><td colspan="2"></td><td>教师签字</td><td></td></tr>
<tr><td colspan="5">评语：</td></tr>
</table>

八、问题与思考

1. 简述影响孵化效果的因素。

2. 怎样选择合格的种蛋？

实训 4-2　初生雏禽的分级与雌雄鉴别

一、实训目标和要求

通过实训，熟悉雏鸡的分级与雌雄鉴别方法，掌握利用伴性性状鉴别雏鸡雌雄的原理，学会用翻肛法鉴别雏鸡雌雄。

二、知识背景与原理

（一）初生雏的分级

根据雏禽的活力，蛋黄吸收情况，脐的愈合程度，胫（趾）和喙的色泽等进行鉴别分级。

健雏的特征：活泼，两脚站立稳定，叫声洪亮；蛋黄吸收良好，腹部不大；脐孔愈合良好、干燥、无黑斑；绒毛干燥、有光泽、长度合适；喙和跖的色泽鲜浓，体重大小合适。

弱雏的特征：无活力、站立不稳，叫声无力或尖叫呈痛苦状；腹部潮湿发青，肚大或干瘪，手握无弹性；脐孔愈合不良、不清洁；绒毛污乱、无光泽；喙和跖色泽较淡。

残次雏的特征：脐部开口并流血，蛋黄外露，绒毛稀疏焦黄；有明显缺陷，如瞎眼、剪子嘴、脑壳愈合不全、卵黄未全部吸收、腿脚不能站立、多脚多腿等。

(二)初生雏的挑选

1.眼看　即看初生雏的精神状态，羽毛整洁程度，动作是否灵活，喙、腿、趾、翅、眼有无异常，肛门有无粪便黏着，脐孔愈合是否良好等。

2.手摸　即将初生雏抓握在手中，触摸初生雏的膘情、体重、体温。

3.耳听　即听初生雏的叫声来判断初生雏的强弱。健康的雏叫声响亮，弱雏有时出现痛苦的尖叫声。

(三)初生雏的雌雄鉴别

1.翻肛鉴别法

(1)初生雏鸡　根据生殖突起来鉴别，翻开初生雏鸡的肛门，根据生殖突起的有无，或突起组织形态的差异，可对雏禽进行雌雄鉴别。

(2)初生雏鸭、雏鹅　鸭、鹅公雏具有伸出的外部生殖器，当新出壳雏鸭、雏鹅的绒毛干后，用左手托起雏鸭、雏鹅，以大拇指和食指轻轻夹住其颈部，用右手的大拇指和食指平按肛门下方，先向前按，再随着向后退，此时在肛门下方可感觉到有个小突起者就是雄雏鸭、雄雏鹅，无突起的就是雌雏鸭、雌雏鹅。

2.伴性性状鉴别法

(1)银白羽色对金黄羽色　银白色为显性，金黄色为隐性。用金黄羽色公鸡与银白羽色母鸡交配，子一代中银白羽色为公鸡，金黄羽色为母鸡。

(2)慢生羽对速生羽　慢生羽型(慢羽)是指主翼羽与覆主翼羽等长，或覆主翼羽长于主翼羽；速生羽型(快羽)是指主翼羽明显长于覆主翼羽。慢羽为显性，快羽为隐性。用慢羽母鸡与快羽公鸡交配，子一代中，快羽型为母鸡，慢羽型为公鸡(图 4-2-1)。

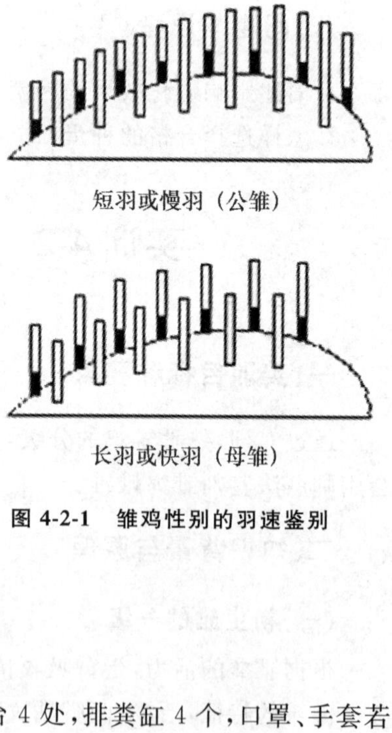

图 4-2-1　雏鸡性别的羽速鉴别

进行快慢羽型鉴别时，左手握住雏鸡，右手将翅展开，从上向下观察外侧面主翼羽面上的羽毛。覆主翼羽从翼面的近下缘处长出，主翼羽则由翼下缘处长出。鉴别的要领是比较主翼羽和覆主翼羽的长短，以判断为何种羽型，从而确定雏鸡的雌、雄。目前，褐壳蛋鸡基本都是羽色自别系，白壳蛋鸡和肉鸡有的已利用了羽速自别。

三、实训设备和材料

出雏 24 h 以内健康雏鸡 400 只，100 W 灯泡 4 个，鉴别台 4 处，排粪缸 4 个，口罩、手套若干，消毒液等。

四、实训内容

初生雏的分级；初生雏的雌雄鉴别。

五、操作方法和步骤

(一)初生雏的分级

根据活力、蛋黄吸收及脐带愈合情况、胫和喙的色泽等鉴别分级。健雏、弱雏与残次雏的鉴别见表4-2-1。

表4-2-1　健雏、弱雏与残次雏的鉴别

级别	精神	体重	腹部	脐部	绒毛	两肢	畸形	脱水	活力
健雏	活泼健壮，眼大有神	符合品种要求	大小适中，平整柔软	收缩良好	长短适中	健壮，站立稳当	无	无	挣扎有力
弱雏	呆立嗜睡，眼小细长	过小或适中	过大或较小，肛门污秽	大而潮湿	过长或过短，脆，沾污	站立不稳，喜卧	无	有	绵软无力
残次雏	不睁眼或单眼、瞎眼	过小、干瘪	过大，软或硬，青色	吸收不好，有残血	火烧毛，卷毛，无毛	弯趾，跛腿，站不起	有	严重	无力

(二)翻肛鉴别雏鸡的雌雄

(1)抓雏、握雏　雏鸡的抓握方法一般有两种：一是夹握法(图4-2-2)，二是团握法(图4-2-3)。两种握法要求都要使用。

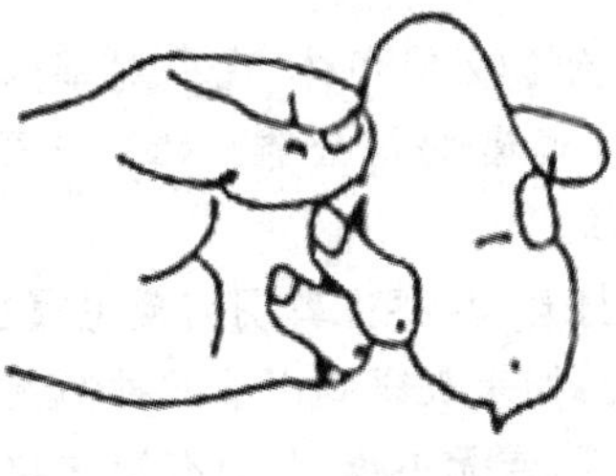

图4-2-2　夹握法

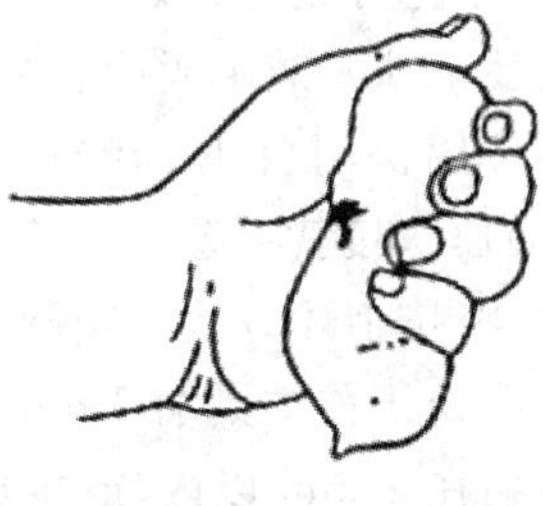

图4-2-3　团握法

(2)排粪、翻肛　在翻肛鉴别前，必须将胎粪排出，方法是用手指轻压雏鸡腹部，借助雏鸡呼吸将粪便挤入排粪缸中。翻肛的手法较多，常用的有以下三种方法：

①左手握雏，左拇指从前述排粪的位置移至肛门左侧，左食指弯曲于雏鸡背侧，与此同时右食指放在肛门右侧，右拇指侧放在雏鸡脐带处(图4-2-4A)，右拇指沿直线往上顶推，右食指往下拉，往肛门处收拢，左拇指也往里收拢，3根手指在肛门处形成一个小三角区，3根手指凑拢一挤，肛门即翻开(图4-2-4B)。

②左手握雏，左拇指置于肛门左侧，左食指自然伸开，同时，右中指置于肛门右侧，右食指置于肛门下端(图4-2-5A)，然后右食指往上顶推，右中指往下拉，向肛门收拢，左拇指也向肛门处收拢，3根手指在肛门处形成一个小三角区，3根手指凑拢，肛门即翻开(图4-2-5B)。

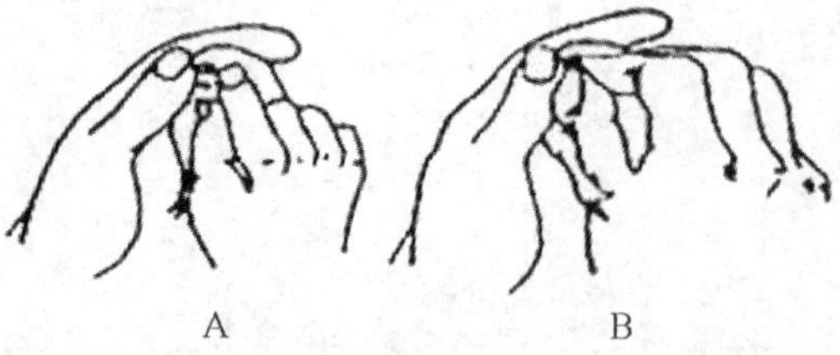

图 4-2-4　翻肛手法之一

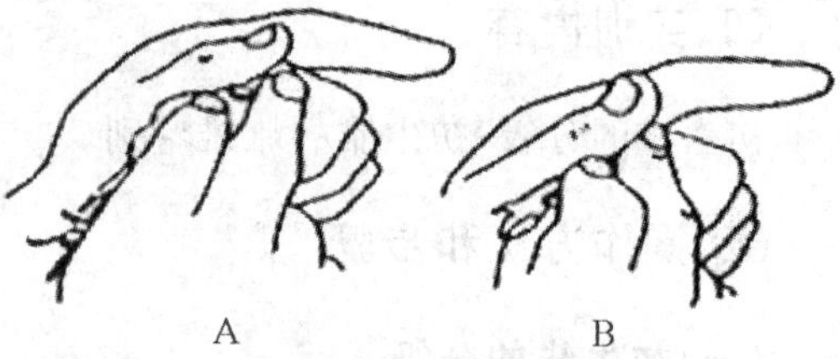

图 4-2-5　翻肛手法之二

③此法要求鉴别者右手的大拇指留有指甲。翻肛手法基本与翻肛手法之一相同(图 4-2-6)。

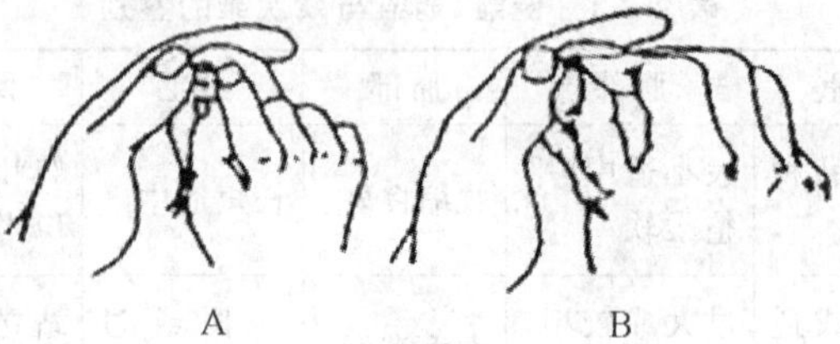

图 4-2-6　翻肛手法之三

(3)鉴别、放雏　根据生殖突起的有无和形态的差别,便可判断雌雄。如果有粪便或渗出物排出,可用左手拇指或右手食指抹去,再进行观察。遇生殖突起一时难以分辨时,也可用左手拇指或右手食指触摸,观察其充血和弹性强度。表现充血和弹性较强的是雄雏。

(三)雏鸡的伴性性状鉴别法

先由教师或技术员介绍伴性性状鉴别雏鸡雌雄的原理与方法,然后由教师或技术员进行示范,最后由学生分组鉴别。

1. 羽速鉴别法　鸡羽毛生长速度的快慢,主要受性染色体(Z 染色体)上一对基因所控制,为伴性遗传。用快羽公鸡(kk)配慢羽母鸡(K_),所生雏鸡慢羽是公雏(Kk),快羽是母雏(k_),根据羽速快慢就可鉴别雏鸡雌雄,鉴别准确率达 99%。

鉴别时,将按上述方式杂交制种产生的杂种雏鸡翅膀打开,观察主翼羽与覆主翼羽的相对长度。主翼羽长于覆主翼羽 2 mm 以上者为快羽,为母雏。如果观察到以下四种情况:主翼羽长于覆主翼羽在 2 mm 以内,或主翼羽与覆主翼羽长度相等,或无主翼羽,只有覆主翼羽,或主翼羽短于覆主翼羽均属于慢羽,则为公雏。

2. 羽色和羽斑鉴别法　鸡的银白色绒羽(S)为显性,金黄色绒羽(s)为隐性;横斑羽(B)为显性,非横斑羽(b)为隐性。这些羽色和羽斑也是伴性性状,其遗传行为属伴性遗传。用带金黄色基因(ss)的公鸡与带银白色基因(S_)的母鸡交配,所生雏鸡银白色绒羽的是公雏(Ss),金黄色绒羽的是母雏(s_)。同样,用非横斑的公鸡(bb)与横斑的母鸡(B_)交配,所生雏鸡横斑的是公雏(Bb),非横斑的是母雏(b_)。根据雏鸡羽毛颜色和羽斑鉴别公母准确率高,易操作。

(四)雏鸭的雌雄鉴别

1. 外形鉴别法

(1)根据体形来区别　头大、身子圆、尾巴尖的,一般是雄雏鸭;头小、身子扁、尾巴散开的,一般是雌雏鸭。

(2)根据鼻孔等观察　①鼻孔窄狭而小,沿嘴甲呈线状的为雄雏鸭;反之,鼻孔较大,稍呈圆形的为雌雏鸭。②鼻基柔软，平面无起伏的为雌雏鸭；反之，鼻基粗硬，平面线明显有起伏的为雄雏鸭。③把小鸭倒翻，使其腹朝天，看其下颌毛的边缘，呈半月形或略平而整齐的为雌雏鸭，若明显尖突而不整齐的是雄雏鸭。上述3个方面应用时综合起来观察，准确率将更高。

2. 捏肛法　用手指按摩它的肛门部位，摸到有一小的粒状突起的，就是雄雏鸭；没有的，便是雌雏鸭。

雏鹅雌雄鉴别可参照鸭的雌雄鉴别法。

六、操作重点提示

(1)先用公雏练习翻肛手法，后用混合雏练习鉴定技术。考核时每名学生用5只混合雏。

(2)四组学生所用灯具均用硬纸做成锥形的灯罩，使光线明亮而适中。

(3)每组学生选出一名组长，并负责雏鸡的练习数量和考核数量记录。

(4)所练习的公雏和混合雏可以重复使用，用于考核的混合雏都要进行解剖确认并给出学生成绩。

七、实训过程检查与评价

实训过程检查内容及评价方法请参照实训4-1。

八、问题与思考

1. 如何选择健雏？

2. 鉴别雏禽雌雄的方法有哪些？

实训4-3　鸡的断喙技术

一、实训目标和要求

通过断喙技术的学习和训练，能够在规定的时间内熟练而准确地进行断喙操作，从而掌握断喙操作技术。

二、知识背景与原理

断喙是指断去鸡的喙尖。鸡有刨料、甩料等习性，也常发生啄癖现象。啄癖在集约化养鸡时已成为一个严重的疾患，包括鸡只啄羽、啄肛、啄翅、啄趾等恶癖，轻的致鸡伤残，重的可造成鸡只死亡。

断喙又俗称为"断嘴"或"切嘴"，适时断喙有利于加强幼雏鸡的饲养管理，是一项实用管理技术。对鸡只进行断喙，不仅能控制刨料或甩料引起的饲料浪费，而且能降低因啄癖而死亡的鸡只数。

鸡全程饲养中要进行两次断喙。首次断喙的日龄为7～9日龄，其目的是断去原有的喙尖，称之为断喙。此时，雏鸡生命力强，有抵御断喙造成应激的能力，同时，喙的角质化程度比较弱，容易切烙断掉。雏鸡断喙后，喙的再生能力很强，当发育到84日龄左右时，其喙尖能再生到具有啄伤其他鸡只和刨料的能力，因此要进行第2次断喙，第2次断喙的日龄为84日龄左右，其目的是断去再生喙尖，称之为修喙。

三、实训设备和材料

7～10日龄雏鸡人均5～10只，电热断喙器(或电热切嘴机)，装鸡笼，装雏盘，矮凳，电源插座，线手套，统计表等。

四、实训内容

鸡的断喙方法。

五、操作方法和步骤

1. 断喙器检查　断喙器为普遍采用的电热断喙器，6～10日龄使用4.4 mm孔径，10日龄后使用4.8 mm孔径；为确保断喙效果，使用新的刀片。

2. 断喙器预热　电源接通后，将断喙器预热至适宜温度，待刀片呈暗红色时即可使用。

3. 实施断喙　断喙时，断喙者一手握住雏鸡脚部，另一只手拇指放在雏鸡头部背侧上方，食指放在咽喉部下方，其余三指放在雏鸡胸部下方。将雏鸡喙插入断喙器圆孔的孔眼中，固定于断喙器刀片间，用拇指将雏头稍向下按，食指轻压雏咽使其缩舌，将上喙断去1/2(喙尖至鼻孔距离)，下喙断去1/3，并在高温(600～800℃)刀片处停留2～3 s，以利于止血。

断喙结束后，对刚断喙的鸡进行检查，理想的断喙为上喙切断的位置在距喙尖约2 mm处，颜色为暗、淡相连处的稍后方，这样可破坏局部组织，防止喙尖再生。断喙后的雏鸡下喙略长于上喙为好。若发现有出血或断面偏斜的鸡只，应抓回再灼烙止血或修整喙面。

六、操作重点提示

(1)断喙前后1～2天不喂磺胺类药物(会延长流血)，在每千克水中加2 mg维生素K；或在饲料中添加维生素K 4 mg/kg，维生素C 150 mg/kg，以利止血和抗应激。

(2)断喙时注意力集中，动作敏捷，切的长度适宜，灼烧后不流血，断喙后要仔细观察鸡群，对流血不止的个体，重新烧烙止血。

(3)免疫接种前后2天不应断喙；鸡群健康状况不良时不断喙；不在气温高时断喙，以免加重应激。

(4)断喙后3天料槽中饲料应撒得厚些，厚度保持料槽高度的1/3～1/2，以减轻啄食疼痛，便于啄食；饮水中添加多维，并避免出现其他应激。

七、实训过程检查与评价

实训过程检查内容及评价方法请参照实训4-1。

八、问题与思考

1. 为什么断喙前后1～2天不喂磺胺类药物，而要喂维生素K？

2. 雏禽断喙后，为什么料槽中要多撒些饲料？

实训 4-4 禽体重均匀度的测定技术

一、实训目标和要求

通过对鸡全群体重的准确把握，掌握禽体重均匀度计算方法，了解鸡群的生长发育情况，能根据所测鸡群均匀度判断后备鸡群发育整齐度，以提出改进饲养管理技术措施，并能对种鸡在产蛋期的生产水平有全面的估计。

二、知识背景与原理

鸡群的均匀度是指群体中体重落入平均体重±10％范围内鸡只所占的百分比。均匀度衡量鸡群发育是否整齐，是衡量品种生产性能和饲养管理技术的综合指标。鸡群的均匀度在10周龄时至少应达到70％，15周龄时至少要达到75％，18周龄时至少要达到80％为合格；在80％～85％为较好；达到85％以上时为佳。同时鸡群的平均体重与标准重的差异应不超过5％，这些指标在很大程度上决定着后备母鸡开产时的状况。后备鸡均匀度越高，鸡群开产后的产蛋高峰上得越快，而且持续的时间也越长，总的产蛋量越高。

体重能保证种鸡在该鸡种规定的体重标准和周龄达到性成熟，同时也决定着种鸡的体质。种鸡均匀度的意义是要使鸡群发育整齐一致。只有详细的称量才能够很好地控制种鸡的体重与均匀度，对超重的进行限饲，对于低体重的要加强饲喂。生产上将所称测的体重和计算的均匀度与该周龄某品种的体重和均匀度标准进行比较，如果在标准之上，说明鸡群生长发育正常。当称量测得鸡群的均匀度低于70％时，尤其是严重低于平均体重时，就要及时地分析原因。一般从疾病、喂料饮水的均匀性、饲喂程序、饲料质量、断喙、环境条件等方面去查找，并根据其原因采取相应的措施。

为及时掌握鸡群发育情况，检查饲养管理是否到位，及时发现问题和解决问题，必须每周对育成鸡进行体重测定。随机抽测，第一次抽测后要固定笼位，间隔时间固定为7天，鸡群空腹，比例不低于5％，最小样本不低于50只。抽样要有代表性，要抽不同区域、不同笼层的样本，抽测的数量要相同。

三、实训设备和材料

(1)称重设备(电子秤、台秤、家禽秤或鸡舍内的自动称重系统)、围网、运鸡笼。

(2)体重记录表格、某鸡种各周龄体重和均匀度标准。

(3)育成鸡舍、育成鸡群(≥500只)。

四、实训内容

禽体重均匀度测定。

五、操作方法和步骤

1. 称测数量　在进行均匀度测定时，称测种鸡的数量以从鸡群中随机抽取1％～10％的鸡只为宜，若万只以上的鸡群只需抽检1%；随鸡群大小决定抽检比例，但不得少于50只。

2.称测时间　从第4周开始直到产蛋高峰前，必须在每周同一天的同一时间进行空腹称重。每日限饲的种鸡在喂料后4～6 h称重，隔日限饲的在停饲日称重。

3.称重设备　称重设备有多种类型可以选择，但要使用精确度可达到±20 g的设备，同一鸡群多次或反复称重必须使用同一类型的称重器。所有的称重器都需要校准并随时准备好标准的重量砝码以检测称重器是否称重准确。每次抽样称重前后都要对称重器进行校准。

4.方法　随机在种鸡群中用捕捉围网把种鸡围住，每次围圈50～100只鸡逐只单个称重，一人抓鸡，一人称重，一人记录。为避免任何选择偏差，所有被围圈的鸡只都必须称重。如果栏内或舍内的鸡群数量超过1 000只，则必须在栏内或舍内两个不同位置进行抽样称重。

5.均匀度的计算　将所抽测鸡只的单个体重相加，再除鸡只数，即得出抽测群的平均体重。再对抽测鸡逐个查看体重，数出体重在抽测群平均体重±10%范围内的鸡只数，然后除以抽测数，即得出均匀度：

$$均匀度=\frac{体重在抽测群平均体重\pm10\%的鸡数}{抽测群总数}\times100\%$$

【案例4-4-1】某鸡群10周龄的平均体重为760 g，超过或低于平均体重±10%的范围是：760 g+(760 g×10%)=836 g；760 g-(760 g×10%)=684 g。在5 000只鸡群中抽样5%的250只中，体重在±10%(836～684 g)范围内的有200只，占称重总数的百分比是200÷250=80%，抽样结果表明，这群鸡的均匀度为80%。

6.鸡群的体重均匀度判断　根据计算结果，判断鸡群发育的整齐度。鸡群的均匀度标准如表4-4-1所示。

表4-4-1　鸡群的均匀度标准

均匀度(体重在鸡群平均体重±10%范围内的鸡只所占比例)/%	整齐度
≥85	特等
80～85	良好
75～80	好
70～75	一般
<70	不良

当鸡群平均体重超过标准体重时，若超标不超过10%，则不用采取措施，若超过10%，就要采取限制饲喂的方法，使其平均体重降到标准范围之内。

六、操作重点提示

(1)均匀度测定时，检测比例因鸡群大小而异，一般来讲，万只以上鸡群随机抽检1%即可，万只以下可按鸡群2%～5%抽检，不得少于50只。

(2)称测同一鸡群多次或反复称重必须使用同一类型的称重器，必须在每周同一天的同一时间进行空腹称重。即每次称测体重的时间应安排在同一时间，例如在周末早晨空腹时测定，称完后再喂料。

(3)定期抽测体重，通过抽样称量检查限饲的效果。当发现平均体重低于品种要求的标准体重时，就要暂时停止限饲，待鸡的体重超过标准时再进行限饲。

(4)要有充足的水槽、料槽，保证有足够的槽位能让鸡同时采食。否则会大大降低鸡群的均匀度。

(5)要加强对鸡群的巡查，特别是在空槽或不饲喂日粮的时候，防止鸡只因饥饿感而互相啄羽、啄肛。

七、实训过程检查与评价

实训过程检查内容及评价方法请参照实训4-1。

八、问题与思考

1.什么是鸡群体重均匀度？

2.简述提高禽体重均匀度的主要措施。

实训4-5　高产蛋鸡的外貌鉴定与生理特征选择

一、实训目标和要求

通过实训，观察与了解鸡产蛋性能的外貌和生理表征，掌握根据外貌和生理特征鉴定鸡产蛋力的基本技能，并能够区分产蛋鸡与停产鸡、高产鸡与低产鸡。

二、知识背景与原理

家禽产蛋性能鉴定主要在蛋鸡中进行。产蛋性能的高低在外貌和生理特征上有明显反映。因此，通过鸡的外貌和生理特征，在一定程度上可以鉴定出鸡产蛋性能的高低，可以作为选种和淘汰的一种手段。

(一)产蛋曲线

鸡群产蛋有一定的规律性，产蛋率的变化在整个产蛋期内有一定的模式。开产后的最初5周或6周内产蛋率迅速增加，达到高峰，以后则平稳下降直至产蛋结束。正常的产蛋曲线有如下特点：

(1)开产后产蛋率迅速增加，曲线向高峰过渡时突然上升，这个时期产蛋率每周成倍增加。达40%以后则呈半倍增加，在产蛋6周或7周内达90%以上，即产蛋高峰一般在27～29周龄到达，高峰一般应维持2周以上。

(2)产蛋高峰后，一般下降十分平缓，呈直线状，每周下降不超过1%(约0.5%)，直至72周龄产蛋率降至65%～70%。

(3)在产蛋过程中如遇饲养管理不当或疾病等应激，产蛋率将受到影响，低于标准曲线时是不能完全补偿的。这种情况如发生在产蛋后开始6周，即产蛋曲线的上升段，影响将极为严重，永远达不到产蛋高峰。

总之，在实际生产中应及时绘出本场鸡群每周的产蛋曲线，并对照所饲养鸡种的标准曲线，如果偏离标准曲线，说明饲养管理方面出了问题，应设法及时纠正。

(二)劣鸡的鉴别与淘汰

在培育品种中,劣鸡已变得越来越少,通常的高产鸡群在开产后半年左右时间仍具有相当高的产蛋率,但也有一些即使在产蛋高峰时产蛋率也没有达到85%的水平,故应及时淘汰其中的劣鸡,否则将影响经营效益。

劣鸡的鉴别最可靠的方法是进行单羽产蛋记录,但需较多的设备和人力,一般的种鸡场也仅能进行逐日群体产蛋记录,对普通蛋鸡生产场开展定期5～10天连续产蛋记录就能进行有关判断。直观的鉴别方法有典型外观判断法(表4-5-1)和触诊判断法,对利用第二产蛋年的鸡群还可依据换羽型分辨高产蛋能力的鸡。

表4-5-1　劣鸡的鉴别

部位	产蛋的鸡	停产的鸡	病鸡
鸡冠	呈现有光泽的鲜红色(无窗鸡舍内鸡冠红色略差)	无力,萎缩,色淡或暗红色	无力,萎缩,暗紫色、淡黄色或苍白褪色
眼睛	水灵灵明亮闪光	无活力	无活力,爱睡觉,或有痛肿,分泌物多
喙	产蛋1个月后黄色即褪去	停产后40～50天沉着黄色素,低产鸡黄色消退较少	
羽毛	身体羽毛结实地贴在身上,随着产蛋和觅食,毛常被弄脏,前躯毛丰满整齐,翅膀上羽毛在产蛋末期仍保留较多	产蛋末期,翅膀上毛脱落,或伴生新羽,身体羽毛不紧凑,有局部换毛现象	身上羽毛有时倒立,少量羽毛、翅羽有时下垂
鸡爪	普通饲养的鸡常有磨损	普通饲养的鸡磨损很少	
粪便	粗,水分和粪的量都大,鸡笼下粪柱高,夏季易成软粪便	细,水分和粪量较小,鸡笼下粪柱低,鸡粪中常混有脱落羽毛	水泻或混有绿、黄、红等颜色,排泄量少
动作	反应灵敏,动作活跃,鸣叫响亮,采食时间较长	动作不活跃,采食时间短	反应迟钝,动作缓慢,不采食或少采食
姿势			呆立、沉闷、忧郁或不能站立

(三)高产蛋鸡与低产蛋鸡的鉴别

高产鸡发育匀称良好,体质健壮;喙短粗而微弯曲,结实有力;头宽、厚实而短;眼突出有神;冠、肉垂(髯)大而鲜红;背平宽而长,胸肌发达,龙骨直,微向后下方倾斜;腹大柔软,皮肤润泽且富有弹性;性情温顺,活泼好动,觅食力强。低产鸡头粗大或过小;喙狭长而直似乌鸦嘴;冠髯小而皱缩,色淡,干燥;胸狭窄而浅,胸骨短而弯曲;皮肤粗糙,腹小而硬;踝关节内屈;眼凹混浊。

高产鸡在换羽之前,羽毛平整而有光泽,但到秋后,因产蛋多,营养消耗大,导致羽毛稀落不齐,常成光背,头部缺毛或全身长满芽羽。

三、实训设备和材料

不同产蛋性能的成年母鸡若干只(包括商品蛋鸡和蛋种鸡),禽笼若干个。

四、实训内容

鸡体结构和外貌特征鉴定；母鸡生理表征的鉴定。

五、操作方法和步骤

(一)根据身体结构和外貌特征鉴定

1.看外形　一般来说，高产鸡活泼好动，食欲旺盛，充满活力；低产鸡行动缓慢，胆怯。以鸡为例，其他禽类也可根据其特点参照表 4-5-2 区分高产。

表 4-5-2　高产蛋鸡与低产蛋鸡外貌和身体结构的差异

项目	高产蛋鸡	低产蛋鸡
头部	清秀、适中，头顶宽，呈方形	粗大或狭窄，头顶窄，呈长方形
喙	粗短而宽，微弯曲	长而窄直，呈乌鸦嘴状
冠和肉垂	发育良好，细致，大、丰满而红润，有温感	发育不良，粗糙、干枯或萎缩，苍白，色暗且小
胸部	宽而深，丰满，稍向前方突出，胸骨长而直	窄而浅，胸骨短而弯曲
体躯	背部长、宽、平直，匀称，体躯深、长、宽，容积大	背部短、窄或呈弓形，体躯短、窄、浅，容积小
脚和趾	胫坚实，呈楞形，鳞片紧贴；两脚距间宽，趾平直	胫细小，两脚距间小，趾过细或弯曲

2.看泄殖腔　高产鸡的泄殖腔大、湿润、松弛，呈半开状，淡红；低产鸡的泄殖腔小而紧缩，有皱褶，苍白干燥。

(二)根据母鸡生理表征鉴定

1.腹部容积　母鸡消化系统和生殖系统的发育状况在腹部容积上有相应的反映，见表 4-5-3。因此，可相对的区分产蛋性能的高低。

表 4-5-3　高产蛋鸡与低产蛋鸡腹部容积的差异

项　目	高产蛋鸡	低产蛋鸡
胸骨末端与耻骨间距离	4 指以上	3 指或 3 指以下
耻骨间距	3 指以上	2 指以下

2.触摸品质　详见表 4-5-4。

表 4-5-4　高产蛋鸡与低产蛋鸡触摸品质差异

项　目	高产蛋鸡	低产蛋鸡
冠、肉垂	细致，温暖	粗糙，凉冷
腹部	柔软，皮肤细致、有弹性，无腹脂硬块	皮肤粗糙、弹力差，过肥的鸡往往有腹脂硬块
耻骨	软而薄，有弹性	硬而厚，弹力差

触摸高产蛋鸡的腹部大，柔软而有弹性，耻骨与胸骨末端间距宽，可容纳 4 指至一掌，两耻骨间可容纳 3～4 指；耻骨末端薄而有弹性。低产鸡腹部脂肪沉积较多(手摸腹部充实不软无弹性)，两耻骨间距较小，仅能容纳 2～2.5 指(停产鸡 2 指以下)；耻骨末端硬，缺乏弹性。

3.主翼羽的脱换　成年母鸡每年秋季换羽一次，换羽时生理变化强烈，一般在脱换主翼羽时引起停蛋。其规律是:换羽早则换羽慢(同时脱换主翼羽数少),其停蛋时间长,故是低产鸡。换羽迟则换羽快(同时脱换主翼羽数多),其停蛋时间短,故是高产鸡。根据研究,一根旧主翼羽从脱落到新羽长成需 6 周时间,前后两根主翼羽从脱落到新羽长成,相距时间为 2 周。因此,根据这一规律可用如下公式估测母鸡的换羽停蛋时间,作为秋季母鸡产蛋力鉴定的依据。

$$\text{母鸡换羽停蛋周数}=6+2\times(\frac{n}{x}-1)$$

式中:n 为已换长完全的新羽数;x 为每次同时脱换的旧羽数。

总之,高产鸡的换羽出现较迟(主要看鸡翅膀上 10～11 根主翼羽更换情况),且换羽多是 3～5 根一齐脱换,换羽速度快,持续时间短;低产鸡的秋季换羽出现较早,多在夏秋之间,且是逐根脱换,换羽速度慢,持续时间较长。

【案例 4-5-1】20 号母鸡在秋季鉴定时已有 6 根新羽长完全,每次脱换旧羽 1 根。21 号母鸡也已有 6 根新羽长完全,每次脱换旧羽 3 根。试计算两只母鸡已换羽停蛋的周数。

$$\text{20 号母鸡已换羽停蛋的周数}=6+2\times(6-1)=16$$
$$\text{21 号母鸡已换羽停蛋的周数}=6+2\times(2-1)=8$$

由以上计算可知,21 号母鸡比 20 号母鸡换羽快,停蛋时间短。

4. 色素褪换　具有黄色皮肤的母鸡如白来航鸡,是由于其表皮层沉积叶黄素(或黄色素)所致,在产蛋期中,饲料中的叶黄素大量贮集于蛋黄中,从而致使黄色皮肤褪色变白,特别是无羽毛覆盖的肛门、喙、眼睑、耳叶、胫、脚趾等可视部位的皮肤明显可见。在停产期中,皮肤的黄色也按相同顺序恢复,其速度比褪色快一倍。所以可根据褪色速度和部位来鉴别高产鸡,即高产蛋鸡褪色依次序进行,且褪色彻底,褪色部位多;低产鸡褪色次序混乱,不彻底,部位少。

母鸡产蛋力鉴定情况记录于表 4-5-5 中。

表 4-5-5　母鸡产蛋力的鉴定

母鸡号	身体结构和外貌特征	腹部容积	触摸品质	羽毛脱换	色素褪换	总评

六、操作重点提示

(1)被鉴定鸡的生理变化与病理变化相区别。

(2)测两耻骨间距时,应根据测定人员手掌大小灵活掌握。

(3)根据色素褪换鉴定母鸡产蛋力时应注意:①此法只适用于黄色皮肤的鸡种。②色素褪换的速度受饲料中叶黄素含量、鸡只个体大小、皮肤厚薄、质地粗细和疾病等的影响,在鉴定时应予注意。把色素鉴定与羽毛脱换鉴定法同时进行,并予校正则可靠程度更高。

七、实训过程检查与评价

实训过程检查内容及评价方法请参照实训 4-1。

八、问题与思考

1. 高产鸡与低产鸡耻骨间距各是多少?
2. 如何根据褪色速度和部位来鉴别高产鸡?

实训 4-6　蛋的构造与品质测定

一、实训目标和要求

通过实训,了解禽蛋的构造,并掌握蛋品质的测定方法。

二、知识背景与原理

(一)蛋的构造及成分

在子宫内虽然已有完全成形的蛋,但仍称为卵,而当卵离开禽体后才称为蛋。蛋包括胚珠或胚盘、卵黄、蛋白、壳膜和蛋壳 5 个部分,如图 4-6-1 所示。蛋的营养成分见表 4-6-1。

1. 蛋壳　蛋壳为蛋最外层硬壳,厚度一般为 0.26～0.38 mm,锐端比钝端略厚。蛋壳内层为较薄乳头状突起,外层为较厚海绵状结构,有气孔与内外相通。蛋壳外面有一层胶质状护壳膜。新产下的蛋,胶护膜封闭壳上气孔,随着蛋的存放或孵化,胶护膜逐渐脱掉,空气进入,水蒸气或胚胎呼吸产生的二氧化碳向外排出。

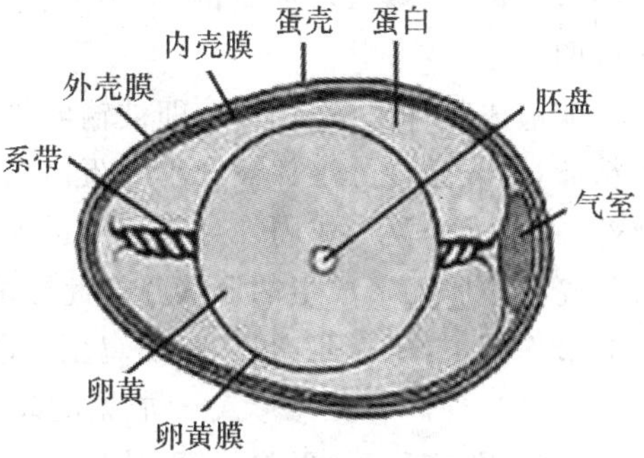

图 4-6-1　蛋的结构

2. 壳膜　壳膜有两层:紧贴蛋壳的一层叫外壳膜,厚约 0.05 mm;紧贴蛋白的一层叫内壳膜,厚约 0.02 mm,两层之间在钝端形成气室。壳膜是由角蛋白形成的网状结构,具有很强的韧性和较好的透气性。

表 4-6-1　蛋的营养成分　%

种类	水分	蛋白质	脂肪	灰分	糖类
鸡蛋	72.2	13.3	11.6	1.1	1.5
鸭蛋	70.8	12.8	15.0	1.1	0.3
鹅蛋	69.5	13.3	14.4	0.7	1.6

3. 蛋白　蛋白紧贴内壳膜,是带黏性的半流动透明胶体,具有保护胚盘的作用。蛋白由外稀蛋白(约占 23%)、浓蛋白(或外浓蛋白,约占 57%)、内稀蛋白(约占 17.3%)、系带与系带层浓蛋白(或内浓蛋白,约占 2.7%)组成。系带与系带层浓蛋白是内浓蛋白在卵黄周围旋转,两端扭曲形成系带,包围蛋黄部分形成系带层浓蛋白。系带到子宫部才可看出。稀蛋白加上由峡部和子宫部分泌涌入的水分相混,由于蛋的形成系旋转前进,使蛋白也旋转成层,分出内外

两层稀蛋白和中间夹着的一层浓蛋白。

4. 卵黄　位于蛋的中央，呈黄色球形。卵黄外面有一层极薄的且有弹性的膜，称卵黄膜。卵黄一般分层，由黄卵黄与白卵黄以同心圆相间排列组成，中间有卵黄心，以卵黄心颈与胚盘相连。最初累积的卵黄为淡色，到性成熟期后，卵泡迅速发育，在成熟排卵前 9～10 天卵黄迅速增大，因昼夜新陈代谢的节奏性而深色和淡色相间。

5. 胚珠或胚盘　卵黄表面有一白色小圆点，未受精的叫胚珠，受精叫胚盘，胚盘发育成胚胎。在卵黄中央有一直径 3～4 mm 的里亮外暗圆点，即胚盘。外观胚盘中央呈透明状的称为明区，周围不透明的称暗区。胚珠没有明暗之分，且比胚盘小，据此剖视种蛋可估测其受精率。由于胚盘比重较卵黄小并有系带固定，不管蛋的位置如何变化，胚盘始终在卵黄的上方。

(二)蛋的形成

母禽的生殖器官包括两部分:卵巢和输卵管。卵巢产生成熟的卵母细胞和卵黄，输卵管则在卵细胞外面依次形成蛋白、壳膜和蛋壳。

1. 蛋的形成过程　母禽只有左侧卵巢和输卵管正常发育，有繁殖机能，右侧卵巢和输卵管在孵化的第 7～9 天即停止发育。输卵管包括喇叭部(伞部)、蛋白分泌部(膨大部)、峡部、子宫部及阴道部五部分。

性成熟的母禽卵巢上有若干个大小不等的卵泡，每个卵泡中含有一个卵子。成熟的卵子由卵泡中掉出，落入输卵管的伞部中，这个过程称为排卵。母禽在产蛋后 15～75 min 内将再次排卵。

卵泡成熟排出卵黄后，立即被输卵管喇叭部纳入，并在此处与进入输卵管的精子受精形成受精卵，进入蛋白分泌部被分泌的蛋白包裹，由于蛋白分泌部的蠕动，促使包有蛋白的卵进入峡部，在此处分泌形成内外壳膜。卵进入子宫部，由于渗入子宫液，使蛋白的重量增加 1 倍，同时使壳膜鼓胀而形成蛋的形状并在此形成蛋壳和壳上胶护膜。蛋到达阴道部，在神经和激素的调节作用下，子宫肌肉收缩，使鸡蛋自阴道产出。

2. 畸形蛋的种类及形成　常见的畸形蛋有双黄蛋(或多黄蛋)、无黄蛋、软壳蛋(或无壳蛋)、异物蛋、变形蛋、蛋包蛋等，畸形蛋的形成原因见表 4-6-2。

表 4-6-2　畸形蛋的种类及形成原因

种　类	外　观	形　成　原　因
双黄蛋	蛋特别大，每个蛋有两个蛋黄	两个卵黄同时排出，一个成熟，另一个尚未成熟；由于母禽受惊或物理压迫，使卵泡破裂，提前与成熟的卵一同排出
无黄蛋	蛋特小，无蛋黄	蛋白分泌部机能旺盛，出现浓蛋白凝块、卵巢出血脱落的血块
软壳蛋	无硬蛋壳，只有壳膜	缺乏钙、磷、维生素 D；病理原因；子宫机能失常；输卵管内寄生蛋蛭；母禽受惊，用药或疫苗使用不当
异物蛋	蛋中有血块、肉斑等	卵巢出血；卵泡脱落随卵黄进入输卵管；有寄生虫等
变形蛋	长形、扁形、腰鼓状、皱纹及砂壳	输卵管机能失常；子宫机能失调或反常收缩；蛋壳分泌不正常
蛋包蛋	蛋特大，破壳后内有一正常蛋	蛋产出时，母禽受惊或某些生理反常，导致输卵管逆蠕动

三、实训设备和材料

(1)新鲜鸡蛋若干枚;保存4周以上的陈旧鸡蛋若干枚;煮熟的新鲜鸡蛋若干枚。

(2)照蛋器、粗天平、培养皿、放大镜、剪子、手术刀、镊子、液体比重计、配制好的不同比重(相对密度)的盐溶液。

(3)蛋白高度测定仪、蛋壳强度测定仪、蛋壳厚度测定仪、蛋形指数测定仪、蛋白蛋黄分离器、罗氏(Roche)比色扇、游标卡尺、光电反射式色度仪。

四、实训内容

蛋的构造观察;蛋的品质测定。

五、操作方法和步骤

(一)蛋的构造观察

蛋的构造由外向内依次为壳上膜(胶护膜)→ 蛋壳 → 壳膜 → 蛋白(含系带)→ 蛋黄(含胚珠或胚盘)。

1. 气室　用照蛋灯观察气室变化,新鲜蛋气室相对小,一般直径为0.9 cm,高度为2 mm。

2. 层次　将煮熟的蛋剥壳后用刀纵向切开,观察蛋白层次,蛋黄深浅层及蛋黄心。

3. 剖检

(1)将蛋平放于培养皿上,用刀或手术剪在蛋壳的平面上开一个洞,用镊子扩大洞口,观察胚盘或胚珠。

(2)将蛋打入培养皿内,观察鸡蛋的构造及内容物,用剪刀将浓蛋白剪开可发现内稀蛋白流出,并仔细观察两条系带。

(3)用蛋白蛋黄分离器将蛋白与蛋黄分离开,分别称蛋重、蛋壳重、蛋白重、蛋黄重,计算各部分占蛋重的比例。

(二)蛋的品质测定

蛋品质的测定方法有多种,常用外观法、透视法、剖检法、仪器测定法等。下面介绍外观法和仪器测定法。

1. 外观法　主要观察蛋的清洁度、大小、形状和蛋壳颜色、蛋壳厚度等,种蛋选择常用此方法。

蛋壳表面粘有粪便或被破蛋液污染的污染蛋,不仅自身的孵化效果较差,还会污染其他正常的种蛋和整个孵化器,增加死胚和腐败蛋,导致孵化率降低和雏禽质量下降,应予以剔除。

大蛋和小蛋的孵化效果均不如正常的种蛋,所以,应选择正常大小的种蛋。对商品蛋而言,大蛋和小蛋均能食用,只是蛋的大小不同其卖价会稍有差异。

接近卵圆形的种蛋孵化效果最好,所以,种蛋选择时应剔除细长、短圆、枣核状(两头尖)、腰凸状等不合格的蛋。

不同的品种蛋壳颜色不同,但是种蛋必须符合本品种特征。

良好的蛋壳(鸡蛋壳厚度0.35 mm左右)不仅破损率低,而且能有效地减少细菌的穿透数量，孵化效果好。蛋壳过厚，孵化时蛋内水分蒸发慢，出雏困难；蛋壳太薄，不仅易破，而且蛋内水分蒸发过快，细菌易穿透，不利于胚胎发育。

2.仪器测定法　测定项目主要有蛋重、蛋形指数、蛋的比重、蛋壳强度、蛋壳厚度、蛋白高度和哈氏单位、蛋黄颜色等，并计算蛋壳比率、蛋白比率和蛋黄比率。

(1)蛋重　用电子秤或粗天平称蛋重，鸡蛋的重量一般为 40～70 g，鸭蛋为 65～100 g，鹅蛋为 120～200 g。

(2)蛋形指数　是指禽蛋长径与短径的比值，是蛋质量的重要指标，与受精率、孵化率及运输有直接关系。正常鸡蛋的蛋形指数 1.32～1.39，标准为 1.35。如用短径比长径则在0.72～0.76，标准为 0.74。鸭蛋蛋形指数在 1.20～1.58(或 0.63～0.83)。

(3)蛋的比重　蛋的比重不仅能反映蛋的新鲜程度，也与蛋壳的致密度有关。通常使用盐水漂浮法测定。测定方法是在每 3 000 mL 水中加入不同质量的食盐，配制成不同浓度的溶液，用液体比重计校正后使每份溶液的比重依次相差 0.005(表 4-6-3)。测定时先将蛋浸入清水中，然后依次从低比重向高比重溶液中通过，当蛋悬浮于液体中即表明其比重与该溶液比重相等，如图 4-6-2 所示。鸡蛋适宜的比重为 1.080 以上；鸭蛋为 1.090 以上；火鸡蛋为 1.080 以上；鹅蛋为 1.110 以上。

表 4-6-3　不同比重的食盐溶液配制表

溶液比重	1.060	1.065	1.070	1.075	1.080	1.085	1.090	1.095	1.100
3 000 mL 水中加入食盐量/g	276	300	324	348	372	396	420	444	468

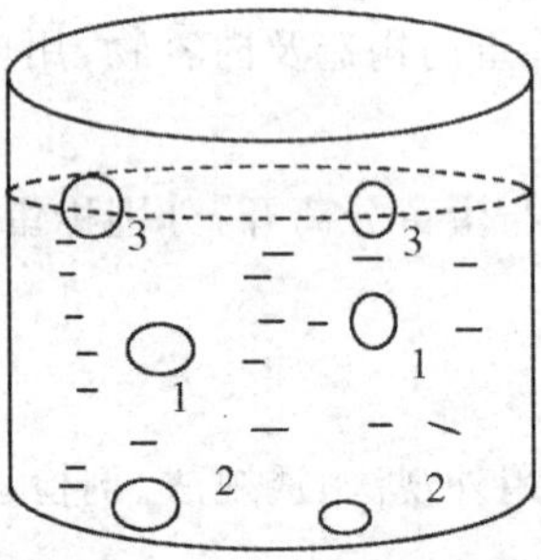

图 4-6-2　蛋比重测定示意图

1.与溶液比重相等　2.比溶液比重大　3.比溶液比重小

(4)蛋壳颜色　用光电反射式色度仪测定。颜色越深，反射测定值越小，反之则越大。用该仪器在蛋的大头、中间和小头分别测定，求其平均值。一般情况下，白壳蛋蛋壳颜色测定值为 75 以上，褐壳蛋为 20～40，浅褐壳蛋为 40～70，而绿壳蛋为 50～60。

(5)蛋的照检　用照蛋器检视蛋的构造和内部品质。可检视气室大小、蛋壳质地、系带完整与否、有无血斑和肉斑以及有无散黄等，同时观察气孔的分布。

(6)蛋壳强度　蛋壳强度是指蛋对碰撞或挤压的承受能力(单位为 kg/cm^2)，是蛋壳致密坚固性的重要指标。方法是用蛋壳强度测定仪进行测定。

(7)蛋壳厚度　指蛋壳的致密度。用蛋壳厚度测定仪在蛋壳的大头、中间、小头分别取样测量，求其平均值（单位为 μm）。注意在测量时去掉蛋壳上的内、外壳膜为蛋壳的实际厚度，一般为 330 μm。如果没去蛋壳内外膜，则是表观厚度，一般为 370 μm。

（8）蛋白高度和哈氏单位　将蛋打在蛋白高度测定仪的玻璃板上，用测定仪在浓蛋白的较平坦的地方取两点或三点测定，求其平均值（单位为 mm）。注意避开系带。

根据蛋重和蛋白高度两项数据，可计算出哈氏单位。

$$HU = 100\ \lg(H - 1.7\ W^{0.37} + 7.57)$$

式中：H 为浓蛋白高度（mm）；W 为蛋重（g）；HU 为哈氏单位。

也可用“蛋白品质查寻器”查出哈氏单位及蛋的等级。新鲜蛋哈氏单位在 75～85，蛋的等级为 AA 级。

（9）蛋黄颜色　比较蛋黄色泽的深浅度。用罗氏（Roche）比色扇的 15 个蛋黄色泽等级比色，取相应值，一般为 7～9。

（10）血斑与肉斑　由排卵时卵巢小血管破裂排出的血滴或输卵管上皮脱落物形成。

在破壳观察和测蛋白高度的同时可以统计含有血斑和肉斑的百分率。血斑和肉斑直径大于 3.2 mm 为大血斑或大肉斑，直径小于 3.2 mm 为小血斑或小肉斑。血斑和肉斑与品种有关，白来航系的鸡蛋白血斑和肉斑率为 1%～2%，褐壳蛋鸡的比例高于此数。

$$血斑和肉斑率 = \frac{血斑和肉斑总数}{测定的蛋数} \times 100\%$$

实训过程中将结果及时记录于表 4-6-4 中，不可后补。

表 4-6-4　蛋的品质测定表

蛋号	气室直径/cm	蛋白		蛋黄		蛋壳		蛋重/g	蛋形指数			比重	蛋壳颜色				蛋壳强度*	蛋壳厚度/μm				蛋白高度/mm			哈氏单位	蛋黄颜色	血斑	肉斑	备注
		重量/g	占全蛋重百分率/%	重量/g	占全蛋重百分率/%	重量/g	占全蛋重百分率/%		长径/mm	短径/mm	比值		大头	中间	小头	均值		大头	中间	小头	均值	1	2	均值					
1																													
2																													
3																													

* 单位 kg/cm^2。

六、操作重点提示

（1）测比重时，先放入低比重溶液中，每次取出后先用清水冲洗后再放入高比重溶液中。

（2）测定浓蛋白的高度时，应注意避开系带。

七、实训过程检查与评价

实训过程检查内容及评价方法请参照实训 4-1。

八、问题与思考

1.蛋由哪些部分组成?

2.蛋品质的测定方法一般有哪些?

实训 4-7 活拔羽绒技术

一、实训目标和要求

通过实训,掌握鹅活体拔取羽绒的操作技术。

二、知识背景与原理

活拔羽绒技术是根据鹅羽绒具有自然脱落和再生的生物学特性,在不影响产肉、产蛋性能的前提下,拔取鹅活体的羽绒,来提高经济效益的一种生产技术。活体多次拔取的毛绒结构完美,蓬松度高,产生的飞丝少,基本上不含杂毛和杂质,采集和收购时可分毛绒颜色分别贮放,可减少加工工序;同时可利用种鹅的休产期和育成期进行活体多次拔毛,从而提高毛绒的产量和经济效益。

(一)活拔羽绒的优点

1.*活拔羽绒能大幅度地提高羽绒的产量和质量* 我国传统习惯是宰杀鹅、鸭后用水浸烫脱毛的方法收集羽绒。这种方法因烫羽毛的水温在60℃以上,破坏了绒毛内的脂肪;湿拔的羽绒,如不及时干燥,很容易成团结块,甚至霉烂,难以保存;湿拔的羽绒采用日晒法干燥时,绒朵最容易随风飘失,又容易混入泥沙等杂质,致使羽绒的等级降低。而人工活拔鹅毛是在不影响鹅健康和不增加鹅的饲养量的情况下进行的,并且产品含绒率高达 20%~35%,羽绒弹性好,蓬松度高,杂质含量少,又便于分类、分羽色收集和存放。比传统的杀鹅取毛法多产 2~3 倍的优质绒毛。

2.*活拔羽绒能使养鹅收入显著增加* 在放牧条件较好的情况下,利用休产期的种鹅、后备种鹅和肉用仔鹅活拔 3~4 次鹅毛绒,既不需消耗大量的饲料,又能增产 0.3~0.4 kg 的优质鹅绒,使 1 只鹅的产值增加 1.5 倍。

3.*活拔羽绒能有效地提高养鹅的综合经济效益* 在一些地区可利用青草季节活拔鹅毛,发展羽绒加工业;而在枯草季节待鹅的羽绒长齐后就集中宰杀,发展肉食品加工业,进行鹅业产业化经营,提高养鹅的综合经济效益。

(二)鹅体各种羽绒的产量与分布

鹅羽绒可分为片毛、飘毛、绒毛和翎毛四种类型。鹅不同形态羽绒的产量和分布如表 4-7-1 所示。

表 4-7-1　鹅体各种羽绒的产量与分布

性别	体重/kg	片毛重/g	飘毛重/g	绒毛重/g	羽绒总重/g	占羽绒总重量的百分比/%		
						片毛	飘毛	绒毛
公	6.58	84.03	14.82	35.53	134.33	62.53	11.03	26.44
母	6.02	68.43	12.35	28.81	109.59	62.44	12.27	26.29

(三)活拔羽绒的适宜时期

活拔羽绒的适宜时期应根据羽绒生长规律,活拔羽绒后对生长发育和产蛋性能有无影响来决定。试验结果表明,活拔羽绒后,鹅的新羽长齐需 40～45 天;活拔羽绒后对增重无明显影响;产蛋期活拔羽绒对产蛋量有明显影响,甚至增加补饲量和提高日粮营养水平也不能完全补偿,而且对种蛋的受精率也有影响。

种鹅的育成期可拔羽 2 次;种鹅休产期可拔 2～3 次;成年公鹅常年拔羽 7～8 次。

(四)活拔羽绒的操作

1. 活拔羽绒前的准备　拔羽前一天晚上,停止喂食,待鹅排空粪便;拔羽当天清晨,放鹅下水游泳,洗净禽体,然后赶入围栏内,等待羽毛晾干后拔羽。准备好收集片毛和绒羽的塑料袋。

2. 鹅体的保定　操作者坐在矮凳上,将鹅胸部朝上平放在术者的大腿部,头朝后,再用两腿将鹅的头颈和翅夹住。

3. 拔羽绒的操作顺序　先从胸上部开始拔,由胸到腹,从左到右。胸腹部拔完后,再拔体侧、腿侧、颈后半部和背部的羽绒。在拔每一部位时,都是先拔片羽,后拔绒羽。主、副翼羽和尾羽不拔。拔羽时,如发现毛根带血,说明羽毛未长成熟,应延迟拔羽时间,等羽根不带血时再拔。

4. 拔羽绒的操作手法　用左手按压住鹅的皮肤,右手的拇指和食指、中指拉着羽毛的根部,每次适量,顺着羽毛的尖端方向,用巧力迅速拔下,将片羽和绒羽分别装入袋中。在拔羽过程中,如出现小块破皮,可涂红药水或紫药水。经 1～2 次拔羽绒的鹅逐渐习惯,反抗减弱,毛囊比较松弛,更容易拔羽。

(五)活拔羽绒后鹅的饲养管理

(1)第 1～2 次拔羽后,大多数鹅会出现不适应的现象,表现出行走不稳,愿站不愿卧伏,不思饮食,经 2～3 天后即会恢复正常。

(2)家禽的羽毛富含蛋白质,鹅拔羽后,新羽生长过程中需要更多的蛋白质补充。因此,应在拔羽后的 1 周内,加强补饲,日粮中多加入一些动物性蛋白质以促进新羽的生长。

(3)活拔羽绒后的 3 天内不在强烈阳光下放养,7 天内不要下水和淋雨;1 周以后,可照常放牧。

(4)活拔羽绒后,圈舍地面要多铺垫草,保持温暖干燥,以防感冒。

三、实训设备和材料

休产期的种鹅若干只、药棉、消毒用药水、板凳、秤、围栏、装羽绒的容器(纸箱、塑料桶、布口袋)等。

四、实训内容

活拔鹅羽绒前的准备;鹅的保定方法;毛绒分拔法技术操作;绒羽的包装保存。

五、操作方法和步骤

(一)拔羽鹅的准备

参加拔羽的鹅在拔羽前几天勤放水，勤换垫料，保持鹅体干净。拔羽前 16 h 停喂，防止在拔羽前因排粪而污染羽绒；第一次拔羽前每只鹅灌服白酒加食醋 10 mL(酒醋比为 1∶3)，不但减轻鹅体痛苦，而且易拔。10～15 min 后即可拔羽。

(二)拔羽时间和场地的选择

拔羽时间最好是选择晴朗无风的天气。要在避风向阳的室内进行，门窗关好，室内无灰尘、杂物，地面平坦、干净，地上可铺垫一层干净的塑料布，以免羽绒污染。毛绒的品质与生产季节有关，夏秋时，鹅羽绒的毛片小、绒朵少而小，杂质也较多，故品质较差；冬春时，毛片大、绒朵大而多，色泽与弹性好，血管毛等杂质也少。

(三)拔羽的步骤

1. 保定

(1)双腿保定法　操作者坐在板凳上，用绳捆住鹅的双脚，将鹅头朝向操作者，背置于操作者腿上，用双腿夹住鹅只，然后拔羽。该法较为常用。

(2)半站立式保定　操作者坐在板凳上，用手抓住鹅颈上部，使鹅呈站立姿势，然后用双脚踩在鹅两脚的趾和蹼上面，使鹅体向操作者前倾，然后拔羽。该法比较省力、安全。

(3)卧地式保定　操作者坐在板凳上，右手抓鹅颈，左手握住鹅的两腿，将鹅伏着横放在地面上，右脚踩在鹅颈肩交接处，然后拔羽。该法保定牢固，但掌握不好易造成鹅体受伤。

2. 拔羽

(1)拔羽的顺序　拔羽时按顺序进行，一般先从胸上部开始拔，由胸到腹，再拔体侧、腿侧、颈后半部和背部的羽绒。按着从左到右的顺序，一般先拔片羽，后拔绒羽，可减少拔羽过程中产生飞丝，也容易把绒羽拔干净。

(2)拔羽的方向　一般来说，顺毛及逆毛拔均可，但最好以顺拔为主。因为顺毛方向拔，不会损伤鹅毛囊组织，有利于羽绒再生。

(3)拔羽部位　拔羽绒的部位应集中在胸部、腹部、体侧面，绒毛少的肩、背、颈处少拔，绒毛极少的脚和翅膀处不拔，鹅翅膀上的大羽和尾部的大尾羽原则上不拔。

(4)拔羽的方法　操作者用左手按住鹅体皮肤，右手拇指、食指和中指紧贴皮肤，捏住羽毛和羽绒的基部，用力均匀、迅速、有节奏地拔羽。所捏羽毛和羽绒宁少勿多，以 3～5 根为宜，一撮一撮地一排排紧挨着拔。所拔部位的羽绒要尽可能拔干净，否则会影响新羽绒的长出。

(四)羽绒的处理与保存

鹅羽绒是一种蛋白质，保温性能好，如贮存不当，容易发生结块、虫蛀、霉变等，尤其是白色羽绒，一旦发潮霉变，容易变黄，影响质量，降低售价。因此，拔后的羽绒要及时处理，必要时可进行消毒，待羽绒干透后装进干净不漏气的塑料袋内，外面套以塑料编织袋包装后用绳子扎紧口保存。在贮存期间，应保持干燥、通风良好、环境清洁。地面经常撒鲜石灰，防止虫蛀、免受潮。可在包装袋上撒杀虫药。有的毛绒拔下后较脏，可先用温水洗 1～2 次然后装在布袋里悬挂晒干，干燥以后再贮存，切忌不装袋晾晒，以防羽绒被风吹散，造成损失。

六、操作重点提示

(1)拇指和食指紧贴羽根迅速拔下。

(2)每次拔羽数量不可太多,以3根左右为宜。

(3)要按顺序拔,不可乱拔,顺拔逆拔均可,但最好顺拔;有色羽绒单独存放。

(4)拔羽后的鹅要加强饲养管理,3天内不在强烈阳光下放养,7天内不要让鹅下水和淋雨。

七、实训过程检查与评价

实训过程检查内容及评价方法请参照实训4-1。

八、问题与思考

1.鹅羽绒有哪几种类型?

2.拔羽操作中,每次拔羽数量以几根为宜?

实训4-8　鸡的人工授精技术

一、实训目标和要求

通过实训,掌握鸡的人工采精、精液品质鉴定及鸡的人工输精技术。

二、知识背景与原理

(一)采精前的准备

1.公鸡的训练　应特别注意选留健康,体重达标,发育良好,腹部柔软,按摩时有肛门外翻、交媾器勃起等性反射的公鸡。公鸡在使用前3～4周内,转入单笼饲养,便于熟悉环境和管理人员。在采精前1周,剪掉备选公鸡泄殖腔周围的羽毛,以避免采精时污染精液。每天定时用手按摩公鸡的腰荐部数次,以建立条件反射。按摩时,将鸡头朝后,夹在腋下,左手紧抓双腿,不让其挣扎,右手从腰荐部顺尾部方向按摩数次。有的公鸡按摩一次就有性反射反应,可以采到精液。大部分鸡需3～4次,方可建立条件反射,采到精液。一旦训练成功,则应坚持隔天采精。对一些虽经多次训练,仍无射精或精液量少的公鸡应及早淘汰。

2.器具准备　公鸡精液量少、黏稠度高,集精用具最好使用优质棕色玻璃或无毒塑料制品,要便于清洗和消毒。目前,较常用的有实心小漏斗、刻度集精杯或小烧杯等。新购买的玻璃集精杯、贮精器等,先可用肥皂水浸泡刷洗,再用自来水冲洗干净,然后在1%～2%盐水中浸泡数小时,再冲洗干净烘干备用。每天使用后的集精用具应及时浸泡在清水中,然后用毛刷细心刷洗,冲洗干净后烘干以备下次使用。

(二)采精技术

现有的采精方法主要有3种,即腹部按摩、背部按摩、腹背按摩,目前在生产中应用最为广泛的是腹背按摩采精方法，这种方法既可双人进行，也可单人操作。

双人进行时，一人用左、右手分别抓住双腿，鸡头朝后，尾部朝前，轻轻夹在腋下；另一人手握集精杯，准备集精。

集精人员用右手的食指与中指将采精杯夹住，杯口朝向手背。左手五指自然分开，以掌面自腰背部向尾部按摩数次，公鸡很快出现性反射动作，尾羽上翘，泄殖腔外翻，露出勃起的生殖器。此时，集精人员左手顺势将尾羽拨向背侧，用拇指和食指在泄殖腔上方两侧柔软部位轻轻挤压，乳白色的精液流出，右手将集精杯放在生殖器下缘，就可以收集到精液。挤压应反复几次，直至无精液流出为止。

(三)采精频率

可采用隔日采精制度。若配种任务大，也可在1周之内连续采精3～5天，休息2天，但要注意公鸡的营养状况及体重变化。若需对公鸡连续采精，最好在30周龄以上的公鸡中进行。

(四)精液品质常规检查

1.外观检查　正常精液为乳白色不透明液体，略带腥味。否则可能已被粪尿污染。

2.精液量检查　射精量的多少，依品种、年龄等生理状况以及饲养管理条件的不同而有差异；同时，也与采精人员的手法和熟练程度有关。一般而言，肉用型种公鸡每次射精量为0.5～0.8 mL，蛋用型种公鸡每次射精量为0.3～0.5 mL。

3.活力检查　精子的活力，是指精液中直线前进运动的精子的多少。可在37℃条件下，用显微镜检查。精子活力对受精率的影响较大，详见表4-8-1。

表4-8-1　不同活力精液的受精结果

精子活力	入孵蛋数/枚	受精率/%
7.0级	377	67.5
7.5级	1 450	69.5
8.0级	12 000	92.3
8.5级	32 000	93.4

4.密度检查　人工授精时，要求每毫升精液的精子数在30亿个以上。一般采用估测法和血细胞计数法进行计量。

5.精液的酸碱度　使用pH精密试纸或酸度计便可测出。新鲜鸡精液的pH为6.8～7.6。

(五)精液的稀释与保存

一般情况下，如果精液够用，可直接用精液原液输精，不必稀释，效果较好。如需稀释，室温(18～22℃)保存不应超过1 h，稀释比例以1∶(1～2)为宜。鸡常用的简单稀释液有：0.9%食盐溶液(生理盐水)，5%～7%葡萄糖溶液，葡萄糖卵黄稀释液(100 mL蒸馏水+4.25 g葡萄糖+1.5 mL卵黄)。精液稀释应在采精后尽快进行，并在20～40 min内输完。

采精后应尽快稀释，将精液和稀释液分别装于试管中，并同时放入30℃保温瓶或恒温箱内，使两者温度相等或相近。稀释时稀释液应沿装有精液的试管壁缓慢加入，轻轻转动，使均匀混合。在稀释操作时，特别注意有害气体或粉尘的危害，绝对不能吸烟、打喷嚏，严禁采精人员酒后上班操作。

现代养禽场一般不对精液长期保存，如需长久保存，则须在冷冻条件下进行。

(六)输精技术

人工授精前需对输精母鸡先进行白痢检查，阳性者一律淘汰，同时还应选择无泄殖腔炎症、中等营养体况、产蛋率达70%以上的母鸡输精为宜。

1. 输精器具的准备　输精器具有1 mL结核菌素注射器、带胶头的玻璃吸管、移液管及固定注射器的输精架等。新的输精器应先用肥皂水认真洗刷，再冲洗干净，烘干备用。输精结束后，应反复冲洗，煮沸消毒，晾干备用。但若输精器外壳是塑料制品，则不能煮沸，可用酒精棉球擦拭后备用。

2. 输精方法　输精时2人配合进行操作，一人用左手握母鸡的双腿提起，令母鸡头朝下。肛门朝上，右手掌置于腹下，在腹部柔软处施以一定的压力，泄殖腔内的输卵管口便翻出。输精人员便可将输精器向输卵管口正中转动插入并输精。插入深度以1～2 cm为宜。笼养母鸡人工授精，不必从笼中取出母鸡。只需助手的左手握住母鸡双腿，将鸡提至笼门口处，右手在腹部施以压力，输卵管口外露，输精人员便可将精液注入。

3. 输精操作的技术要点

(1)翻肛人员在向腹部方向施压时，一定要着力于腹部左侧，因输卵管开口在泄殖腔左侧上方，而右侧为直肠开口，用力相反，则可能引起母鸡排粪造成污染。

(2)翻肛人员用力不能太大，以防止输卵管内的蛋被压破，从而引起输卵管炎和腹膜炎。

(3)输精部位要准确。翻肛时，若输卵管口没有外露，被肛门括约肌盖住，不要急于输精。而应用输精器轻轻拨一下，露出输卵管口，找准位置再输，否则会影响受精率。

(4)无论使用何种输精器，都必须对准输卵管口中央，垂直插入，不能将输精器斜插；否则，不但不能输进精液，而且容易损伤输卵管壁，造成出血，引起炎症。

(5)翻肛人员要与输精人员密切配合，当输精人员将输精器插入输卵管内时，翻肛人员应立即解除对腹部的压力，使精液全部输入并利用输卵管的回缩力将精液引入输卵管深部。

(6)输精人员应熟练掌握输精量，以免浪费精液或使输入量过少而影响受精率。

(7)应防止交叉感染。

4. 输精的部位和深度　不同的输精部位和深度对受精率都有影响，因为输精部位不同，精子到达受精部位的数量和时间是不一样的。在生产实际中，多采用阴道输精。

阴道输精可分为浅部输精(2～3 cm)、中部输精(4～5 cm)、深部输精(6～8 cm)。一般采用浅部阴道输精；而在母鸡产蛋量下降，精液品质较差的情况下，可采用中部阴道输精。

5. 输精量和输精次数　输精量和输精次数取决于精液品质和持续受精时间的长短。根据精子在输卵管中的存活时间及母鸡受精规律，母鸡在1周内输入一定数量的优质精液，才能获得较高的受精率。

输精的次数、剂量应根据实际情况确定。研究表明，每次输给母鸡0.7亿～1亿个优质精子，才能保证有效的受精率。轻型品种公鸡的射精量少，但精子密度大，每次输精量为0.025 mL；中型品种公鸡精液量大，但精子密度小，每次输精量为0.025～0.03 mL。产蛋中、后期的输精量应稍大一些，约为0.05 mL。每隔4～5天输精1次，夏季输精间隔不变，但输精量可以加大1倍。按照1∶1的比例进行稀释的精液，每次的输精量应约为0.05 mL，首次输精应加倍或连输2次，以确保所需的精子数，提高受精率。不同品种家禽的输精量以及输精次数如表4-8-2所示。

表 4-8-2 不同家禽输精量与输精次数

品种	精子数/亿个	输精量/mL	日输精次数
轻型鸡	0.7～1	0.025	4～5
中型鸡	0.7～1	0.025～0.03	4～5
鸭	0.3～0.5	0.02	3～4

6. 输精时间 掌握最佳的输精时间，是获得较高受精率的必要条件。用同样剂量的精液，一天内在不同的时间输精，受精率有明显的差异。如果子宫内有未产的硬壳蛋，将会影响精子在输卵管内的存活和运行。

一般情况下，在同一天内光照开始后的 4～5 h 输精，受精率明显低于下午输精，而且易引起腹膜炎。因此，输精时间应安排在母鸡产蛋后 3 h 为宜。即开灯后 10 h，如早晨 6 时开灯，则下午 4 时就可输精。

三、实训设备和材料

1. 实训材料 种公鸡、种母鸡、蒸馏水、95％酒精、0.5％龙胆紫、3％氯化钠溶液、0.9％氯化钠溶液（即生理盐水）等。

2. 实训工具 采精杯、贮精管、输精管、小试管、胶头滴管、毛剪、显微镜、显微镜保温箱、载玻片、盖玻片、红细胞计数器、保温桶、温度计、棉花、剪刀、烘干箱、水浴锅、保温杯、高压锅等。有的场还配备人工授精用的输精枪。

四、实训内容

背腹式按摩采精；精液品质检查与稀释；人工输精。

五、操作方法和步骤

（一）采精前事宜

公鸡开始训练之前，将泄殖腔周围 1 cm 左右的羽毛剪除。采精当天，公鸡须于采精前3～4 h 绝食，以防排粪、排尿。所有人工授精用具，应清洗、消毒、烘干。如无烘干设备，洗干净后可用蒸馏水煮沸消毒，再用生理盐水冲洗 2～3 次方可使用。

（二）公鸡的采精训练

正式采精 1 周前，应对公鸡进行选择与采精训练。①公鸡应体质结实、发育良好、雄性特征明显、健康无病。②公鸡应隔离饲养 1 周以上。③剪去公鸡泄殖腔周围的羽毛，防止采精时精液污染。④公鸡泄殖腔周围可用生理盐水或稀释液棉球擦洗，严禁用酒精棉球擦洗。⑤按摩公鸡腰荐部，以建立条件反射。方法是：将鸡头向后，夹在腋下，左手紧握双腿，保定公鸡；右手从腰荐部顺尾羽方向按摩数次。性反射强（按摩时，尾羽上翘、泄殖腔外翻）的公鸡为合格种鸡。

（三）采精

当采精工作为两人实施时，一人用左、右手分别将公鸡的两腿轻轻握住，使其自然分开，鸡的头部向后，尾部向采精者。另一人采精时右手中指和食指夹住采精杯，杯口朝外，右手掌分开贴于鸡的腹部。左手掌自公鸡的背部向尾部方向按摩，到尾综骨处稍加力，看到公鸡尾部翘起，泄殖腔外翻时，左手顺势将鸡尾部翻向背部，并将左手的拇指和食指跨掐在泄殖腔两上侧作适当的挤压，精液即可顺利排出。精液排出时，右手迅速将杯口朝上承接精液。

当采精工作为单人操作时，工作人员坐在凳子上将公鸡保定于两腿之间，采精步骤同上。公鸡每周采精3次为宜。

(四)精液的品质检查

1. 肉眼观察

颜色：正常为乳白色。被粪便污染的为黄褐色；尿酸盐污染为白色絮状物；被血液污染的为粉红色；透明液过多为水渍状。

气味：稍带有腥味。

采精量：正常在0.2～1.2 mL。

浓稠度：浓稠度很大。

pH：鸡精液6.8～7.6。

2. 镜检

活力：受精后取精液或稀释后的精液，用平板压片法在37℃条件下用200～400倍显微镜检查，评定活力的等级，一般根据在显微镜下呈直线前进运动的精子数(有受精能力)所占比例分为1、0.9、0.8、0.7、0.6……级。转圈运动或原地摆动的精子都没有受精能力。

密度：分为如下等级：

密——精子中间几乎无空隙。鸡每毫升精液有精子40亿个以上。

中——精子中间有空隙。鸡每毫升精液有精子20亿～40亿个。

稀——稀疏。鸡每毫升精液有精子20亿个以下。

畸形率检查：取1滴原精液在载玻片上，抹片自然阴干，干后用95%酒精固定1～2 min，水洗，再用0.5%龙胆紫(或红、蓝墨水)染色3 min，水洗阴干，400～600倍镜检。畸形精子有以下几种：尾部盘绕、断尾、无尾、盘绕头、钩状头、小头、破裂头、钝头、膨胀头、气球头、丝状中段等。

(五)精液的稀释和保存

精液的稀释应根据精液的品质决定稀释的倍数，一般稀释比例为1∶1。常用稀释液是0.9%的氯化钠溶液(生理盐水)，精液稀释应在采精后尽快进行。精液的保存采用低温保存和冷冻保存。现在生产实际中采精后多直接输精，或者将精液稀释后置于25～30℃的保温桶中保存并在20～40 min内输完。

(六)鸡的人工输精

1. 输精前的准备　挑健康、无病、开产的母鸡，产蛋率达70%以上开始输精最为理想。

2. 输精时间　以每天下午3时以后，母鸡子宫内无硬壳蛋时为最好。

3. 输精方法　阴道输精是在生产中广泛应用的方法。输精时，采取一人翻肛、一人输精效率较高。翻肛者用左手在笼中捉住鸡的两腿紧握腿根部，将鸡腹部贴于笼上，鸡呈卧伏状，右手对母鸡腹部的左侧施以一定压力，输卵管口便可翻出，输精者立即将吸有精液的输精管顺鸡的卧式插入输卵管口中1～2 cm。输精时需翻肛者与输精者密切配合，在输入精液时，翻肛者要及时解除鸡腹部的压力，才能有效地将精液全部输入。可用1 mL结核菌素注释器、带胶头的玻璃吸管、禽用定量连续输精器等输精工具进行输精。

4. 输精量和输精次数　取决于精液品质。蛋用型鸡在产蛋高峰期每 5～7 天输一次，每次量为原液 0.025 mL，稀释精液 0.05 mL；产蛋初期和后期则为 4～6 天输一次，每次量原液 0.025～0.05 mL，稀释精液 0.05～0.075 mL。肉种鸡在产蛋高峰期每 4～5 天输一次，每次量原液 0.03 mL，中后期 4 天输一次，每次量 0.05～0.06 mL。要保持高的受精率就要保证每只鸡每次输入的有效精子数不少于 8 000 万至 1 亿个。

六、操作重点提示

(1)鸡每次输精剂量为 0.025～0.03 mL 精液，输入有效精子数不少于 0.5 亿～1 亿个。每3～5 天输精 1 次，每次输精时间安排在下午 16:00～17:00 进行(此时母鸡产蛋已基本结束，输卵管内无蛋，有利于精子的运行)。

(2)每次采精、输精完毕后，要将所有的器材和用具立即浸泡并进行认真冲洗，然后将玻璃器材放入水浴锅内煮沸消毒，最后将消毒过的玻璃器材放入烘箱烘干备用。

(3)对待采精公鸡要动作轻缓，环境要安静。采精时间不宜过长，捏挤动作不应用力过大，否则引起公鸡排粪尿，透明液增多，或损伤黏膜而出血，从而污染精液，降低精子的密度和活力(肉用型鸡比蛋用型鸡的透明液多，采精时尤应注意)。采集到的精液应立刻置于 38～40℃水温的保温瓶内，并尽可能于采精后 30 min 内使用完毕。

(4)采精人员应相对固定，因为每一个采精人员的手法轻重是不同的，引起性反射的程度也不一样，从而造成采精量差异较大；同时有的公鸡反应很快，稍一按摩就射精，人员不固定，对每只公鸡的情况不熟悉，容易使精液损失。

(5)每只公鸡最好使用一只集精杯；每只公鸡 1～2 天采一次精，且要一次采集成功；采精期间，饲料中加强蛋白质、维生素的补充。

七、实训过程检查与评价

实训过程检查内容及评价方法请参照实训 4-1。

八、问题与思考

1. 正常情况下，公鸡每次采精量有多少？
2. 简述笼养母鸡的输精操作要点。

实训 4-9　育雏技术

一、实训目标和要求

通过实训，掌握雏鸡的饲养与管理方法，熟练掌握育雏技术。

二、知识背景与原理

育雏的好坏，不仅直接关系到雏鸡的成活率，而且对后期的生产性能有很大影响，还关系到鸡只成本，直接影响养鸡的经济效益。育雏期是养鸡生产中比较难养的阶段，了解和掌握雏鸡的生理特点，对于采用科学的育雏方法、提高育雏效果极其重要。

(一)雏鸡的生理特点

1.幼雏体温较低，体温调节能力差　雏鸡个体小，自身产热少，绒毛短，保温性能差；由于神经和内分泌系统发育尚不健全，对体热平衡的调节能力低。刚出壳的雏鸡体温比成鸡低2～3℃，直到10日龄时才接近成鸡体温。体温调节能力到3周龄末才趋于完善。因此，育雏期要有加温设施，保证雏鸡正常生长发育所需的温度。

2.代谢旺盛，生长迅速　雏鸡代谢旺盛，心跳和呼吸频率很快，需要鸡舍通风良好，保证新鲜空气的供应。雏鸡生长迅速，正常条件下2周龄、4周龄和6周龄体重分别为初生重的4倍、8.3倍和15倍。这就要求必须供给营养完善的配合饲料，创造有利的采食条件，适当增加喂食次数和采食时间。由于生长快，对多种营养成分的需求量大，易造成某些营养素的缺乏，主要有维生素(如维生素 B_1、维生素 B_2、烟酸、叶酸等)和氨基酸(赖氨酸和蛋氨酸)，长期缺乏会引起生长受阻甚至发病，要注意足量添加。

3.幼雏胃肠容积小，消化能力弱　雏鸡消化道细短，容积小，每次的采食量少，食物通过消化道快；肌胃的研磨能力差；消化腺发育不完善，消化酶的分泌量少、活性低。因此，雏鸡饲喂要少吃多餐，增加饲喂次数。雏鸡饲粮的营养浓度应较高，粗纤维含量不能超过5%，饲料颗粒的大小要适宜，必要时在饲料中添加消化酶制剂。

4.模仿能力强，群居性强　雏鸡有较强的模仿能力，在群体内一旦有个别雏鸡有某种行为表现，其他的雏鸡会随着模仿。喜欢大群生活，一块儿进行采食、饮水、活动和休息。因此，雏鸡适合大群高密度饲养，有利于保温。

雏鸡大群生活会通过相互争斗而建立稳定的群体序位。群体序位建立后就能够和谐相处。但是，如果有陌生的个体进入这个群体，会再次引起序位之争。雏鸡对啄斗也具有模仿性，密度不能太大，以防止啄癖的发生。

5.敏感性强，抗病能力差　鸡免疫机能较差，约10日龄才开始产生自身抗体，产生的抗体较少，出壳后母源抗体也日渐衰减，3周龄左右母源抗体降至最低，故10～21日龄为危险期，雏鸡对各种疾病和不良环境的抵抗力弱，对饲料中各种营养物质缺乏或有毒药物的过量反应敏感。所以，要做好疫苗接种和药物防病工作，搞好环境净化，保证饲料营养全面，投药均匀适量。

6.胆小易受惊吓，缺乏自卫能力　各种异常声响以及新奇的颜色都会引起雏鸡骚乱不安。雏鸡缺乏自我保护能力，老鼠、蛇、猫、犬、鹰都会对雏鸡造成伤害。雏鸡的躲避意识低，饲养管理过程中会出现踩死踩伤、压死砸伤、夹挂等意外的伤亡情况。因此，育雏环境要安静，并有防止兽害设施。

(二)育雏方式

人工育雏大致分为地面育雏、网上育雏和笼上育雏3种方式。其中，前两种又称平面育雏，后一种又称立体育雏。

1.地面育雏　这是传统的饲养方式，在地面上铺垫一定厚度的垫料，雏鸡养在垫料上面。垫料要求清洁卫生、柔软干燥、吸湿性强，如刨花、稻草、稻壳、麦秸等。头几天雏鸡小，活动范围窄，应用隔栏将雏鸡圈在热源的周围。

2.网上育雏　网上育雏是利用网面代替地面饲养雏鸡。网的材料有铁丝网和塑料网，也可以就地取材，用木板或毛竹片制成板条在地面上架高使用。通常网面比地面高 50～60 cm，网眼不超过 1.2 cm×1.2 cm。网上设置饮水及喂料装置，网上育雏的加热供暖设备有多种形式，如电热伞、红外线装置和蒸汽热水管等。雏鸡在网上采食、休息，排出的粪便通过网眼落于地面。网上育雏的前 2 周也应设置围网或挡板，将雏鸡分成小群饲养，防止挤压死亡，育雏后期可以合群饲养。

3. 立体育雏　立体育雏是应用分层育雏笼来养育雏鸡，这是现代化养鸡的一种方式。分层育雏笼由笼架、笼体、料槽、水槽和承粪盘组成。可有 3～5 层，采用叠层式排列。每层笼子的四周用铁丝、木条等制成栅栏，栅栏间隙以雏鸡能伸出头来为宜。饲槽和饮水器挂在栅栏外，雏鸡通过栅栏吃料、饮水。每层笼底用铁丝网片制成，也有的用涂塑金属底网。每层笼底网与下层笼体之间设有承粪盘，承粪盘与笼底相距 10～15 cm，雏鸡粪便可由笼底网漏下，落入承粪盘。承粪盘最好是抽拉式的。每天由饲养员取下脏粪盘，换上干净的粪盘。

立体育雏笼门卡条可以上下调节，上部间隙大，下部间隙小，能防止鸡跑出笼外。立体育雏笼的热源多数采用电热丝，有的能自动调节温度，也可以使用热水管、灯泡，还可以采用直接提高舍温的方法供暖。供水、供料系统有的采用手工操作，有的是半机械化操作。

(三)供暖方式

1. 暖气加热　适合大型鸡场育雏尤其是立体育雏。一般由锅炉、热水管或蒸汽管和安装在舍内的散热片组成，可以通过阀门调节热水或蒸汽流量控制舍温，热水或蒸汽是循环使用的。

2. 保温伞加热　保温伞分为电热育雏伞和燃气育雏伞，适用于平面饲养育雏。伞的形状多样化，有方形、多角形和圆形等数种，保温伞的大小与保温数量各不相同(表 4-9-1)。电热育雏伞适用于供电保证地区的大小型鸡场。保温伞内装有电热丝、风扇、调温设备等，可随雏鸡日龄所需的温度进行调节。燃气育雏伞利用液化石油气为热源，伞内有温度自控装置，当温度高时，控制器调整一根管子通气，燃烧一圈炉盘，使温度降低；当温度低时，两根管子通气，燃烧两圈炉盘，温度上升。燃气育雏伞升温快，保温效果好，育雏率高。

表 4-9-1　不同规格保温伞下饲养鸡数量

伞罩直径/cm	伞高度/cm	2 周龄以下雏鸡数
100	55	300
120	60	400
150	70	500
180	80	600
200	90	700

注：2 周龄以上雏鸡酌情减少 20%。

3. 烟道式育雏　烟道分地上烟道和地下烟道两种，两者都是烧煤或其他燃料。烟道建在育雏舍内，一头有炉灶，另一头砌有烟囱，烟囱高出屋顶 1 m 以上，烟道把炉灶和烟囱连接起来。烟道离地面 20～30 cm，把炉温导入烟道内，通过烟道提高室温。

4. 红外灯育雏　用红外线灯散发的热量进行保温育雏，常将 250 W 的灯泡连成组，悬挂于离地面 35～40 cm 高处，室温低时还可降低 5 cm。从第二周起，视鸡群表现，适当提高灯泡的高度和减少灯泡数量。

三、实训设备和材料

鸡雏、育雏舍、育雏笼、粪盘、饲槽、饮水器、饲料、垫料、疫苗、药物、0.05%高锰酸钾、温度计、湿度计。

四、实训内容

育雏前的准备;雏鸡的饲养和管理。

五、操作方法和步骤

(一)育雏前的准备

1.提前订雏　在本身没有种鸡的情况下应提前订雏,订雏数应为育成鸡数加预防生长期间死亡、淘汰和鉴别误差的鸡数。选防疫管理好,种蛋不被白痢杆菌、霉浆体、马立克病、副伤寒、葡萄球菌等污染,且出雏率高的种禽场订购鸡苗。

2.育雏舍的准备　清除雏鸡舍内及周围环境的杂物,然后用火碱水喷洒地面,或者用白石灰撒在鸡舍周围。用火焰消毒器对育雏笼、鸡舍墙壁、地面进行灼烧,尤其是鸡笼上粘挂的鸡毛必须烧掉。上述清洗消毒完成以后,将清洗干净的粪盘、饲槽、饮水器以及育雏所用的各种工具放入舍内,然后关闭门窗,用甲醛熏蒸消毒。每立方米体积用福尔马林 42 mL 加 42 mL 水,再加入 21 g 高锰酸钾。熏蒸时鸡舍的湿度控制在70%以上,温度10℃以上。1～2 天后打开门窗,通风晾干鸡舍。

3.预热试温　在进雏前 24 h 将育雏舍温度升至 32～35℃,离地网上平养采用育雏伞,育雏伞边缘温度为 33℃左右,室内用暖气或火炉供温,保持室温 22～25℃,相对湿度保持在60%～70%,在预热过程中发现热源部分出现问题要及时解决。试温时,育雏人员要按进雏后同样严格的卫生要求,保持环境清洁,以免污染已消毒过的房舍与设备。

4.准备好育雏用的各种物质与用具　如饲料、垫料、疫苗、药物、育雏记录表格等。

(二)雏鸡的饲养

1.饮水　雏鸡运到雏鸡舍后,在育雏舍经短时间休息、适应后,先供给饮水,水温以 18～20℃为宜。第一次饮水用 0.05%高锰酸钾溶液,用手指伸入水中可见微红即可。对清除胎粪、促进卵黄吸收有好处。前 2 天饮水中加入 5%的红糖和 0.1%的维生素 C,以降低雏鸡的死亡率。以后保持有清洁饮水。一般情况下,雏鸡一天换 3 次水,天气炎热时,增加换水次数。

2.开食　开食一般在初饮后 3 h 至出壳 24 h 以前,观察鸡群,当有 1/3 的个体有寻食、啄食表现时就可开食。方法是将准备好的饲料撒在硬纸、塑料布上,或浅边食槽内。一般初期采用自由采食,3 天后至前 2 周每天喂 6 次,其中夜里喂 1～2 次;第 3～4 周每天喂 5 次,5 周以后每天 4 次。如果是笼养,从第 3 周起可以自由采食。

(三)雏鸡的管理

1.饲喂方式和密度　育雏期的饲养方式可分为地面平养(厚垫料)、网上平养和立体笼养。不同的饲养方式其饲养密度不同(表 4-9-2)。

表 4-9-2 不同饲养方式雏鸡饲养密度

地面平养		立体笼养		网上平养	
周龄	鸡数/(只/m²)	周龄	鸡数/(只/m²)	周龄	鸡数/(只/m²)
0～6	13～15	1～2	60	0～6	13～15
7～11	10	3～4	40	7～18	8～10
12～20	8～9	5～7	34		
		8～11	24		
		12～20			

2.环境条件

(1)温度　开始育雏阶段,必须给以较高的温度,一般 35℃以上对雏鸡更有利于卵黄的吸收和抗白痢。第 2 周开始,每周降低 2～3℃,并根据气温情况,在 5～6 周龄脱温。适宜的育雏温度见表 4-9-3。表中温度上限指白天温度,下限为夜间温度。

表 4-9-3 育雏的适宜温度　℃

年龄	1～3 日龄	4～5 日龄	6～7 日龄	2 周龄	3 周龄	4 周龄	5 周龄	6 周龄
温度	35～36	32～34	30～32	28～30	26～28	22～24	20～22	18～20

育雏第 1 天要求温度达到 35℃。根据雏鸡的分布和活动情况,来判断育雏温度是否合适。温度合适时雏鸡表现安详,分布均匀;温度高时,雏鸡远离热源,张嘴呼吸;温度低时,雏鸡在热源处扎堆;有贼风时雏鸡则躲向一侧。

(2)湿度　育雏室的相对湿度是:1～2 日龄为 65%～70%,2～10 日龄为 60%～65%,10 日龄以后为 55%～60%。育雏前期要增大环境湿度,随日龄的增加,要注意防潮。尤其要注意经常更换饮水器周围的垫料,以免腐烂、发霉。

(3)通风　通风和保温是相互矛盾的,每日应定时进行,寒冷季节宜在中午进行。通风换气时将舍温升高 1～2℃,做到既通风又不降温。要根据鸡舍内气味好坏灵活启闭通风门窗。通风换气要随季节、温度变化而调整。

(4)光照　3 天之内的日光照时间为 23 h,之后每周减 1～2 h。初期用较强的灯光,可用 60～100 W 的灯泡,3 天之后夜间换成 45～25 W 的灯泡。也可用自然光照,夜间为了给雏鸡补饲,定时开 2 次灯,每次 2 h 左右。

3.断喙　在 7～9 日龄进行断喙。上喙断去 1/2,下喙断去 1/3。断喙期间在水中添加电解质和维生素,料槽中的饲料要加厚。

4.分群　随着鸡的长大要进行分群,为了减少应激,一般结合免疫工作同时进行。注意挑出弱小鸡,进行单独饲养。观察鸡群,特别是由网上转到地面饲养的鸡在黑天、关灯后极易产生扎堆现象,此时要及时将鸡群驱赶开。

5.预防疾病　育雏期易发的细菌性疾病有沙门氏菌引起的鸡白痢、副伤寒;大肠杆菌引起的脐炎;还有球虫病和传染性法氏囊病。预防用药可按以下程序:

3～7 日龄选用抗生素预防细菌感染,以后根据鸡群状态可隔 7～10 天再次用药,随日龄增大,间隔用药时间延长。可选用的抗生素有四环素、土霉素、恩诺沙星等。平养的雏鸡 15 日龄左右需第一次投抗球虫药,垫料平养更须注意防球虫病。可选用的药物有氯苯胍、克球灵等。传染性法氏囊病、鸡瘟等传染病的防治要进行免疫接种和严格的环境消毒、环境净化。

育雏前期常在水中给药,让雏鸡自由饮用,也可拌料给药。在饮水中用药,应注意以下几个问题:①注意药物水溶性,一般选用易溶于水的药物。②掌握药物浓度。一般情况,药物在水中的浓度比拌料用药可减少一半。③掌握饮水给药时间的长短。在水中不易破坏和沉淀的药物,药液可以让雏鸡自由饮用。在水中易破坏的药物,供水不能太多。④饮水中的用药与饲料中的用药不能同时采用。

对雏鸡进行饮水免疫前应断水 4～6 h 以上。通常晚上停水,次日早晨喂疫苗水。饮水免疫的水质要好。蒸馏水、冷开水和井水均可。不能用经过消毒的自来水。在水中加入 2%的脱脂奶粉或鲜奶,能提高免疫效果。

六、操作重点提示

(1)经常观察鸡群的精神状态、行动情况,睡眠是否安静,食欲是否正常,饮水是否充足,粪便是否正常等,在注射疫苗和其他应激后,更应仔细观察。

(2)经常清洁饲料器,每天冲洗饮水器,保持舍内卫生,垫料勤晒勤换。

(3)经常检查温度是否恰当,鸡群是否感到舒适。适时做好脱温工作。

(4)发现鸡舍有死鸡应及时捡出,发现病鸡及时抓出隔离治疗,全群针对发病情况投喂一些预防药。

(5)做好育雏记录,项目包括日龄、饲养数量、每天死亡及出售数量,每天饲料消耗量及饲料类型,称重情况,上市体重等,并统计发病率、死亡率及总的成活率。

七、实训过程检查与评价

实训过程检查内容及评价方法请参照实训 4-1。

八、问题与思考

1. 如何根据雏鸡生理特点养好雏鸡?
2. 育雏温度如何控制? 怎样检查育雏温度是否适宜?

实训 4-10 家禽外貌部位识别、鉴定和体尺测量

一、实训目标和要求

通过实训,认识禽体外貌部位和羽毛的名称(尤其是翼羽),熟悉健康鸡与非健康鸡在外貌特征上的差异,重点掌握家禽主要体尺性状测定的方法。

二、知识背景与原理

(一)禽体外貌部位的识别

1. 头部　鸡的头部有冠、喙、脸、眼、耳叶、肉垂和胡须。冠有多种形状,冠形是品种特征之

一，可分为单冠、豆冠、玫瑰冠、羽毛冠及草莓冠等（图 4-10-1）。不同品种有不同的冠形，同一品种也有不同的冠形。

（1）单冠　具有锯齿状的单片肉质结构的皮肤衍生物，分为冠基、冠尖和冠叶，冠尖一般5～6 个。

（2）豆冠　由三叶小的单冠组成，中间一叶较高，故又称三叶冠，有明显低矮的冠尖。

（3）玫瑰冠　冠体低矮而阔，前宽后窄形成冠尾。除冠尾外，其表面有小而圆的突起。如洛岛红、洛岛白、来航的变种。

（4）羽毛冠　冠体呈 S 形，周围为类似圆球状羽毛束（又称凤冠）。如北京油鸡、丝羽乌骨鸡。

（5）草莓冠　形似草莓的复冠。与玫瑰冠相似，冠基附着于头的前部，但无冠尾，冠体和乳头状的冠尖也较小。

1　2　3　4　5

图 4-10-1　鸡的主要冠形

1. 单冠　2. 豆冠　3. 玫瑰冠　4. 羽毛冠　5. 草莓冠

喙是由表皮衍生而来的特殊构造，是啄食与自卫器官，其颜色因品种而异，一般与跖部的颜色一致。健壮鸡的喙短粗，稍微弯曲。蛋用鸡的脸清秀，无堆积的脂肪，脸毛细小，大部分脸皮赤裸，一般鲜红色。强健鸡色润泽而无皱纹，老弱鸡苍白而有皱纹。眼位于脸的中央。鸡眼圆大而有神，向外突出，眼睑宜单薄，虹彩的颜色因品种而异。耳叶位于耳孔的下部，椭圆形或圆形，有皱纹，颜色视品种而异，最常见的为红、白两种。肉垂是颌下下垂的皮肤衍生物，左右组成一对，大小相称。胡须为脸颊两侧羽毛，须为颌下的羽毛。

2. 颈部　颈部羽毛具有第二性征，母鸡颈羽端部圆钝，公鸡颈羽端尖形，像梳齿一样，特称梳羽。

3. 体躯　胸部是心脏与肺所在的位置，应宽、深、发达，如现代高产肉率的肉鸡品种均为宽胸型，胸肌发达，产肉量大。腹部容纳消化器官和生殖器官，应有较大的腹部容积。特别是产蛋母鸡，腹部容积要大。胸骨末端到耳部末端之间距离和两耻骨末端之间的距离越大，则腹部容积越大，一般情况下产蛋能力也较强。家禽腰部叫作鞍部，鞍部的羽毛叫鞍羽。

4. 四肢　鸟类前肢发育成翼，适应飞翔。家禽保留了这一特征。

鸭的喙扁平，在上喙的尖端有一坚硬的豆状突起物，色略暗，称为喙豆。

中国鹅的头部有凸起的额骨，称为额包；有的鹅头顶有缨（如籽鹅）；有些鹅颌下有垂皮（咽袋）。

（二）健康鸡和非健康鸡的鉴别

通过对家禽外貌部分的认识，来鉴别健康鸡和非健康鸡所具有的外貌（表 4-10-1）。健康的家禽，羽毛光泽油润，精神饱满，好动，一般鸡冠、肉垂鲜红。

表 4-10-1　健康鸡与非健康鸡在外貌上的区别

观察项目	健康鸡	非健康鸡
冠、肉垂	鲜红、湿润、丰满、温暖，无病灶	苍白或紫色、干燥、萎缩、冰凉，有病灶*、畸形冠
眼	大而有神	小而无神，常紧闭
脸部	红润，无病灶	苍白，有病灶*
胸	胸骨硬而直立	胸骨脆弱，呈S形弯曲；有病灶**
翼	紧贴身躯	翼下垂或折断或烂翅，主副翼羽扭曲
尾部	尾直立	尾下垂；畸形尾，如缺副尾羽、主尾羽、歪羽
颈与脚	正常	大跖骨粗大，踝关节肿大；有病灶***，跛脚，“鹰爪”、两脚O形或X形；公鸡无距，鸭形脚(有蹼)
体重	符合本品种要求	轻，标准体重以下
色泽	羽毛有光泽	羽毛污乱，无光泽

* 有鸡痘、葡萄球菌病或肿瘤，流鼻涕，眼流泪，有干酪样物等；** 有鸡痘、葡萄球菌病或肿瘤，胸囊肿；*** 脚趾瘤、烂趾。

(三)羽毛名称及结构识别

1. 鸡羽毛种类的识别　用活鸡识别正羽、绒羽和纤羽(又称毛羽)。

2. 禽体各部位羽毛的名称　家禽几乎全身覆盖着羽毛，羽毛名称与外貌部位名称相对应，如颈部的羽毛称颈羽，尾部羽毛称尾羽等。有些鸡种(如北京油鸡)有胫羽和趾羽。在认识禽体羽毛名称时，留意区分：①公母鸡的颈羽、鞍羽和尾羽的区别；②公鸭的覆尾羽特征；③公火鸡胸前的须羽和尾羽的特征。

3. 翼羽各部位名称　用活鸡识别图 4-10-2 中的翼羽各部位名称。一般主翼羽 10 根，副翼羽 11 根，轴羽 1 根。翼羽识别在实践中的意义如下：①在自别雌雄品系中，可根据初生鸡的主翼羽与覆主翼羽的相对生长长度，分辨公母；②根据主翼羽换羽时间及换羽速度，大致了解生产性能；③翼膜(臂骨与桡骨之间的三角区)是带翅号或刺种鸡痘的地方。

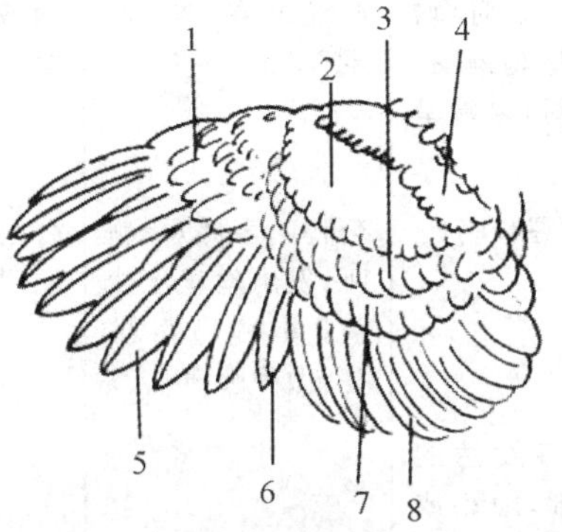

图 4-10-2　鸡的翼羽组成

1. 覆主翼羽　2. 翼肩　3. 覆翼羽　4. 翼前　5. 主翼羽　6. 轴羽　7. 覆副翼羽　8. 副翼羽

4. 主翼羽的脱换　成年母鸡每年秋季换羽一次，一般在脱换主翼羽时母鸡停止产蛋。鸡群中有一些鸡，开始换羽早(一般在早秋)，而且换羽速度慢，一般每次仅换 1 根主翼羽，整个换羽时间拖得长，鸡停产时间长，这些鸡是低产鸡；有些母鸡换羽开始得晚，且换羽速度快，每次同时脱换 2～3 根主翼羽，整个换羽时间少，这些鸡是高产鸡。

(四)几种家禽外貌的主要区别

用鸡、鸭、鹅和火鸡的标本或挂图，了解它们的主要区别(表 4-10-2、表 4-10-3)。

表 4-10-2　几种主要家禽在外貌特征上的区别

项目	鸡	鸭	鹅	火鸡
头部	喙尖而细，有冠、肉垂和耳叶	喙扁而宽平，边缘有锯齿，喙豆及头宽大圆形，无冠、肉垂和耳叶	喙较扁平，边缘有锯齿，喙齿，上喙基部有肉瘤(额包)，颌下有垂皮(咽袋)	头颈无羽毛，秃裸，有珊瑚状皮瘤，颜色可从红变浅蓝色或紫色；成年公火鸡上喙两鼻孔之间有肉赘下垂
颈部	较短	较长	细长微弯弓	粗且长
食管	有嗉囊	有食管膨大部	有食管膨大部	
尾、腹	公鸡有大小镰羽	公鸭覆尾羽有 2～4 根上卷，称“性羽”	母鹅腹部皮肤皱褶成肉袋，称“蛋窝”	公火鸡尾羽发达，呈扇形
脚	无蹼，公鸡胫上有距	有蹼，无距	有蹼，无距	无蹼，公火鸡胫上有距

(五)家禽的性别鉴别

成年家禽的性别鉴别见表 4-10-3。

表 4-10-3　成年家禽的性别鉴别

项目	鸡	鸭	鹅	火鸡
羽毛	公鸡颈羽(梳羽)、鞍羽(蓑羽)和尾羽(大、小镰羽)均细长，末端尖细；母鸡颈羽、鞍羽和覆尾羽较短，末端呈钝圆形	公鸭覆尾羽有2～4 根上卷，称“性羽”	母鹅腹部皮肤皱褶成肉袋，称“蛋窝”	公火鸡胸前有须羽一束，尾羽发达，呈扇形
鸣声	公鸡啼声洪亮，喔喔长鸣	公鸭叫声低短、嘶哑，发出丝丝沙沙声；母鸭鸣声洪亮，做呷呷声	公鹅鸣声洪亮；母鹅叫声低细、短平	
脚	公鸡胫粗大，上有发达的距；母鸡胫部较细，距小或无距			公火鸡胫上有距
体型、神态	公家禽体大，脚高，好斗，体态轩昂；母禽体小清秀，温顺，体态文雅			
耻骨状态	成年母禽耻骨薄而柔软，耻骨间距大；公禽耻骨厚而硬，耻骨间距小			

(六)家禽的体重和体尺测量

测量家禽的体重、体尺，目的是为了更精确地记载家禽的体格特征和鉴定家禽体躯各部分的生长发育情况，在家禽育种和地方禽种调查工作中方便应用。

(1)体重　家禽在空腹时，利用电子秤称测个体重(kg)。

(2)体斜长　用皮尺沿体表测量肩关节至坐骨结节间的距离(cm)。

(3)胸宽　用卡尺测量两肩关节之间的体表距离(cm)。

(4)胸深　用卡尺在体表测量第一胸椎到龙骨前缘的距离(cm)。

(5)胸角　用胸角器在龙骨前缘测量两侧胸部角度(°)。

(6)龙骨长　用皮尺测量体表龙骨突前端到龙骨末端的距离(cm)。

(7)胫长　用卡尺测量从胫部上关节到第三、四趾间的直线距离(cm)。

(8)胫围　用棉线绕胫骨中部一周，用皮尺测量周长(cm)。

(9)骨盆宽　用卡尺测量两坐骨结节间的距离(cm)。

(10)半潜水长(鸭、鹅)　用皮尺测量从嘴尖到髋骨连线中点的距离(cm)。

(11)颈长(鸭、鹅)　第一颈椎到颈根部的距离(cm)。

三、实训设备和材料

1. 实训材料　健康成年高产蛋鸡与地方鸡公母至少各 1 只，病鸡 1 只，鸭、鹅公母至少各 1 只，鸡、鸭、鹅骨骼标本；鸡、鸭、鹅和火鸡外貌部位名称图；鸡冠形、翼羽图谱或幻灯片。

2. 实训用具　软尺、游标卡尺、胸角器、电子秤等。

四、实训内容

鸡的保定方法；健康鸡与非健康鸡在外貌特征上的差异；家禽性别的鉴别技术；家禽主要体尺性状测定的方法。

五、操作方法和步骤

(一)抓鸡和保定鸡

用右手大拇指将鸡右翼压在鸡右腿上，其他四指抓住鸡右大腿内侧基部，将鸡从鸡笼中取出(若平养鸡群，则用抓鸡钩抓鸡)。注意不能抓鸡尾羽、单翼或抓提鸡颈。

用左手大拇指和食指夹住鸡的右腿，无名指和小指夹住鸡的左腿，并将鸡的胸腹部置于左手掌中，使鸡的头部向着鉴定者，从而把鸡保定住并观察鸡体各部位。

除鹅和火鸡因体躯较大且重，应直接放置笼中或栅栏里进行观察外，其他家禽保定方法与鸡略同，抓鸭时，可用右手抓住鸭头与颈的交界处，将鸭抓起。

(二)禽体外貌部位的识别

按家禽头、颈、肩、翼、背、腰(鞍)、臀、胸、腹、腿、胫、趾和爪等部位仔细观察，熟悉其各部位名称。在观察过程中，注意家禽外貌(及羽毛)与家禽的健康和性别的联系以及不同家禽在外貌上的主要区别，同时根据外貌特征鉴定高产蛋鸡与低产蛋鸡。注意禽体在生长发育中有无缺陷(例如歪嘴、胸骨弯曲和曲趾等)。

(三)羽毛名称及结构识别

依次对禽体各部位羽毛种类、羽毛的名称、翼羽各部位名称及主翼羽的脱换的情况进行观察分析，并做好详细记录。

(四)几种家禽外貌的主要区别

用鸡、鸭、鹅和火鸡的标本或挂图,了解它们的主要区别。

(五)成年家禽的性别识别

1.鸡　公鸡体躯比母鸡高大,昂首翘尾、体态轩昂。头部稍粗糙,冠高,肉垂较大、颜色鲜红。梳羽、蓑羽、镰羽长而尖。胫部有距,性成熟时,发育良好,距愈长则公鸡的年龄愈大,1岁时,距的长度约1 cm。公鸡啼声洪亮,喔喔长鸣。母鸡体躯比公鸡小,体态文雅,头小,纹理较细,冠与肉垂较小。颈羽、鞍羽、覆尾羽较短,末端呈钝圆形。后躯发达,腹部下垂。胫部比公鸡短而细,距不发达,虽成年母鸡亦仅见残距而已。

2.鸭　公鸭体躯大,颈粗体长,北京公鸭的喙和脚颜色较深,羽毛整齐光洁。东莞麻鸭,头颈黑翠,喙铅青色,脚黑色。公鸭有性羽。叫声嘶哑,发出丝丝沙沙嗓音。母鸭体躯比公鸭小而短。北京母鸭的喙色和脚色较浅,鸣声颇大,作呷呷声。

3.鹅　公鹅体格大,头大,中国鹅额包稍高,颈粗长,胸部宽广,脚高,站立时轩昂挺直,鸣声洪亮。翻开其泄殖腔,可见螺旋状的阴茎。母鹅体格比公鹅小,头小,额包也较小,颈细,脚细短,腹部下垂,站立时不如公鹅挺直,鸣声低细而短平,行动迟缓。

(六)家禽的体重和体尺测量

测量前,学生应对照家禽骨骼标本,熟记测量时用得着的各种骨骼部位,同时阐明它们和家禽体格、生长发育的关系,测量过程中将测定数据记录于表4-10-4中。得到体尺和体重的数据后,根据体型指数计算方法(表4-10-5),将待测家禽的体型指数填入表4-10-6中。

表4-10-4　家禽体重和体尺测量记录汇总表

测定人：　　　　　　　　　　　　　　　　　　　　　　　记录人：

编号	种类	品种	性别	测定项目										
				体重	体斜长	胸宽	胸深	胸角	龙骨长	胫长	胫围	骨盆宽	半潜水长	颈长
				kg	cm	cm	cm	°	cm	cm	cm	cm	cm	cm

表4-10-5　家禽的体型指数计算

指数名称	计算公式	指数含义
强壮指数	$\frac{体重}{体长}\times100\%$	体型的紧凑性和家禽的肥度
体躯指数	$\frac{胸围}{体长}\times100\%$	体质的发育
第一胸指数	$\frac{胸宽}{胸深}\times100\%$	胸部的相对发育
第二胸指数	$\frac{胸宽}{胸骨长}\times100\%$	胸肌的发育

续表 4-10-5

指数名称	计算公式	指数含义
髋胸指数	$\frac{胸宽}{髋宽}\times 100\%$	背的发育(到尾部是宽、窄或直)
高脚指数	$\frac{胫长}{体长}\times 100\%$	脚的相对发育

表 4-10-6　家禽体型指数汇总表

测定人：　　　　　　　　　　　　　　　　　　　　　　记录人：

编号	种类	品种	性别	体型指数类型					
				强壮指数	体躯指数	第一胸指数	第二胸指数	髋胸指数	高脚指数

六、操作重点提示

(1)鉴定以前,应先熟悉家禽的品种要求,了解该品种的外形特征,掌握其应具有的外形外貌特点。

(2)测量之前要检查和校正测量工具的准确性。

(3)测量的部位起止点务必正确。读数要准,动作要迅速。

(4)测量评定前应预习家禽的骨骼,熟悉骨骼和关节的正确位置,测量时可对照家禽骨骼标本,熟记各种骨骼部位,使测量的结果更精确。

七、实训过程检查与评价

实训过程检查内容及评价方法请参照实训 4-1。

八、问题与思考

1. 鸡的头部常由哪些结构组成?

2. 如何测量体斜长和龙骨长?

实训 4-11　家禽屠宰及内脏观察

一、实训目标和要求

通过实训,了解家禽内脏器官的结构特点以及公母禽生殖器官的差别,学习鸡屠宰方法和步骤,掌握屠宰率测定及计算方法。

二、知识背景与原理

(一)体重与增重

体重是家禽的一个重要特征。对肉用家禽而言,早期体重是育种最主要的目标。而对蛋用家禽和种禽而言,体重是衡量生长发育程度及群体均匀度的重要指标。增重表示一个年龄段内体重的增加量,是与体重密切相关的性状。

在早期增重阶段,不同周龄体重间有很强的正相关。在多数情况下,相邻周龄体重之间或是间隔2周体重之间的遗传相关均可达到0.9左右。而间隔2周以上时,体重间的遗传相关通常低于0.9,且间隔时间越长,相关程度越弱,但仍处于较高水平。体重与增重之间也存在很强的正相关。

此外,体重与饲料转化率、繁殖性能、腹脂、胸部丰满度和骨骼等其他性状之间也存在密切的关系。

(二)宰前准备

宰前家禽禁食12~24 h,只供饮水,这样不仅可节省饲料,而且使放血完全,保证肉的品质优良和屠体美观。

(三)屠宰方法

1.放血　可采取下列方法之一。

(1)颈外放血法　左手握鸡两翅,将鸡颈向背部弯曲,并以左手拇指和食指固定其头,同时左手小指钩住鸡的一脚。右手将鸡耳下颈部宰杀部位的毛拔去少许,然后用刀切断颈动脉或颈静脉,放血致死。

(2)口腔内放血法　将鸡两腿分开倒悬于吊鸡架上,左手握鸡头于手掌中,并以拇指和食指将鸡嘴顶开,右手用解剖刀,刀面与舌面平行伸入口腔,待刀进到左耳部附近,即翻转刀面使刀口向下,用力切断颈静脉和桥形静脉联合处,血沿口腔下流,待刀拉出一半时,再转向硬腭中央裂缝的中部(两眼之间)与硬腭呈300°的角度斜刺延脑,以破坏其羽毛肌肉的神经中枢,使羽毛松弛,易于干拔羽毛。此法使屠体没有伤口,外表完整美观,放血完全。宰鸭子时应从口内将舌头稍稍扭转拉出在口角的外面,使血流畅,以防咽血。

先用电麻器(用单向电,电压为80~105 V,电流为0.65~1 A,通电1.5~4 s)麻醉后再按上述方法放血宰杀,可使家禽在屠宰前神经处于昏迷状态,放血时不会挣扎,避免骨折。适用于火鸡、鹅等体重大的家禽。

2.拔羽

(1)干拔法　应用口腔放血宰杀的家禽可用干拔法,在血放净后,将鸡羽毛拔去,注意勿损及皮肤。拔羽次序:尾、翅、颈、胸、腹、背、臀、两腿粗毛、绒毛。

(2)湿拔法　在血放净后,用50~80℃的热水浸烫1.5~2 min。热水渗进毛根,因毛囊周围肌肉的放松而使羽毛宽松,便于拔毛。注意水温和浸烫时间要根据鸡体重的大小、季节差异和鸡的日龄调整,不宜太高温度和浸烫太久,否则拔毛时易引起皮肤损伤,一般以能拔下毛而不伤皮肤为准。操作时需用温度计测定水温,符合要求后,才可浸烫。拔完羽毛后沥干水称屠体重并求毛重。

3. 割除脚、头和颈　将清洗后的屠体割去脚、头和颈。脚从踝关节分割，剥去脚皮、趾壳。头部从第一颈椎处截下。再将颈椎从肩胛骨处截下，留颈皮。

4. 开腹去内脏　先挤压肛门，使粪便排出，在肛门下横剪一刀，长度 3 cm，伸进手指把鸡肠拉出，再挖肌胃、心、肝、胆、脾等内脏，仅肺和肾保留在屠体内。如有吸肠器可利用此器将内脏全部吸出。

(四)屠体性能

1. 屠宰率　屠宰率是肉鸡生产中的重要性状，在肉鸡育种中越来越受重视。屠宰率的遗传力估计值约为 0.3。

$$屠宰率=\frac{屠体重}{活重}\times 100\%$$

2. 屠体化学成分　屠体化学成分的遗传力估计值较高。有研究表明，屠体含水量、蛋白质含量、脂肪含量、灰分含量遗传力分别为 0.38、0.47、0.48、0.21，而成分间的相互相关也非常高。屠体化学成分与饲料转化率的相关较高，而与采食量的相关低。

3. 屠体缺陷　肉鸡屠体的主要缺陷有龙骨弯曲、胸部囊肿和绿肌病(DMS)。这些缺陷极大程度影响屠体价值，若发生率高则会造成较大经济损失，而饲养管理和遗传因素都对屠体缺陷有重要影响。

4. 腹脂率　腹脂过量是当今肉鸡和肉鸭生产中面临的重要问题之一。腹脂率的遗传力很高，为 0.54～0.8。因此通过对腹脂率的直接选择能够迅速获得显著的遗传改良。

三、实训设备和材料

公、母鸡若干只，解剖刀、手术剪、镊子、解剖台、台秤、电子秤、温度计、瓷盘、骨剪、胸角器、游标卡尺、皮尺、粗天平、吊鸡架、承血盆等。

四、实训内容

家禽的屠宰与内脏观察。

五、操作方法和步骤

(一)宰前准备

(1)家禽屠宰前必须先禁食 12～24 h，只供饮水。

(2)屠宰前为避免药物残留，应按规定程序停止往饲料中添加药物。

(3)称活体重。

(二)放血

采用颈外放血法或口腔内放血法，待血流尽后立即称体重求得血重。电刺法适用于火鸡、鹅等体重大的家禽。

(三)拔羽

有干拔法和湿拔法 2 种方法，用口腔内放血宰杀的家禽可用干拔法，注意勿损伤皮肤。

(四)屠体外观检查

检查屠体表面是否有病灶、损伤、瘀血,如鸡痘、肿瘤、胸囊肿、胸骨弯曲、脚趾瘤、外伤、断翅或瘀血块等。

(五)去头、脚和颈

将洗净的屠体从踝关节处截去下脚,从第一颈椎处截下头,再将颈椎从肩胛骨处截下并称重。

(六)开腹观察内脏

将屠体置于方瓷盘中,在胸骨与肛门之间横剪一刀,用剪刀将切口从腹部两侧沿椎肋与胸肋结合的关节向前将肋骨和胸肌剪开,然后稍用力把整个胸壁翻向头部,使胸腹腔内器官都显清楚。

首先观察各器官的位置,识别名称,然后用剪刀沿肛门背侧纵向剪开泄殖腔,观察输尿管、输精(卵)管在泄殖腔生殖道上的开口以及雄性交配器官的位置和形状。最后将输卵管移出,用剪刀剪开,观察输卵管的内部构造和特点。

(七)屠宰测定项目

1.活重　指在屠宰前停饲 12 h 后的重量,或称宰前体重。

2.放血重　禽体放血后的重量。

3.屠体重　禽体放血、拔毛后的重量(湿拔法需沥干)。

4.胸肌重　从屠体剥离下的胸肌重量。

5.腿肌重　将禽体腿部去皮、去骨的肌肉重量。

6.半净膛重　屠体重去气管、食管、嗉囊、肠、脾脏、胰腺和生殖器官。留下心脏、肝脏(去胆)、肺脏、肾脏、腺胃、肌胃(去除内容物及角质膜)和腹脂的重量。

7.全净膛重　半净膛重去心脏、肝脏、腺胃、肌胃、腹脂及头、颈、脚。留肺脏、肾脏的重量(鸭、鹅保留头、颈、脚)。

8.腹脂重　包括腹脂(板油)及肌胃外脂肪。

9.翅膀重　从肩关节切下翅膀称重。翅分割为三节:翅尖(腕关节至翅前端)、翅中(腕关节与肘关节之间)和翅根(肘关节与肩关节之间)。

10.其他　根据实验要求有时要称脚重、肝脏重、心脏重、肌胃重、头重等。

测定结果记录于表 4-11-1 中。

表 4-11-1　鸡的屠宰率测定表

号码	品种	周龄	性别	活重/g	放血重/g	羽毛重/g	头重/g	脚重/g	翅重/g	胸角宽/cm	屠体		半净膛		全净膛	
											重量/g	占活重/%	重量/g	占活重/%	重量/g	占活重/%

续表 4-11-1

号码	皮下脂肪厚/mm	肠重/g	内脏重（心、肝、肌胃重）/g	腿肌		胸肌		腹脂			备注
				重量/g	占全净膛重/%	重量/g	占全净膛重/%	重量/g	肌胃外脂肪重/g	占全净膛重/%	

（八）计算项目

$$\text{屠宰率}=\frac{\text{屠体重}}{\text{活重}}\times 100\%$$

$$\text{半净膛率}=\frac{\text{半净膛重}}{\text{活重}}\times 100\%$$

$$\text{全净膛率}=\frac{\text{全净膛重}}{\text{活重}}\times 100\%$$

$$\text{胸肌率}=\frac{\text{两侧胸肌重}}{\text{全净膛重}}\times 100\%$$

$$\text{腿肌率}=\frac{\text{两侧腿肌重}}{\text{全净膛重}}\times 100\%$$

$$\text{腹脂率}=\frac{\text{腹脂重}}{\text{全净膛重}}\times 100\%$$

$$\text{瘦肉率（鸭）}=\frac{\text{胸肌重}+\text{腿肌重}}{\text{全净膛重（或胴体重）}}\times 100\%$$

胴体重（鸭）＝全净膛重－头重－脚（蹼）重

六、操作重点提示

（1）观察内脏时，先总体观察胸腔、腹腔各脏器位置，并观察气囊。然后依次观察生殖系统、消化系统、泌尿系统及其他脏器如心脏、肺脏、脾脏、法氏囊、胸腺、坐骨神经和卵黄柄遗迹（又称卵黄囊憩室）等。对鸡体各内脏器官进行认真辨认。

（2）注意屠体放血要完全、无伤痕，按屠宰测定顺序将结果填入测定表中，数据要求准确无误、完整。

七、实训过程检查与评价

实训过程检查内容及评价方法请参照实训 4-1。

八、问题与思考

1. 家禽屠宰放血的方法有哪几种？
2. 肉鸡的屠体缺陷主要有哪些？

实训 4-12　禽场消毒技术

一、实训目标和要求

通过实训，学会常用消毒液的配制，掌握禽舍消毒方法。

二、知识背景与原理

消毒是指通过物理、化学或生物学的方法杀灭或清除环境及传播媒介上的病原微生物的技术。消毒可将养殖场、交通工具和各种被污染物体中的病原微生物数量减少到最低和无害的程度。通过消毒可以杀灭病原微生物，切断传播途径，阻止疫病的传播与蔓延。

根据消毒时间可分为预防性消毒、紧急消毒和终末消毒。根据消毒的对象可将消毒分为①环境净化消毒，如车辆、道路、禽舍周围、场地等；②人员消毒，包括进入养殖场的外来人员及工作人员；③空禽舍消毒，即空舍期间的禽舍及用具；④带禽消毒，平时和发生传染病期间的禽舍、禽体表、用具等；⑤饮水消毒，当水中细菌总数和致病性细菌超标和发生传染病时进行；⑥死禽和粪便的处理与消毒。

(一)消毒的主要方法

常用的消毒方法有物理消毒法、化学消毒法和生物热消毒法。

1. 物理消毒法　物理消毒法是通过机械性清扫、冲洗、通风换气、高温、干燥、照射等物理方法，清除或杀灭环境或物品中的病原体。

(1)机械消毒法　常用的有清扫、洗刷、通风等，可结合日常卫生清扫工作进行。清扫时，为防止微生物随尘土飞扬，以湿性清扫法为宜，目的是去除禽舍地面、墙壁、设施以及家禽体表的粪便、垫草、饲料等污物。机械消毒法虽不能真正杀灭病原微生物，但有一定的除菌作用。

(2)日光、紫外线及其他射线辐射消毒法　日光暴晒是一种最经济、有效的消毒方法，通过其光谱中的紫外线以及热量和干燥等因素的作用能够直接杀灭多种病原微生物(如细菌、病毒、真菌、芽孢、衣原体等)。在直射日光的照射下，经过几分钟至几小时就可杀死病毒和非芽孢性病原菌，反复暴晒还可使带芽孢的菌体致弱或失活。因此，日光、紫外线灯消毒对于被污染的用具、物品及圈舍具有重要的实际意义。

由于紫外线消毒作用受到众多因素的影响，其中包括微生物(如微生物类型、数量、悬浮类型、生长周期、修复过程等)、有机物质、温度、湿度、波长、消毒对象等因素，因此在使用过程中应注意以下方面：

第一，灯管表面应经常(一般每 2 周左右 1 次)用酒精棉球轻轻擦拭，除去上面灰尘与油垢，以减少对紫外线穿透的影响。

第二，紫外线肉眼不可见，灯管放射出的蓝色光线并不代表紫外线强度。有条件者应定期测量灯管的输出强度，没有条件的可逐日记录使用时间，以便判断是否达到使用期限。

第三，消毒时，房间内应保持清洁干燥。空气中不应有灰尘或水雾，温度保持在 20℃ 以上，相对湿度不宜超过 40%。

第四，紫外线穿透作用很弱，无法穿透排泄物、分泌物，亦不能照到遮盖的阴暗处，只有直接照射的一面才能达到消毒目的，因而要按时翻动，使各面都能受到一定剂量的照射。

第五，勿直视紫外线光源。因紫外线对人体的长期(直接或间接)照射可引起皮肤红斑、眼结膜刺激和疲劳等，因此照射强度不应超过 0.5 $\mu W/cm^2$；否则，需戴防护眼镜，穿防护服。为防止臭氧产生过多，当有人情况下使用紫外灯连续照射时，1 次不宜超过 2 h。

(3)高温灭菌　可分为干热灭菌法和湿热灭菌法。禽场常采用火焰灼烧灭菌法，即用火焰喷射器对粪便、场地、墙壁、笼具、其他废弃物品进行烧灼灭菌，或将动物的尸体以及传染源污染的饲料、垫草、垃圾等进行焚烧处理。全进全出制的禽舍地面、墙壁、金属制品也可用火焰灼烧的方法。

2.化学消毒法　化学消毒法是指应用化学消毒剂对病原微生物污染的场所、物品等进行清洗、浸泡、喷洒或熏蒸，以达到杀灭病原体的目的。化学消毒法是养禽业中最常用的消毒方法。

化学消毒的具体方法有喷雾消毒、擦拭消毒、浸泡消毒、混合消毒和熏蒸消毒。混合消毒是指将消毒液或粉直接与被消毒的物品相混合搅匀，通常用于传染病家禽的分泌物与排泄物的消毒；熏蒸消毒是指将消毒物品进行自然蒸发或加热蒸发，利用消毒药品所产生的气体进行空气、墙壁、地面和笼具表面的消毒，常用的是高锰酸钾与甲醛、二氯异氰脲酸钠等。

(1)理想消毒剂应具备的条件

第一，效力强。必须有强大的杀菌杀病毒作用，且范围广、奏效快。

第二，稳定性好。不受肥皂、洗涤剂、有机物(粪便、灰尘)、光线、温度、湿度、酸碱度、水硬度等影响，不易氧化分解，可长期储存。

第三，可用各种方法进行消毒。如饮水、喷雾、洗涤等。

第四，水溶性。一个有效力的消毒剂必须有穿透微生物细胞壁的能力，只有当其溶解于水时，其穿透力最强。

第五，毒力。对人、畜无毒性、无刺激性，但对病原微生物有杀灭作用，可长期使用。

第六，腐蚀性。不能和金属材料及其他仪器表面发生反应，产生腐蚀作用。

第七，低成本。低浓度也能保证药效。

(2)禽场常用消毒剂的分类　禽场所用的消毒剂较多，如：

第一，含氯消毒剂。常用的有漂白粉、次氯酸钠、二氯异氰脲酸钠、氯胺 T、二氯二甲基海因等。

第二，过氧化物类。常用的有过氧乙酸、高锰酸钾、过氧化氢、二氧化氯、臭氧等。

第三，醛类消毒剂。常用的有甲醛、戊二醛等。

第四，阳离子型表面活性剂。常用的有氯己定(洗必泰)等二胍类消毒剂，苯扎溴铵(又称新洁尔灭或溴苄烷铵)，度米芬(又称消毒宁)。

第五，双链季铵盐类。常用的有四烷基铵盐、双癸基二甲基溴化铵(商品名百毒杀)、新洁灵消毒液。

第六，碘制剂。常用的有碘伏、碘仿、碘甘油等。

第七，碱类。主要有氢氧化钠、生石灰等。

第八，酚类消毒剂。常用的有来苏儿、苯酚、煤酚皂等。

第九，醇类消毒剂。常用的有乙醇、异丙醇等。

要进行有效与经济的消毒须认真选择适用的消毒剂。可按消毒效果对消毒剂进行分类，见表4-12-1。

表4-12-1 常用化学消毒剂的效果分类

消毒剂	举例
高效消毒剂	有机氯化物、醛类、环氧乙烷、高锰酸钾、碱类等
中效消毒剂	无机氯化物、酚类、醇类等
低效消毒剂	季铵盐类、酸类、洗必泰、金属制剂等

3.生物热消毒法　生物热消毒是指通过堆积发酵、沉淀池发酵、沼气池发酵等产热或产酸，以杀灭粪便、污水、垃圾及垫草等内部病原体的方法。在发酵过程中，粪便、污物等内部的微生物活动产生的热量可使温度达到70℃以上，因此经一段时间后便可杀死病原菌、病毒及寄生虫卵等，从而达到消毒目的。同时，发酵还可改善粪便的肥效。

(二)消毒的程序

在生产实践中，应根据消毒的类型、对象、环境温度、病原体性质以及传染病流行特点等因素，将多种消毒方法科学、合理地交替使用，以达到最佳的消毒效果。

1.空禽舍的消毒　每栋禽舍全群移出后，在下一批家禽进舍之前，必须对禽舍及用具进行全面彻底的严格消毒。禽舍的全面消毒包括禽舍排空、机械性清扫、用水冲净、干燥、消毒药喷洒消毒，24 h后再冲洗、再干燥，再喷雾消毒，再干燥，最后密闭熏蒸消毒。

(1)清除粪污　在空舍后，先用2%～3%的氢氧化钠溶液或常规消毒液进行一次喷洒消毒，如果有寄生虫还要加用杀虫剂，主要目的是防止粪便、飞羽和粉尘等污染舍区环境。移出饲养设备(料槽、饮水器、底网等)，在一个专门的清洁区对它们进行清洗消毒。对排风扇、通风口、天花板、笼具、墙壁等部位的积垢进行清扫。

(2)高压冲洗　经过清扫后，用高压水枪由上到下、由内向外冲洗干净。对较脏的地方，可先进行人工刮除，要注意对角落、缝隙、设施背面的冲洗，做到不留死角，真正达到清洁。

(3)喷洒消毒剂　禽舍经彻底洗净、干燥，再经过必要的检修维护后，即可进行喷洒消毒。可采用氯制剂或复合碘制剂。为了提高消毒效果，一般要求使用两种以上不同类型的消毒药进行至少2次消毒，即第一次消毒24 h后用高压水枪冲洗，干燥后再喷雾消毒1次。喷雾消毒，要使消毒对象表面至湿润挂水珠，喷雾的压力应达30 kg/cm^2。

在喷洒消毒药之前，还可使用火焰喷射器灼烧墙壁等进行消毒。

(4)熏蒸消毒　待消毒液稍干燥后，把所有用具放入禽舍再进行密闭熏蒸消毒。熏蒸消毒一般可选用高锰酸钾和甲醛、二氯异氰脲酸钠、三氯异氰脲酸钠等。消毒人员操作时要戴防毒面具，操作完毕迅速离开。门窗密闭24 h后，打开门窗通风换气2天以上，散尽余气后方可使用。

使用高锰酸钾和甲醛时，每立方米的禽舍空间需福尔马林(37%甲醛)14～42 mL、高锰酸钾7～21 g。二氯异氰脲酸钠在加入助燃剂后可点燃熏蒸，用量为2～3 g/m^3。

经上述消毒程序后，有条件的禽场应进行舍内空气采样，做细菌培养，若没有达到要求须重复消毒。

2.带禽消毒　带禽消毒就是对禽舍内的一切物品及禽体、空间用一定浓度的消毒液进行喷洒或熏蒸消毒，以清除禽舍内的多种病原微生物，阻止其在舍内积累；并能有效降低禽舍空气中浮游的尘埃，避免呼吸道疾病的发生，确保禽群健康。带禽消毒是当代集约化养禽综合防疫的重要组成部分，是控制禽舍内环境污染和疫病传播的有效手段之一。

带禽消毒须慎重选择消毒药，要对人和禽的吸入毒性、刺激性、皮肤吸收性小，不会侵入并残留在肉和蛋中，对金属、塑料制品的腐蚀性小或无腐蚀性。养禽场常选用0.3%～0.5%过氧乙酸、0.1%次氯酸钠等。

带禽消毒的着眼点不应限于禽的体表，而应包括整个禽群所在的空间和环境，否则就不能较好地控制部分疫病。消毒器械一般选用高压喷雾器或背负式手摇喷雾器，要喷到墙壁、屋顶、地面，以均匀湿润和禽体表微湿为宜，不得直喷禽体。喷出的雾粒直径应控制在80～120 μm，不要小于50 μm。雾粒过大，易造成喷雾不均匀和禽舍太潮湿，且在空中下降速度太快，与空气中的病原微生物、尘埃接触不充分，起不到消毒空气的作用；雾粒太小，则易被家禽吸入肺泡，诱发呼吸道疾病。

喷雾时，每立方米用消毒液50～80 mL，每周消毒1～2次，发生传染病时，应增加消毒次数。

3.设备用具的消毒　设备用具在清洗后，用洗刷和浸泡的方法消毒，并在熏蒸禽舍前送回禽舍内进行熏蒸。有些设备如蛋箱、运输用禽笼等因传染病原的危险性大，应在运回饲养场前进行消毒，或在场外严格消毒。

4.环境消毒　首先应在厂区内设消毒池，并经常保持有新鲜的消毒液。大门前通过车辆的消毒池应宽2 m、长4 m以上，消毒液深度在5 cm以上；行人与自行车通过的消毒池宽1 m、长2 m，消毒液深度3 cm以上。消毒池内常用3%～5%煤酚皂液(来苏儿)、10%～20%石灰乳或2%烧碱溶液等。每栋禽舍的门前要设置脚踏消毒池，消毒液每天更换1次。亦可用草席及麻袋等浸湿药液后置于鸡舍进出口处。场内的工作鞋不许穿出场，场外的鞋不许穿进场内。其次，生产区道路应每天用消毒液喷洒，禽舍间空地定期耕翻，并喷洒消毒药。

三、实训设备和材料

禽舍；喷雾消毒器或塑料喷壶，火焰喷灯，紫外线灯；量筒、量杯、盆、桶、缸等用具，清扫及洗刷用具，橡胶长靴等；高锰酸钾、福尔马林、漂白粉溶液、石灰水、氢氧化钠溶液、0.3%过氧乙酸、0.1%次氯酸钠、当地常用的消毒液(菌毒敌、百毒杀)等不同种类消毒药。

四、实训内容

人员入场消毒、空禽舍消毒、带禽消毒、环境消毒和消毒质量检查。

五、操作方法和步骤

在实践中往往根据生产的不同阶段、不同环节、不同对象，不同部位、不同目的，两种或几种方法同时或交替使用，以达到最佳的消毒效果。

(一)地面和墙壁的消毒

清扫；喷刷石灰水：10%的石灰水；火焰喷射：用火焰喷射灯；熏蒸消毒：每立方米用14 g高锰酸钾加入28 mL福尔马林。

(二)用具消毒

清洗；太阳暴晒；紫外线照射；化学消毒剂的消毒：5%漂白粉溶液、氢氧化钠制剂、甲醛等；

熏蒸消毒:可以将用具放在禽舍中一起熏蒸消毒。

(三)进出养禽场的消毒

车辆:通过消毒池、喷洒消毒药液;场区出入人员:人员穿工作服以后用紫外线灯照射消毒。

(四)饮水消毒

在饮水中加入适量的消毒药物杀死水中的病原体,这就是饮水消毒。临床上常见的饮水消毒剂多为氯制剂、碘制剂和复合季铵盐类等。消毒药可以直接加入蓄水池或水箱中,用药量以最远端饮水器或水槽中的有效浓度达到该类消毒药的最适饮水浓度为宜。家禽喝的是经过消毒的水,而不是消毒药水,任意加大水中消毒药物的浓度或长期饮用消毒水,除可引起急性中毒外,还可杀死或抑制肠道内的正常菌群,影响饲料的消化吸收,对家禽健康造成危害,另外还会影响疫苗的防疫效果。饮水消毒应该是预防性的,而不是治疗性的,因而对畜禽饮用消毒水要谨慎行事。

(五)生物消毒法

常见的是粪便的堆积发酵。这种方法经济实用,既达到粪便消毒目的,又能提高粪便肥力。

六、操作重点提示

1. 清除污物　当病原体所处的环境中含有大量的有机物如粪便、分泌物、血液等时,由于微生物受到有机物的机械性保护,大量的消毒剂与这些有机物结合,消毒的效果将大幅度降低。所以,在消毒前首先应清除环境中的杂物和污物,经彻底冲洗后再使用化学消毒剂。

2. 有针对性地选择消毒剂　微生物的形态结构和代谢方式不同,对消毒剂的反应也有差异,因而消毒效果也不一致。

3. 消毒药的浓度适当　在一定范围内,消毒药的浓度越大则作用越强,如大部分消毒药在低浓度时只具有抑菌作用,高浓度时才具有杀菌作用。但消毒药的浓度增加是有限度的,盲目增加浓度并不一定能提高消毒效力,例如75%的乙醇消毒效果好于无水乙醇。

4. 作用的温度和时间要适当　温度升高可提高消毒药的作用效果,缩短所需时间。如当环境温度提高10℃时,酚类消毒药剂的消毒速度增加8倍以上,重金属盐类增加2～5倍。在其他条件都相同时,消毒剂作用的时间越长,消毒效果越好。

5. 适宜的环境湿度　熏蒸消毒时,若相对湿度较低,会使消毒效果降低,如甲醛或过氧乙酸熏蒸消毒时,环境的相对湿度以60%～80%最好。

6. 选择与环境酸碱度相适应的消毒剂　碘制剂、酸类、来苏儿等阴离子消毒剂在酸性环境中的杀菌作用较强,而阳离子消毒剂如新洁尔灭等在碱性环境中的杀菌作用较强。

七、实训过程检查与评价

实训过程检查内容及评价方法请参照实训4-1。

八、问题与思考

1. 常用的消毒方法有哪些?

2. 如何对地面和墙壁进行消毒?

项目五

兔场综合实训

实训5-1　兔舍建筑设计

一、实训目标和要求

通过实训，了解兔舍建筑设计与布局的一般要求，掌握兔舍建筑设计的基本方法。

二、知识背景与原理

(一)建场要求

1. *场址要求*　兔场场址选择直接影响到家兔生产的经济效益。所以应着重考虑地缘条件和家兔的生物学特性，做到科学、合理、高效。

(1)地势要求　兔场场址应选在地势高、地面平坦或稍有坡度(以1%～3%为宜)的地点；家兔喜干厌湿，潮湿容易使兔发生疥癣病、拉稀、寄生虫病，还可污染被毛，所以要求背风向阳，避开产生空气涡流的山坳和谷地；低洼潮湿、排水不良的场地不利于家兔体热调节，而有利于病原微生物的生长繁殖，特别是适合寄生虫(如螨虫、球虫等)的生存，因此兔场应建在地下水位在2 m以下、排水良好的地方；可利用自然地形地物如林带、山岭、河川等作为场界和天然屏障。

(2)水源要求　兔场的需水量比较大，如家兔饮水、兔舍笼具清洁卫生用水、种植饲料作物用水以及日常生活用水等，必须要有足够的水源，且水质好。水量不足将直接限制家兔生产，而水质差，达不到应有的卫生标准，同样也是家兔生产的一大隐患。

(3)土壤要求　土壤的透气性、吸湿性、毛细管特性及土壤化学成分等不仅直接和间接影响兔场的空气、水质和地上植被等，还影响土壤的净化作用。土质最好是沙壤土，土粒大，易渗水，既有利于防病，又有利于人的操作。但在一些客观条件限制的地方，选择理想的土壤条件很不容易，需要在规划设计、施工建造和日常使用管理上，设法弥补土壤缺陷。

(4)交通要求　交通既要方便又远离居民点。离公路太近，易传染疾病，也不安静，环境的喧闹，其他动物的干扰，甚至陌生人参观等，均可使家兔惊慌，造成损失。所以建场时，必须选择僻静处，远离工矿企业、交通要道、闹市区及其他动物养殖场等。太远又不利于运输草、料和兔。一般情况下，兔场距交通主干道应在300 m以上，距一般道路100 m以上，以便形成卫生缓冲带。兔场与居民区之间应有200 m以上的间距，并且处在居民区的下风口，尽量避免兔场成为周围居民区的污染源。

(5)电力要求　兔场照明、通风换气甚至清粪等需要消耗一定的电力，工厂化养兔生产尤甚。要保障电力供应，靠近输电线路，同时自备电源。

2.布局要求

(1)生产区　是兔场的核心部分，包括种兔舍、繁殖兔舍、育成兔舍、育肥兔舍、幼兔舍等。其排列方向应面对该地区的长年风向。为了防止生产区的气味影响生活区，生产区应与生活区并列排列并处偏下风位置。生产区内部应按核心群种兔舍→繁殖兔舍→育成兔舍→幼兔舍的顺序排列，种兔舍应置于环境最佳的位置，育肥兔舍和幼兔舍应靠近兔场一侧的出口处，以便于出售，并尽可能避免运料路线与运粪路线的交叉。

(2)辅助区　必须设在生产区、管理区和生活区的下风，以保证整个兔场的安全。

(3)管理区　是办公和接待来往人员的地方，通常由办公室、接待室、陈列室和培训教室组成。其位置应尽可能靠近大门口，使对外交流更加方便，也减少对生产区的直接干扰。

(4)生活区　主要包括职工宿舍、食堂等生活设施。其位置可以与生产区平行，但必须在生产区的上风。为了防疫，应与生产区分开，并在两者入口连接处设置消毒设施。

各个区域内的具体布局，应本着利于生产、防疫和方便工作及管理的原则合理安排。

3.建筑要求

(1)建筑朝向要求　兔舍建筑朝向的选择与当地的地理纬度、地段环境、局部气候特征及建筑用地条件等因素有关。适宜的朝向一方面可以合理地利用太阳辐射能，避免夏季过多的热量进入舍内，而冬季则最大限度地允许太阳辐射能进入舍内以提高舍温；另一方面，可以合理利用主导风向，改善通风条件。从而为获得良好的兔舍环境提供可能。兔舍布置一般采取坐北向南，亦可南北向偏东或偏西，但不宜超过15°。

(2)建筑间距要求　兔场的生产区内都有一定数量不同用途的兔舍。排列时兔舍与兔舍之间均有一定的距离要求。若距离过大，则会造成占地太多、浪费土地，而且会增加道路、管线等基础设施长度，增加投资，管理也不方便。但若距离过小，会加大各舍间的干扰，对兔舍采光、通风、防疫、防火等不利。一般来说，兔舍间距要求为9～10 m。

4.道路要求　兔场的道路应分清洁道和污染道。其中清洁道是运送饲料的道路，污染道是运送粪便和污物的道路，二者不可混用和交叉。在总体布置中就将道路以最短路线合理安排，有利防疫，方便生产。兔场应重视防疫设施建设，场界是兔场的第一道防线，应有较高的围墙或有天然防疫屏障；兔场的大门及各区域入口处，特别是生产区入口处以及各兔舍的门口处，应有相应的消毒设施，便于进出场内的车辆和人员的消毒。

(二)环境控制

1.温度的控制

(1)家兔对温度的要求　不同年龄、不同生理阶段的家兔对环境温度要求不同，初生仔兔为30～32℃，成年兔为10～25℃(临界温度为5～30℃)。环境温度超过30℃，只连续几天，就会使家兔生产力下降；如超过35℃，将出现虚脱，甚至死亡。

(2)控制措施

①修建兔舍前，应根据当地气候特点，选择开放式或封闭式室内笼养兔舍，同时注意建舍用的保温隔热材料的选择。例如，石棉瓦保温隔热性能差，在寒冷地区或热带地区都不能使用。

②冬季注意防寒保温。寒冷地区可采取塑料大棚覆盖或生火炉，有条件时可安装暖气，也

可通过红外线炉、保温伞、散热板等提高局部温度。适当增大舍内饲养密度也可提高舍温。兔舍内不同位置温度不同，一般靠近屋顶附近比地面温度高，兔舍中央比靠近门窗与墙壁处温度高。所以冬季应将月龄小、体质弱的兔安置在上笼，初生仔兔放于兔舍中央。

③夏季注意防暑降温。舍旁种树或攀缘植物，场内地面绿化，加大兔舍通风面积，设地脚窗通风，均利于降温。舍内可安装电风扇或排风设备。让兔多饮水，日粮中添加维生素 E 200 mg/kg，可减少热应激。高温季节降低饲养密度，在兔舍地面适当洒水，也可通过喷雾、空调降温等。

2.湿度的控制

(1)家兔对湿度的要求　潮湿是百害之源，它利于病菌及寄生虫的繁殖，所以兔舍应建在通风良好和干燥的地方，切忌建在背风、窝风和低洼潮湿之处。平时兔舍要保持干燥，防止潮湿。兔舍内适宜的相对湿度为 60%～65%，一般不低于 50%或不高于 70%。

(2)控制措施　场址选择在地势高燥向阳处，兔舍墙基和地面设防潮层。疏通排水管道、排水沟、排尿沟等。增加粪尿清除次数，粪尿沟撒吸附剂，如石灰、草木灰等，降低舍内湿度。冬季应注意兔舍保温和供暖，使舍内温度保持在 0℃以上，防止水汽凝结，可缓解高湿的不良影响。通风换气，这是将多余湿气排出舍外的有效途径。

3.通风的控制

(1)家兔对通风的要求　冬季兔舍通风以笼架附近气流速度 0.1～0.2 m/s 为宜，最高风速不应超过 0.25 m/s。

(2)控制措施　通风分自然通风和动力通风两种。自然通风简便经济，主要依靠门、窗以及设有活门装置的排气孔(通风口)。为使舍内各部位空气排除通畅，兔舍不应过宽，理想宽度 8 m，最大不超过 12 m。屋顶坡度不小于 25%～30%。排气孔面积约为地面面积的 2%～3%，并有活门装置。动力通风适合大规模集约化兔场。动力通风是由通风机造成的压力差而进行的，分为负压通风和正压通风。兔舍换气量一般要求每千克活重 2～3 m^2/h，夏季炎热时应为 3～4 m^2/h，冬季为 1～2 m^2/h。

4.光照的控制

(1)兔对光照的要求　家兔不需要强烈光照。目前对兔舍光照控制着重在光照时数，繁殖母兔每日 14～16 h，种公兔 8～12 h，生长兔 8～10 h。一般每天不超过 16 h。

(2)控制措施　兔舍光照控制包括光照时间长短和光照强度两方面。一般养兔多采用自然光照，兔舍窗、门采光面积占地面面积的 15%，射入角不低于 20°～30°。冬季日照短时，仅靠自然光照不能满足兔的需要，要用人工光照来补充。补充人工光照多采用在兔舍安装白炽灯或日光灯，光照强度为每平方米兔舍面积 4～5 W，强度均匀。

5.噪声的控制　家兔胆小怕惊，一定要保持环境安静。据试验，突然的噪声可引起妊娠母兔流产，哺乳母兔拒绝哺乳甚至残食仔兔等后果。噪声对兔许多器官系统都有不良影响。控制舍内噪声的措施有：①修建兔场时，场址选在远离铁路、公路、码头、工矿企业及繁华闹市等声音嘈杂的地方。②兔舍附近不要安装大型机器或停放拖拉机等。③禁止在兔舍附近燃放鞭炮。④饲料加工车间远离养兔生产区。⑤选购通风机及换气扇时注意噪声大小。⑥日常饲养人员操作时动作要轻，不要发出刺耳或突然的响声。

6.有害气体的控制　兔舍内各有害气体允许含量标准为：硫化氢＜10 mg/kg，氨＜30 mg/kg，二氧化碳＜3 500 mg/kg。控制兔舍内有害气体的措施有：①及时清除兔舍中的粪尿,粪尿是有害气体的主要来源。②消除粪尿在兔舍中进行分解的条件。③适当通风换气,以保证兔舍内良好的空气环境。

7. 灰尘的控制　兔舍内灰尘除由大气带进一部分外,其他主要是由饲养管理操作引起的,如打扫地面、翻动垫草、分发干草和饲料等。所以,打扫笼舍及分发饲料等操作应尽量轻巧,避免尘土飞扬,将粉状饲料改为颗粒饲料,同时注意通风换气,减少尘埃危害。在现代养兔生产中,已把改善环境作为提高家兔生产力与养兔经济效益的重要手段之一。人工控制环境,模拟和创造家兔最佳环境条件,就可实现兔业均衡生产,提高经济效益。

(三)兔舍的类型

兔舍按其排列形式分为单列式兔舍、双列式兔舍和多列式兔舍;按其与外界的接触程度分为亭式兔舍、开放式兔舍、半开放式兔舍和封闭式兔舍;按其存在形式分为山洞式、地窖式和靠山掏洞式兔舍;按其饲养方式可分为栅饲群养式兔舍和室内笼饲兔舍;按舍顶结构可分为单坡兔舍、双坡兔舍、平顶式兔舍、拱式兔舍、锯齿式兔舍、锯齿拱式兔舍、钟楼式兔舍、半钟楼式兔舍。另外,还有室外笼舍、塑料棚兔舍、笼洞结合式兔舍、地下产仔室兔舍、半地下室兔舍等。但总体来讲分为普通兔舍和封闭式兔舍两大类。

1. 单列式兔舍　单列式兔舍通风、光照良好,夏季凉爽,但冬季保温较差,要冬季挂草帘、塑料薄膜或塑料编织布,以利防风、保温,还要注意防御兽害。包括室外单列式兔舍和室内单列式兔舍。

2. 双列式兔舍　双列式兔舍的两列兔笼之间设走道,饲养管理方便,有利于冬季保温。承粪板向两侧倾斜,清除粪便在室外进行,舍内清洁卫生。为了便于通风,南列可少建一层,空出的距离安铁丝网,或反转玻璃窗,也可建钟楼式兔舍。为了加强仔兔的活动,北侧为兔笼,南侧建矮墙,做运动场,墙基上留出入孔,仔兔可以自由出入。也可以在舍内外运动场上架设电焊网或竹片网栅,在地网上饲养和运动,粪尿漏下,清洁卫生。包括室外双列式兔舍和室内双列式兔舍。

3. 室内多列式兔舍　室内多列式兔舍有多种形式,如四列三层式、四列阶梯式、四列单层式、六列单层式、八列单层式等。屋顶为双坡式,其他结构与室内双列式兔舍大致相同,只是兔舍的跨度加大,一般为 8～12 m。这类兔舍的最大特点是空间利用率高,缺点是通风条件差,室内有害气体浓度高,湿度比较大,需要采用机械通风换气。

4. 敞棚式兔舍　四面无墙,仅靠立柱支撑舍顶,其通风透光好,家兔的呼吸道疾病少,造价低,适于较温暖的地区或作为季节生产用。

5. 开放式和半开放式兔舍　开放式兔舍三面有墙,前面敞开或设铁丝网;该舍的通风透光好,适于较温暖的地区,华北以南地区比较常见。优点是投资少,缺点是冬天保温性能较差,在寒冷的地方需配套建仔兔保育舍。

半开放式兔舍除了三面有完整的墙外,前面有一半截墙,上部可设铁丝网。为了保温,冬季在其前面封塑料布。其优点是通风透光、空气新鲜、管理方便、造价低廉,缺点是冬天不易保温。

6. 封闭式兔舍　封闭式兔舍四周墙壁完整,上有屋顶遮盖,前后有窗。通风换气依靠门、窗和通风管道。封闭式兔舍的优点是冬暖夏凉,便于通风换气,便于密闭熏蒸消毒,杀灭兔舍内的病原微生物;管理省工省时,经济效益较高。封闭式兔舍的缺点是投资较大,一般封闭式兔舍用来喂养种兔。

7. 笼洞结合式兔舍　笼洞结合式兔舍是将室外笼舍建在靠山处,在笼后壁(网)处向山内掏成洞穴，入口直径15 cm，深50 cm，洞内径25 cm；有的在笼的底层设洞，用斜坡式通道（宽15 cm，高20 cm）将笼与洞相连，此洞穴约50 cm^3，距地面60 cm以上。笼洞结合式兔舍的优点是洞穴冬暖夏凉，利于家兔繁殖。笼洞结合式笼舍的缺点是洞穴难以彻底消毒和清扫；易受蛇、鼠、黄鼬等害兽侵袭；在冬季温度过低的地区采用，不能保温。适于干旱的山区及半山区，每用2～3年再换新地，以防疾病蔓延。

8. 靠山掏洞式兔舍　靠山掏洞式兔舍是山区普遍采用的一种兔舍。在背风向的土山南面用砖、石砌三层兔笼，在其后壁往里掏一个口小（宽12 cm、高14 cm，呈长椭圆形）、里大（25 cm×30 cm）、深45 cm左右的产仔葫芦洞，洞向左下或右下方倾斜。该种兔舍安静、卫生、向阳、冬暖夏凉，家兔可根据气候来改变自己所处的位置（冷、热时钻到洞里），四季均可繁殖，效果优于其他兔舍。

9. 地下产仔室兔舍　地下产仔室兔舍是在普通室外兔舍的地面上往前下方挖一宽12 cm、高20 cm的洞，末端砌一个产仔室，其上与地面接通，留一个观察孔。为了防潮，地下道与产室周围铺上白灰或塑料薄膜。由于地下安静、黑暗，非常适合家兔的习性，只要注意防潮和卫生，繁殖效果十分理想，适宜进行冬繁。

10. 半地下室兔舍　半地下室形式养兔，室内冬暖夏凉，适合家兔生长发育。采用这种方式养兔，生长发育快，出栏率高，成母兔一年四季繁殖产仔，产仔窝数和产仔数多，仔兔成活率高，能提高经济效益。半地下室建筑的基本要求：地下深1.36 m，地面上高1 m，长和宽根据条件和需要确定，周围用砖砌成，三面墙上安窗户和门，随时可以调节空气，保持室内通风良好，空气新鲜。房顶（稍有坡度，用竹竿做支架）用塑料布覆盖，外加盖稻草帘，在冬季白天揭开稻草帘，以接受阳光，增加室内温度，晚上再将稻草帘盖好，以保持室内温度。

三、实训设备和材料

兔舍建筑录像（资料）、比例尺、比例格纸（坐标纸）、计算机绘图软件。

四、实训内容

了解兔场（舍）建筑设计与布局的一般要求；掌握兔场（舍）建筑设计的基本方法；绘制兔场设计与布局图。

五、操作方法和步骤

观看录像或资料了解兔场建场时所需满足的基本要求、兔舍环境控制的主要内容和兔舍的主要类型；结合家兔生物学特性和兔舍建筑设计的要求，绘制一个基础母兔为1 000只的兔场设计与布局图，并加以文字说明。

六、操作重点提示

在兔舍建筑设计时一定要考虑以下事项：

1. 兔舍设计要有利于提高劳动生产效率　兔舍既是家兔的生活环境，又是饲养人员对家兔进行日常管理和操作的工作环境。兔舍设计不合理，一方面会加大饲养人员的劳动强度，另一方面也会影响饲养人员的工作情绪，最终影响劳动生产效率。因此，兔舍设计与建筑要便于饲养人员的日常管理和操作。比如将多层式兔笼设计得过高或层数过多，对饲养人员来说，顶层操作肯定比较困难，既费时间，又会给日常观察兔群状况带来不方便，势必影响工作效率和质量。

2. 兔舍设计应符合家兔的生物学特性　有利于温度、湿度、光照、通风换气等的控制，有利于卫生防疫和便于管理。兔舍窗户的采光面积为地面面积的15%，阳光的入射角度不低于25°～30°。兔舍门要求结实、保温、防兽害，门的大小以方便饲料车和清粪车进出为宜。兔舍形式、结构、内部布置必须符合不同类型和不同用途家兔的饲养管理和卫生防疫要求，也必须与不同的地理条件相适应。

3. 兔舍的各部分建筑应符合建筑学的一般要求　比如，建筑材料，特别是兔笼材料要坚固耐用，防止被兔啃咬损坏；兔舍内要设置排水系统；排粪沟要有一定坡度，以便在打扫和用水冲洗时能将粪尿顺利排出舍外，通往蓄粪池，也便于尿液随时排出，降低舍内湿度和有害气体浓度；舍顶下应设天花板，选用隔热、防水性能好的材料；地板要坚固致密，平坦不滑，抗机械能力强，耐腐蚀，易清扫，保温防寒；生产中以水泥地面最多，要求地面高出舍外地平面20～30 cm。

七、实训过程检查与评价

序号	检查内容	检查标准	学生自查	教师检查
1	教学互动	乐于参与		
2	出勤状况	出勤95%以上		
3	合作精神	能够积极参与课程讨论，互相补充		
4	创新意识	不随波逐流，有合理的独到见解		
5	兔场建设基本要求	熟练掌握相关要求		
6	兔笼建造的标准	结合实践能够掌握标准		
7	规划设计兔场	能够自行规划不同品种兔舍		
检查评价	评语： 组长签字：　教师签字： 年　月　日			

八、问题与思考

1. 兔场建场时需要满足哪些基本要求？
2. 兔场环境控制的主要内容有哪些？
3. 兔舍的类型有哪些？

实训5-2　家兔外貌观察与体尺、体重测量

一、实训目标和要求

通过实训，掌握家兔的捕捉方法，掌握家兔的体表部位和体态结构，了解不同生产类型家

兔的体型外貌特点，掌握家兔体尺、体重的测量方法以及家兔的个体评价方法。

二、知识背景与原理

（一）家兔的捕捉

在进行抓兔操作时，需要达到以下几个方面的要求：一是要使兔保持安定，便于进行相关的操作；二是抓兔操作不能对兔造成伤害；三是抓兔操作也不能对于抓兔者本身造成伤害。

正确的抓兔方法：先用手顺着兔的被毛方向轻轻抚摸，等兔安静后一手抓住两耳和颈后的皮肤，轻轻提起兔体的同时，另外一手托住家兔臀部，使整个兔呈犬坐姿势靠在人体前方。进行操作时应注意果断、镇静，动作要轻而快，不能粗暴。

为了避免兔后腿对操作者造成伤害，抓双耳及颈后的皮肤时，位置一定要靠近中间，不要偏向一边。同时，托住臀部的手可以轻轻抓住臀部的皮肤，以防兔子身体收缩，后腿抓伤操作者的手臂。

（二）兔体外貌部位观察

家兔的体型外貌反映其内部结构、组织发育、生理机能和生产性能。对外貌的观察鉴定要注意家兔的生理阶段、生产方向、健康状况，注意各部分的协调性和整体性。体型外貌鉴定顺序是先做整体鉴定，然后依次观察头部、颈部、左侧、后躯、右侧，最后观察四肢和生殖器官。对头形、四肢、生殖器官、被毛等要重点观察鉴定。

1. 整体观察　整体上看家兔体质外形应符合所属品种特征，生长发育达到品种标准要求，体型结构匀称协调，行动灵活，眼大有神，健康无病，无驼背、凹腰、尖臀、八字腿、牛眼等严重缺陷。

2. 头部　以头骨和额骨为基础，观察头、面、眼、耳、口、鼻等部位。

（1）头形　包括头的大小和宽窄。头形大小和发育程度反映家兔的品种特征和体质类型，头形大小应与体躯比例协调，头大体小或头小体大是发育不全或过度发育的表现。一般肉用兔头形宽圆紧凑，毛用兔头形清秀，皮用兔头小细致。公兔额宽面圆，似虎头，母兔额平面窄，似马头。

（2）眼　眼睛大小、神采、眼球颜色、有无分泌物是观察的重点。健康兔眼大，明亮有神；病兔则往往眼神呆滞、暗淡，眼角有分泌物。眼球颜色与毛色密切相关，白化兔系列被毛为白色或末端黑色，眼球为粉红色；有色兔眼球通常与被毛颜色相同。

（3）耳　耳朵大小、形状、垂立、厚薄、被毛着生情况反映品种特征，例如新西兰兔耳较小，耳梢钝圆，耳壳厚，直立；日本大耳兔耳大、耳根细、耳梢尖、耳壳薄，呈柳叶状，血管清晰明显。英系安哥拉兔耳小而薄，耳尖有一撮毛；法系安哥拉兔耳大而薄，无长毛，俗称“光板”；德系安哥拉兔中等大，以耳梢一撮毛或半耳毛为主；中系安哥拉兔头毛和耳毛丰盛，称全耳毛型。健康兔血管清晰，耳色红润；病弱兔往往耳色灰白、耳温低；重病兔往往耳色青紫，久病兔耳内往往有积垢或癣痂。

（4）口鼻　健康兔鼻孔大，唇裂清晰，门齿洁白整齐，鼻孔黏膜呈粉红色，无明显分泌物。

3. 颈部　以颈椎为基础，是连接头与躯干的部分，应注意其粗细长短，与头部、肩部结合情况，有无肉髯等。颈部要求结实灵活，与躯体协调，粗细长短适中。肉用兔颈短而粗，皮用兔颈部较长且颈部轮廓很明显；毛用兔颈较长且皮肤松弛，被毛浓密。肉髯位于唇后颈部下方，由颈部皮肤隆起形成的皱褶和结缔组织形成。肉髯大小与品种有关，一般大型品种家兔肉髯明显，母兔、肉用品种、体质疏松的个体肉髯相对发达。

4. 躯干　包括胸部、腹部、背腰、臀部和乳房。整体要求前中后躯发育适度，比例协调，结合良好。

(1)胸部　胸部以胸椎和肋骨为基础，以膈肌与腹部为界，是心、肺等重要器官所在部位。要求发育充分，胸宽而深。胸部窄缩是发育不良、体质衰弱的表现。

(2)腹部　位于腰椎以下，膈肌以后、骨盆腔以前，是胃、肠、肝等消化器官所在部位。腹部要求圆大柔软有弹性，以容纳发达的消化系统，提供母兔妊娠后期胎儿发育的空间。

(3)背腰　是以胸椎、腰椎为基础的体表部位，起到支撑胸腹作用，要求背腰长而宽广平整，肌肉发育充分。若背窄，呈屋脊状，骨节突出是营养不良和病态表现，驼背、凹腰为体型缺陷。

(4)臀部　以荐椎、骨盆骨为基础，要求臀部宽圆发达，发育良好的臀部是生产性能高的表现。

(5)乳房　乳房在家兔的腹下呈两列分布，多为4～5对，乳头往往隐于被毛中，经产兔较为明显。均匀饱满的乳房是泌乳能力好的基础。乳房稀少、缺损的家兔哺乳能力差。

5. 四肢　家兔的前肢较短，后肢长而发达，要求肢势端正，肌肉结实，行走灵活，动作有力。注意观察有无跛行、前肢"划水"、后肢瘫痪、短趾等现象。

(1)前肢　以肩胛骨、肱骨和掌骨为基础，腕关节以下部分与地面接触为"前脚"，兔的前肢相对后肢较小。

(2)后肢　以股骨、胫腓骨、跗骨和后掌为基础，飞节以下部分与地面接触为"后脚"。后肢在家兔站立、跑跳中起重要作用，要求健壮结实，肌肉有力。

6. 生殖器

(1)公兔　外生殖器官主要观察阴茎和睾丸。兔的阴茎呈圆锥形，通过拇指和食指按压阴茎周围皮肤可以充分暴露阴茎，要求发育正常，颜色红润。兔的腹股沟管终生不封闭，睾丸可以在腹股沟管和阴囊中移动，要求家兔的睾丸大而对称，阴囊有弹性，单睾和隐睾者不能做种用。

(2)母兔　外生殖器官主要观察阴户，要求母兔阴户明显，颜色正常，发育良好。

7. 被毛　主要观察被毛颜色、光泽度、密度、长度、结构和纤维类型等，除观察外，需要吹开被毛，用手触摸抓握。要求家兔毛色符合品种标准，被毛光泽，自然平顺，分布全身。被毛暗淡无光、蓬乱是营养不良或病态表现。

(三)家兔的体重称量

家兔通常需要称量初生重、21日龄窝重、断奶个体重、10周龄体重、13周龄体重、120日龄体重、周岁体重等。称重一般用台秤，以方便易用、精度高、有数码显示功能的电子台秤或托盘秤为佳，注意等兔于秤上安静时读取准确重量，单位为g或kg。

(四)家兔的体尺测量

体尺测量项目根据要求而定，如欲详细研究家兔生长发育规律或品种特征，可测量体长、头长、额长、背长、耳长、头宽、胸深、胸围等，单位为cm。一般只需测量体长和胸围。

1. 体长　指家兔在自然趴伏状态下鼻端到尾根皮肤的直线距离，测量体长常用钢卷尺和测量屉。测量屉是方便测量家兔体长的抽屉结构，两边标注刻度。测量中注意避免家兔弓背、身体扭曲，以免测量不准。

2. 胸围　指在肩胛骨后方绕胸廓一周的长度。一般用软尺测量。测量时要求家兔自然趴伏，避免软尺过松或过紧。

3. 背长　由头部枕骨大孔至尾根的自然长度。

4.头长　项顶部至两鼻孔下角的长度。

5.头宽　两眼窝外角突起之间的宽度。

6.额长　项顶部至两眼内角的长度。

7.耳长　耳根至耳尖部的长度。

8.耳宽　耳朵的最大宽度。

9.胸深　肩胛骨最高处至胸下缘的距离，用量角规测量。

10.腿臀围　指自然姿势下由家兔左膝关节前缘绕经尾根至右膝关节前缘的长度。

(五)体尺指数计算

1.体躯指数　用于表示体躯大小程度的指数。

$$体躯指数=\frac{体长}{胸围}\times 100\%$$

2.胸深指数　用于表示家兔体躯对宽度和深度的指标。

$$胸深指数=\frac{胸深}{体长}\times 100\%$$

三、实训设备和材料

(1)成年家兔若干只(包括肉用兔、毛用兔、皮用兔三种类型，公母适当搭配)；家兔骨骼标本、模型，家兔解剖挂图，相关音像资料。

(2)软尺、卡尺、测量屉、台秤、记录表。

四、实训内容

家兔的捕捉方法；家兔的体表部位和体态结构；不同生产类型家兔的体型外貌特点；家兔体尺的测量方法；家兔体重的测量方法。

五、操作方法和步骤

1.家兔的捕捉方法　在饲养管理家兔时，常要捕捉家兔。捉兔的基本要求是不使兔受惊，不伤人和兔。

捕捉青年兔、成年兔时，操作者应平稳缓慢地接近兔子，要求动作温和准确。一般用右手从上抓住兔的两耳和颈部皮肤，提起后立即用左手托住臀部(图5-2-1A)，双手配合放于笼外平整处观察。家兔起初四肢伏地，继而适应后起身走动。需观察家兔腹面时，右手抓住双耳和颈部皮肤，左手托住臀部配合，翻转用前臂托起家兔，左手从裆部配合进行生殖器官等部位观察。注意捕捉家兔时尽量不使家兔受惊，可在抓起家兔前先用手在背部顺毛抚摸数次使之安静。操作者要注意安全保护，避免被家兔抓伤或咬伤手臂。不允许只抓双耳、腰部和提后肢，这样很容易造成家兔拉伤。对于幼兔应一手抓颈背部皮毛，一手托住其腹部，注意保持兔体平衡(图5-2-1B)；小仔兔最好是用手捧起来。

2.观察家兔体型外貌部位　观察顺序是先做整体鉴定，然后依次观察头部、颈部、左侧、后躯、右侧，最后观察四肢和生殖器官；对头形、四肢、生殖器官、被毛等要重点观察鉴定。

3.称量家兔的体重　结果记录于表5-2-1中。

图 5-2-1　家兔的捕捉方法

表 5-2-1　家兔的体重称量结果

g

序号	初生重	21 日龄窝重	断奶个体重	10 周龄体重	13 周龄体重	120 日龄体重	周岁体重

4. 测量家兔的体尺　结果记录于表 5-2-2 中。

表 5-2-2　家兔的体尺测量结果

cm

序号	体长	头宽	头长	额长	背长	耳长	胸围	胸深

5. 计算体尺指数　一般计算体躯指数和胸深指数。

六、操作重点提示

1. 要正确捕捉家兔　避免错误的抓兔方法：

(1)只抓耳朵　因为家兔的耳面较大，耳骨较软，不能承受其全身体重。兔耳上神经密布，血管很多，单拎提兔耳时，兔感到疼痛而挣扎，易造成耳根损伤，导致耳朵下垂；有时还会造成出血或耳部裂痕。尤其是大型家兔体重达 5 kg，那就更承受不了。

(2)抓腰部或背部皮肤　因为抓兔腰部或背部时，易使皮肤与肌肉脱离，同时会压迫和损伤内脏，还可能使兔发生脑充血甚至死亡。特别体重较大的家兔，如果抓起身体的任何一部分表皮，都会使皮肤与肌肉分离，对其健康和生长发育都不利。

(3)抓后腿　兔的后腿发达，骨质轻脆，善于跳跃，单拎后腿时，兔会剧烈挣扎，极易造成骨折和后肢瘫痪，孕兔则易造成流产；家兔也不习惯于头部向下，倒拎兔时其脑部充血，使头部血液循环发生障碍，严重时会导致死亡。

(4)抓尾巴　易抓掉兔尾巴。

2. 要仔细观察家兔　根据家兔的不同用途观察其体形外貌，比如肉用兔主要观察其肉用体形，毛用兔主要观察其毛的品质，皮用兔主要观察其被毛颜色、光泽度、密度、长度、结构和纤维类型等。

七、实训过程检查与评价

实训过程检查内容及评价方法请参照实训 5-1。

八、问题与思考

1. 如何正确捕捉和保定家兔？
2. 如何观察家兔体型外貌？

实训 5-3　家兔品种识别和主要性状的比较

一、实训目标和要求

通过实训，掌握不同经济用途和不同品种(系)家兔的外貌特征、体质类型以及其优缺点。比较不同经济用途和同一经济用途不同品种(系)家兔的主要性状，掌握家兔品种识别的基本方法。

二、知识背景与原理

(一)家兔品种分类方法

家兔的品种很多，全世界大约有 60 个品种和 200 个品系。根据家兔的生物学特性和经济用途等，通常有以下几种分类方法。

1. 按家兔被毛的生物学特性分类

(1)长毛型　毛长在 5 cm 以上，被毛生长速度快，每年可采毛 4～5 次，属于这种类型的兔是毛用兔，如安哥拉兔。

(2)标准毛型(或普通毛型)　毛长在 3 cm 左右，粗毛比例高且突出于绒毛之上。属于这种类型的兔主要有肉用兔、皮肉兼用兔，毛的利用价值不高，如新西兰兔、加利福尼亚兔、青紫蓝兔等。

(3)短毛型　主要特点是毛纤维短、密度大、直立，一般毛长不超过 2.2 cm，不短于 1.3 cm，平均毛长 1.6 cm 左右，粗毛和细毛的长度几乎一样，被毛平整，粗毛率低，绒毛比例非常高。属于这种类型的兔主要是皮用兔，如獭兔。

2. 按家兔的经济用途分类

(1)毛用兔　其经济特性以产毛为主。体型中等。毛长在 5 cm 以上，毛密度大，产毛量高。毛品质好，毛纤维生长速度快，70 天毛长可达 5 cm 以上，每年可采毛 4～5 次。绒毛多，粗毛少，细毛型兔粗毛率在 5%以下，粗毛型兔粗毛率在 15%以上。如安哥拉兔。

(2)肉用兔　其经济特性以产肉为主。体型较大，头大，颈粗短，多数有肉髯，体躯肌肉丰满，骨细皮薄，肉质鲜美，繁殖力强，早期生长速度快，一般 3 个月可达 2 kg 以上；成熟早，屠宰率高，全净膛屠宰率在 50%以上；饲料报酬高。如新西兰兔、加利福尼亚兔等。

(3)皮用兔　其经济特性以产皮为主(制裘皮衣服等)。体型多为中、小型，体躯结构匀称，头清秀，四肢强壮；被毛具有短、细、密、平、美、牢等特点，粗毛分布均匀，理想毛长为 1.6 cm

(1.3～2.2 cm);皮肤组织致密。如獭兔。

(4)实验用兔　其特性为被毛白色,耳大且血管明显,便于注射、采血用,在试验研究中日本大耳兔最为理想,其次为新西兰白兔,但目前应用数量多的是新西兰白兔。

(5)观赏用兔　有些品种外貌奇特,或毛色珍稀,或体格微型适于观赏用,如法国公羊兔(垂耳兔)、彩色兔、小型荷兰兔等。

(6)兼用兔　其经济特性具有两种或两种以上利用价值的家兔。如青紫蓝兔既适于皮用也适于肉用;日本大耳兔可作为实验用兔,也可作为肉用和皮用兔。

3.按家兔的体型大小分类

(1)大型兔　成年兔体重在6 kg以上,体格硕大,成熟较晚,增重速度快。如哈尔滨白兔、比利时弗朗德巨兔、德国蝶斑兔。

(2)中型兔　成年兔体重4～5 kg,体型中等,结构匀称,体躯发育良好。如新西兰兔、德系安哥拉兔。

(3)小型兔　成年兔体重2～3 kg,性成熟早,繁殖力高。如中国白兔。

(4)微型兔　成年兔体重在2 kg以下,体型微小。如小型荷兰兔。

4.按培育程度分类

(1)地方品种　由于社会经济条件和科学技术水平的限制,家兔在品种形成过程中,受自然因素影响很大,由此形成的品种,虽然生产性能不高,但适应性强,抗病力较高,耐粗饲,繁殖力高。如中国白兔。

(2)过渡品种　有些品种尚未达到培育品种的程度,但培育程度比地方品种要高,称为过渡品种。在培育过程中,既注意到精心选择和培育,又注意到对当地自然条件的适应和锻炼。这类品种具有介于地方品种和培育品种之间的特点,既有一定的经济专门化用途,又具有较强的适应性。

(3)培育品种　又称育成品种,是经过人们有明确目标的选择,创造优良的环境条件,精心培育出的品种,具有专门经济用途,且生产效率较高。如中国哈尔滨白兔。

(二)家兔品种(品系)间的比较

1.品种特征　不同品种或品系的兔,具有不同的外貌特征。如加利福尼亚兔,毛色一定要有双耳尖、四爪、鼻尖和尾尖等八处为黑色,俗称“八点黑”。

2.体型外貌　兔的体型外貌是其内部生理机能和解剖构造的外部表现,生产用途不同的兔有不同的外形,从外形上不仅可以识别不同的品种,在一定程度上还能了解或判断兔的健康、生长发育状况、生产性能和主要生产用途。体型外貌鉴定,常用目测(肉眼观察)和用手触摸的方法进行,主要鉴定部位及要求如下:

(1)头部　头的大小应与体躯比例协调,过大过小均为缺陷,一般公兔的头较母兔显得粗重。耳的形状、大小和长短应符合品种特征,除垂耳品种外一般两耳应直立。眼睛应明亮有神,无眼垢和泪痕,眼球颜色符合品种特征。门齿整齐、上下咬合不错位,牙齿畸形(如门齿过长)和“牛眼”兔不能留作种用。

(2)体躯　颈肩结合良好,与体躯协调,胸部应宽而深,背腰应宽广、平直,臀部应宽圆、丰满。臀短而下垂的兔,不宜留作种用。用手触摸脊椎,无算盘珠凸起感。腹部不过大或下垂。

(3)四肢　四肢应强壮有力,肌肉发达,粗细与体躯协调,肢势端正,行走自如,伸展灵活,无异常表现。有缺陷的(如短肢、八字腿、O形腿等)兔不宜留作种用。

(4)被毛　被毛应浓密、富有光泽和弹性,色泽符合品种特征,毛稀或粗乱无光是体质纤弱或病态的表现,不宜留作种用。毛兔的被毛应洁白、光亮、浓密、松软,无结块。獭兔被毛应"短、细、密、平、美、牢",即绒毛丰富平整,毛纤维直立而且有弹性,枪毛含量少。在生产中检测被毛密度可直接用手抓臀部、体侧被毛,如感觉紧密厚实,表明被毛密度大,如手感空松稀薄,则被毛密度小;也可将背部或体侧的被毛向逆毛方向吹开,蝶形中心如所露皮肤缝隙小,不明显的被毛密度大,反之则被毛密度小。

3.生产性能鉴定　现将全国家兔育种委员会推荐试行的家兔常用生产性能指标及计算方法介绍如下:

(1)体重　称重应在早晨饲喂草料及饮水之前进行。应称取初生窝重(产后 12 h 内产活仔兔的全部重量)、断奶重(断奶个体重和断奶窝重两个指标)、70 日龄重、3 月龄重,以后每月称重一次,周岁以后,每年称重一次。

(2)体尺　一般测 3 月龄、初配和成年时的体长和胸围,长毛兔在剪毛以后进行,体尺测量应与称重同时进行。体长指从鼻端到坐骨端的直线长度,胸围指肩胛骨后缘绕胸部一周的长度,以皮尺度量。

(3)成活率　常用的有断奶成活率、幼兔成活率和商品兔成活率。

$$\text{断奶成活率}=\frac{\text{断奶仔兔数}}{\text{产活仔兔数}}\times 100\%$$

$$\text{幼兔成活率}=\frac{\text{3 月龄幼兔成活数}}{\text{断奶仔兔数}}\times 100\%$$

$$\text{商品兔成活率}=\frac{\text{出栏数(交付屠宰数)}}{\text{入舍幼兔数}}\times 100\%$$

(4)繁殖性能　主要包括受胎率、产仔数、产活仔兔数和泌乳力等。

$$\text{受胎率}=\frac{\text{一个发情期配种的受胎数}}{\text{参加配种的母兔数}}\times 100\%$$

产仔数指母兔的实产仔兔数,包括死胎、畸形。

产活仔兔数则指母兔产的活仔数,种母兔成绩按连续三胎平均数计算。产仔数有胎产仔数和年产仔数两个指标。

泌乳力用 21 天仔兔窝重来表示(包括寄养仔兔)。

(5)产肉性能　主要指标有生长速度、饲料转化率、屠宰率。

$$\text{生长速度(g/天)}=\frac{\text{统计期内兔增重}}{\text{统计期饲养日数}}$$

$$\text{饲料转化率}=\frac{\text{统计期内饲料消耗量}}{\text{统计期内兔增重}}\times 100\%$$

$$\text{屠宰率}=\frac{\text{胴体重}}{\text{宰前活重}}\times 100\%$$

胴体重有全净膛和半净膛两项,测定时应注明。全净膛指放血并去皮、头、尾、前脚(腕关节以下)、后脚(跗关节以下)及剥除内脏的屠体;半净膛指在全净膛的基础上保留肝、肾和腹壁脂肪。宰前活重指屠宰前停食 12 h 以上的空腹重。

(6)产毛性能　主要指标有产毛量、产毛率、毛料比和兔毛品质。

产毛量指成年兔个体产毛量,又分为估测产毛量和全年实际剪毛量的累计数。估测产毛量以个体 9 月龄时剪毛量的 4 倍乘校正系数来计算,并注明剪毛季节。

产毛率指 1 年估测产毛量占同期体重的百分率。

$$毛料比=\frac{统计期内饲料消耗量(折成可消化能和可消化蛋白质)}{统计期内剪毛量}\times 100\%$$

衡量兔毛品质的指标有毛的长度、细度、强度、伸度、结块率和粗毛率等。检验的毛样均从十字部采取。兔毛长度分毛丛长度和毛纤维长度。毛丛长度指兔体毛的自然长度,从背部到臀部测 3～4 个毛丛长度取平均数。毛纤维长度指剪下的毛纤维单根的自然长度,测量 100 根取平均数。毛的细度以 μm 为单位,测量单根兔毛纤维中段直径,数量 100 根。兔毛的强度和伸度靠仪器进行测定,操作应按照仪器的使用说明和要求进行,各测 20 根取平均数。

$$兔毛结块率=\frac{结块毛重量}{同次剪毛重量}\times 100\%$$

$$粗毛率=\frac{粗毛重(包括两型毛量)}{同一平方厘米毛重量}\times 100\%$$

三、实训设备和材料

(1)具有典型特征的毛用兔、肉用兔(新西兰、加利福尼亚、弗朗德、大耳白、塞北等)和皮用兔(美系、德系、法系等)若干只。每个类型尽量多选择几个品种(系),包括国内培育的和国外引进的,以便于比较。条件允许的情况下,选择肉兔配套系中父系和母系的种兔若干只。

(2)有关家兔品种的幻灯片、录像片、挂图或照片。

(3)钢板尺、钢卷尺、软尺、游标卡尺、规尺、电子秤。

四、实训内容

掌握不同经济用途和不同品种(系)家兔的外貌特征、体质类型及其优缺点;比较不同经济用途和同一经济用途不同品种(系)家兔的主要性状。

五、操作方法和步骤

通过观察和性状测定对每个品种进行初步观察和外部特征的识别与描述,总结其基本特征。然后进行定性和定量的测量和鉴定,以便比较。

(一)不同经济用途家兔的观察

1. 毛用兔　头形、耳形和体形;耳毛、颊毛和脚毛,粗毛率和毛丛结构。

与产毛有关的指标:体重、被毛长度和被毛密度。

头形可分为长、方、圆和三角形。

耳形可分直立、V 形上举和下垂(一耳垂和双耳垂)。

耳的状态可用数据描述：长度（耳根至耳尖的直线距离）、宽度（耳朵最宽处）和厚度（耳尖部，用游标卡尺测定）；单位：cm。

体形可分方形、长方形、三角形、枩枩形（两头尖中间宽）等。

被毛密度以 1 cm 宽度的被毛厚度代表。测定方法：游标卡尺，卡口准确到 1 cm，沿脊柱由后向前插入背中部被毛，然后轻轻推动，使卡口卡住被毛，松紧适度。取出卡尺，读取数据，精确到 0.01 mm。

2. *肉用兔*　头形、耳形和体形；肉髯；有色家兔不同部位被毛的颜色，包括：背部、体侧、腹部、八端（两耳、嘴巴、尾巴、四肢下部），每根毛纤维的毛基、毛梢和毛干的颜色，眼球颜色；被毛长度（枪毛长度和绒毛长度）、被毛密度和脚毛状况。

与产肉有关的指标：体重，单位 kg；胸围、胸宽、胸深、腹围、臀围、臀长、臀宽，单位 cm。

3. *皮用兔（力克斯兔）*　基本观察和测定内容同肉用兔。所不同的是，力克斯兔的触毛（眉毛和胡须）是弯曲的；个别品系臀部下端皮肤松弛形成似肉髯样的皱褶，俗称肉裙。

（二）家兔品种（系）特征的观察和比较

按表 5-3-1 至表 5-3-4 观察和比较，并及时记录。

表 5-3-1　家兔外貌特征的观察比较

类别	品种（系）	编号	总体						耳朵			颜色							
			类形	体形	头形	耳形	肉髯	肉裙	长度/cm	宽度/cm	厚度/cm	基本	毛根	毛干	毛尖	背部	体侧	腹部	眼球

注：1. 类别：指毛用、肉用和皮用；

2. 类型：指疏松型、紧凑型、清秀型等；

3. 基本颜色：指该兔的被毛颜色类型，如：八点黑、黄褐、青紫蓝、白色、黑色、海狸色等。

表 5-3-2　家兔被毛特征的鉴定和比较

类别	品种（系）	编号	肉用兔					皮用兔				毛用兔						
			枪毛长/cm	绒毛长/cm	被毛密度	粗毛率/%	脚毛	毛长/cm	被毛密度	粗毛率/%	脚毛	耳毛	颊毛	脚毛	毛长/cm	被毛密度	粗毛率/%	毛丛

表 5-3-3 家兔产肉性状的鉴定和比较

类别	品种(系)	编号	月龄	体重/kg	胸围/cm	胸宽/cm	胸深/cm	腹围/cm	臀围/cm	臀长/cm	臀宽/cm	备注

表 5-3-4 家兔典型特征的比较

品种	毛色特征						耳部特征			品种典型特征
	外观	毛基	头部与耳朵	四肢与腹部	尾背面及尾腹面	眼睛颜色	大小	形状	态势	

六、操作重点提示

比较不同经济用途和同一经济用途不同品种(系)家兔的主要性状时,肉兔主要选择体形外貌符合品种特征和肉用体形、生长快、育肥时间短、产肉性能好、耗料少、成活率高、繁殖力强的个体留作种用。毛用兔除按常规选种要求外,主要选择性状是产毛量和毛的品质,体重和产仔数要求达到各系标准即可,不宜过高追求,因为体重过大,往往导致毛料比增大,从而提高生产成本;产仔过多,会影响母兔的产毛量。獭兔选种除考虑体形大小、生长速度、体质情况外,重点是毛皮质量(品质和色泽)。

种公兔要求种性纯,必须健康无病、生长发育良好、体质健壮、性情活泼、睾丸发育良好、性欲强(可用母兔试情),生长受阻、单睾、隐睾或行动迟钝、性欲不强者不能留作种用。种母兔要求奶头数在 8 个以上,发育匀称、饱满;重点考查其繁殖性能和母性。如果连续 7 次拒绝配种或连续空怀 2～3 次,连续 4 胎产活仔数均低于 4 只的母兔应淘汰,泌乳力不高、母性不好甚至有食仔癖的母兔不能留作种用。应选受胎率高、产仔多、泌乳力高(21 天窝重大)、仔兔成活率高、母性好的母兔作种用。

七、实训过程检查与评价

实训过程检查内容及评价方法请参照实训 5-1。

八、问题与思考

1. 家兔根据其经济用途可以分为哪些类型?
2. 家兔通常有哪几种分类方法?

实训 5-4 家兔发情鉴定与妊娠检查

一、实训目标和要求

通过实训，了解发情母兔在发情期不同阶段的各种表现，能通过外表和外阴表现做出初步判断；掌握母兔妊娠诊断的基本方法，通过了解母兔是否配种及配种日期，结合外部观察法和摸胎法对母兔是否妊娠做出初步判断。

二、知识背景与原理

(一)兔的发情鉴定

1. 发情　母兔性成熟后，由于卵巢内成熟卵泡产生的雌激素作用于大脑的性活动中枢，引起母兔生殖道一系列生理变化，出现周期性的性活动(兴奋)表现，称为发情。发情使母兔体内发生一系列形态和生理的变化，如精神状态变化，性欲反应，卵巢变化，生殖生理变化，这种变化从发情开始到结束时间一般为 3～4 天，称为发情持续期。需要注意的是，兔的卵子成熟后不像别的哺乳动物，卵子会自动排入喇叭口，进入输卵管的上 1/3 处和精子结合。兔的卵子只有在性刺激的情况下才会排出来，如公兔的爬跨交配就可促使母兔排卵，这对于人工授精具有特殊意义。因为在未进行刺激排卵前，只根据发情状况便输精，受胎率极低。

母兔发情征兆：兴奋不安，食欲不振，在笼内来回跑动，刨地踏足，衔草拔毛，不时用后脚拍打笼底板，发出声响。有的母兔常在料槽或其他用具上摩擦下颌，俗称“闹圈”。人用手抚其背时，兔就贴伏地面并将尾举起。性欲旺盛的母兔主动向公兔调情爬跨，甚至爬跨其他母兔。此外，发情母兔外阴部还会出现红肿现象，颜色由粉红到大红再变成紫红色，如外阴唇苍白、干燥，表明没有发情；如为淡红色，表明开始发情；如为深红色，表明正是发情旺期；如为紫红色，表明发情期已过。有句民谚叫作“粉红早，黑紫迟，大红正当时”，这是对掌握配种最佳时间的全面、精确的概括。由于部分母兔(外来品种居多)的外阴部并无红肿现象，仅出现水肿、腺体分泌物等现象，此时配种适宜。当公兔爬跨时，发情母兔先逃避几步，随即便伏卧、抬尾迎合公兔的交配。

2. 发情周期　母兔的卵子成熟，卵泡液中的雌激素可促使母兔发情。如果母兔通过交配刺激，发生排卵受精，形成的合子在子宫内着床发育，便受孕。怀孕后，原卵泡处生成黄体抑制新卵泡成熟，就不再发情，如果卵泡成熟后没有进行交配，卵子没有排出或未能受精，那么成熟的卵子就会自动被吸收，而新的卵子又逐渐成熟，形成新的卵泡，所以母兔就又发情了。两次发情间隔的时间就叫发情周期。兔具有刺激性排卵的特点，其发情周期不像其他家畜有准确的周期性，变化范围较大，常发生发情不一定排卵、排卵不一定发情的现象。兔发情周期一般为 7～15 天，发情期一般为 3～5 天。

3. 刺激性排卵　家畜都有一对卵巢，能产生卵细胞和分泌雌性激素。牛、羊、猪、马等家畜都有固定的发情周期，卵巢上的卵泡发育到一定程度，就会在激素的作用下，离开卵巢表面，完成排卵过程，即自发排卵。而家兔不同，幼龄母兔发育到初情期，直到性机能衰退之前，在其卵巢中一次能成熟许多卵子。但是，如果没有外界交配刺激或注射促排卵激素刺激，卵子就不会自动排出。这些成熟的卵泡在雌激素与孕激素协同作用下经过10～16天之后，就逐渐萎缩、退化，并被周围组织所吸收。只有经交配或外源激素刺激后，隔10～12 h，卵子才能从卵巢中排出，这种现象叫刺激排卵或诱发排卵。生产中可以利用家兔诱发排卵这一特性，进行同期发情，定时配种。

4. 母兔发情的特点

(1)发情的不完全性　发情时缺乏某方面变化的称为不完全发情。据观察，公、母兔分养时不完全发情的比例很大，但因类型、品种、个体等而不同，如中国家兔80%个体表现完全发情，而发情不接受交配的或接受交配，阴唇黏膜不充血、不潮红的占20%；但当公、母兔混养或临近公兔饲养的母兔不完全发情的比例减少。

(2)发情的无季节性　野兔有明显的发情季节性，多在春、夏季发情配种，家兔虽源于野兔，但已逐渐驯化得可一年四季表现发情，特别是工厂化养兔可常年产仔。

(3)产后发情早　母兔分娩后第2天即普遍发情，远比其他家畜早，配种后可受胎，尤其公、母兔混养表现更明显。

(4)断乳后普遍发情　母兔泌乳35天左右给仔兔断乳，3天后，母兔发情者较多，此时配种受胎率较高。

(二)兔的妊娠检查

公母兔交配后，在母兔生殖器官中，受精卵逐渐形成胎儿及胎儿发育至产出前所经历的一系列复杂生理过程就叫妊娠。完成这一发育过程的整个时期就叫妊娠期。交配后约72～75 h，胚胎进入子宫，这时呈游离状态，1～2周的时间，胚胎中的尿囊膜发育，并和绒毛膜愈合一处，产生许多分支的绒毛，此绒毛突出，与母体子宫壁疏松的特殊组织相连，共同形成胎盘，胎盘形成后，胚胎即完全依靠胎盘吸收母体的养料和氧气，胚胎的代谢产物也通过胎盘传到母体。

家兔的妊娠期一般为30～31天，变动范围为28～34天。妊娠期的长短因品种、年龄、胎儿数量、营养水平和环境等不同而有所差异。大型品种比小型品种怀孕期长，老龄兔比青年兔怀孕期长，胎儿数量少的比数量多的怀孕期长，营养状况好的比差的母兔怀孕期长。正常情况下，95%以上孕兔能如期产仔，延迟2～3天分娩的仔兔能正常成活和发育，而提前2～3天分娩的仔兔死亡率很高。

三、实训设备和材料

来自兔场有生产记录和繁殖记录的健康供试验母兔若干只，含发情期不同阶段的各种母兔、妊娠母兔和非妊娠母兔。健康公兔2～3只(用于试情和妊娠检查)。

四、实训内容

家兔的发情鉴定；家兔的妊娠诊断。

五、操作方法和步骤

(一)观察母兔的发情表现

按表5-4-1观察记录。

表 5-4-1 家兔发情时的外部表现及外阴变化记录

母兔号	外部表现	外阴变化	其他生理现象	现所处生理阶段(根据记录)	发情鉴定结果

(二)妊娠诊断方法

1.外部观察法　母兔妊娠后，表现为发情周期停止，食欲增进，采食量增加，由于营养改善，毛色润泽光亮，性情温顺，行为谨慎安稳，到一定时期腹围增大。此法妊娠前期较难从肉眼看出，后期才易于辨认。

2.复配法　母兔配种后1周左右，再把母兔送于公兔笼内，如果母兔已经怀孕，则会拒绝公兔的接近。由于此法在第一次交配后一周再复配，所以应谨防流产。

3.摸胎法　一般可在配种后第10～12天进行。此法简便易行，准确率高。具体方法是：将母兔放在桌上或平地上，兔头朝向检查者，左手抓住兔颈皮，右手大拇指与四指分开呈八字形，由前向后沿腹壁后部两旁轻轻探摸，配种后8～10天，可摸到像黄豆粒样的肉球，光滑而有弹性，触摸时滑来滑去，不易捉住；12天左右，胚胎大小状似樱桃；14～15天，胚胎大小状似杏核；15天以后，可摸到好几个连在一起的小肉球；20天之后，可摸到花生角似的长形胎儿，可触感到胎儿的头部，手感较硬，并有胎动的感觉。若触摸时发现整个腹部柔软如棉花状，则是没有妊娠的表现。

4.假孕的检查　假孕也称假妊娠，是指母兔交配后或被其他兔爬跨刺激后排卵而未受精，卵巢形成黄体，母兔表现出妊娠的现象。在此期间配种，一般不易受胎。假妊娠母兔是由于孕酮的不断分泌促使其乳房系统发育，子宫增大，有的可持续至20天左右。母兔临床上表现出临产行为，如乳房发育并分泌乳汁，衔草做窝，拉毛营巢。但由于子宫内无胎儿的存在，黄体在子宫分泌的前列腺素的作用下溶解，从而使假妊娠中止，母兔最终因空怀并无小兔产出。为了防止假妊娠现象的发生，配种期可采用重复配种的方法。若早期发现假妊娠，可注射前列腺素消除黄体，使母兔再发情再配种。因此，对未孕母兔的复配时间以取前一次配种后相隔16～17天为佳，此时受胎率往往很高。

临产母兔，尤其是母性强的母兔，食欲减退甚至拒食，乳房肿胀并可挤出乳汁。外阴部肿胀充血，黏膜潮红湿润，在产前数小时甚至1～2天开始衔草拉毛做窝。但少数初产母兔或母性不强的个体，产前征兆不明显。

妊娠诊断相关记录填于表5-4-2中。

表 5-4-2 家兔妊娠诊断记录

母兔号	外部表现	摸胎结果	其他生理现象	配种日期(根据记录)	妊娠诊断结果

六、操作重点提示

必须注意的是，摸胎检查时，动作要轻，严防挤破胚胎。检查时不要将母兔提离地面悬空，更不要用手指去捏数胚胎数，以免造成死胎或流产。另外，初学者易把胚胎与粪球相混淆，粪球一般无弹性，表面不光滑，在腹腔占据面积很大，无固定位置，而胚胎的位置则比较固定，用手轻轻按压时，光滑而有弹性。

七、实训过程检查与评价

实训过程检查内容及评价方法请参照实训 5-1。

八、问题与思考

1. 家兔发情的特点有哪些？

2. 家兔常用的妊娠诊断方法有哪些？

实训 5-5　家兔常规管理技术

一、实训目标和要求

通过实训，熟练掌握家兔的性别鉴定、年龄鉴定、公兔去势、刺号、保定和采毛等技术。

二、知识背景与原理

(一)性别鉴定

家兔的性别鉴定与家畜有很大的不同，家兔在一生中它的阴部、阴茎有着一系列的变化。一般来说，性别鉴定主要是根据阴部和肛门的距离、阴部的形状来进行判定。公母鉴别的主要目的是为了淘汰公兔，尤其是初生仔兔。

1. 初生仔兔　主要根据阴部孔洞形状及与肛门之间的距离进行识别。母兔的阴部孔洞呈扁形而略大于肛门，且距离较近。公兔的阴部孔洞呈圆形而略小于肛门，且距离较远。应注意不要简单地以留大去小作为留母去公的依据，以免造成失误。

2. 开眼后仔兔　主要是直接检查外生殖器。方法是左手抓住仔兔耳颈部，右手食指和中指夹住尾巴，用大拇指轻轻向上推开生殖器孔，发现公兔局部呈 O 形，并可翻起圆筒状突起；母兔则局部呈 V 形，下端裂缝延至肛门，无明显突起(图 5-5-1)。

3. 3 月龄以上青年兔　轻压阴部皮肤就可翻开生殖孔。公兔可看到有圆柱状突起；母兔则有尖叶状裂缝延至肛门。

4. 成年兔　成年公母兔的性别鉴定很容易，公兔的鼠蹊部有一对明显的阴囊下垂，母兔则无。

(二)年龄鉴定

家兔的年龄可以根据兔爪的长度、颜色，牙齿长短、洁白程度等鉴定。通常是根据兔爪的

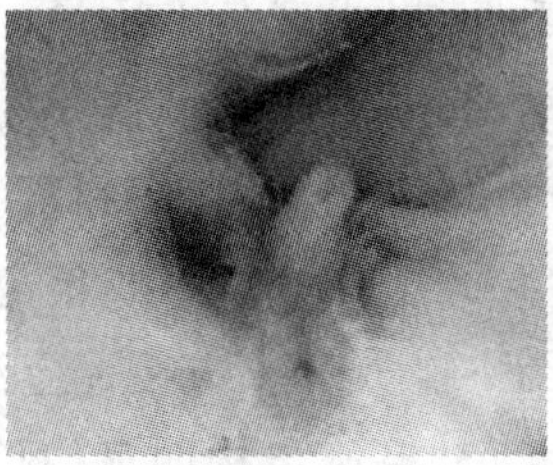
公兔为管状(O形)

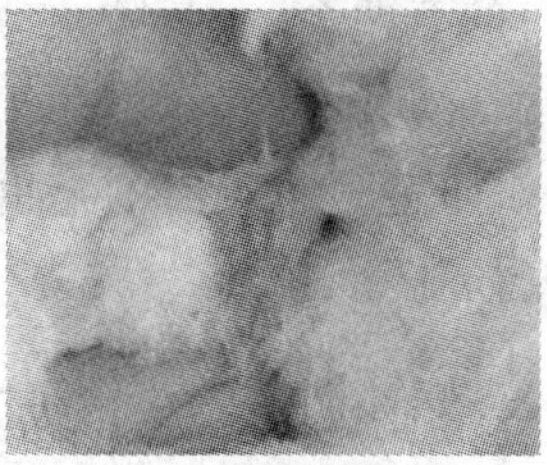
母兔为V形

图 5-5-1 兔公母鉴别

长度和形状来鉴定兔的年龄。一般青年兔的爪短、直、平,爪的尖端较尖,而且爪多隐藏在脚毛里,由表面不易看到角质的爪,而老年兔往往表现爪长、弯钝,弯曲而不整齐。当然年龄鉴定只能区别大概阶段,准确的还是要靠记录。

(三)公兔去势

凡不留作种用的公兔,在生后10～12周龄进行去势。但肉用兔的公兔一般在3月龄达到2.5 kg即出栏,不用去势。

(四)编号

常用的编号方法有钳刺法、针(笔)刺法和耳标法。编号内容包括出生日期、品种或品系代号、个体号等(图5-5-2)。

1. 钳刺法　钳刺法是用专用的耳号钳在兔耳上血管最少处刺号码。耳号钳上有可供装卸字码的槽位,只要将所需的号码按需装入槽位,并以活动挡片固定,即可在兔耳上刺号。每刺一只兔换一次字码号。

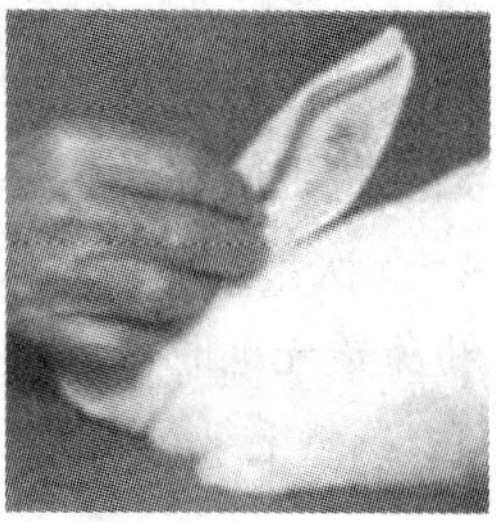
图 5-5-2 兔耳刺号

刺号前,先用酒精棉球消毒兔耳刺号部位。操作者以一只手拇、食指固定耳壳基部,使耳壳展开;另一只手持钳对准兔耳光面的下半边(避开较大血管),用力握钳柄即可刺上号。然后取下刺号钳,以毛笔蘸取墨汁涂擦,并以拇、食指在耳朵外揉捏几下兔耳壳,使墨汁充分渗入所刺的字眼即可。

刺号时应注意:耳号字迹应清晰,醋、墨按1∶4的比例混匀,浓缩后再用,并涂满整个刺孔,耳背见墨汁;应避免刺破血管,操作时应快而有力,如刺伤血管而流血不止,则以手紧压出血部位片刻,然后用碘酊涂擦消毒,即可防止感染;避免拉伤兔的耳朵,造成耳垂落;为便于观察,公兔可用单号刺在左耳上,母兔可用双号刺右耳上。

有的耳号钳带有英文字母,使用起来更为方便,可用英文字母代表某一品系或某一公兔的后代。

2. 针(笔)刺法　若无专用耳号钳时,可用注射针头或蘸水笔蘸墨汁在兔耳上血管最少处扎刺,效果相同,只是操作慢些。

3. 耳标法　将金属耳标或塑料耳标镶压在兔耳上,一般公兔挂左耳,母兔挂右耳。但耳标有时会因打斗、互咬或被钩挂而脱落。

(五)采毛

采用的方法主要有梳毛、剪毛和拔毛3种。

1.梳毛　梳毛的目的有两个:一是防止兔毛缠结,提高兔毛质量;二是积少成多收集兔毛。兔绒毛纤维的鳞片层常会互相缠结勾连,如久不梳理,就会结成毡块而降低毛的等级甚至成为等外毛,失去纺织和经济价值。梳毛时的毛也可以收集起来加以利用。

仔兔断奶后即应开始梳毛,以后每隔10～15天梳毛一次。成年兔在每次剪毛或拔毛后的第2个月即应梳毛,每10天左右梳理一次,直至下次剪毛或拔毛。应注意凡被毛稀疏,排列松散、凌乱的个体容易结块,需经常梳理;被毛密度大、毛丛结构明显、排列紧密的个体被毛不易缠结,梳毛次数可适当减少。因此,饲养长毛兔时,增加被毛密度是防止兔毛缠结、减少梳毛次数的有效方法。

2.剪毛　剪毛是长毛兔采毛的主要方法,最好是专人剪毛。幼兔第一次剪毛在8周龄,以后同成年兔。成年兔以每年剪毛4～5次为宜。根据兔毛生产规律,养毛期为90天可获特级毛;70～80天可获一级毛;60天可获二级毛。一般年剪5次毛的时间安排是:3月上旬,养毛期80天;5月中旬,养毛期70天;7月下旬,养毛期60天;10月上旬,养毛期80天;12月下旬,养毛期70天。

3.拔毛或拉毛　拔毛或拉毛是一种新的重要的采毛方法,已越来越受到人们的重视。

拔毛的优点:第一,拔毛有利于提高优质毛的比例,因为它促使毛囊变粗,粗毛比例增加。据试验,拔毛可使优质毛比例提高40%～50%,粗毛率提高8%～10%。第二,拔毛能提高产毛量。因它能促进皮肤新陈代谢,促进毛囊发育,加速兔毛生产。据试验,拔毛可使产毛量提高8%～12%。第三,拔毛有利于保护兔体。例如,采用拔长留短时,有利于兔体保温,不易为蚊蝇叮咬,且留在体上的兔毛不易结块。

拔毛的弊端:第一,费时费工。一只兔每年拔毛8～15次,每次20 min;而剪毛每只兔每年4～5次,每次5～10 min。第二,拔毛对兔子的皮肤有疼痛刺激,容易引起应激反应,尤其是在幼兔拔光毛时。因此,第一次采集胎毛不宜用拔毛的方法。第三,长期使用拔毛方法采集的兔毛,虽然毛纤维长些,但由于是自然形态,具有毛梢结构,毛纤维细度不均匀,毛纺价值降低。

三、实训设备和材料

1～4月龄的家兔、成年长毛兔、刺号钳、刺号笔、保定箱、电子秤、剪毛剪、梳子、手术刀、75%酒精或2%碘酊、高锰酸钾溶液、氯化钙、蒸馏水、甲醛溶液等。

四、实训内容

家兔的保定、公兔去势、年龄鉴定、性别鉴定、刺号和采毛。

五、操作方法和步骤

(一)家兔的保定

保定分为箱式保定和徒手保定。徒手保定的方法类似于正确的抓兔方法;箱式保定是用保定箱对家兔进行保定,保定箱一般呈直角梯形,其大小可依据兔子的体重进行相应的选择。保定箱的箱盖前端有半圆形的豁口,豁口用于固定兔子的头部;箱底部的前后端均有空隙,以便粪尿的流出。

箱式保定的具体操作方法是：选择大小合适的保定箱，将兔子头部先放入有豁口的一端，再将两只后腿放入保定箱中，然后将兔子头部抬起，使兔子颈部卡在豁口处。用一只手轻轻抚平兔子的背部，使其位置低于保定箱的上沿，然后轻轻盖上保定箱盖，扣紧保定箱。在操作过程中，要注意一定要待兔子背部完全抚平以后，再轻轻盖上箱盖，不要突然往下重压兔的背部，以防由于兔的挣扎，造成后肢瘫痪，从而对兔子造成伤害。

（二）公兔去势

1.*阉割法*　阉割时将家兔仰卧保定，用手将睾丸从腹腔挤入阴囊并固定住，不使之滑动，然后用75%酒精或2%碘酊消毒阴囊切口处，随之用消毒过的手术刀沿阴囊纵向切开并挤出睾丸，切断精索。两侧睾丸同样处理。摘除睾丸后，在切口处涂上碘酒即可。

2.*结扎法*　家兔仰卧保定，用手将睾丸从腹腔挤入阴囊，用手将睾丸紧紧捏住，用消毒线或橡皮筋将睾丸连阴囊扎紧，断绝其血液供应，几天后睾丸即能枯萎脱落。

3.*注射法（又称化学去势法）*

（1）碘酊去势法　常用的消毒用碘酊即可，以2%～3%浓度为宜。剂量为小型兔0.3 mL/只，中型兔0.4 mL/只，大型兔0.5 mL/只。操作时，将睾丸挤入阴囊，左手捏住并消毒，右手持针30°角刺入睾丸，慢慢注入碘酊到睾丸发硬为止。

（2）高锰酸钾去势法　兔仰卧固定，用手将睾丸由腹腔挤入阴囊，用手轻捏住不使之滑动，然后用75%的酒精消毒注射部位，右手持注射器呈30°角由前向后将针头刺入睾丸中部，缓缓注入7%～8%的高锰酸钾溶液，直到睾丸发硬为止。注射剂量一般成年兔2 mL/只，青年兔1.5 mL/只，幼兔1 mL/只。注射后4～5天睾丸即萎缩至原来的1/3。

（3）氯化钙去势法　将氯化钙1 g溶于10 mL蒸馏水中，加入0.1 mL甲醛溶液，摇匀过滤后装瓶备用。每个睾丸注射1～2 mL。在阴囊纵轴前方消毒，注入氯化钙药液，开始时睾丸出现肿胀，3～5天后自然消失，7～10天萎缩即丧失性欲。

（三）年龄鉴定

家兔的年龄在兔场是按初生记录查得或从兔号上看出生的时间。在没有记录的情况下，可以根据脚爪的长短、颜色、弯曲度或牙齿的色泽、排列以及皮肤的厚薄等进行鉴定。

家兔的门齿和爪随年龄的增长而增长，因此，门齿和爪是鉴别年龄的主要根据。青年兔的门齿洁白短小，排列整齐；老年兔的门齿黄暗、长而厚，排列不整齐，有时有破损。

从兔爪的颜色和形状来看，白色兔在仔幼兔阶段，爪呈肉红色，尖端略发白；1岁时爪的肉红色和白色长度几乎相等；1岁以下红色长于白色，1岁以上白色长于红色。有色家兔的年龄可根据爪的长度和弯曲情况来鉴别。青年兔爪较短且平直，隐在脚毛中，随着年龄的增长，爪逐渐露出于脚毛外，露出爪越长则年龄越大，同时，随着年龄的增长，趾爪也越弯曲。白色兔的爪与有色兔相同，爪越长越弯曲则年龄越大。

此外，对有经验的人来说，兔的眼神和皮肤的松紧厚薄也可用作鉴别家兔年龄的依据。青年兔的皮薄而紧，眼睛明亮有神，行动活泼；而老年兔则眼神发滞，行动迟缓，其皮厚、粗糙而松弛。

（四）性别鉴定

初生仔兔阴部和肛门的距离近的是母兔，远的是公兔，由阴部的形状来看，圆形的是公兔，扁形的是母兔；到了断奶时(大约40天时)母兔的阴门明显地像一个柳叶状，有一条缝隙，而公兔的阴部呈筒状突出；到接近性成熟时，公兔的阴茎呈尖辣椒状。

具体鉴定方法：以断奶仔兔为例，一只手抓住双耳及颈后皮肤，另一只手的中指及食指夹住兔尾巴，用大拇指向上轻轻翻开兔的外阴部，呈筒状突起者为公兔，呈柳叶状者为母兔。

(五)刺号

在家兔繁殖以及遗传育种过程当中，都要用到系谱登记，而系谱登记的常用方法就是对兔子进行刺号，给每个兔子一个终生不变的编号。根据所用工具的不同，一般将刺号方法分为：钳刺法和笔刺法。钳刺法就是用耳号钳对兔子进行刺号；笔刺法就是用蘸水笔对兔子进行刺号。

1.*钳刺法*　首先用保定箱对兔子进行保定，露出头和耳朵，然后根据实验或是记录的需要，调整耳号钳的数字组成，在兔耳朵的光面耳中静脉和耳边缘静脉之间选定刺号的区域，将刺号钳对准所选定的刺号区域，迅速紧握耳号钳，待刺针刺穿兔耳后，迅速取下耳号钳，然后将兔耳平铺在保定箱的箱盖上，及时涂上醋墨。

2.*笔刺法*　同样用保定箱保定好兔子，然后将待刺兔耳平铺在保定箱的箱盖上，选定待刺区域，用蘸水笔蘸取醋墨，直接在待刺区域以点阵的形式刺上所需的号码。在笔刺过程当中，要注意数字书写要规范，排列尽量整齐一致，动作要迅速。

(六)采毛

1.*梳毛方法*　多用金属或黄杨木木梳梳毛。梳毛顺序为顺毛方向，由上而下，即颈后及两肩→背部、体侧、臀部、尾部及后肢→(提起两耳及颈部皮肤后梳)前胸、腹部、大腿两侧→(最后整理)额、颊及耳毛。结块毛应先用手指慢慢撕开后再梳理；如难撕开时，则可剪掉。

2.*剪毛方法*　一般用专用剪毛剪，也可用理发剪或裁衣剪。剪毛时，先将兔背脊的毛左右分开，使其呈一条直线。剪毛顺序为背部中线→体侧→臀部→颈部→颌下→腹部→四肢→头部。剪下的兔毛应毛丝方向一致，按长度、色泽及优劣程度分别装箱。剪下的毛如不能及时出售，应在箱内撒一些樟脑粉或放些樟脑块，以防虫蛀。熟练的技术人员剪毛，每5～10 min可剪完一只兔子。

3.*拔毛方法*　拔长留短法适于寒冷或换毛季节，每隔30～40天拔一次；全部拔光法适于温暖季节，每隔70～90天拔毛一次。

拔毛操作时，先用梳子梳理被毛；用左手固定兔子，右手拇指将毛按在食指上，均匀用力拔取一小撮一小撮的长毛，也可用右手拇指将长毛压在梳子上拔取小束长毛；体质壮的青年兔即使是全部拔光时，也要保留头、脚、尾和四肢软裆处的毛。

六、操作重点提示

(1)性别鉴定时，由于仔兔外阴稚嫩，翻开外阴的动作应轻柔，以免对仔兔造成伤害。同时仔兔外阴要充分翻开，否则易造成误判。

(2)在刺号的过程中，按照习惯一般将公兔的号码刺在左耳，母兔的号码刺在右耳；刺号的过程一定要迅速，以减少兔子所受的痛苦；刺号区域的选择，要避开血管，以免造成出血过多；在涂醋墨时，一定要反复涂抹，直到醋墨完全渗透到耳朵的另一面。

(3)梳毛应坚持定期进行，不要怕费时，特别是被毛稀疏、容易结块的毛兔；要防止撕裂皮肤，长毛兔皮肤较薄，尤其是尾根周围的皮肤更薄；梳毛时要由上而下，右手持梳自顺毛方向插入，朝逆毛方向时要托起梳子。

(4)剪毛时要防止剪伤皮肤。剪毛时应贴紧皮肤，留下的毛茬力求整齐；不要提起兔毛来剪，特别是皮肤皱褶处，不要剪破凸起的皮肤。若剪破皮肤应立即用碘酊消毒。防剪二刀毛(重剪毛)，在留茬过高时，不可修剪。不可剪破母兔的乳房和公兔的阴囊，临近分娩的母兔暂不剪胸毛和腹毛。剪毛宜选在晴天、无风时进行，特别在冬季剪毛后要注意防寒保温，兔笼内应铺垫干草，以防感冒。患有疥癣、霉菌病及其他传染病的兔子，应单独剪毛，工具应专用或经过消毒。

(5)第一、二次采毛时不宜采用拔毛法。因幼兔皮肤嫩薄，拔毛易伤及皮肤而影响以后的产毛量。同时，下列兔子不宜采用拔毛法：妊娠、哺乳母兔(易引起流产、泌乳量下降)；配种期的公兔(影响公兔的配种效果)；被毛密度较大的兔种(应以剪毛为主)；拔毛适于被毛密度较小的个体和品种；养毛期太短时，拔毛费力，不宜强行拔毛(易伤及皮肤)。

七、实训过程检查与评价

实训过程检查内容及评价方法请参照实训5-1。

八、问题与思考

1. 公兔去势方法有哪几种？
2. 家兔采毛技术有哪些？
3. 根据所用工具的不同家兔的刺号方法一般分哪几种？

实训5-6　家兔屠宰与取皮

一、实训目标和要求

通过实训，了解家兔的致死操作技术，掌握屠宰规程与取皮技术，掌握兔皮整理与防腐操作要领，了解家兔肌肉分布规律与兔皮面积计算方法，掌握家兔屠宰率的测定方法。

二、知识背景与原理

现代化家兔屠宰过程采用机械化流水线作业，用空中吊轨移动来完成家兔的屠宰与加工，用机械方法代替手工操作。家兔屠宰车间要布局规范，符合生产流程；干净整洁，确保兔肉卫生。从活兔身上剥取的兔皮带有脂肪、碎肉、尾巴、腿等，加之兔皮上的微生物与酶等作用可破坏兔皮结构，因此，在兔皮保存前需要对其进行初处理并进行干燥防腐加工。

(一)原料皮的初处理

1. 分路与组批　家兔原料皮除专用獭兔外，其他品种的兔皮种类繁多，各品种之间的质量差异较大，即使是同一品种的原料皮，也存在等级优劣，需要根据皮板面积大小、厚薄，以及毛绒的长短、粗细、疏密、颜色，皮板的油脂含量、脱水程度、陈旧等进行挑选和分类，即为“分路”。把性质相近的原料皮组成生产批，以便使之得到较均一的处理，确保成品质量。

2.抓毛　把混乱的、粘在一起的兔毛梳开，以减少或避免在后续操作中出现兔毛结块，同时去掉藏在毛被中的虚毛、草刺、尘土、粪块等。抓毛时先用60 g/L的食盐溶液（30～35℃）将皮板回潮，用机器打毛、剪毛，使毛绒蓬松，污物、尘土得到清理后，用抓毛机抓毛。

3.去头、腿和尾巴　毛皮原料皮大都带有腿和尾巴，有的还带有头。这些部件没有使用价值并有碍干燥操作，应将其割去。一般将鲜兔皮用剪子沿腹部中线准确剪开后，用刀子割除前后肢、头和尾巴等，再用铲刀或剥肉机除去皮上的残肉及脂肪，并清除污物以免微生物滋生，引起皮张腐烂。

(二)防腐

刚从兔体上剥下来的生皮叫鲜皮（或血皮）。鲜皮由蛋白质构成，含有大量的水分与蛋白分解酶，并污染有大量的微生物。在温度（20～37℃）、酸度适宜的情况下，兔皮上附着的分解蛋白质的腐败菌迅速繁殖，使鲜皮分解而腐烂。所以，从兔体上剥下来的鲜皮，只要不及时加工，就应在冷却1～2 h后立即进行防腐处理。防腐就是通过降低温度、除去皮板水分或采用防腐剂等手段，使生皮产生不适于细菌和酶作用的环境，防止兔皮变质腐烂。兔皮防腐目前使用的主要方法有干燥法和盐腌法两种。

(三)兔皮的质量要求

原料皮的品质包括毛被和皮板两个部分，毛被比皮板更为重要。兔皮质量的优劣主要由皮板面积和质地，毛的长度、密度、颜色、光泽和兔毛类型等因素决定。兔皮要求皮板面积大而洁白，厚薄适中，无刀伤、虫蛀及色素；被毛致密、长度均匀、毛色一致、有光泽；兔毛类型符合品种要求。原料皮品质检测目前采用以感官检测为主、定量检测为辅的方法。

1.毛被品质指标

(1)毛被的长度和密度　毛的长度和密度决定了裘皮的保暖性。裘皮以毛绒长、密度大者为好。测定兔毛密度最好在秋季换毛结束后进行。临场测定的方法为：在兔背部或体侧处逆毛方向用嘴吹开，形成一个漩涡，根据漩涡中心所露皮肤的大小来决定兔毛的密度。看不到皮肤或皮肤不超过4 mm^2（约大头针头大小）为极好，不超过8 mm^2（约火柴头大小）为良好，不超过12 mm^2 为合格。

(2)光泽　毛的光泽主要由鳞片的形状、数目、排列和覆盖情况而定。

(3)颜色和色调　毛被的天然颜色、色调和花纹决定着毛皮的价值。兔皮毛被颜色较多，有白、灰、褐、黑等数种。人们利用颜色和花纹将低档毛皮仿制成高档毛皮。兔皮常被用来仿制貂皮、黄鼠狼皮。优质兔皮要求毛色一致，符合各品种兔毛被的特征，忌花斑和杂色，光泽要强，并带有润滑性。

(4)粗细与弹性　同一品种兔的毛绒有粗细之别。一般细毛底绒足，粗毛底绒疏。细毛丰厚则弹性较强，毛的弹性越大，成毡性能越小，毛则松散。在兔毛类型方面，要求力克斯兔被毛为全细毛，无粗毛。一般兔皮要求粗细毛有一定含量。被毛中粗细毛的不同比例也影响被毛的平整度。

(5)强度与柔软度　毛的强度与毛皮质层的发达程度有关。兔毛的皮质层不发达，强度比其他动物稍差些。冬皮毛强度大于春皮毛，湿毛强度大于干毛。毛被的柔软度主要取决于毛干的构造、毛干粗度对毛长的比例、有髓毛和无髓毛的比例，兔毛柔软度较好。

(6)成毡性　成毡性是毛皮加工过程中极力避免的现象。毛的成毡性与毛所在介质的种类、浓度、pH、温度、湿润状态等有很大关系。

(7)耐用系数　毛皮耐穿性能与毛干强度、皮板强度和毛与皮板结合强度有密切关系。根据穿用和测试试验结果，以海獭和水獭皮的耐用系数为标准定为100，其他毛皮与其比较得出该种毛皮的耐用系数：家兔皮为20，野兔皮为5。

2. 皮板质量指标

(1)面积　皮板面积与经济效益有密切关系，在品质相同的条件下，兔皮面积越大越好、卖价高。皮长度从颈中部量起直至尾根，宽度指前肢后缘的胸围宽度，长、宽相乘即为皮的面积。凡皮板面积不符合标准者，要降级。

(2)厚度　兔皮板的厚度取决于兔的品种、性别、年龄等因素。同一张皮的不同部位其厚薄也不同，一般脊背、臀部厚，两侧、腹部、腋部薄。皮板厚度随兔龄的增加而增加；公兔比母兔皮厚。一般皮板厚的毛皮强度高，质量大，御寒效果好。

(3)强度　皮板强度取决于兔的品种、宰杀季节、胶原纤维的编织特性和紧密性。

3. 毛和皮板结合牢度　毛和皮板结合牢度是毛皮重要的质量指标。兔毛和皮板结合牢度取决于兔的品种、毛囊深入真皮的程度、真皮纤维包围毛囊的紧密度及生皮的保存和贮存效果。宰杀季节与毛和皮板结合牢度也有很大的关系。

(四)原料兔皮的品质鉴定

实践中通过“一看、二抖、三摸”等步骤来完成兔皮质量的鉴定。

“一看”指手捏兔皮头部，另一手执其尾部，仔细观察毛绒、色泽和板质。通常先看毛面，后看板面，重点观察被毛的粗细、色泽和皮板等是否符合标准，有无瘀血、损伤、脱毛等现象。

“二抖”指在一看的过程结束时，用执尾部的手上下轻轻抖动毛皮，以观察被毛长短、平整度，确定毛脚软硬。春、秋季剥制的兔皮，或宰杀、剥制、加工过程中处理不当引起脱毛的兔皮，在抖皮时都会出现绒毛脱落现象。

“三摸”指用手指触摸毛皮以鉴别被毛弹性、密度及有无旋毛等。检查时把手插入被毛，凭感觉直观检查其厚实程度和被毛弹性等。

三、实训设备和材料

1. 实验材料　成年家兔5～6只(每组1只)；食盐，每只家兔250 g；图钉1盒。

2. 实验用具　实验瓷盘每组1个，解剖刀、剪与镊子每组1套，木棒1根，台秤1架，米尺每组1个，砧板5～6块。

四、实训内容

家兔致死操作技术；家兔屠宰规程与取皮技术；兔皮整理与防腐操作技术。

五、操作方法和步骤

(一)称重

对空腹12 h的屠宰家兔宰前称重，称宰前空体重。

(二)家兔致死

使用棒击法或颈部移位法致死家兔。注意棒击位置与颈部移位操作要领。

1.棒击法　提起兔的后肢，用直径3～4 cm的木棒或胶棒猛击兔头的后部，以损伤兔脑的生命中枢，引起死亡。注意用力要适量，特别是利用木棒时，如果用力过猛，易造成鼻孔出血。

2.颈部移位法　两手拉兔耳与后肢，使兔体尽可能伸直，将家兔头与后肢向相反方向猛拉，使兔颈椎断裂。

(三)环剥法取兔皮

剥皮要先剥成筒皮，不但速度快，而且血液不容易污染毛皮。其操作顺序为：①用锋利的刀在颈项周围(耳后方)、后肢的跗关节上方和前肢的肘关节处割成圆形切口；②将两后肢由跗关节处沿两大腿内侧挑开；③把两后肢挂起，剥开大腿和尾根部皮(沿尾椎处割断)，双手紧握兔皮的腹背处向下拉，兔皮呈筒状脱下。

(四)兔皮初处理与防腐

将兔皮上残留的脂肪和残肉刮净，用剪刀沿腹中线处将筒皮挑开，使皮板呈现开片状。

1.干燥法　有人把用这种方法制成的干皮称为甜干皮或淡干皮，以区别盐干皮。其具体做法是：在自然干燥时，将鲜皮按其自然皮形，皮毛朝下，皮板朝上，贴在草席或木板上，用手铺平，呈长方形，置不受日晒、通风良好的阴凉处阴干。

在干燥过程中，兔皮不宜放在潮湿地面或草地上，要防雨淋或被露水浸湿，以免影响水分的蒸发，降低干燥速度。同时严禁在烈日下直晒或放在晒热了的沙砾地与石头上干燥兔皮。干燥法适合干燥地区和干燥季节采用，具有方法简便、成本低的特点；缺点是干燥不当，易损伤皮板，增加保存过程中发生压裂或受昆虫侵害的可能性等。

2.盐腌法　盐腌法有撒盐与盐浸两种形式。

(1)撒盐法　单张皮可将食盐均匀撒在兔皮上，反复揉搓，使兔皮变得柔软适度即可。大批量的皮张，先将清理好的鲜皮毛面朝下，板面向上，平铺在水泥地上或水泥池中，把皮板边缘及头、腿部位拉开展平，在皮板上均匀地撒上一层盐，然后再按此方法铺上一张，撒一层盐，直到堆到适当高度为止。最上面的一张皮需要多撒一些盐。为防止出现“花盐板”，一般在5～6天后翻一次垛，把上层的皮张铺到底层，再逐张撒一层盐。再经过5～6天，待皮腌透后，取出晾晒。要把毛皮展开，用图钉固定在木板上，毛面向板，内面向外。固定时要注意整形，最好呈长方形。

(2)盐浸法　将清理好的鲜皮浸入25%～35%的食盐溶液中，经过16～20 h的浸泡，捞出来按照上述方法撒盐一次、堆码，5～6天后进行晾晒。

以上两种方法的用盐量，均为鲜皮重量的40%，所用盐的颗粒以中粗为好。冬季盐腌的时间要适当长一些。盐腌晾晒后的干盐皮始终含有一定水分，适于长时间保管，不易生虫；缺点是阴雨天容易回潮，阴雨季节须密封仓库，以免潮气侵入。

(五)测量兔皮长宽并计算面积

兔皮面积决定于家兔的胸围与背长。测量兔皮的有效宽度与长度，兔皮有效长宽的积就是兔皮的面积。

(六)剖腹去内脏

剪掉剥皮兔的兔头及前肢没剥皮的部分，除去内脏(在用剪刀剖开胸腹腔时，剪刀头不要下得太深,以免伤及内脏),剪去背部脂肪块、残肉及筋头等。一切处理完毕后,从后肢跗关节处将后肢剪掉,留下完整胴体称重,此时的重量叫全净膛胴体重。家兔半净膛胴体重指含有肾脏、肝脏与腹壁脂肪的胴体重。

(七)计算屠宰率

家兔屠宰率有全净膛屠宰率与半净膛屠宰率两种表示方法。其计算公式为:

$$\text{全(半)净膛屠宰率}=\frac{\text{全(半)净膛胴体重}}{\text{宰前空体重}}\times 100\%$$

(八)观察家兔内脏及胴体

观察兔的胃肠等器官结构,特别是盲肠发达;了解肌肉分布规律,明确肉兔选择要点与家兔注射用药的部位选择。

六、操作重点提示

影响兔皮质量的因素很多,除品种、营养与环境条件外,年龄、取皮季节与时机、宰杀和贮存条件是当前严重影响兔皮质量的主要因素,必须引起生产者的高度重视。

1.取皮季节　取皮季节对青年兔影响不大,而对成年兔和老龄淘汰兔影响较大。剥皮季节最好选择秋末或冬季,要少剥春皮,禁剥夏皮。每年 11 月以后到冬至前是家兔的最适取皮时间。春秋季节换毛期的兔皮,毛皮品质极为低劣,此时不适宜屠宰取皮。夏季皮薄毛短稀,皮质最差。

2.宰杀年龄　一般成年兔的毛皮质量比幼龄兔和老龄淘汰兔要好。4 月龄前的幼兔,绒毛不丰满,胎毛退换未尽,毛粗绒稀,板质轻薄,商品价值不高;5～6 月龄的壮年兔,绒毛稠密、色泽光润,板质结实、厚薄适中,质量较好;1 岁左右,发育正当成熟、求偶性能强烈,色泽较美观,兔皮品质最佳;老龄兔皮板厚硬、粗糙,绒毛空疏、枯燥,色泽暗淡,商品价值很低。因宰杀年龄不当造成的毛皮缺陷均与兔的换毛程度有关。

3.种质因素　在品种遗传性出现不稳定或退化时,除出现异色个体外,其后代被毛中极易出现杂色、色斑、色带、锈色和吊肚等缺陷。

4.饲养管理和疾病　饲养管理对毛皮品质影响很大。饲料蛋白质不足,常导致短毛和毛纤维强度下降;维生素和微量元素缺乏,常导致被毛褪色、脆弱,甚至产生褪毛现象;营养不良,生长受阻、体型瘦小,导致皮板面积不符合等级皮要求。生产中,饲养管理不当和疾病造成的缺陷皮主要有尿黄皮、伤疤皮和癣癞皮等。

5.宰杀与晾晒　宰杀、晾晒不当常出现皮板不完整、不方正等,降低兔皮经济价值。常见的有刀洞、歪皮等。

6.贮存条件　毛皮因贮存保管不当,常会出现陈皮、烟熏、油烧、受闷、霉烂、虫蛀等现象,严重影响毛皮品质。

7.兔皮商业分级标准和规格　兔皮以制裘皮为主,制革皮为辅。制裘皮兔皮要求毛绒丰富、平顺无缠结;制革皮则强调皮板质地良好。尽管獭兔已经成为中国兔皮的主要品种来源,但其他的肉用与皮肉兼用品种家兔皮在兔皮总量中仍有一定比例。国内尚无獭兔皮的国家标准。现将以制裘皮为主的兔皮商业分级标准和规格要求列于表 5-6-1,供参考。

表 5-6-1 兔皮的商业分级标准和规格要求

等级	家兔皮（土种）	力克斯兔皮（纯种）	青紫蓝兔皮	山兔皮
甲级皮	毛绒丰富而平顺，色泽光润，板质良好。全皮面积在 800 cm^2 以上	板质足壮，毛绒丰厚平顺，毛色纯一，无旋毛（轻度旋毛降一级，严重旋毛降两级），无脱毛、油烧、烟熏、孔洞、破缝。全皮面积在 1 100 cm^2 以上	等级规格参考土种家兔皮的规格执行。全皮面积在 990 cm^2 以上	毛细长，绒丰厚。全皮面积在 770 cm^2 以上
乙级皮	毛绒略薄而平顺，或色泽光润，或板质稍次于甲级皮，或具有甲级皮质量而全皮面积在 700 cm^2 以上	板质良好，毛绒略薄而平顺，毛色统一，无旋毛，或在次要部位有轻微脱毛、油烧、烟熏、孔洞、破缝一种者，全皮面积与甲级皮同；或具有甲级皮质量，全皮面积在 935 cm^2 以上	等级规格参考土种家兔皮的规格执行。全皮面积在 825 cm^2 以上	毛绒较疏空者；毛丰足而面积较小者；或具有甲级皮质量而带小伤残者
丙级皮	毛绒空疏、平顺；或色泽、毛绒、板质稍次于乙级皮者；或具有甲级、乙级皮质量而全皮面积在 600 cm^2 以上	板质良好，绒毛稍空薄，边肋带一两个小孔或其他伤残者，全皮面积与甲级皮同；或具甲、乙级皮质量，全皮面积在 770 cm^2 以上	等级规格参考土种家兔皮的规格执行。全皮面积在 660 cm^2 以上	
等级比差	甲级皮 100% 乙级皮 80% 丙级皮 50% 等外皮 25%	100% 80% 50% 25%	100% 80% 50% 25%	100% 60% 25%
颜色比差	白色为 100%，黑色、灰色、棕色、褐色为 90%，杂色为 80%	纯种兔色泽无比差，但必须在一张皮上毛色纯一，有不同毛色的皮，甲级皮降为乙级，乙、丙级皮照此类推		
品种比差		以土种白色家兔皮为 100%，纯种力克斯兔皮为 150%		

七、实训过程检查与评价

实训过程检查内容及评价方法请参照实训 5-1。

八、问题与思考

1. 简述兔皮初处理的内容。
2. 兔皮质量要求与影响因素有哪些？
3. 兔皮防腐的主要方法有哪些？简述防腐技术操作要求。

项目六

饲料营销综合实训

实训 6-1 常见饲料原料的识别与分类

一、实训目标和要求

通过实训，能正确识别常见饲料原料，描述饲料原料的典型感官特征和营养特性，并能根据其营养特性进行分类。

二、知识背景与原理

饲料的识别是根据标签识别各类原料，利用眼观、触摸、鼻闻和舌舔等方法观察外观特征，并根据饲料表观特征进行分类的一种方法。

饲料是指在合理饲喂条件下能对动物提供营养物质、调控生理机能、改善动物产品品质，且不发生有毒、有害作用的物质。目前世界各国饲料分类方法尚未完全统一。

(一)国际饲料分类法

根据饲料的营养特性将饲料分为粗饲料、青绿饲料、青贮饲料、能量饲料、蛋白质补充料、矿物质饲料、维生素饲料、饲料添加剂八大类，并对每类饲料冠以 6 位数的国际饲料编码(international feeds number，IFN)，首位数代表饲料归属的类别，后 5 位数则按饲料的重要属性给定编码。编码分 3 节，表示为△-△△-△△△。

1. 粗饲料　粗饲料(forage roughage)是指饲料干物质中粗纤维含量大于或等于 18%，以风干物为饲喂形式的饲料，如干草类、农作物秸秆等。IFN 形式为 1-00-000。

2. 青绿饲料　青绿饲料(pasture range plants and fed as green)是指天然水分含量在 60% 以上的青绿牧草、饲用作物、树叶类及非淀粉质的根茎、瓜果类。IFN 形式为 2-00-000。

3. 青贮饲料　青贮饲料(silage)是指以天然新鲜青绿植物性饲料为原料，在厌氧条件下，经过以乳酸菌为主的微生物发酵后调制成的饲料，具有青绿多汁的特点，如玉米青贮。IFN 形式为 3-00-000。

4. 能量饲料　饲料干物质中粗纤维含量小于 18%，同时粗蛋白质含量小于 20%的饲料称为能量饲料(energy feeds)，如谷实类、麸皮及淀粉质的根茎、瓜果类。IFN 形式为 4-00-000。

5. 蛋白质补充料　饲料干物质中粗纤维含量小于 18%，而粗蛋白质含量大于或等于 20%的饲料称为蛋白质补充料(protein supplements)，如鱼粉、豆饼(粕)等。IFN 形式为 5-00-000。

6. 矿物质饲料　矿物质饲料(minerals)是指以可供饲用的天然矿物质、化工合成无机盐类和有机配位体与金属离子的螯合物。IFN 形式为 6-00-000。

7. 维生素饲料　由工业合成或提取的单一种或复合维生素称为维生素饲料(vitamins)，但不包括富含维生素的天然青绿饲料在内。IFN 形式为 7-00-000。

8. 饲料添加剂　为了利于营养物质的消化吸收，改善饲料品质，促进动物生长和繁殖，保障动物健康而掺入饲料中的少量或微量物质称为饲料添加剂(feed additive)，但不包括矿物质元素、维生素、氨基酸等营养物质添加剂。IFN 形式为 8-00-000。

(二)中国饲料分类法

首先根据国际饲料分类原则将饲料分成八大类，然后结合中国传统饲料分类习惯划分为 17 亚类，两者结合，迄今可能出现的类别有 37 类，对每类饲料冠以相应的中国饲料编码(Chinese feeds number，CFN)，共 7 位数，首位为 IFN，第 2、第 3 位为 CFN 亚类编号，第 4～7 位为顺序号。编码分 3 节，表示为△-△△-△△△△。

1. 青绿多汁类饲料　凡天然水分含量大于或等于 45%的栽培牧草、草地牧草、野菜、鲜嫩的藤蔓和部分未完全成熟的谷物植株等皆属此类。CFN 形式为 2-01-0000。

2. 树叶类饲料　树叶类(leaves)有 2 种类型：其一是采摘的树叶鲜喂，饲用时的天然水分含量在 45%以上，属青绿饲料。CFN 形式为 2-02-0000。其二是采摘的树叶风干后饲喂，干物质中粗纤维含量大于或等于 18%，如槐叶、松针叶等，属粗饲料。CFN 形式为 1-02-0000。

3. 青贮饲料　青贮饲料(silage)有 3 种类型：其一是由新鲜的植物性饲料调制成的青贮饲料，一般含水量在 65%～75%的常规青贮。其二是低水分青贮饲料(low moisture silage)，亦称半干青贮饲料，用天然水分含量为 45%～55%的半干青绿植物调制成的青贮饲料。第一、二类 CFN 形式均为 3-03-0000。其三是谷物湿贮(grain silage)。以新鲜玉米、麦类籽实为主要原料，不经干燥即贮于密闭的青贮设备内，经乳酸发酵，其水分为 28%～35%。根据营养成分含量，属能量饲料，但从调制方法分析又属青贮饲料。CFN 形式为 4-03-0000。

4. 块根、块茎、瓜果类饲料　有 2 种类型：天然水分含量大于或等于 45%的块根(roots)、块茎(tubers)、瓜(gourd)果(fruits)类，如胡萝卜、芜菁、饲用甜菜等。鲜喂则 CFN 形式为 2-04-0000。这类饲料脱水后的干物质中粗纤维和粗蛋白质含量都较低，干燥后属能量饲料，如甘薯干、木薯干等。干喂则 CFN 形式为 4-04-0000。

5. 干草类饲料　干草类(hays)包括人工栽培或野生牧草的脱水或风干物，其水分含量在 15%以下。水分含量在 15%～25%的干草压块亦属此类。有 3 种类型：第一类指干物质中的粗纤维含量大于或等于 18%者都属粗饲料，CFN 形式为 1-05-0000；第二类指干物质中粗纤维含量小于 18%，而粗蛋白质含量也小于 20%者，属能量饲料，如优质草粉，CFN 形式为 4-05-0000；第三类指一些优质豆科干草，干物质中的粗蛋白含量大于或等于 20%，而粗纤维含量又低于 18%者，如苜蓿或紫云英的干草粉，属蛋白质饲料，CFN 形式为 5-05-0000。

6. 农副产品类饲料　农副产品类(agricultural byproduct)有 3 种类型：其一是干物质中粗纤维含量大于或等于 18%者，如秸、荚、壳等，都属于粗饲料，CFN 形式为 1-06-0000；其二是干物质中粗纤维含量小于 18%、粗蛋白含量也小于 20%者，属能量饲料，CFN 形式为 4-06-0000(罕见)；其三是干物质中粗纤维含量小于 18%，而粗蛋白质含量大于等于 20%者，属于蛋白质饲料，CFN 形式为 5-06-0000(罕见)。

7. 谷实类饲料　谷实类饲料(cereals-grains)的干物质中，一般粗纤维含量小于 18%，粗蛋白含量也小于20%，如玉米、稻谷等，属能量饲料，CFN形式为4-07-0000。

8. 糠麸类饲料 糠麸类饲料(milling byproducts)有2种类型：其一是饲料干物质中粗纤维含量小于18%，粗蛋白质含量小于20%的各种粮食的碾米、制粉副产品，如小麦麸、米糠等，属能量饲料，CFN形式为4-08-0000。其二是粮食加工后的低档副产品，如统糠等，其干物质中的粗纤维含量多大于18%，属于粗饲料，CFN形式为1-08-0000。

9. 豆类饲料 豆类饲料(beans)有2种类型：豆类籽实干物质中粗蛋白质含量大于或等于20%，而粗纤维含量又低于18%者，属蛋白质饲料，如大豆等，CFN形式为5-09-0000；个别豆类籽实的干物质中粗蛋白质含量在20%以下，如江苏的爬豆，属于能量饲料，CFN形式为4-09-0000。

10. 饼粕类饲料 饼(cake)粕(meal)类有3种类型：干物质中粗蛋白质大于或等于20%，粗纤维含量小于18%，大部分饼粕属于此，为蛋白质饲料，CFN形式为5-10-0000；干物质中的粗纤维含量大于或等于18%的饼粕类，即使其干物质中粗蛋白质含量大于或等于20%，仍属于粗饲料类，如有些多壳的葵花籽饼及棉籽饼，CFN形式为1-10-0000；还有一些饼粕类饲料，干物质中粗蛋白质含量小于20%，粗纤维含量小于18%，如米糠饼、玉米胚芽饼等，则属于能量饲料，CFN形式为4-10-0000。

11. 糟渣类饲料 糟渣类饲料(distiller's dried grain soluble, DDGS; distiller's dried grain, DDG pulp etc.)有3种类型：干物质中粗纤维含量大于或等于18%者属于粗饲料，CFN形式为1-11-0000；干物质中粗蛋白质含量低于20%，且粗纤维含量也低于18%者属于能量饲料，如优质粉渣、醋糟、甜菜渣等，CFN形式为4-11-0000；干物质中粗蛋白质含量大于或等于20%，而粗纤维含量小于18%者，属蛋白质饲料，如含蛋白质较多的啤酒糟、豆腐渣等，CFN形式为5-11-0000。

12. 草籽树实类饲料 草籽树实类饲料(seed of grass and trees)有3种类型：干物质中粗纤维含量大于或等于18%者属于粗饲料，如灰菜籽等，CFN形式为1-12-0000；干物质中粗纤维含量在18%以下，而粗蛋白质含量小于20%者，属能量饲料，如干沙枣等，CFN形式为4-12-0000；干物质中粗纤维含量在18%以下，而粗蛋白质含量大于等于20%者，属蛋白质饲料，但较罕见，CFN形式为5-12-0000。

13. 动物性饲料 动物性饲料(feed of animal source)有3种类型，均来源于渔业、畜牧业的动物性产品及其加工副产品。其干物质中粗蛋白质含量大于等于20%者属蛋白质饲料，如鱼粉、动物血、蚕蛹等，CFN形式为5-13-0000；干物质中粗蛋白质含量小于20%，粗灰分含量也较低的动物油脂属能量饲料，如牛脂等，CFN形式为4-13-0000；干物质中粗蛋白质含量小于20%，粗脂肪含量也较低，以补充钙、磷为目的者属矿物质饲料，如骨粉、贝壳粉等，CFN形式为6-13-0000。

14. 矿物质饲料 矿物质饲料(minerals for feeds)指可供饲用的天然矿物质，如石灰石粉等；化工合成无机盐类，如硫酸铜等及有机配位体与金属离子的螯合物，如蛋氨酸锌等。CFN形式为6-14-0000。来源于动物性饲料的矿物质也属此类，如骨粉、贝壳粉等，CFN形式为6-13-0000。

15. 维生素饲料 维生素饲料(vitamins for feeds)是指由工业合成或提取的单一种或复合维生素制剂，如硫胺素、核黄素、胆碱、维生素A、维生素D、维生素E等，但不包括富含维生素的天然青绿多汁饲料，CFN 形式为 7-15-0000。

16. 饲料添加剂　饲料添加剂(feed additive)有 2 种类型：其目的是为了补充营养物质，保证或改善饲料品质，提高饲料利用率，促进动物生长和繁殖，保障动物健康而掺入饲料中的少量或微量营养性及非营养性物质。如添加饲料防腐剂、饲料黏合剂、驱虫保健剂等非营养性物质，CFN 形式为 8-16-0000。饲料中用于补充氨基酸为目的的工业合成赖氨酸、蛋氨酸等也归入这一类，CFN 形式为 5-16-0000。

17. 油脂类饲料及其他　油脂类饲料(oil，fat for feeds)主要是以补充能量为目的，属于能量饲料，CFN 形式为：4-17-0000。

随着饲料科学研究水平的不断提高及饲料新产品的涌现，还会不断增加新的 CFN 形式。

三、实训设备和材料

(1)瓷盘、镊子、直尺、体视显微镜等。

(2)饲料原料特别是青绿饲料(以牧草为主)样品，包括标本、图片、影像等。

(3)植物性与动物性饲料原料实物(包括粗饲料、能量饲料、蛋白质饲料、矿物质饲料和添加剂饲料等)，如玉米、麦麸、米糠、豆饼(粕)、鱼粉等。

四、实训内容

常用饲料原料的识别和分类。

五、操作方法和步骤

(一)饲料原料识别

(1)根据标签识别各类原料，依原料的营养特点和来源划分上述原料，并说出各种原料的营养特点。

(2)同类原料中根据原料各自的外观特征、质地结构、加工方法等加以区分并记忆名称。

(3)利用眼观、触摸、鼻闻和舌舔等方法观察外观特征，必要时可在显微镜下进行观察，做好记录。

(4)结合实际，重点介绍、识别常用的当地饲料原料。

(二)饲料分类方法

1. 传统分类方法　根据饲料的物理化学性状将饲料原料分为粗料、青饲料、精料、添加剂饲料，根据饲料来源分动物性饲料、植物性饲料、矿物性饲料 3 类。

2. 国际饲料分类法　将饲料原料分为八大类，分别是粗饲料、青绿饲料、青贮饲料、能量饲料、蛋白质补充料、矿物质饲料、维生素饲料、饲料添加剂(非营养性添加剂)。

3. 中国饲料分类法　根据国际饲料分类原则将饲料分成八大类，然后结合中国传统饲料分类习惯划分为 17 亚类，两者结合，迄今可能出现的类别有 37 类。

在识别原料外观特征的基础上，根据饲料原料营养特点分别按国际分类法和中国分类法进行分类，做好记录，完成表 6-1-1。

表 6-1-1　不同饲料原料的识别与分类

随机抽取编号	原料名称	分类	主要营养特性	其他
1				
2				
3				

六、操作重点提示

(1)在原料识别过程中,应注意不要误尝对人体有毒有害的物质。

(2)分类过程要严格遵守相关的分类方法进行。

(3)结合实际,重点介绍、识别常用的当地饲料原料。

(4)对部分外观相近或相似的原料加强识别,防止混淆。

七、实训过程检查与评价

序号	检查内容	检查标准	学生自查	教师检查
1	教学互动	乐于参与		
2	出勤状况	出勤 95%以上		
3	合作精神	能够积极参与课程讨论,互相补充		
4	创新意识	不随波逐流,有合理的独到见解		
5	不同饲料原料的观察识别	能正确识别和描述饲料原料的典型感官特征		
6	不同饲料原料的分类	能准确地根据饲料原料的营养特性进行分类		
检查评价	评语: 组长签字:　　　教师签字: 年　月　日			

八、问题与思考

对饲料原料进行识别后,任意随机抽取其中 10 种原料(如玉米、豆粕、鱼粉、食盐、米糠、紫花苜蓿、小麦麸、血粉、维生素 A、赖氨酸),说出饲料原料名称、类别及主要营养特点。

实训 6-2　常见饲料感官鉴定与显微镜检测

一、实训目标和要求

通过实训,初步掌握饲料感官鉴定和显微镜检测的目的、要求和基本内容,学会饲料感官鉴定和显微镜检测的基本方法，以判断饲料原料品质的优劣。

二、知识背景与原理

（一）感官鉴定

感官鉴定是常用的检测方法，是指用视觉、味觉、触觉和嗅觉等进行的检测。感官检测是最简单而廉价的检测方法。这种检测往往是表观的，是正常人依经验得出的判断，可能带有主观性，是对饲料的最初判断。感官鉴定也受某些内在和外界条件的限制，是一种非精密的检验方法。

1. 眼看（视觉） 观察饲料的形状、色泽，颗粒大小，有无霉变、虫蛀、异物、硬块、夹杂物等。例如花生饼、胡麻饼、芝麻饼很容易发霉，特别是饼粕裂缝中常有黄曲霉素污染。豆饼中掺假现象较多，经常掺入玉米、豆皮、沙子及其他饼类等。需要细心观察鉴别。视觉鉴别饲料还可借助体视显微镜。

2. 舌舔（味觉） 通过舌舔或牙咬来检查饲料有无异味和干燥程度等。例如有经验的人员，对玉米等谷物干燥程度的鉴定，通常采用咬的方法做初步判断。

3. 嗅闻（嗅觉） 用鼻子来闻饲料是否有固有气味，并确定有无霉味、氨臭味、发酵酸味、焦煳味、腐败臭味或其他异味。特别是对于鱼粉、肉骨粉、羽毛粉、蚕蛹粉、骨粉及油脂类的鉴别，要注意利用嗅觉来鉴定是否腐败变质。鉴别时应避免环境中其他气味的干扰。

4. 手摸（触觉） 将饲料放在手中用指头捻，感触其粒度、硬度、温度、含水量、黏稠性，有无结块、夹杂物等。

（二）物理鉴定

1. 筛别法 分别用不同孔径的分样筛，仔细分别饲料颗粒的大小，分别判断饲料的种类和混入的东西。用这种方法可以判断颗粒的大小、粗细，分辨出混入的异物含量和种类。

2. 容重法 容重是指单位体积的饲料所具有的质量。各种饲料原料均有一定的容重，测定饲料样品的容重，并与标准纯品的容重进行比较，可判断有无异物混入，以确定饲料的质量。常见饲料的容重见表 6-2-1。

表 6-2-1 常见饲料的容重 g/L

饲料名称	容重	饲料名称	容重
大麦（碎的）	460	米糠	360
黑麦	730	脱脂米糠	426
燕麦	440	鱼粉	700
玉米	730	豆饼	340
玉米（碎的）	580	豆饼（粉末）	520
糙米	840	棉籽饼	480
碎米	750	亚麻籽饼	500
大麦混合糠	290	贝壳粉（细）	600
大麦细糠	360	贝壳粉（粗）	630
麦麸	350	碳酸钙	850
淀粉糟	340	食盐	830

3. 比重鉴定法 比重鉴定法（浮选法）是根据饲料样品在一定比重（相对密度）的溶剂中的

沉浮情况来鉴别是否混入异物、异物种类和混入比例。该方法比较简单有效，在实际中易于应用。常用比重液的种类及其比重见表6-2-2。

表6-2-2　常用比重液的种类及比重

比重液名称	比重	比重液名称	比重
低汽油	0.64	三氯甲烷(氯仿)	1.47
甲苯	0.88	四氯化碳	1.58
水	1.00	三溴甲烷	2.90

使用表6-2-2中的比重液，可鉴别出鱼粉及其他饲料中混杂的沙、土等异物。

4.显微镜检测法　饲料显微镜检测是以动植物形态学、组织细胞学为基础，将显微镜下所见饲料的形态特征、理化性状与实际使用的饲料原料应有的特征进行对比分析的一种鉴别方法。

(三)常见饲料原料的显微特征

1.谷物类饲料原料

(1)玉米及制品　玉米粉碎后各部分特征明显。体视显微镜下，玉米表皮薄而半透明，略有光泽，呈不规则片状，较硬，其上有较细的条纹。角质淀粉为黄色(白玉米为白色)，多边，有棱，有光泽，较硬；粉质淀粉为疏松、不定形颗粒，白色，易破裂，许多粉质淀粉颗粒和糊粉层的细小粉末常黏附于角质淀粉颗粒和玉米皮表面。另外还可见漏斗状帽盖和质轻而薄的红色片状颖花。

生物显微镜下，可见玉米表皮细胞，长形，壁厚，相互连接、排列紧密，如念珠状。角质淀粉的淀粉粒为多角形；粉质淀粉的淀粉粒为圆形，多成对排列。每个淀粉粒中央有一个清晰的脐点，脐点中心向外有放射性裂纹。

(2)稻谷及制品　在体视显微镜下，稻谷壳呈较规则的长形块状，一些交错的纹理凹陷而使得突起部分呈棂格状排布，并闪着光泽，如珍珠亮点，可见刚毛。高倍镜下，可见管细胞上纵向排布的弯曲细胞，细胞壁较厚，这种特有的细胞排列方式是稻谷壳在生物显微镜下的主要特征。米糠是一层种皮，由于稻谷的种皮包裹在胚乳、胚芽之外不易脱落，因此在米糠中常有许多碎米。体视显微镜下，米糠无色透明，柔软，含油脂(全脂米糠)或不含油脂(脱脂米糠)的薄片状结构，其中还有一些碎小的稻壳。碎米粒较小，具有晶莹剔透之感。生物显微镜下米糠的细胞非常小，细胞壁薄而呈波纹状，略有规律的细胞排列形式似筛格状。米粒的淀粉粒小呈圆形，有脐点，常聚集成团。

(3)小麦及制品　小麦麸皮多为片状结构，其大小、形状依制粉程度不同而不同，通常可分为大片麸皮和小片麸皮。大片麸皮片状结构大，表面上保留有小麦粒的光泽和细微横向纵纹，略有卷曲；麸皮内表面附有许多淀粉颗粒。小片麸皮片状结构小，淀粉含量高。小麦的胚芽扁平，浅黄色，含有油脂，粉碎时易分离出来。

高倍镜下可见小麦麸皮由多层组成，具有链珠状的细胞壁，仅一层管状细胞，在管细胞上整齐地排列一层横纹细胞。链珠状的细胞壁清晰可见。小麦淀粉颗粒较大，直径达30～40 μm，圆形，有时可呈双凸透镜状，没有明显的脐点。

(4)高粱及制品　在体视显微镜下，可见皮层紧紧附在角质淀粉上，粉碎物粒度大小参差不齐，呈圆形或不规则形状，颜色因品种而异，可为白色、红褐色、淡黄色等。角质淀粉表面粗糙，不透明；粉质淀粉色白，有光泽，呈粉状。

在高倍镜下，高粱种皮和淀粉颗粒的特征在鉴定上尤为重要。其种皮色彩丰富，细胞内充满了红色、橘红、粉红和黄色的色素颗粒，淡红棕色的色素颗粒常占优势。高粱的淀粉颗粒与玉米淀粉颗粒极为相似，也为多边形，中心有明显的脐点并向外呈放射状裂纹。

2. 饼粕类饲料原料

(1)大豆饼粕　在体视显微镜下，可见明显的大块种皮和种脐。种皮表面光滑，坚硬且脆，向内面卷曲。在20倍放大条件下，种皮外表面可见明显的凹痕和针状小孔，内表面为白色多孔海绵状组织。种脐明显，长椭圆形，有棕色、黑色、黄色。浸出粕中子叶颗粒大小较均匀，形状不规则，边缘锋利，硬而脆，无光泽、不透明，呈奶油色或黄褐色。由豆饼粉碎后的粉碎物中，子叶因挤压而成团，近圆形，边缘浑圆，质地粗糙，颜色外深内浅。

高倍镜下大豆种皮是大豆饼粕的主要鉴定特征。在处理后的大豆种皮表面可见多个凹陷的小点及向四周呈现的辐射状裂纹，犹如一朵朵小花，同时还可看见表面的工字形细胞。

(2)菜籽饼粕　在体视显微镜下，菜籽饼粕中的种皮为主要的鉴定特征。一般为很薄的小块状，扁平，单一层，黄褐色至红棕色。表面有光泽，可见凹陷刻窝。种皮和籽仁碎片不连在一起，易碎。种皮内表面有柔弱的半透明白色薄片附着。子叶为不规则小碎片，黄色无光泽，质脆。

生物显微镜下，菜籽饼粕最典型的特征是种皮上的栅栏细胞，有褐色色素，为四边形或五边形，细胞壁深褐色，壁厚，有宽大的细胞内腔，其直径超过细胞壁宽度，表面观察，这些栅栏细胞在形状、大小上都较近似，相邻两细胞间总以较长的一边相对排列，细胞间连接紧密。

(3)棉籽饼粕　在体视显微镜下，可见棉籽壳和短绒毛黏附在棉籽仁颗粒中，棉纤维中空、扁平、卷曲；棉籽壳为略凹陷的块状物，呈弧形弯曲，壳厚，棕色至红棕色。棉仁碎粒为黄色或黄褐色，含有许多黑色或红褐色的棉酚色素腺。棉籽压榨时将棉仁碎片和外壳都压在一起了，看起来颜色较暗，每一碎片的结构难以看清。

生物显微镜下，可见棉籽种皮细胞壁厚，似纤维，带状，呈不规则的弯曲，细胞空腔较小，多个相邻细胞排列呈花瓣状。

(4)花生饼粕　花生饼粕以碎花生仁为主，但仍有不少花生种皮、果皮存在。体视镜下，能找到破碎外壳上的成束纤维脊，或粗糙的网络状纤维，还能看见白色柔软有光泽的小块。种皮非常薄，呈粉红色、红色或深紫色，并有纹理，常附着在籽仁的碎块上。

生物显微镜下，花生壳上交错排列的纤维更加明显，内果皮带有小孔，中果皮为薄壁组织，种皮的表皮细胞有4～5个边的厚壁，壁上有孔，由正面观可看到细胞壁上有许多指状突起物。籽仁的细胞大，壁多孔，含油滴。

3. 动物性饲料原料

(1)鱼粉　在体视显微镜下，鱼肉颗粒较大，表面粗糙，用小镊子触之有纤维状破裂，有的鱼肌纤维呈短断片状。鱼骨是鱼粉鉴定中的重要依据，多为半透明或不透明的碎片，仔细观察可找到鱼体各部位的鱼骨，如鱼刺、鱼脊、鱼头等。鱼眼球为乳白色玻璃球状物，较硬。鱼鳞是一种薄而卷曲的片状物，半透明，有圆心环纹。

(2)虾壳粉　在显微镜下的主要特征是触须、虾壳及复眼。虾触须以断片存在，呈长管状，常有4个环节相连；虾壳薄而透明，头部的壳片则厚而不透明，壳表面有平行线，中间有横纹，部分壳有十字形线或玫瑰花形线纹；虾眼为复眼，多为皱缩的小片，深紫色或黑色，表面有横影线。

(3)贝壳粉　体视显微镜下，贝壳粉多为小的颗粒状物，质硬，表面光滑，多为白色至灰色，光泽暗淡，有些颗粒的外表面具有同心或平行的线纹。

(4)骨粉及肉骨粉　在肉骨粉中肉的含量一般较少，颗粒具油腻感，浅黄至深褐色，粗糙，可见肌纤维。骨为不定形块状，边缘浑圆，灰白色，具有明显的骨松质，不透明。肉骨粉及骨粉中还常有动物毛发，长而稍卷曲，黑色或灰白色。

(5)血粉　喷雾干燥的血粉多为血红色小珠状，晶亮。滚筒干燥的血粉为边缘锐利的块状，深红色，厚的地方为黑色，薄的地方为血红色，透明，其上可见小血细胞亮点。

(6)水解羽毛粉　多呈碎玻璃状或松香状的小块状。透明易碎，浅灰、黄褐色至黑色，断裂时常呈扇状边缘。在水解羽毛粉中，仍可找到未完全水解的羽毛残支。

三、实训设备和材料

1. 仪器设备

(1)带有底座的放大镜　放大3～10倍。

(2)体视显微镜　放大5～50倍，可变倍，配置照明装置。

(3)生物显微镜　放大40～400倍，配置照明装置。

(4)样品筛　规格1.63 mm、0.95 mm、0.44 mm、0.30 mm、0.172 mm（分别对应10目、20目、40目、60目、100目）。

(5)点滴板　黑色和白色。

(6)镊子　有细尖的弯曲式镊子。

(7)滴瓶　琥珀色，30 mL，用于分装试剂。

(8)微型刮勺　用玻璃棒拉制的微型搅棒和小勺。

(9)天平　普通天平、分析天平。

(10)其他　手术刀、手术剪、载玻片、盖玻片、吸管、烧杯、洗瓶、电热板、酒精灯等。

2. 试剂

(1)四氯化碳或氯仿　化学纯，$\rho=1.484$ g/mL。

(2)丙酮(3+1)　3体积的丙酮（$\rho=0.788$ g/mL）与1体积的水混合。

(3)盐酸(1+1)　1体积的盐酸（$\rho=1.18$ g/mL）与1体积的水混合。

(4)硫酸(1+1)　1体积的硫酸（$\rho=1.84$ g/mL）与1体积的水混合。

(5)过氧化氢　俗称双氧水，强氧化剂。

(6)浓氨水　是氨气的水溶液，无色透明且具有刺激性气味。

(7)碘溶液　0.75 g碘化钾和0.1 g碘溶于30 mL水中，贮存于棕色瓶内。

(8)悬浮剂Ⅰ　10 g水合氯醛溶解于100 mL水中，加入10 mL分析纯甘油。

(9)悬浮剂Ⅱ　160 g水合氯醛溶解于100 mL水中，并加入10 mL密度为1.18 g/mL的盐酸溶液。

3. 样品

(1)饲料原料标准样品　如玉米、豆粕、麦麸等原料样品。

(2)掺杂物样品　搜集木屑、糠壳粉、花生荚壳粉等可能的掺杂物样品。

(3)杂草种子　搜集常与谷物混杂的杂草种子，大多可在谷物加工厂清理工序下脚料中找到，储于编号的玻璃瓶中。

四、实训内容

饲料的感官鉴定，包括视觉（眼看）、味觉（舌舔）、嗅觉（嗅闻）和触觉（手摸）鉴定；物理鉴定，包括筛别法、容重法、比重鉴定法、显微镜检测，本实训主要采用显微镜检测。

五、操作方法和步骤

（一）感官鉴定方法

此方法对样品不加以任何处理，直接通过感觉器官进行鉴定。

1.视觉鉴定　观察饲料的形状、色泽，颗粒大小，有无结块、虫子、霉变、异物、夹杂物，以及均匀性等。

将样品摊放在白纸上，在充足的自然光或灯光下观察样品。必要时可借助放大镜。观察的目的在于识别标示物质的特征，并注意掺杂物、虫蚀和有无有害微生物感染等。

2.味觉鉴定　通过舌舔来感觉饲料的涩、甜、苦、辣、香等滋味；通过齿嚼感觉饲料的硬度。但应注意不要误尝对人体有毒有害的物质。

3.嗅觉鉴定　通过嗅觉来鉴别具有特殊气味的饲料，并判断饲料有无霉味、氨臭味、发酵酸味、焦煳味或其他异味。

4.触觉鉴定　将样品放在手中，用手指头捻，感触饲料的粒度、硬度、温度、含水量、黏稠性，有无结块、夹杂物等情况。

感官鉴定是最简单、应用最普遍、最初步的鉴定方法。技术人员的经验和熟练程度是十分重要的。

（二）饲料显微镜检测的基本步骤

饲料显微镜检测的基本步骤如图 6-2-1 所示。

1.体视显微镜检测

(1)原始样品　采集方法按“常规饲料样品采集与制备”进行。将待测样品平铺于纸上，仔细观察，记录原始样品的外观特征，如颜色、粒度、软硬程度、气味、霉变、异物等情况。观察时应特别注意细粉粒，因为掺假杂物往往粉碎得很细以逃避检查。将记录下来的特征与参照样特征进行比较，判断是否可疑。

(2)样品前处理

①破碎　粉状饲料不破碎即可用于进一步分析；颗粒饲料或大小差异很大的饲料则需减小颗粒大小，以便观察；硬颗粒饲料必须进行粉化处理（有时用水，但可能影响某些有机物的分析），以便使所有微粒都分离开来。

减小粒度的方法：一是将饲料样品粉碎，过孔径 0.2 mm 分级筛，以便在粒度大致相同的基础上进行观察；二是用研钵和杵将较大的样品捣碎，但尽量使原粒度均匀的组分，保持原料的粒度级别，以便获得样品主要组分的最大信息量。

②筛分　即将样品过筛处理。筛分时筛孔与饲料颗粒大小相匹配，使饲料中粗、细颗粒分开，再进行观察或解离后观察。对于颗粒饲料，可先将颗粒放入烧杯中，加入少量水浸泡后搅拌，使颗粒分离，再用孔径 0.2～0.5 mm 的筛网过筛，所得筛上物用丙酮处理脱水，样品干燥后再镜检。

③脱脂　对高脂含量的样品，脂肪溢于样品表面，往往黏附许多细粉，使观察困难。可用乙醚、四氯化碳等有机溶剂脱脂，然后烘箱干燥 5～10 min 或室温干燥，可使样品清晰可辨。脱脂后，将样品过分级筛，称量各分级组分的质量。

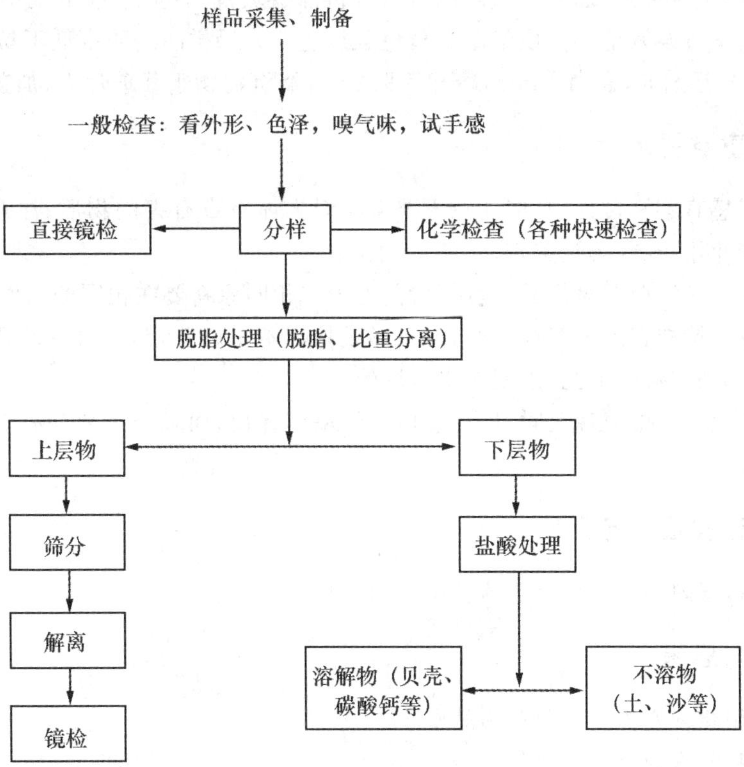

图 6-2-1　饲料显微镜检测的基本步骤

④脱色　对经过染色的饲料，需进行脱色处理。即首先将饲料放入烧杯中，用少量水浸润，加入过氧化氢混合，静置 20 min，加 2～3 滴浓氨水，15 min 后将样品过滤，用水冲洗，取残余物检测。

⑤浮选　将样品加入适量的四氯化碳或氯仿中，然后充分搅拌，静置沉淀，将有机物质和无机物质两类成分清楚分开，上部为有机物质，下部为无机物质，再将各部分取出，置于培养皿内，使其在室温下干燥后，分别进行显微镜检测。

(3)观察　将筛分好的各组样品分别平铺于纸上或培养皿中，置于体视显微镜下，从低倍(7 倍)至高倍(20～40 倍)进行检查。从上到下从左到右的顺序逐粒观察，先粗粒，再细粒边检查边用探针将识别的样品分类，同时检测各种颗粒的硬度、结构、表面特征，如色泽、形状等，并做记载。

将检出的结果与生产厂家出厂记录成分相对照，即可对掺假、掺杂、污染等质量情况做初步鉴定。初查后再复检一遍，如果样品形态特征不足以鉴定，可进一步用生物显微镜观察组织学特征和细胞排列情况，以便做出最后的判定。对 0.42 mm 孔径筛的筛下物尤其注意，因一般掺杂物都粉碎得很细以逃避检测。

2. 生物显微镜检测　当某种异物掺入较少且磨得很细时，在体视显微镜下很难辨认，需通过生物显微镜进行观察。

取少许体视显微镜下不能确切鉴定的样品颗粒于载玻片下，加两滴悬浮剂Ⅰ，用探针搅拌分散，浸透均匀，加盖玻片，在生物显微镜下先低倍观察，并对各目标加大倍数观察，与对照样品进行对比。取下载玻片，加一滴碘溶液，搅匀，再加盖玻片，置显微镜下观察，此时淀粉被染成蓝色至黑色，酵母及其他蛋白质细胞呈黄色至棕色。如果样品透明度低不易观察，可取少量样品，加 5 mL 悬浮剂Ⅱ，煮沸 1 min，冷却后取 1～2 滴沉淀物于载玻片上，加盖玻片镜检。

六、操作重点提示

(1)在原料感官鉴别过程中，应注意不要误尝对人体有毒有害的物质；注意标识和注意事项，有些原料禁止用味觉、嗅觉鉴定。

(2)在显微镜检测前要对样品进行镜检前处理。相同原料要在相同的条件下鉴定。

(3)体视显微镜初查后再复检一遍，如果形成特征不足以鉴定，可进一步用生物显微镜观察组织学特征和细胞排列情况，以便做出最后的判定。

(4)在使用生物显微镜观察时，应注意样片的每个部位，而且至少要检查 3 个样片后再做综合判断。

七、实训过程检查与评价

实训过程检查内容及评价方法请参照实训 6-1。

八、问题与思考

1. 如何运用感官方法鉴定鱼粉的品质？
2. 简述饲料容重的测定步骤。

实训 6-3　饲料营销合同的签写

一、实训目标和要求

通过实训，了解签订饲料营销合同的意义，掌握合同签订的几大内容要素，能书写一份语言表达清晰、权责明确的饲料营销合同。

二、知识背景与原理

(一)饲料目标市场的选择与开发

由于资源的有限性，饲料生产企业应该意识到，在通常情况下，它不可能为这一市场的全体顾客服务。顾客人数太多，而他们的购买要求又各不相同，为了能与无处不在的竞争者竞争，公司需要确定它能为之提供最有效服务的细分市场，即选择与开发目标市场。

(二)饲料营销战术

在饲料产品生产企业目标市场选择、产品定位之后，要根据目标市场的需要和各种有关的环境因素，制定营销组合方案，俗称 4P's，即价格（price）、产品（product）、地点（place）和促销（promotion）等“4 个 P”方案，通过对目标顾客更好的服务，完成营销战略规定的目标。在 4P's 方案中，产品是基础，价格是刺激，促销（传播）是劝诱，销售渠道是最终满足顾客利益的保证。因此，企业界要重视 4P's 的综合运用，不能单打一种方案。要搞好营销组合，就要既研究事，包括价格、产品、广告等的特殊规律，更要研究人，包括消费者、竞争者、供应商、经销商、销售队伍等的运动规律，要通过“管人”来“管事”，达到“管事凭效果，管人凭考核”的境界。

（三）饲料市场竞争与策略

当饲料生产企业确定了目标市场和市场定位之后，还需要制定广泛的具有竞争性的营销战略，以便使企业及其产品能占有尽可能大的竞争优势，使企业在顾客心目中处于优势地位。企业应当制定和采用哪些策略呢？什么策略最适合于某企业或某种产品呢？没有一种策略是万能的，每个企业必须根据自己的目标、机会、资源及在本行业中所处的竞争地位来决定其最佳策略，即使在同一企业中，不同产品线、不同产品也需要有不同策略。因此，企业应根据知己知彼原则，先确定自己的竞争地位，然后据以选择适当的营销战略和策略。

（四）饲料营销合同的签订

饲料营销合同，是指饲料企业法人、其他经济组织、个体工商户、农村承包经营户相互之间，为实现一定经济目的，明确相互权利义务所订立的合同。

1. 饲料营销合同的特点　除了具备一般合同共有的特征之外，还具有自身的一些基本特点：①对其主体资格有特定要求；②合同是当事人之间为实现一定经济目的而签订的协议；③合同是双方等价有偿合同；④合同争议纠纷发生后，当事人自行协商及调解不成时，可依据仲裁条款或协议向仲裁机关申请仲裁，而其他合同纠纷则不经过仲裁的程序。

2. 饲料营销合同的订立和履行

（1）合同成立必须具备有效要件，包括合同的主体资格必须合法；合同的内容必须合法；合同订立的形式必须合法；合同必须具备主要条款；合同双方当事人的意思表示必须一致。

（2）合同的订立由要约和承诺两个阶段组成。要约是指当事人一方以订立合同为目的而向对方所作的意思表示。其中，提出要约的一方称为要约人，接到要约的一方称为被要约人。要约作为一种确定的意思表示，可以以口头或书面形式发出，它一经被要约人承诺，则经济合同立即成立。因此，一份有效的要约必须具备下列条件：要约必须以缔结合同为目的，要约必须是要约人向一个或一个以上特定的人或单位所做出的意思表示，要约的内容必须明确、肯定和完备，要约只有在送达了被要约人时方能生效。承诺是指被要约人向要约人所作的完全的、无条件接受要约的一种意思表示。

承诺可以直接引起一定的法律后果，它的有效成立必须符合下列条件：①必须是被要约人做出的一种意思表示。②承诺必须在要约有效期间内做出。③承诺的内容必须与要约的内容完全一致。如果承诺对要约的内容加以变更，则不称其为承诺，而是一个新的要约，即反要约。④承诺的传达方式应该符合要约的规定。

（3）饲料营销合同履行必须遵守以下原则：①合同全面履行的原则。即当事人必须按照合同的标的及其所要求的数量、质量、期限、地点、方式等全方面完成自己所承担的义务。这是衡量经济合同履行程度和违约责任承担的尺度。②实际履行的原则。即必须按照合同规定的标的，而不能用其他物品来代替履行。③诚实信用的原则。

此外，当饲料营销合同在有关质量、价款、期限、地点、包装规格等内容上约定不明确时，应按下列原则处理：①质量要求不明确的，可按国家强制性标准或行业强制性标准履行；没有上述标准的，按照通常标准履行。②价款约定不明确的，按照国家规定的价格履行。没有国家定价的参照市场价格或同类物品的价格、劳务的报酬标准履行。③履行期限不明确的，债务人可以随时向债权人履行义务，债权人也可以随时要求债务人履行义务。但应当给对方必要的准备时间。④履行地点不明确时，给付货币的，在接受给付一方的所在地履行；其他标的则在履行义务一方的所在地履行。⑤包装规格约定不明确的，按照国家的有关规定，并以不损坏物品且有助于推销为原则进行包装。

3.无效饲料营销合同及其处理　无效饲料营销合同是指不具备法律所规定的有效成立要件的合同，无效合同从订立的时候起就没有法律约束力。经人民法院或仲裁机构确认合同部分无效的，如果不影响其余部分的效力，其余部分仍然有效。无效合同采取下列方法处理：①返还财产；②赔偿损失；③追缴财产。

4.饲料营销合同的变更和解除　是指当饲料营销合同依法成立后尚未履行或者未完全履行前，经双方当事人协商一致，并依照法律规定的条件和程序，对原合同条款进行修改或补充，以达成新的协议。

当符合下列条件之一时，饲料营销合同可以变更和解除：①当事人双方经协商同意，并且不因此损害国家利益和社会公共利益；②由于不可抗力致使经济合同的全部义务不能履行；③由于一方在合同约定的期限内没有履行。

5.违反饲料营销合同的责任　违约责任是指合同的当事人因自己的过错造成合同不能履行或不能完全履行时，所应当承担的责任。违约责任分为法定违约责任、约定违约责任及法律和合同共同确定的违约责任三种。

承担违约责任的前提和条件：①违约责任产生的前提即是确保经济合同的有效性；②经济合同当事人有不履行或不完全履行合同的违约行为存在；③当事人主观上有过错。

承担违约责任的方式有：①支付违约金；②支付赔偿金；③继续履行合同；④返还定金；⑤偿付多支的运杂费；⑥支付保管费；⑦价格制裁。

免除经济合同的责任的情况：①发生不可抗力；②凡符合法律规定或合同约定之免责条件的，均可不承担违约责任。

6.饲料营销合同内容　饲料产品营销合同的主要条款包括：①产品名称；②产品的数量和计量单位；③产品的品种、等级和质量；④产品的包装；⑤产品的价格；⑥交、提货期限和地点；⑦交、提货方式；⑧交、提货日期的计算；⑨结算办法；⑩产品的验收；⑪违约责任；⑫解决合同纠纷的方式；⑬当事人协商同意的其他条款；⑭订立饲料购销合同时应注意的事项。首先，产品的名称应当详细、正确，避免使用简称或地方性习惯名称，而应当使用标准的名称。如品种有代号的，代号也应当书写清楚。其次，对饲料产品的数量、计量单位和计算方法，在订立合同时应表示清楚，不得使用含混不清的计量概念。有些产品在签订购销合同时，应根据有关部门的规定或实际情况确定超欠幅度、合理损耗和正负尾差。再次，产品的生产，受自然条件的影响比较大。因此在签订产品营销合同时，应特别注意产品的季节性这一特点，从而确定产品购销时出现特殊情况的处理方式，以保证合同能得到有效地履行。

应该指出，关于产品交货的期限，应根据产品的生产周期、收获季节，以及对产品的运输、交接能力等情况统一考虑。而对产品的验收，包括验收的时间、地点、方法、标准等，也都应当在合同中做出明确具体的规定。商品确定标准后需封存样品的，应由当事人双方共同封存，妥善保管，作为验收的依据。

三、实训设备和材料

笔和纸。

四、实训内容

饲料营销合同的签写。

五、操作方法和步骤

1. 事例导入 先由教师讲解有关合同书写签订中的重点内容：

(1)合同签订的目的 以书面的形式约定合作双方的权利和义务；明确经销商的销售范围、销售品种、销售单价、销售数量以及产品交货方式、质量异议的处理办法等；约定如果合同双方或单方不按合同规定进行操作，将受到怎样的处罚或制裁。

(2)合同签订的原则 平等互利、范围从小(宁小勿大，有全局观)、品种从少(宁少勿多，主动权在我观)以及维护企业利益的原则。

(3)不可抗力 本合同的任何一方如遭遇到如火灾、水灾、海啸、地震、雷击、台风、旋风、疫病、战争、暴乱或政府的政策性行为，或其他的确实非人力所能抗拒的原因，以致全部或部分无法履行本合同，可免除其违约责任。但遭遇不可抗力的一方必须在15日内将不可抗力的证明送达给另一方。

(4)合同的必要条款 是合同的主要条款，缺乏这类条款或条款不明确时，合同本身即不能成立。如销售合同中产品的数量、质量、发货方式、付款方式等。

2. 学生分组讨论 学生分成几个小组，分别代表甲方乙方模拟签订合同，并展开讨论。

3. 书写合同，学生互评，教师点评 按照案例6-3-1中合同范本格式，书写一份饲料经销合同。合同内容主要包括：①饲料销售数量与价格；饲料的品种、等级、质量与包装。②交货、提货方式和货款结算方式。③供方的违约责任(如供方交货数量不足、包装或质量不符合规定和掺杂使假、供方对需方书面异议的处理期限等)。④需方的违约责任(无故拒绝接受供方货物、逾期提货、拖欠货款、错填送货地点等)。⑤不可抗力。⑥合同的变更与终止。⑦其他(违约金、账号等)。

4. 教师总结 教师通过点评各组签写的合同，指出不足之处。

【案例6-3-1】

饲料产品经销合同(范本)

合同书编号：　　　　　　　　　　　合同签订日期：　　年　　月　　日

甲方：　　　　　　　　　　　　　　(以下简称甲方)

乙方：　　　　　　　　　　　　　　(以下简称乙方)

为维护当事人合法权益，根据《中华人民共和国合同法》及有关规定，甲乙双方经友好协商，签订本合同并共同遵守。

1.甲方授权乙方为“××××××”牌饲料产品在______市(县)______乡(镇)的区域经销商,负责甲方产品在该区域的营销工作。

2.甲方供给乙方“××××××”牌饲料产品,结算的基础价格为“×××”为______元/吨,“×××”为______元/吨。

3.合同自____年____月____日起,至____年____月____日止。有效期为一年。

4.在合同有效期内乙方最低采购量不得低于______吨,每月采购量不得低于______吨。乙方若连续30日未订货或连续两个月订货量低于约定最低月销量,甲方有权缩小其业务范围、减少其经营品种直至取消其经销商资格。

5.奖励:乙方完成合同约定销售额,甲方给予年终奖励,奖励于下一年度2月份兑现,具体奖励方法见附件。

6.合同签订后,乙方若需要甲方供货,必须提前____日以传真的方式向甲方发《客户购货单》。

7.乙方购货前须将货款全额汇入甲方指定的账户,甲方自乙方货款到账之日起____日内将乙方所需货物以汽车公路运输的方式送至乙方指定的地点,运输费用由乙方承担。

8.甲方供给乙方的货物仅限于在甲方规定的区域内销售,若乙方违约,则不能享受折让优惠,本合同终止。

9.乙方在市场上销售甲方饲料时,销售价格不得低于____元/吨,乙方若需要调整产品的市场销售价格,必须征得甲方的同意并持有甲方的书面通知。若乙方擅自调整销售价格,则本合同终止。

10.甲方义务:甲方向乙方提供的货物,均应保证产品质量符合企业标准和国家有关法规;提供有关的技术服务;对质量事故负责。

11.乙方在接收货物时,如对货物数量有异议,应于接货当日以书面形式通知甲方。若乙方对饲料质量有异议,应出具国家认可的饲料质检机构的检验报告,并于接货之日起7日内书面通知甲方。除质量原因以外的其他原因,甲方不予退货。

12.如遇上述条款未尽事宜,双方可协议或补充,补充协议与本合同具有同等法律效力。

13.甲乙双方应严格执行本合同的各项条款,如有违约,双方应协商解决,协商不成,交予甲方所在地仲裁机关解决。

14.本合同一式四份,甲乙双方各执两份。本合同签字盖章后生效。

甲方:(签字盖章)	乙方:(签字盖章)
开户行:	开户行:
账号:	账号:
税号:	税号:
法人代表:	法人代表:
法人代表授权委托人:	法人代表授权委托人:

六、操作重点提示

(1)随着上述方法、手段的应用,顾客对于公司产品的购买已经水到渠成。签订合同的时机成熟了。销售合同的签订在注意内容全面的同时,应分清楚哪些是有效合同,哪些是无效合同。

(2)新启动的经销商,在没有经销满3个月之内,最好不要签销售合同。

(3)销量很少的经销商,可以不签销售合同。

(4)正在经销的经销商,当其过去的阶段没有达到企业的预期销量,或对其过去合作不满意,或在该区域有更好人选时,一般不签销售合同。

七、实训过程检查与评价

实训过程检查内容及评价方法请参照实训6-1。

八、问题与思考

1.饲料营销合同的特点主要有哪些?

2.饲料产品营销合同主要包括哪些内容?

3.饲料营销合同履行必须遵守哪些原则?

实训6-4　客户投诉与处理

一、实训目标和要求

通过实训,了解常见的客户投诉类型,掌握客户投诉的一般处理技巧。

二、知识背景与原理

客户产生投诉的主要原因通常是饲料产品质量问题和服务问题。对于投诉的客户,采取有效措施,如耐心倾听、诚恳交谈、迅速处理、提高产品和服务质量等,可以化解客户的投诉,并为公司和企业赢得更多客户。如果对客户提出的投诉处理不当,就有可能将事态扩大,甚至影响企业的正常发展;处理得当,客户的不满则会变成谅解,客户的忠诚度也会得到进一步提升。在客户投诉时,饲料销售服务人员的首要任务就是认真倾听,不争执不压制,认真对待客户提出的各种意见及投诉,让客户觉得自己得到了重视,自己的意见得到了关注。

(一)客户投诉的概念

客户投诉指消费者由于企业产品的质量、服务态度等各方面的原因,向商家主管部门反映情况、检举问题,并要求得到相应补偿的一种手段。企业在产品生产质量上和销售过程中,难免出现一些问题。这些问题虽然都是小事,但却影响到一个企业的形象。企业要从细节做起,从小事做起,只有满足了客户不同的需求,才能够提高客户满意度。客户向企业投诉就是在宣泄自己心中的不满,企业这时候满足客户的需求,会给客户留下良好的印象,也进一步提高了企业在客户心目中的形象。

(二)应对客户投诉,饲料生产企业应采取的措施和手段

1. 建立客户投诉管理制度　投诉管理制度的内容包括:

(1)为了迅速处理客户投诉事件,维护公司信誉、形象,促进质量改善与售后服务质量,特制定本制度。

(2)对客户投诉表单要逐一进行编号,对客户投诉后的调查处理、追踪改善、产品退货、处理期限、裁决权限及处理逾期反映等项目应有具体的约束规定。

(3)凡遇客户反映公司产品质量异常的投诉时,都必须根据管理制度进行处理。

2. 客户投诉处理流程

(1)详细查找客户投诉产品的订单编号、料号、数量、交运日期。

(2)了解客户投诉要求,对客户投诉理由进行确认。

(3)协助客户解决疑难问题或提供必要的参考资料。

(4)迅速传达处理结果。

3. 客户投诉处理表编号原则

(1)必须将客户投诉处理表的日期标注清楚。

(2)编号以一年为周期。

4. 客户投诉处理细则

(1)销售人员在接到客户反映产品质量的投诉时,必须立即查明该产品的信息(编号、料号、交运日期、数量、不良数量)、客户要求,并立即填写"客户投诉处理表"连同产品质量改进建议送交生产管理组。

(2)客户投诉如果需要进行勘察者,销售部门在未填写"客户投诉处理表"前,为满足客户需求及确保处理时效,销售人员必须立即反映到质量管理部,会同生产部门的人员共同前往处理。如果质量管理部人员无法及时前往时,由总经理指派相关人员处理后向总经理汇报处理情况。

(3)为及时了解客户产品使用问题的内容及处理情况,由质量管理部或相关人员在调查处理后 2 天内提出报告呈总经理批示。

(4)生产管理组接到销售部门的"客户投诉处理表"后,必须立即编写客户投诉编号并登记在"客户投诉事件登记追踪表",送质量管理部检查分析原因及判断责任归属部门后,送生产部分析产品出现质量状况的原因,并制定处理方案,送总经理批示。根据产品质量问题送研发部批示,再送回总经理进行审核后送回销售部制定处理方案。然后送交总经理综合审查后,根据处理决策权限审核后,最后送回销售部根据批示处理。

(5)销售人员收到总经理送回的"客户投诉处理表"时,必须立即向客户说明、交涉,并将处理结果填写在表中,送交主管审核后,送回总经理室。

(6)生产管理组接到销售部填写的"客户投诉处理表"后,必须在 2 个工作日内就销售部与生产部的意见加以分析提出意见,根据处理决策权限分别送到销售经理、副总经理或总经理处,进行审核。

(7)决定事故发生部门,如果属于本公司质量问题必须另外制定处理方案,修改方案是否需要列入追踪必须做出明确的规定,并根据"客户投诉损失金额核算基准"及"客户投诉罚扣判定基准"制定责任部门惩罚金额,惩罚办法送交主管批示后,根据惩罚标准进行处理。如果涉及行政处分,则根据"客户投诉行政处罚规定"处理。

(8)经过审核签字了结的投诉事件的“客户投诉处理表”，第一联由质量管理部保存，第二联由制造部门保存，第三联送销售部根据批示办理，第四联送会计部保存，第五联由总经理室保存。

(9)对“客户投诉处理表”的结果，如果客户不能接受，销售部必须再填一份新的“客户投诉处理表”附原投诉表一起送交处理。

(10)生产管理组每月5日前汇总上一个月处理好的投诉事件，记录在“客户投诉事件统计表”上，会同制造部门、质量管理部、研发部及相关部门经理决定责任归属及投诉事件比例，并检查客户投诉事件改善对策及处理结果。

(11)销售部门不得超越处理决策权限对客户做出任何处理的答复协议或承诺。对“客户投诉处理表”的批示事项以书信或电话等方式转达客户。

(12)各部门对客户投诉处理决议有异议时，必须以“签呈”专案方式，送交总经理室处理。

(13)客户投诉内容如果涉及其他公司，是原料供应商等的责任时，由总经理室会同相关部门共同处理。

(14)客户投诉不成立时，销售人员在接到“客户投诉处理表”时，在规定回款日期收回应收账款，如客户有异议时，再以“签呈”的形式，送交上级处理。

(15)“客户投诉处理表”处理规章制度规定，自总经理室受理起，国内投诉在10个工作日内处理完，国外投诉20个工作日内处理完。

5.客户投诉责任人员处罚

(1)客户投诉责任人员处分，生产管理组每月5日前，必须审核上月份已作了结的客户投诉事件，凡经批准为行政处分者，经整理后送人事部，提交“人事公布单”进行公布。

(2)客户投诉责任部门或人员绩效、奖金惩罚制造部门、销售部门及服务部的责任归属由总经理室根据客户投诉事件发生的原因来决定，并填写“奖罚通知单”送交总经理核准后，复印三份：一份总经理室保存；一份送交会计部门审核；一份送责任部门扣除相应人员绩效奖金。

6.客户投诉处理结果

(1)销售部门在接到已经处理完的“客户投诉处理表”第三联后，根据解决方案进行处理。如折让、赔款或退货处理。

(2)会计部根据“客户投诉处理表”第四联中经批示审定的退货量与“成品退货单”的实际量核对无误后，立即填写支票办理转账。

7.客户投诉处理时间监督　总经理室在客户投诉事件处理过程中，对于超时事件必须填写“催办单”，催促相关部门加速处理；对于已作了结的客户投诉，必须审核各部门处理时间；对于处理时间超时的客户投诉，需要填写“洽办单”，送相关部门追查超时的原因。

8.客户投诉行政处罚规定

(1)凡发生客户投诉事件，经责任归属确定为行政处分，给予一个月的转售时间。如果售出，则以三级售价损失的金额进行处理，根据责任归属分摊至个人或部门。未售出时以实际损失金额根据责任归属进行分摊。

(2)由总经理每月5日前汇总已作了结的投诉事件归属责任，若是个人过失则全数分摊到责任员工头上。如果是两人以上的共同过失，则根据责任轻重分别确定责任比例，根据比例分摊损失金额。

(3)客户投诉行政处分确定项目补充说明：因票据错误或附样等资料错误造成客户投诉

者;因财务错误造成客户投诉者;未根据“制作规范”予以备料、用料造成客户投诉者;经剔除的不合格产品混入正常产品仓库造成客户投诉者;成品运输超出应收范围未经客户同意造成客户投诉者;擅自减少相关生产资料者;销售人员对于特殊质量要求,未反映给相关部门造成客户投诉者;记错订单造成错误者;交货延迟者;记错交货单导致交运错误者;仓储保管不当及运输出问题者;外观包装不符规定者;检验资料不符等。

(4)行政处罚实施细则:警告一次,罚款 1 000 元以上;小过一次,罚款 2 000 元以上;大过以上者,当月效益奖金全额扣发。以上处罚原则,执行时由总经理室根据应受处罚人及情节的轻重确定,以“签呈”的形式处罚各责任部门,并送交总经理审核、批准后,会同人事部公布。

9.客户投诉经济处罚准则

(1)制造部门以各生产组为最小部门,以责任落实到小部门为原则。不能明确责任,便分摊到整个生产部门。

(2)销售部、服务部以责任分摊到个人头上为原则,不能明确分摊到哪个人的,才分摊到部门。

(3)销售部门的处罚方式有以下几种:客户投诉事件处罚根据“客户投诉处罚确认基准”,确认相关个人,给予扣发个人效益奖金,其扣发金额归公司所有;客户投诉处罚根据投诉事件次数分别进行处罚;客户投诉处罚标准根据“客户投诉损失金额核算基准”进行处罚,责任分摊到部门的销售人员身上,(损失金额÷该责任部门的总基点数)×个人的总基点数=罚扣金额;客户投诉处罚最高金额以全月业绩奖金的 60%为准,该月份超过 60%者逐月分期扣发。

(4)制造部门的处罚方式有以下两种:责任分摊到生产部各小组的,根据“客户投诉处罚标准”计算,扣发该小组应发金额;责任分摊到生产部的,根据“客户投诉处罚标准”处罚整个部门的人。

(5)服务部门的处罚方式有以下几种:责任分摊到个人者,与销售部的处罚方式相同;责任分摊到整个部门的,与整个生产部的处罚方式相同。管理制度应该送交总经理审核、批准后实施,修订时亦同。

10.客户投诉管理

(1)销售部门是客户投诉的审核和接收部门。

(2)客户认为产品质量不达标的,由销售部组织,提交公司生产部进行协商处理,处理结果经销售总公司总经理审核、批准后,由公司总经理办公室反馈到客户处。

(3)客户对服务过程中的不满意投诉,由相关销售部门负责组织处理,处理结果销售公司总经理审核、批准后,由公司办公室反馈到客户处。

(三)正确对待客户投诉

1.正确地对待客户投诉将有助于建立客户忠诚　客户的投诉会帮助你提高产品及服务水平。客户的投诉在某种程度上是你失败的标志,同时又是一种反馈形式。一旦你接受了这种反馈,使客户的问题得到解决,他们就更倾向于购买你的产品,而仍然得不到满足的客户将会选择别的产品。投诉是每位营销员都会遇到的,即使你的产品好,也会受到爱挑剔的客户的投诉,不要粗鲁地对待投诉的客户,其实他们正是你永久的买主。营销员要正确处理客户的投诉,就必须站在客户的立场上考虑问题,只有这样,才能真正理解客户投诉的重要性,并由此产生对投诉的重视、关心和热情对待的态度。

2.处理客户投诉自我诊断

(1)有专门的部门来登记、管理、解决客户的投诉吗?

(2)是否建立了一个正确的行动计划来有效地解决客户的问题?

(3)是否及时地对客户的不满做出反应?

(4)是否建立了一个有组织的部门使客户得到合理的答复?

(5)销售经理不能解决的问题是否能及时转至有关人员直至问题被解决?

总之,对客户提出的投诉应采取积极的态度,即使是那些不容易解决甚至是不合理的投诉,也应鼓励客户把它们讲出来。从积极方面讲,会有助于企业改进工作,从而给企业带来出乎意料的利益;从消极方面讲,与其让客户在社会上讲,造成对企业的不良影响,还不如让其对企业讲,从而将不良影响控制到最低点。

三、实训设备和材料

模拟场景;纸和笔。

四、实训内容

客户的投诉与处理。

五、操作方法和步骤

(一)处理客户投诉的原则与程序

处理客户投诉,首先要深入事件的现场了解情况,开展调查,根据问题产生的原因,在充分征求客户意见的基础上,提出合理可行的解决方案,然后再实施解决方案。不管是退料、换料、补偿还是赔偿,企业都应在第一时间内完成。同时要感谢客户对企业的信任,对给客户带来的不便表示抱歉,并表示今后努力改进。

(二)处理客户投诉的方法

1.接受投诉　当接到客户的投诉时,要及时受理,绝不拖延,要从客户的角度考虑问题,不要给客户造成推诿或搪塞的感觉,从而不利于问题的解决。

2.平息客户不满　给客户一个宣泄不满和委屈的机会,让客户在理智的情况下,客观地反映问题。

3.饲料包装数量或分量不足的处理　首先应查明原因,确实是饲料企业自身的原因导致包装数量或分量不足,应及时给予补充并向客户表示歉意;如果是因为客户自行提货或办理了正常提货手续后出现的数量不足,其责任应由客户负责。

4.饲料更换的处理

(1)若客户反映产品使用一阶段后出现霉变、结块或潮解,营销员应查明该批次产品的生产日期、客户购买后的储存时间、运输途中是否遭受雨淋以及产品变质的程度等情况。若因企业购进的原料水分含量过高,或者在企业仓储的时间过长,企业应承担客户的经济损失责任并更换饲料产品;如果是因为客户的保管不善,或者产品超过了保质期,企业一般不承担责任,但应该向客户宣传有关产品的安全保管常识和防霉防潮知识。

(2)若客户反映产品使用一阶段后畜禽生产性能达不到理想的效果,要求更换饲料产品甚至要求赔偿经济损失时，企业应展开产品性能以外的畜禽品种、饲养管理水平、畜舍环境条件、动物疫病防控、饲料保管贮存等方面的综合性调查。

5.使用产品致动物患病死亡

(1)询问使用同类产品的客户是否有类似的现象发生，若有，应立即停止使用问题产品；若没有，则应查找疾病发生的原因。

(2)请有经验的兽医对患病动物进行现场诊断，查明病因并进行治疗，以便将客户的损失降低到最低程度。

(3)进行现场产品取样(双方签字)并送指定的检验部门进行检验。若属于产品本身的问题，企业应回收该批次产品并封存和检验，同时对客户的损失给予赔偿。若属于疾病原因，营销员和企业应积极热情帮助客户对动物进行治疗。若产品本身没有问题，又找不到其他原因，客户又执意要求赔偿时，营销员和企业应维护企业的声誉。

(三)案例分析

【案例 6-4-1】某饲料厂家一位经销商经营其产品有 5 年之久。一日，十万火急给厂家打来电话说“一用户称他饲养的 25 头猪使用了公司的产品后，20 头死亡，并出示了当地兽医站开具的猪因采食公司饲料中毒、治疗无效死亡的证明。目前，用户在经销处大声哭闹要求赔偿，请厂家立即派人前来处理。”

处理演示：

(1)向经销商了解用户购买饲料的时间、品种、数量、饲喂情况以及猪患病后的治疗过程。

(2)劝说用户先回家并答应一定公正地处理事件(稳定局面，防止事态扩大)。

(3)检查当日生产记录、销售记录、饲料配制情况以及是否接到同类投诉，以确定该批产品是否有质量问题。

(4)去用户养殖现场进行调查，进一步表明态度：同情用户的损失，如果是公司饲料的问题，一定给予赔偿；如不是饲料的问题，也一定找出事情的原因，以避免今后再发生类似的事件。并要求大家配合调查工作的进行。

(5)请用户说明猪死亡的前后情况；请当事的兽医说明猪的治疗情况；请旁观者做记录，以查明事件的真正原因。

(6)将调查的结果公布于众。

六、操作重点提示

常见的客户投诉类型主要有：

(1)因为饲料企业在加工过程中的过失造成的客户投诉。比如说饲料的色泽不统一，混合均匀度低。

(2)因为饲料企业在运输过程中的过失(饲料遭受暴晒、雨淋；饲料遗失、包装破损；没有在规定的时间内将货物送达目的地)而造成的投诉。

(3)因为饲料配方不合理，造成饲养效果不佳，生产水平下降；适口性差使采食量下降，致其营养供应不足；或因未加饲料保存剂造成饲料的霉变和变质。

(4)饲料企业在其产品售出后，所承诺的售后服务打折，对客户提出的问题不解决或不及时解决。

(5)因客户自身的过失而造成的投诉。如自行运输产品不当，致使产品遭受雨淋或遗失；

或贮存不当造成饲料的霉变和变质而导致的饲料质量问题。

(6)因客户自身缺乏科学的饲养管理知识(如畜舍的通风、采光、饲养密度不合理,使用不合理的药物,自行调整配方等)引起的畜禽生产性能受阻和下降。

总之,饲料产品在营销过程中,客户的投诉是不可避免的,而投诉的原因往往主要是产品质量问题和服务问题。对于客户的投诉,一定要重视并采取有效的措施,从而使得客户的不满意变成谅解,使客户的忠诚度得到进一步提升。为此,必须建立客户投诉管理制度,并将投诉处理结果及时反馈给客户。

七、实训过程检查与评价

实训过程检查内容及评价方法请参照实训 6-1。

八、问题与思考

1. 什么是客户投诉?
2. 客户投诉的原因有哪些?
3. 如何正确对待客户的投诉?

项目七

宠物综合实训

实训7-1 犬的接近与保定

一、实训目标和要求

通过实训，掌握犬的接近与保定方法。

二、知识背景与原理

犬的性格及行为表现一般分为3种类型：与人友善型、胆怯型和攻击型。第1种类型的犬性格温顺，易于与人接近，临床上也易于捕捉和保定；第2种类型的犬胆小、怕生，当陌生人接近时，主要表现自我防范行为；第3种类型的犬，性格暴烈，具有强烈的攻击欲望，不易被人控制，临床上也难于接近和捕捉。犬临床诊断与治疗中，为了便于诊疗疾病，确保人和宠物的安全，往往需要使用人力、器械甚至药物等限制宠物的活动或制约其攻击行为。

因犬对其主人有较强的依恋性，保定时若有主人配合，可使保定工作顺利进行。保定方法分为多种，可根据宠物个体的大小、行为及诊疗目的选择。保定要做到方法简单、确实，确保人及宠物的安全。在给犬进行诊疗时要注意不被其咬伤，对于温顺的犬可以不必保定，一边安抚一边治疗。治疗时要防止咬伤，但也不要过于害怕。

三、实训设备和材料

(1)实训动物：成(幼)年犬若干只；相关音像资料、图片等。

(2)口笼、绳索(医用绷带)、颈钳、棍套、铝棒(竹条)、麻醉剂。

四、实训内容

扎口保定法、口套保定法、蹲式保定法、站立保定法、倒提保定法、犬床(手术台)保定法、颈枷保定法、体支架保定法、犬夹(颈钳)保定法、棍套保定法、活动笼保定法、化学保定法等。

五、操作方法和步骤

犬对其主人有较强的依恋性。在接近犬时，最好有主人在场。首先向其发出接近信号(如呼唤犬的名字或发出温和的呼声，以引起犬的注意)，然后从其前方徐徐绕至前侧方犬的视线范围内，一面观察其反应，一面接近。单眼瞎的犬从健侧接近，在接近双眼瞎宠物时应特别小心。接近犬后检查者用手掌或其他软物轻轻抚摸其头部或背部，并密切观察其反应，待其安静后方可进行保定和诊疗活动。

(一)扎口保定法

用一条细软的绳子，也可用长 1 m 左右的绷带代替，在绷带中间打一活结圈套，将圈套从鼻端套至鼻背部中间，然后拉紧圈套，并且继续缠绕 1～2 圈，在下颌下方打单结，最后绳子两端在耳后固定，此法适用于长嘴犬(图 7-1-1、图 7-1-2)。短嘴犬扎口后容易滑脱，可在扎口基础上把颈部打结后的绷带或绳索长头向前穿过鼻背侧活圈，再返回颈部与绷带或绳索的另一端打结(图 7-1-3)。此法试用于性情较凶或对陌生人有敌意的犬，以防医护人员进行检查治疗时被其咬伤。

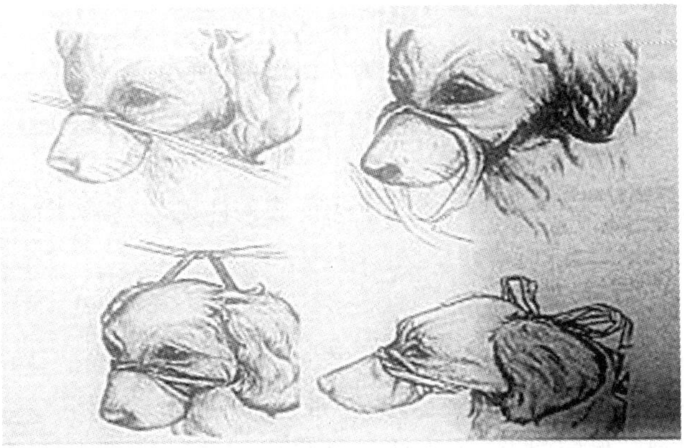

图 7-1-1　长嘴犬的扎口保定(一)

图 7-1-2　长嘴犬的扎口保定(二)

(二)口套保定法

把用牛皮或硬质塑料等制成的网套套在犬的口部，可根据犬的个体选择适宜的口套将犬嘴套住，利用连接绳带将其固定在犬的颈部。此法保定效果与扎口保定法基本相同，此法主要用于大型犬。犬口套(口笼)多用皮革制成，现市场上或宠物用品商店售有各种型号和不同形状的口笼。

图 7-1-3　短嘴犬的扎口保定

(三)蹲式保定法

保定者站在犬一侧，两手臂分别放在犬胸前部和股后部将犬抱住，然后一手将犬头颈部紧贴自己胸部，另一只手抓住犬两后肢限制其活动(图 7-1-4)。此法适用于小型犬和幼龄大中型犬进行听诊等检查，并常用于皮下或肌肉注射。

(四)站立保定法

保定者站在(蹲在)犬的一侧，一只手向上托起犬下颌并抓住犬耳，另一只手臂经犬腰背部向外抓住内侧前肢(图 7-1-5)。此法用于比较温顺或经过训练的大、中型犬进行临床检查，或用于皮下、肌肉注射。

图 7-1-4 蹲式保定

图 7-1-5 站立保定

(五)倒提保定法

保定者提起犬两后肢小腿部,使犬两前肢着地。此法适用于犬的腹腔注射、腹股沟阴囊疝手术、直肠脱和子宫脱的整复等。

(六)犬床(手术台)保定法

主要用于输液、手术等。可分为侧卧、仰卧和胸卧保定三种。根据需要,选择不同的体位。将犬抱于犬床上,首先固定胸腰部的固定带,然后再固定颈部固定带,同时安抚犬,使其安定,与此同时将四肢固定在相应的位置。如侧卧保定时,用细绳或绷带将两前肢和两后肢分别捆绑在一起,再用细绳将前后肢系紧固在犬床(手术台),以防犬骚动,助手按住犬头部,即可进行诊疗工作,一般静脉注射或局部治疗处理常用此法保定。

(七)颈枷保定法

颈枷又称伊丽莎白项圈(图 7-1-6),是一种防止自我损伤的工具。有圆盘形和圆筒形两种。依据犬的身体大小可以选用不同规格。可以将犬的嘴充分隔开,使其无法舔咬身体其他部位。主要用于外伤、骨折等疾病经过治疗处理后的防护。

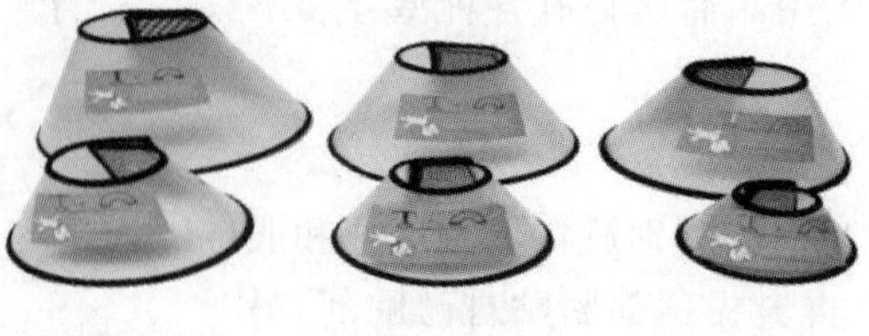

图 7-1-6 伊丽莎白项圈

(八)体支架保定法

此法也是一种防止自我损伤的保定方法。按照犬颈围和体长(从颈基部到腹胁部)的长度,取两根等长的铝棒。其一端在颈两侧环绕颈基部各弯曲一圈半,用绷带将两弯曲部分缠卷固定。另一端向后贴近两侧胸腹壁,用绷带围绕胸腹壁缠卷固定铝棒。铝棒末端裹贴胶布,以免损伤腹壁(图 7-1-7)。此法可防止犬回头舔咬胸腹壁、肛门及跗关节以上等部位,对不愿带伊丽莎白项圈的犬更适宜使用此法。

图 7-1-7　体支架保定

(九)犬夹(颈钳)保定法

此法适用于未经驯服或凶猛的犬。颈钳保定需要合适的颈钳(图 7-1-8),其钳体用铁杆制成,钳柄长 90～100 cm,钳端由 2 个长 20～25 cm 的半圆形的钳嘴组成。保定时,保定人员持颈钳,张开钳嘴套住犬的颈部,合拢钳嘴后即可将犬保定。凶猛犬用此法保定可靠,也较方便,也适于捕捉处于兴奋状态的病犬,用犬夹夹持犬颈部,将犬按倒在地,并由助手固定犬后肢(图 7-1-9)。

图 7-1-8　颈钳

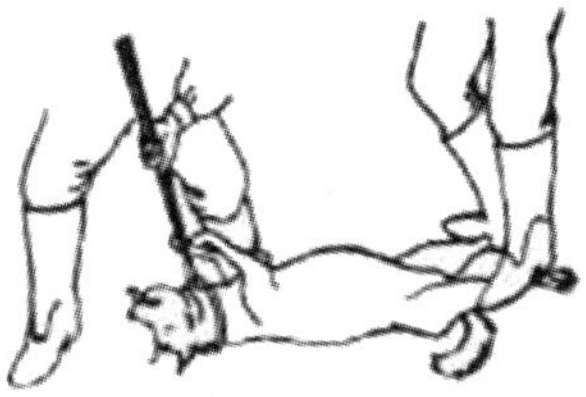

图 7-1-9　颈钳保定

(十)棍套保定法

有专门的棍套保定器,也可取 1 根长 1 m 的铁管和长 4 m 的绳子,将绳子对折后穿过铁管形成 1 个绳圈。将绳圈套住犬的脖子后,抓紧绳子另一端及铁管即可完成保定。这种方法可使保定者与病犬之间始终保持 1 m 的安全距离。

(十一)活动笼保定法

将犬放在不锈钢制作的长方形犬笼内,推动活动板将其挤紧,然后扭紧固定螺丝,以限制其活动。此法适用于兴奋性很强的或性情暴烈的犬,多用于肌肉注射或静脉滴注。

(十二)化学保定法

化学保定法是指应用某些化学药物,使动物肌肉松弛、意识减退,消除反抗。常用的药物包括镇静剂、安定剂、催眠剂、镇静止痛剂、麻醉剂等,如氯丙嗪、安定、静松灵、速眠新、氯氨酮、噻胺酮等。常用速眠新注射液 0.04～0.1 mL/kg,肌肉注射;舒泰 50 冻干粉,0.01～0.03 mg/kg,肌肉或静脉注射。此法适用于对患病宠物进行长时间或复杂的治疗,方便操作,对人安全,但增加了药物可能带来的一些风险。

六、操作重点提示

在接近犬的过程中，应注意以下几点：①首先向主人了解宠物的特点，如是否咬人，脾气暴躁还是温和，有无特别敏感部位不能让人接触等。②观察其反应，当其怒目圆睁，龇牙咧嘴，甚至发出“呜呜”的呼声时，应特别小心。③检查者接近宠物时，不能手拿棍棒或其他闪亮和发出声响的器械，以免引起其惊恐不安。④检查人员在接近犬时，禁止一哄而上，应避免粗暴的恐吓、突然的动作和可能引起犬防御性反应的各种刺激。⑤检查者着装应符合兽医卫生和公共卫生习惯。

七、实训过程检查与评价

序号	检查内容	检查标准	学生自查	教师检查
1	教学互动	乐于参与		
2	出勤状况	出勤95%以上		
3	合作精神	能够积极参与课程讨论，互相补充		
4	创新意识	不随波逐流，有合理的独到见解		
5	犬的接近	正确接近犬，操作规范		
6	犬的保定	正确保定犬，操作规范		
检查评价	评语： 组长签字： 教师签字： 年 月 日			

八、问题与思考

1. 如何正确接近犬？
2. 犬的保定方法通常有哪些？

实训 7-2 犬一般临床检查

一、实训目标和要求

通过实训，学会判断犬是否健康以及生病时的病理表现；通过一般临床检查对犬所患疾病的严重程度和可能患病的器官或系统做出初步的估计，为进一步的系统（或部位）检查提供线索。

二、知识背景与原理

在对就诊动物进行登记及问诊后，通常要对其进行直接的、客观的检查。一般临床检查为整个检查的第一步，即对动物全身状态的概括性观察。通过一般临床检查，可以对动物所患疾病的严重程度、可能患病的器官、系统做出初步的评估，为进一步的系统（或部位）检查提供线索。一般临床检查以视诊为主，配合进行触诊、听诊和嗅诊。

三、实训设备和材料

(1)实训宠物：成（幼）年犬若干只；相关音像资料、图片等。

(2)听诊器、秒表、体温计。

四、实训内容

整体状态的检查（包括体格发育、营养状况、精神状态以及运动与行为）；体温、脉搏数和呼吸数的测定；被毛的检查；皮肤颜色、温度、湿度及弹性的检查；浅在淋巴结和淋巴管的检查；可视黏膜的检查等。

五、操作方法和步骤

（一）全身状况检查

1. 整体状态检查　接触病宠进行检查的第一步，即对宠物全身状态的概括性检查。整体状态的观察应重点判定其体格发育、营养状况、精神状态以及运动与行为的变化和异常表现。

(1)体格发育　体格发育是指宠物骨骼与肌肉的外形及发育程度。体格可根据其生长发育情况分为大、中、小，发育良好或发育不良。体格的大小可判定其发育程度。发育良好的宠物体躯高大，结构匀称，胸廓宽阔，骨骼粗壮，肌肉结实，给人以强壮有力、外形完美的印象。发育不良的宠物多表现躯体矮小，结构不匀称，关节粗大，胸廓狭窄，肢体扭曲变形，瘦弱无力。特别是幼龄阶段常呈发育迟缓或发育停滞，即表现为个体发育明显比同种同龄的宠物矮小。

(2)营养状况　宠物营养状况与多种因素有关，但通常反映了机体对饲料摄入、消化、吸收和代谢的状况。营养状况根据宠物被毛的状态和光泽，肌肉的丰满程度，骨骼的外露，特别是皮下脂肪的蓄积量而判定。临床上将宠物营养状况分为营养良好、营养不良和营养过剩（肥胖）等三种情况。

营养良好表现为肌肉丰满，皮下脂肪充盈，被毛光滑平顺，皮肤富有弹性，躯体圆满而骨骼棱角不突出。表明体内能量消耗与营养物质的吸收完全平衡。

营养不良主要表现消瘦，且被毛蓬乱、无光泽，皮肤缺乏弹性，骨骼表露明显（如肋骨）。长期极度消瘦称为恶病质。按病程可以将消瘦分为急性消瘦和慢性消瘦两种。如病宠短期内急剧消瘦，主要考虑可能患有热性病或由于急性肠胃炎、频繁下痢而致大量失水。如病程发展缓慢，则多提示为慢性消耗性疾病（主要为慢性传染病、寄生虫病、长期的消化紊乱或代谢障碍性疾病等）。此外，幼龄宠物的消瘦，应注意营养不良、贫血、佝偻病、体内寄生虫、维生素A缺乏症以及其他营养、代谢紊乱性疾病等。

营养过剩即肥胖主要是指体内中性脂肪积聚过多，表现为体躯丰满、敦圆，皮下脂肪大量蓄积，体重明显超标。犬比较多见，多为饮食单一、能量过剩及运动不足所致。宠物肥胖将导致其繁殖能力、生产性能下降，持续肥胖往往并发糖尿病、肝胆疾病（脂肪肝）及循环障碍。

(3)精神状态　精神状态或意识是指宠物对外界刺激的反应能力及其行为表现。宠物的精神状态是其中枢神经机能状态的标志。可根据其对外界刺激的反应能力及其行为表现而判定。健康宠物对外界的反应灵敏，表现头耳灵活，目光明亮有神，经常注意外界，反应迅速，行动敏捷。正常时中枢神经系统的兴奋与抑制过程保持动态平衡。当中枢神经机能发生障碍时，兴奋与抑制过程的平衡被破坏，临床上表现为过度兴奋或抑制。兴奋是中枢神经机能亢进的结果。临床上表现为不安、易惊，甚至有攻击行为。抑制是中枢神经机能紊乱的另一种表现形式，根据程度不同可分为精神沉郁、昏睡、昏迷。主要见于脑神经发生炎症，如脑水肿初期，手术麻醉苏醒后，某些中毒病初期等。

精神沉郁为最轻度的抑制现象。患病宠物对周围事物注意力减弱，反应迟钝，行动无力。患病宠物对外界刺激有意识反应。

昏睡为中度抑制的现象。宠物处于不自然的熟睡状态，如将鼻、唇抵在饲槽上、倚墙或躺卧而沉睡，给予强烈的刺激仅可产生轻微的反应，但很快又陷入沉睡状态。见于脑炎、颅内压增高等疾病。

昏迷为高度抑制的现象。患病宠物意识完全丧失，对外界刺激无任何反应，仅保留自主神经活动，心律不齐，呼吸不规则。见于颅内病变，如脑炎、脑肿瘤等。

(4)运动与行为　运动异常多指宠物运动的方向性和协调性发生改变，临床上常见的运动异常有以下几种：

运动失调指肌肉的收缩力量正常，运动时肌群动作相互不协调，导致宠物在运动时步态异常，又称共济失调。由于在运动中四肢配合不协调，有的患病宠物呈醉酒状，重心不稳，步态紊乱，见于小脑、前庭神经损伤性疾病；有的患病宠物步样不稳，举止过高，踏地过重，呈涉水样步态，见于脑脊髓的炎症或寄生虫病。此外，当急性脑贫血(如大失血、急性心力衰竭或血管机能不全)时也有一时性的共济失调现象。

盲目运动指宠物无目的地徘徊，向前直冲、后退不止，或呈圆圈运动，可提示为脑、脑膜的充血、出血、炎症或某些中毒与严重的内中毒(如脑脊髓炎、霉菌中毒、伪狂犬病、李氏杆菌病等)。

2.体温、脉搏数和呼吸数的测定　体温、脉搏数和呼吸数是评价宠物生命活动的重要生理指标。正常情况下，除外界气候及运动等的暂时性影响外，一般在一个较为恒定的范围内变化。但是在病理过程中，受病原因素的影响而发生不同程度和形式的变化。因此临床上测定这些指标，对诊断疾病和分析病程变化具有重要意义。

(1)体温　宠物体内的温度不依赖于外界气温的变化而变化，机体内的产热和散热保持平衡。通常用兽用体温表测定肛门内温度，方法为宠物站立，测定前必须用力将体温表水银柱甩至35℃以下，用酒精棉球消毒后缓慢插入肛门内，固定于尾根部，3～5 min后取出。犬正常体温37.5～39.0℃，健康宠物体温在一天内会发生生理范围内的波动，早晨体温略低，下午略高，一般波动幅度不会超过1℃，幼龄宠物体温偏高，老年宠物体温偏低。体温升高1℃以内叫微热，体温升高1～2℃为中热，体温升高2～3℃或者更高叫高热。

(2)脉搏数　检查脉搏可判断心脏活动机能和血液循环状态，甚至可判断疾病的预后。脉搏数即每分钟的脉搏次数(次/min)，以触诊的方法感知浅在动脉的搏动来测定。通常在后肢股内侧动脉处，检查者站在宠物的侧后方，一手握后肢，一手伸入股内侧，以手指肚轻压动脉检查。健康犬的脉搏数，成年犬68～80次/min，幼犬80～120次/min。犬正常时，常出现与呼吸同步的周期性心律不齐。脉搏数的病理性变化包括脉搏数增多和脉搏数减少，脉搏数增多常见于热性病、贫血及心脏衰弱等，脉搏数减少主要见于某些脑病及中毒病，脉搏数明显减少提示预后不良。

(3)呼吸数　呼吸数即每分钟的呼吸次数(次/min)。在动物安静时，利用胸廓和腹壁的起伏动作或鼻翼的开张动作进行计数。也可将手背放在宠物鼻孔前方，感觉呼出的气流，呼出一次气流为一次呼吸。冬天寒冷时，可观察鼻孔呼出的气流。成年犬的呼吸数为 10～15 次/min，幼犬为 14～32 次/min。健康成年犬呈胸式呼吸，幼犬为胸腹式呼吸。腹式呼吸提示胸部器官有病，如肺炎、心包炎、肋骨骨折、胸膜炎等。

呼吸数受很多因素影响，如宠物的种类、性别、年龄、营养、气温、湿度、海拔高度，还有运动及外界环境等，所以即使健康宠物的呼吸频率的变动范围也很大。

幼龄宠物的体温、脉搏数、呼吸数极易变动，主要原因在于幼龄宠物的各系统发育尚不完全，所以临床检查时一定要注意，排除各种非疾病因素，以免误诊。

(二)被毛和皮肤的检查

宠物被毛和皮肤状态是其健康与否的标志，也是判定营养状况的依据。检查表皮状态，主要应注意被毛、皮肤、皮下组织的变化以及表皮的外科病变的有无及特点。检查时，应注意全身各部皮肤的病变，除头部、颈侧、胸腹侧外，还应查视其会阴、乳房及趾球、趾间等部。

1. 被毛检查　宠物被毛的状态主要根据其光泽、长度、分布状态、清洁度、完整性及与皮肤结合的牢固性进行判断。健康宠物的被毛整洁、有光泽。被毛蓬乱而无光泽，换毛迟缓，常为营养不良的标志，可见于慢性消耗性疾病(如贫血、内寄生虫病、结核病等)，长期的消化紊乱，营养物质不足，某些代谢紊乱性疾病。局限性脱毛应注意皮肤病或外寄生虫病，如头颈及躯干部有多处脱毛、落屑病变，并伴有剧烈痒感(经常向周围物体上摩擦或啃咬甚至病变部皮肤出血、结痂或形成龟裂)时，可能有螨病(疥癣)的可能，常因相互感染以致在群中常造成蔓延而大批发生。为确诊应刮取皮屑(宜在皮肤的病健部交界处)进行镜检。

2. 皮肤颜色的检查　白色皮肤的宠物，其皮肤颜色改变可表现为苍白、黄染、发绀及潮红与出血斑点。

(1)皮肤苍白　主要是皮肤毛细血管的血液量减少或血液成分发生改变(红细胞数或血红蛋白减少)所致，常见于各种原因引起的贫血性疾病(如幼犬贫血以及营养不良、腹泻、维生素缺乏症、硒-维生素 E 缺乏症、蛔虫感染等)。

(2)皮肤黄染　由于胆色素代谢障碍，血液胆红素增多渗入组织，造成皮肤发黄。见于肝病(如实质性肝炎、中毒性肝营养不良、肝变性及肝硬化)，胆道阻塞(肝片吸虫病、胆道蛔虫病)，溶血性疾病(钩端螺旋体病)。

(3)皮肤发绀　即皮肤呈蓝紫色。轻则以耳尖、鼻端及四肢末端最为明显，重则可遍及全身。可见于严重的呼吸器官疾病，重度的心力衰竭，多种中毒病。

(4)皮肤的潮红及出血斑点　皮肤的红色斑点常由皮肤出血引起。皮肤小点状出血好发于腹侧、股内、颈侧等部位，常为犬瘟热的特征。

3. 皮肤温度、湿度及弹性的检查

(1)皮肤温度　皮肤温度的检查通过手掌或手背触诊进行。可用手或手背触诊犬躯干、股内等部位判定，为确定躯体末梢部位皮温分布的均匀性，可触诊鼻镜、耳根及四肢的末梢部位。

皮温增高是体温升高、皮肤血管扩张、血流加快的结果。全身性皮温增高可见于一切热性病；局限性皮温增高提示局部的炎症。

皮温降低是体温过低的标志。可见于衰竭症及营养不良，大失血及重度贫血，严重的脑病及中毒等。

皮温分布不均匀是指机体对称的部位皮温分布不均，主要原因是皮肤血液循环不良或支配神经异常所致的血管痉挛而引起。表现为耳鼻发凉，肢梢冷感，可见于心力衰竭及虚脱、休克。

(2)皮肤湿度　通过观察鼻镜确定。犬的鼻镜正常时湿润并附有少许水珠。鼻镜干燥，可见于发热性疾病及重度消化障碍等。严重时可发生龟裂，提示犬瘟热、犬细小病毒感染等。

(3)皮肤弹性　皮肤的弹性与宠物的品种、年龄、营养状况、皮下脂肪及组织间隙所含液体量有关，健康宠物的皮肤弹性良好，老龄宠物的皮肤弹性略差。

检查皮肤的弹性，通常可于背部、颈侧、肩前等部位，用手将皮肤捏成皱褶并轻轻拉起，然后放开，根据皱褶恢复的速度判定。皮肤弹性良好的宠物，拉起、放开后，皱褶很快恢复、平展；如恢复很慢，是皮肤弹性降低的标志，可见于机体的严重脱水以及慢性皮肤病(如疥癣、湿疹等)。

4.浅在淋巴结及淋巴管的检查　浅在淋巴结及淋巴管的检查，在确定附近组织器官的感染或诊断某些传染病上有重要意义。

(1)浅在淋巴结的检查　检查淋巴结时，必须注意其大小、结构、形状、表面状态、硬度、温度及活动性等。临床上主要检查的淋巴结有：下颌淋巴结、耳下及咽喉周围的淋巴结、颈部淋巴结、肩前及膝窝淋巴结、腹股沟淋巴结、乳房淋巴结等。淋巴结的检查常用触诊，必要时可配合用穿刺检查法。

淋巴结的病理变化主要表现为急性或慢性肿胀，有时可呈现化脓。淋巴结的急性肿胀触诊时淋巴结体积明显增大，表面光滑，且伴有明显的热、痛反应。淋巴结的慢性肿胀一般呈轻度肿大，质地变硬，表面不平，无热、无痛，且多与周围组织粘连而固着，难于活动。淋巴结化脓在肿胀、热感、呈疼痛反应的同时，触诊有明显的波动。如进行穿刺，则可流出脓性内容物。

(2)浅在淋巴管的检查　健康宠物的浅在淋巴管不能明视。仅当某些病变时，才可见淋巴管的肿胀、变粗甚至呈绳索状。

5.可视黏膜的检查　可视黏膜是指肉眼能看到或借助简单器械可观察到的黏膜，如眼结膜和鼻腔、口腔、直肠、阴道等部位的黏膜。健康宠物的可视黏膜湿润，有光泽，呈微红色。

检查可视黏膜时，除应注意其温度、湿度、有无出血、完整性外，更应仔细观察颜色变化，尤其是眼结膜的颜色变化。结膜的颜色变化，不仅可反映其局部的病变，并可推断全身的循环状态及血液某些成分的改变，在诊断和预后的判定上均有一定的意义。

眼结膜的颜色决定于黏膜下毛细血管中的血液量及其性质以及血液和淋巴液中胆红素的含量。正常时，眼结膜呈淡红色。结膜颜色的改变，可表现为潮红、苍白、发绀或黄染。

(1)潮红　主要表现为鲜红色、暗红色，严重时呈深红色，是毛细血管充血的结果。单眼的潮红，可能是局部的结膜炎所致；如双侧均潮红，除可见于眼病外，多表示全身性的血液循环障碍，见于各种发热性疾病、疼痛性疾病、中毒性疾病等。弥漫性潮红常见于各种热性病及某些器官、系统的广泛性炎症过程，如小血管充盈特别明显而呈树枝状，则称树枝状充血，多为血液循环或心脏功能障碍的结果。

(2)苍白　黏膜色淡，表现不同程度的发白，甚至呈灰白色，是各型贫血的特征。如病程发展迅速而伴有急性失血的全身及器官、系统的相应症状变化，可考虑大创伤、内出血或偶见于内脏破裂(如肝、脾破裂)。如慢性经过的逐渐苍白并有全身营养衰竭的体征，则多为慢性营养不良或消耗性疾病(如衰竭症、慢性传染病或寄生虫病)。由于大量红细胞被破坏而形成的溶血性贫血(如焦虫病),则在苍白的同时常带有不同程度的黄染。

(3)发绀　即黏膜呈蓝紫色,主要是血液中还原血红蛋白含量增多或形成大量变性血红蛋白的结果(一般当血液中还原血红蛋白绝对量≥50 g/L,高铁血红蛋白量≥30 g/L,硫化血红蛋白≥5 g/L 时才会发绀)。因此单纯的严重贫血,虽缺氧严重但不出现发绀。引起发绀的常见病因有:

①因高度吸入性呼吸困难(如上呼吸道高度狭窄时)或肺呼吸面积的显著减少(如各型肺炎、胸膜炎时)而引起动脉血氧未饱和度增加,即肺部氧和作用的不足。

②血流过缓(瘀血)或过少(缺血)而使血液经过体循环的毛细血管时,过量的血红蛋白被还原,称外周性紫绀。多见于全身性瘀血,特别是心脏机能障碍(如心脏衰弱与心力衰竭)时。不同病因引起的发绀,在结膜呈蓝紫色的同时,具有不同的其他临床症状,应注意全面检查、综合分析。

(4)黄疸　指黏膜发黄或黄染,主要是机体胆红素代谢障碍,导致血液中胆红素含量增加,沉着在皮肤及黏膜组织上。引起黄疸的常见病因是:

①肝实质的病变,致使肝细胞发炎、变性或坏死,并有毛细胆管的瘀滞与破坏,造成胆汁色素混入血液或血液中的胆红素增多,称为实质性黄疸。可见于实质性肝炎,肝变性以及引起肝实质发炎、变性的某些传染病及营养、代谢病与中毒病。

②胆管被结石、异物、寄生虫阻塞或被其周围的肿物压迫,引起胆汁的瘀滞、胆管破裂造成胆汁色素混入血液而发生黏膜黄染,称为阻塞性黄疸。可见于胆结石、肝片吸虫病、胆道蛔虫等;此外,当小肠黏膜发炎、肿胀时,由于胆管开口被阻,可有轻度的黏膜黄染现象。

③红细胞被大量破坏,使胆色素蓄积并增多而形成黄疸,称为溶血性黄疸,如犬焦虫病,由于红细胞被大量破坏而同时造成机体的贫血所致。

六、操作重点提示

在进行一般临床检查时应注意以下几点:

(1)应使宠物适应新的环境,情绪平稳之后再进行体温、脉搏以及呼吸数的测定。

(2)皮肤颜色和可视黏膜的检查要在光线明亮的地方进行,并且以客观思想去判定,切勿添加主观因素。

(3)检查时要注意人身安全。

(4)检查时动作要温柔,不可强拉硬拽,要注意宠物的情绪。

七、实训过程检查与评价

实训过程检查内容及评价方法请参照实训 7-1。

八、问题与思考

1.造成各种黄疸的因素是什么?

2.犬一般临床检查方法有哪些?

实训 7-3　宠物的给药方法

一、实训目标和要求

针对不同药物有不同的给药方法，通过实训，掌握外用给药、口服给药、注射给药、呼吸道给药、直肠给药等给药方法，并合理运用于实践。

二、知识背景与原理

随着中国生活水平的持续提高和家庭规模的缩小，饲养宠物已经成为越来越多都市人生活的一部分，中国的宠物消费也随之形成规模，同时展现巨大潜力。国内宠物市场已进入一个高速发展的时期。宠物服务的消费需求不断扩大，对投资的需求也相对日趋旺盛。近几年来，中国城乡居民养的猫、犬数量剧增。犬的定期预防免疫，疾病的治疗都离不开宠物医生、宠物医生助理的专业护理，合理给药。因为不同疾病或预防免疫所用药不一样，因而给药方法也不一样，并且宠物和人不一样，不能很好地配合宠物医生，这时有效的给药方法是必不可少的，使宠物能有效地吸收药物，而又保护好宠物医生的安全。

三、实训设备和材料

基本用具：口笼或绷带、猫袋、手套。

1. 口服给药用品　口服胶囊或药片所需工具：润滑剂、镊子；口服液体药物所需工具：注射器、小瓶子或汤匙。

2. 直肠给药用品　输液空瓶、输液器。

3. 呼吸道给药用品　雾化器、呼吸麻醉机、气管插管。

4. 注射给药用品　棉球、酒精或其他皮肤消毒剂，大小合适的无菌注射器，大小合适的无菌针头，2.5 cm 宽胶带，带 40 号刀片的剪刀，剃毛推子。

四、实训内容

口服给药、直肠给药、呼吸道给药、外用给药、注射给药。

五、操作方法和步骤

(一)口服给药

1. 投服胶囊或药片

(1)洗手　给不同病畜投药之前都要洗手，这对控制医院内疾病的传播很重要，建议当给患有传染病的宠物口服药物时，戴上一次性手套。

(2)润滑胶囊或药片　用奶油或水溶性润滑剂润滑胶囊或药片有利于药物的吞咽。

(3)投喂技术　助手将宠物蹲式保定或站立保定后，操作者用镊子或一手的食指和拇指夹住胶囊或药片。特别是对在给药时不愿张口的猫或犬，口服胶囊或药片时使用镊子有很大好处。另一手的手掌放在宠物口鼻部的背面。拇指插入宠物上齿后面进入口腔，并触碰宠物的软腭。将宠物的唇边卷进于齿上，可减少人被宠物咬伤的可能，软腭的触觉刺激常引起嘴巴自发性张开。宠物鼻孔朝上，这种头部姿势可使许多宠物的下颌肌肉放松，这样就不必用力撬开宠物的嘴巴。用持药的那只手的第三、四、五指下压宠物的下切齿，这样宠物的嘴会张得很大。将胶囊或药片放在宠物的舌根后(宠物很容易将放在舌头上的胶囊或药片弹出)，迅速从宠物嘴中撤出投药者的手。快速合上宠物的嘴巴，并在摩擦其颈腹侧部位时抓牢关闭的嘴巴。若舔食鼻面说明宠物已吞咽。

2.液体药物给药

(1)简易给药　液体药物装于注射器内或小瓶中，对比较安静的宠物可用汤匙送服美味的液体药物。用一手的食指和拇指伸进病畜面颊并轻拉嘴上侧，使其嘴角处形成一个窝，这样动物的嘴在操作过程中可保持闭合。将液体药物倒入窝内，一次倒一小部分，当投服液体药物时，宠物口鼻部的腹面应与地面平行或仅轻微地抬高，避免将宠物鼻孔对着天花板，可减少液体药物吸入呼吸道的可能。慢慢给药，为保证足够的剂量，建议先给以少量药物，等宠物吞咽后，再给以更多液体药物。

(2)胃管给药　此法用于投入大剂量的水剂、油剂或可溶于水的流质药液，方法简单，安全可靠，不浪费药液。

给药时对犬进行坐姿保定，猫装入猫袋内，仅头颈部露于袋外。打开口腔，选择合适的胃导管(幼犬选用直径0.5～0.6 cm，大犬选用直径1.0～1.5 cm的橡胶管或塑料管)。投药前，用胃导管测量犬鼻端到第8～9肋骨距离后，在胃导管上做好标记。胃导管插入后出现咳嗽，提示胃导管插入气管，应重新插入。当犬出现吞咽动作时，顺势将胃导管推入食管直至胃内。(判定插入胃内标志：从胃导管末端吸气呈负压，犬无咳嗽表现)然后连接漏斗或大注射器，将药液灌入。灌药完毕，除去漏斗，压扁导管末端，缓缓拔出胃导管。

(二)直肠给药

取输液空瓶一个，在里面装温热的灌肠溶液，安装上输液器。把输液器下方的连接头剪掉，将塑料管的断端插入人用的导尿管中。打开输液开关，检查是否漏水，如有漏水，再向内插紧。如果宠物比较温顺，可以采用站立灌肠的方法。剪去宠物肛门周围的毛，把导尿管的圆头从肛门插入，边插边放液，以便于润滑肠道，方便进入。如发现阻塞，可来回抽动导尿管，再继续灌肠。

(三)外用给药

外用药一般有涂擦和滴入两种给药方法。犬、猫等宠物视损伤部位而采取不同保定姿势。不同的个体和皮肤的部位，对各种外用药的适应性常有一定的差异，用药的原则应根据药物的浓度由低到高，面积由小到大，应视病情病损程度而定。

(四)呼吸道给药

1.雾化器给药

(1)雾化器组装准备，取下药杯开盖，检查药杯是否完好，在药杯中加入配好的药液，在水箱中加入350 mL净水使浮子浮起，盖好盖子，连好管道及面罩，接通电源，检查机器是否正常运转，调整时间、雾量和风挡，直到满足需要。

(2)宠物适当保定，最好由宠物主人来做。

(3)将雾化器所连接面罩放至口部,设定雾化时间,调整雾气量和风挡,一般雾化吸入时间为 20～30 min/次,1～2 次/天。

2.呼吸麻醉给药　宠物用非吸入麻醉进行麻醉后,将宠物仰卧或俯卧保定于手术台上后,进行气管插管,气管插管准备就绪后连接呼吸麻醉机则可对宠物进行呼吸麻醉。

(五)注射给药

1.注射前的准备工作

(1)依据以下"六适"检查药物:病畜合适、药物合适、剂量合适、给药方式合适、时间合适、给药次数合适。同时检查保质期和药物的相互作用。重要的是要采取措施以免在投药时出问题。

(2)洗手:洗手对控制医院中病畜间传染病的传播非常重要。

(3)选择大小合适的针头:使用大小合适的针头有助于减少对组织的损伤,静脉、肌肉、皮下和腹腔注射,体重 27 kg 以上的犬选用 23 号针头,27 kg 以下的犬选用 22 号针头;皮内注射,使用 25 号或 27 号针头较合适。

(4)无菌操作将消毒注射器套上无菌针头。注射器的大小依据所要注射物质的量的多少来定,如结核菌素注射器常用于皮内注射。

(5)用酒精浸棉球擦瓶塞,清洗橡皮套可除去灰尘和其他污物。

(6)拔掉针头套,用注射器抽吸所输药液量的同等空气量,将空气注入药液瓶。用空气向瓶内施加压力可以促进待输药液的流出。

(7)将针头插入瓶塞的中心。小心地将针头插入瓶塞可减少针头的破坏。

(8)倒置瓶子,调整针头斜面的位置,使之浸在瓶内液体中,手握装置使针头朝上。调整针头的位置可减少注射器内的气泡。

(9)抽动注射器活塞吸取所需量的药物,并在条件允许的情况下多抽 0.5～1 mL。

(10)当瓶子、注射器针头都握着处于垂直的状态时,轻叩注射器使所有气泡向针头中心排出。从注射器中驱赶出气泡,可减少注射药物时产生空气栓塞的危险,避免大气泡占用液体物质的体积使剂量不准确。

(11)推动注射器活塞回到所需药物量,然后将气泡压进瓶中。用这种方式不会使瓶中有害物质形成的气泡(如化疗药)污染房间。

(12)从瓶塞上拔出针头,一手轻轻地将针头插入针头套,以防被针头刺伤或损伤针头,同时可避免针头污染,以减少医源性传染。治疗肿瘤用的细胞毒性物质和烈性麻醉药可能在摘取针头时被意外注入身体内。

提示:当使用安瓿时,第(5)～(8)步可以省去,安瓿是通过折断玻璃而被打开的,其内容物直接吸入针头并进入注射器。

2.静脉注射

(1)注射准备工作:让宠物处于一种适合于颈静脉、前肢静脉、隐静脉或股静脉注射的姿势。犬猫常在前臂内侧正中静脉和后肢外侧的小隐静脉注射。

(2)依照采血的步骤,用止血带压迫静脉近心端,消毒好穿刺部位,扩张血管以及剪毛(如需要)。

(3)手握针管使针头斜面朝上,针头与皮肤呈 30°角刺入皮肤。如果血管滑动,针头先插入血管旁的皮肤内,再刺入静脉,针头中出现几滴血表明穿刺成功。针头往里推,直到针头的一半在静脉内后拉注射器内的活塞，血液应很快进入注射器内。

(4)停止压迫静脉(或叫助手停止)。必须停止压迫静脉，以使待输物质顺利地进入血液循环。

(5)抽吸少量血进入针头中心，血液快速流入注射器内是针头插入合适位置的保证。

(6)以中等速度将药物注入静脉内，注射前肢静脉时，通过将针管轻压在宠物腿上或用拇指压住针管，另四指环握宠物的腿部来固定针头。

(7)按第(1)～(4)步刺入针头(最好直接用点滴针头)，当血液流出后，迅速连接排净空气的输液胶管和输液瓶，放低输液瓶，见回血时，将输液瓶提高，药液即注入静脉内。此法即静脉滴注。

(8)当输液量大于5 mL或静脉输入任何刺激物时，建议在注射过程中抽吸血液进入注射器几次，以确保针头插入的位置准确无误。

(9)从静脉拔出针头，立即用干棉球压住穿刺部位。针头拔出后，立即压迫采血部位可减少出血，防止注入的物质从血管周围漏出。

(10)用开始准备好的绷带用力包扎前肢静脉、隐静脉、股静脉穿刺处，紧紧压住至少60 s。绷带包扎可减少出血或皮下血肿形成，这一点对病情严重的宠物尤为重要，因为在诊断和治疗过程中，需要多次静脉穿刺采血。

(11)30～60 min后拆去宠物腿上的绷带。

3.肌肉注射

(1)注射准备工作。

(2)按需要保定宠物，宠物侧卧、下蹲或站立。

(3)肌肉注射应选择肌肉丰满无大血管的部位，如臀部肌肉、大腿前部肌肉、腰椎两侧的腰背肌，无论宠物是蹲、站，还是侧卧或胸卧，这三个部位的肌肉群都可以使用。尽可能避免注射股背肌群(半腱肌、半膜肌)，因为有可能损伤坐骨神经。

(4)肌肉注射比较疼，用酒精浸泡过的棉球或其他皮肤消毒剂，擦拭注射部位皮肤。消毒剂可去掉皮肤被毛表面的碎屑。

(5)针头与皮肤呈45°～90°角扎入肌肉。快扎针头没有慢慢推进针头那么疼。

(6)注射前，回拉注射器活塞，如有血液进入注射器，则在另外一块肌肉或同一肌肉不同部位选择其他注射点。注射器内有血液进入，说明针头插进了血管。一些被证明只能用来肌肉注射的药物，如果注入血管，会引起过敏反应甚至引起死亡。如无血进入注射器，则将药物以中等速度注入肌肉中。

(7)每个肌肉注射点一次最多只能注入2 mL(猫)、3～5 mL(犬)的药物，肌肉组织密度比较大，不能容纳大剂量的液体。

(8)拔出针头，轻轻按摩肌肉。注射后按摩肌肉，有助于注入物质的扩散和减少疼痛。

(9)在宠物病历上注明所给药物。

4.皮下注射

(1)注射准备工作。

(2)宠物侧卧、下蹲或站立。多数犬和猫能忍受皮下注射，因此稍稍保定一下即可。

(3)用拇指和手指捏住宠物颈部或背部皮肤,使皮肤形成皱褶。犬、猫颈部和背部皮肤都比较松弛。

(4)用酒精或其他皮肤消毒剂浸过的棉球,擦拭注射部位。消毒剂可清除皮肤或被毛表面的碎屑。

(5)针头扎入皮肤皱褶进入皮下注射部位。针头应该很顺畅地在皮下滑行,如碰上阻力,则针头可能扎入了皮内或肌肉内,应重新调整方向。

(6)注射前,回拉注射器内活塞,观察是否有血液进入注射器,如有,则选择另一个注射点。注射器内有血,说明针头扎入血管,一些被证明只能用于皮下注射的药物,若被注入血管内会引起过敏反应甚至引起死亡。如无血液进入注射器内,则以中等速度将药物注入皮下。

(7)犬、猫的背侧皮下组织可容纳较大剂量的液体,每个位点可注射 30～50 mL 药物。

(8)拔出针头,按摩注射部位。按摩注射部位有助于注入物质的散开。

(9)在宠物病历上注明所给药物。

5. 腹腔注射

(1)注射准备工作。药物在注射前应加温至 37～38℃,防止冷液刺激过大而引起腹腔器官痉挛。

(2)选择合适的注射器和长短合适的针头。腹腔注射用的针头应为 4～8 cm 长,超过针头长度的腹腔注射,可用放血针代替针头做此操作。

(3)触摸腹部看膀胱是否是空的。如宠物的膀胱是排空的,则不小心刺入这个器官的可能性就会明显降低;假如膀胱是满的,让宠物排尿或用导尿法排空膀胱。

(4)宠物仰卧或侧卧保定。依据宠物的大小和性格,需要 1～2 人来保定宠物。

(5)用酒精或其他皮肤消毒剂浸过的棉球,擦拭注射部位。消毒剂可清除皮毛上的碎屑。

(6)抬高宠物后躯,比前躯高 10～15 cm。抬高后躯可使大部分腹腔血管移向注射部位的前端。

(7)针头扎入肚脐和耻骨中间,正好在腹壁白线侧边。针头与皮肤呈 30°～45°角刺入,顺着耻骨将针头扎入腹部。

(8)注射前,回拉注射器活塞,观察是否有血、尿或肠道内容物进入注射器。注射器内出现血、尿或肠道内容物,说明没有扎入腹腔,或者说明腹腔有疾病或损伤。若血、尿或肠道内容物没有抽入注射器,以中等速度将物质注入腹腔。

(9)犬、猫的腹腔可容纳较大容量的液体(如大犬最多可达 5 L),腹腔输液可作为小的低血容量宠物的急救方法,如病重的新生幼畜。

(10)拔出针头。在宠物病历上注明所给药物。

6. 皮内注射

(1)注射准备工作。

(2)注射部位剪毛,若单一剂量注射,在腹侧或胸侧剪毛 10 cm^2 大小的面积;对于皮试在胸部或腹部剪毛。剪毛部位应是无皮肤损伤的地方,小心使用剪刀,注意不要损伤皮肤。

(3)皮试注射时,注意不要在皮肤上使用肥皂或消毒剂。这些物质会引起局部过敏反应,从而掩盖了测试结果。

(4)做皮试试验时,宠物侧卧保定。用笔尖给要注射部位的皮肤做上记号。做记号可保证注射间隔时间以及有利于试验。

(5)握住针管,使针头斜面朝上且与皮肤呈10°角。皮内注射时,不需要将针头太深地扎入。

(6)用食指和拇指扩张皮肤,针头扎入表皮内直到针头斜面全都在表皮层内。从皮下抬起针头以检查针头插入的位置是否合适。如针头扎入的位置合适,则透过表皮刚好可见到针头的长条形状隆起。

(7)皮内注入0.05~0.1 mL液体,拔出针后注射处应出现一个皮内圆丘。

(8)若注射皮下浸润局麻药,宠物应处于一种方便注射的姿势。局部麻醉可用于皮肤良性小病灶的切除和小伤口缝合。注射局麻药处应剪毛,用聚乙烯吡咯酮碘液刷拭以清洁皮肤,皮内注入局麻药,重复步骤(6)~(7)。注入局麻药的量取决于病灶的大小和位置。

7.心内注射 心内注射指将药液直接注入心内。适用于急救,特别是在小宠物生命垂危给予药物的一种方法。注射部位在左侧第3~4肋骨间,肩关节水平线。注射时,对犬进行右侧卧保定,局部剪毛,消毒。左手固定注射部位,右手持注射器使针头与皮肤垂直刺入6~8 cm,此时能感觉心脏跳动,回抽有血液则表明刺入正确,然后将药液注入心腔。注射完毕拔出针头,局部以碘酊棉球压迫。

8.气管内注射 气管内注射将药液直接注入气管内。适用于治疗气管、肺部疾病和肺部驱虫等。注射部位在颈腹侧上1/3下界的正中线上,于第4、5气管环之间。注射时将宠物仰卧保定,局部剪毛、消毒,左手固定注射部位,右手持注射器使针头与皮肤垂直刺入1~1.5 cm,刺入气管后感觉阻力消失,回抽有气体,然后慢慢注入适量药液。注射完毕,拔出针头。局部涂以碘酊。

操作时应注意,注射的药液要可溶并易吸收;注射药物剂量不宜过大;药液温度应与体温相当;为了防止或减轻咳嗽,可先注入一定量的2%盐酸普鲁卡因溶液以降低气管黏膜的敏感性。

六、操作重点提示

(1)口服给药目的在于给予药物、水以及补充营养,或给以某些X线照片对比影像材料。

(2)直肠给药是指通过肛门将药物送入肠管,通过直肠黏膜的迅速吸收进入大循环发挥药效,以治疗全身或局部疾病的给药方法。

(3)呼吸道给药的依据是气体或挥发性液体麻醉药和其他气雾剂型药物可通过呼吸道吸收。

(4)有些物质必须静脉给药,因为如果它们进入血管外,会引起组织坏死;而悬浮剂(悬浮液)不能静脉注射或通过腹腔给药。

(5)静脉注射要遵守无菌操作规程,注射前要排尽注射器或输液管内空气,注射过程中要防止药液漏到皮下,一旦漏入皮下引起肿胀应立即停止注射。注射时还要注意药液的温度和注射的速度等。

(6)刺激性强的药品不能作皮下注射;药量多时,可分点注射,注射后最好对注射部位轻轻按摩或温敷。

(7)肌肉注射时,针头应与皮肤呈垂直的角度刺入,并且用力的方向应与针头方向一致,以防止针头折断;不可将针头完全刺入肌肉中,一般只刺入全长的2/3即可,以防折断时难于拔出；对强刺激性药物不宜采用肌肉注射，如钙制剂等；注射针头如接触神经，动物骚动不安，应变换方向，再注药液。

(8)腹腔注射时，宠物常倒立保定，以保证腹腔脏器前移；注射宜用无刺激性的药液，如药液量大时，则宜用等渗溶液，并将药液加温至近似体温的程度。

七、实训过程检查与评价

实训过程检查内容及评价方法请参照实训 7-1。

八、问题与思考

1. 犬、猫常用注射方式有哪些？
2. 为什么要用酒精等消毒剂消毒宠物注射点？

实训 7-4　宠物美容用具的识别、使用与保养

一、实训目标和要求

通过实训，掌握剪刀、电剪、拔毛刀的使用，使美容后的宠物达到预期的效果。

二、知识背景与原理

17 世纪的法国，贵宾犬是宫廷里的官方犬种，宠物美容仅限于贵宾犬，贵宾犬种因法国贵妇而出名，也称贵妇犬。最初对贵宾犬的美容是对其毛发进行修剪，一方面是由于其工作需要，因为它在水中作业，身上的过多长毛会产生一定的阻力，影响它在水中搜寻猎物，为了提高工作效率，将其头顶的毛发用丝带束起，以便于主人看到水中游泳的犬。另一方面，基于健康的因素，将其颈、肩、肋、胸前留有长毛，以达到保护心脏的作用，臀部及后腿留有一些毛是为了保温。而现在对宠物犬进行美容则与最初的目的完全不同，犬作为人类家庭成员与我们朝夕相处，犬一般在每次洗澡后 3 天开始散发体臭；其体臭根据犬种的不同也有很大差异，一般人对此非常敏感。犬的体温比人类的体温要高，细菌繁殖更快，更容易得皮肤病。因此，犬体的清洁、健康是非常重要的，美容则可防止犬体发生皮肤病和寄生虫病。

(一)洗澡工具

通常有吸水毛巾、洗澡刷、稀释瓶、吹风机、吹水机(图 7-4-1)。

(1)吸水毛巾　吸水毛巾一般都是采用超细纤维或者竹纤维为原料而织的毛巾。竹纤维具有柔滑、软暖、舒适，抑菌抗菌，绿色环保，天然保健等特点。超细纤维具有吸水性超强，去污力强，不脱毛，不掉色，寿命长，易清洗等特点。

吸水毛巾用后将其消毒漂洗干净，折叠好放在固定的保存盒里。吸水毛巾是不能熨烫的毛巾，它不能接触 60℃以上的热水；不能和其他衣物一起在洗衣机里洗(毛巾吸附力太强，如果一起洗，就会粘上许多的毛毛、脏东西)；不能用漂白剂和柔顺剂洗涤。

(2)洗澡刷　洗澡刷采用全胶质地做成，软硬适中，不伤害毛发，可以在给宠物洗澡的时候

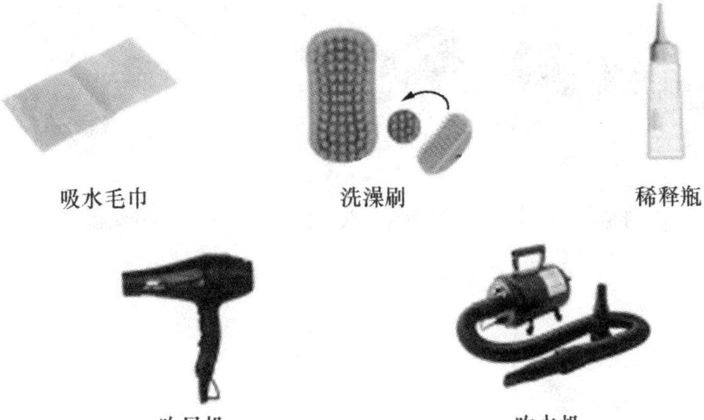
吸水毛巾　洗澡刷　稀释瓶
吹风机　吹水机

图 7-4-1　洗澡工具

给宠物充分的保健按摩，促进皮肤血液循环。洗澡刷可以将宠物身上掉下的毛发全部集中，易于清理，还不会挫伤宠物主人双手。使用时四肢并拢，穿过洗澡刷扣带，用温水将宠物淋湿，在洗澡刷上倒上浴液，揉搓、按摩、洗澡可一并完成。洗澡刷用后清洗干净保持干燥，不能用热水消毒以及接触汽油、稀释剂、酒精等。

（3）稀释瓶　稀释瓶一般在宠物美容店较多见，用于稀释高浓度的浴液，不同品牌的浴液有不同的稀释标准，实际操作时可根据浴液说明书使用。

（4）吹风机　吹风机插上电源后，打开开关，选择不同风力，将用吸水毛巾擦过的宠物毛发吹干。使用时保持进风口畅通，不得有障碍物阻隔，以防烘坏机体；风量开关未打开前，不得打开加热开关；使用期间定期清理进风口网，保持风口清洁通畅；进风口应远离水源，以防吹风机内进水；风量开关灯打开后，未有风吹出时，应检查电源是否连接好；不可在浴室或者有水的环境中使用，使用时保持双手干燥；不可在易燃物旁使用，以确保安全；不可将吹风机保存于浴室等湿气重的地方。

（5）吹水机　吹水机由机身、风嘴、手柄、风筒、电源线等部分构成。出风嘴用于吹干厚密的局部毛发；短扁嘴出风面积大，用于全身扫水，提高吹干效率；圆嘴提供相对柔和风力，便于蓬松造型，配合打开加温开关，可顶替电吹风使用效果。吹水机除了可迅速吹干长毛犬的被毛，使宠物的毛发自然蓬松好看，没有毛发粘连与参差不齐，线条变得清楚外，还可有效杜绝因潮湿的体表环境，导致病菌滋生而产生的湿疹和皮肤病。

使用时连接出风软管和机身，插上电源插座，打开电源开关；根据需要调节风速大小、开闭加热开关、选择出风速；使用完毕后，关闭加热开关，调小风速旋钮，关闭电源开关；拔下插座，卸下出风软管，收好主机和配件。不可擅自拆卸吹水机或将其放入阳光直射、潮湿的地方，不可在浴室使用；使用时确保过滤网清洁无损坏；勿使用腐蚀性化学品清洁吹水机；使用清洁布蘸取中性溶剂去除顽固污渍。

（二）梳剪工具

常用的有针梳、排梳、按摩梳（双面梳）、开结梳、褪毛梳、除蚤梳、直剪、弯剪、牙剪、电推剪（图 7-4-2）。

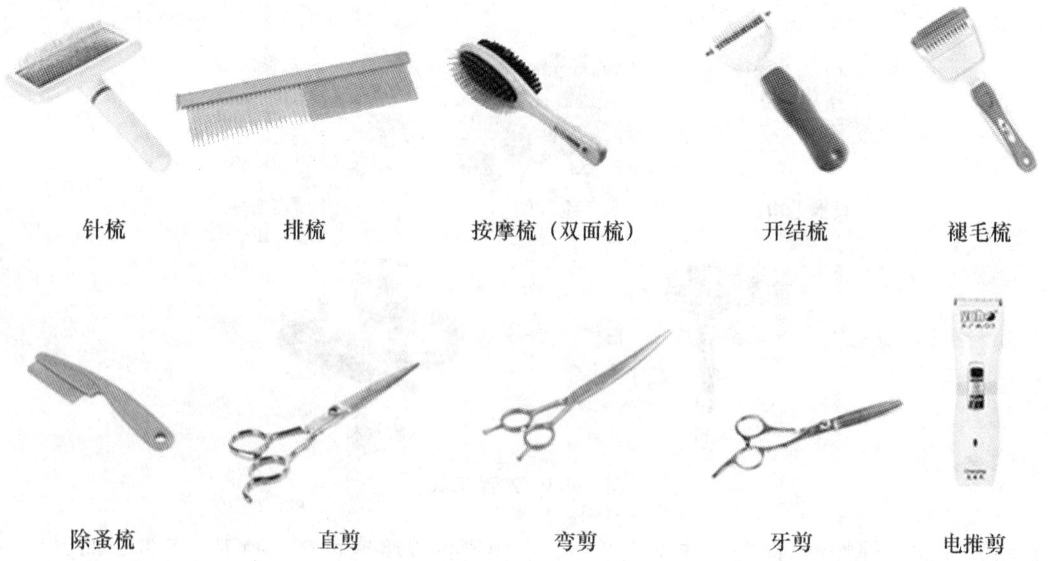

图 7-4-2　梳剪工具

(1)针梳　针梳由头部和手柄组成，头部由弯曲度为 150°的钢针组成，手柄一般情况下采用环保塑胶制成。

用于足部时：应柔和地刷，抬起足端时自然地顺着关节方向提起，不要强行弯曲。

用于背部和腹部时：顺着毛的方向轻轻地刷，腹部是敏感部位，动作要温和。

用于颈和头部时：耳朵后侧和颈周围容易产生卷毛，刷毛应轻柔。

用于尾部时：触刷时会产生惊吓，要一边言语安慰，一边轻轻地刷。

(2)排梳　排梳由不锈钢制成一般梳子的长条状，梳子的齿距分为疏密两头，都可用于梳理毛发，使用方法与针梳相似。

(3)按摩梳(双面梳)　由头部和手柄组成，头部有正反两面的两个不同的刷头组合而成，一面为钢刷，一面为 PVC(聚氯乙烯)毛刷，用于刷掉被毛中的灰尘和掉毛，让被毛更清洁、健康。使用方法与针梳相似。

(4)开结梳　开结梳又名刀梳，主要适用于各种长毛宠物，因为长毛宠物的绒毛易打结，不宜梳通，使用开结梳，理顺被毛，使用后可使毛发干净、整齐、靓丽；可以快速脱毛并打薄长卷。由不锈钢刀片的刃口和由树脂、合成橡胶等制成的手柄组成。使用方法与针梳相似。

(5)褪毛梳　褪毛梳由开结面和褪毛面两面组合成的头部，树脂、合成橡胶等制成的手柄组合而成，具有开结和褪毛两个作用。使用方法与针梳相似。

(6)除蚤梳　除蚤梳与排梳相类似，比排梳多了手柄，齿距也缩短了很多，比跳蚤的体积要窄不少。可以深层次梳理入宠物各部位的毛发，清除宠物身上的跳蚤，减少跳蚤对宠物的伤害及增加与主人的感情。使用方法为分开密集的毛群，用针端轻轻地梳去脱毛，不要用力接触皮肤。

以上梳子的保养方法：不能用热水消毒以及接触汽油、稀释剂、酒精等液体。金属部分有生锈的可能，应避免湿漉状态和潮湿的环境。梳针处附有脱毛时可用随包装的小梳子轻轻处理掉，处理时注意不要用力过度，以免损伤细针。使用后应及时清理，妥善保管。宠物护养以外的用途不要使用。

开结梳的保养:需要在刀刃处为防止生锈涂润滑油,初次使用先擦干净;使用后清除被毛后单独保存;勿用热开水、涂料稀释剂、酒精等来消毒;不锈钢材质虽然不容易生锈,也不可一直置于高湿度环境中。

(7)直剪　为宠物修出整体的造型,常用的有七寸直剪刀、五寸直剪刀,五寸直剪刀只是为了配合七寸直剪刀而特设的,用于一些细节部位的修剪,它的尺寸更小,也就更便于操控,像头部或脚部的一些绒毛的修剪。

(8)弯剪　弯剪也是一种特殊功用的剪刀,适用于修剪线条及脚形等,如用于贵宾犬的造型设计,因为这些犬种的尾部要剪成圆形,因此修剪时就要让毛显出弧度来。

(9)牙剪　牙剪用来剪出层次或打薄被毛,尺寸也有大小之分。

(10)电推剪　电推剪的种类很多,有充电式的,有装电池和充电两用的。电剪可换上不同型号的刀头,常用刀头型号有 4 号(4F)、7 号(7F)、10 号(10F)、15 号(15F)、30 号(30F)、40 号(40F)等。

4 号(4F)刀头用于修剪贵宾犬、北京犬、西施犬的身躯;7 号(7F)刀头用于修剪可卡犬的背部;10 号(10F)刀头用于修剪腹毛、面部、尾部,使用范围较广;15 号(15F)刀头用于犬耳部的修剪及贵宾犬面部、脚底毛的修剪。刀头的型号越大,则留下的犬毛越短。

以上剪刀的保养方法:剪刀油,对剪刀起到保护作用,经常使用可延长剪刀寿命。剪刀不能打空剪,不能用于剪毛发以外的东西,用后需消毒。电剪刀头用后需将毛发刷净,消毒,放在洗刀头油中清洗,然后上刀头油进行保养。放至剪刀包(箱)内,防止摔坏或掉在地上。

(三)护理工具

常见的有指甲剪、锉甲刀、磨甲器、拔毛剪、拔毛粉、止血粉、蜱虫夹(图 7-4-3)。

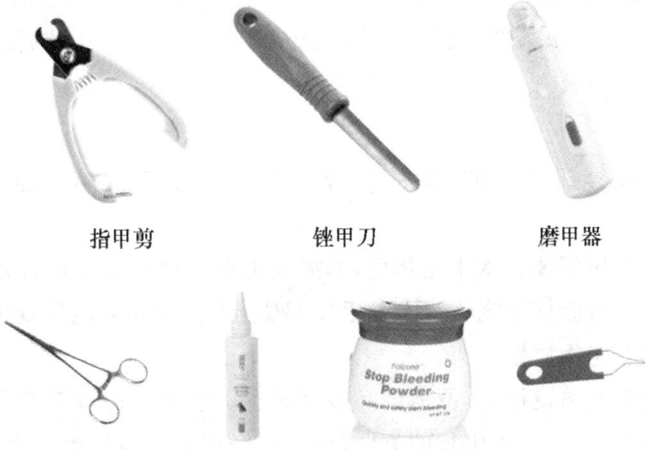

指甲剪　锉甲刀　磨甲器

拔毛剪　拔毛粉　止血粉　蜱虫夹

图 7-4-3　护理工具

(1)指甲剪　根据宠物的指甲而设计的曲面指甲刀更适合宠物使用。使用时应在远离宠物血线的地方剪断指甲。

(2)锉甲刀　由椭圆形指甲锉和塑料手柄组成的锉甲刀可以舒适全面地修整宠物指甲尖锐部分,防止过长的指甲使宠物滑倒、滋生细菌,防止过长的指甲刺入脚内引发趾间炎。

使用时,一手握剪一手轻轻握足,抬起足端时自然地顺着关节方向提起,不要强行弯曲;指甲锉应为弧形,注意不要锉到血管和神经。

(3)磨甲器　磨甲器为宠物用电动指甲剪,使用方法与锉甲刀相似。

(4)拔毛剪　拔毛剪用于宠物美容及止血等,也称为美容剪或止血剪。拔毛剪使用时先松开剪刀安全齿,把清洁棉夹住并缠绕在端头,清洁宠物耳朵,不要用力按压或者擦洗,温和去除耳垢。

以上用具均不能用热水消毒以及接触汽油、稀释剂、酒精等液体;金属部位有生锈的可能,应避免在潮湿的环境中保存;使用后及时清理,妥善保管;除宠物养护以外不要使用。

(5)拔毛粉　又称耳毛粉。宠物耳道通风性差、潮湿,很容易造成细菌或真菌的繁殖。有时耳螨等寄生虫刺激耳垢分泌也可引起耳臭,严重时会引发耳道感染,导致中耳炎及全身症状。因此应对宠物进行定期检查和清洁耳道。拔毛粉可有效消除耳部瘙痒及不适,可以使潮湿的耳道保持干燥,防止细菌和耳螨的滋生,消除臭味,缓解拔耳毛时的疼痛。

使用时先将耳道清洁干净并保持干燥;将拔毛粉撒进耳道,用棉签涂布均匀;用拔毛剪将需要拔除的耳毛拔走即可。存放于2～35℃阴凉干燥处。

(6)止血粉　止血粉用于宠物美容时不小心破皮或者流血。剪指甲时,将指甲伸入指甲刀的刀口,在脚掌尖外缘剪平指甲,合适的指甲长度应与脚掌尖外缘齐平;若发生出血,用拇指及食指分别捏住指甲及脚垫部分,使指甲部分完全伸出脚掌;拿出一张纸,先吸取表面血液,用指腹蘸取少许止血粉,按压指甲创口面,停留3～5 s。止血粉应存放于干燥处,不可用于烧伤、深度切割伤和体腔。

(7)蜱虫夹　蜱虫夹是针对经常在草地上玩耍犬设计的专用工具,可防止在去除蜱虫时头部断裂留在宠物皮肤内。使用时将蜱虫夹在钢针顶部,顺着针尖方向缓缓移动,直至蜱虫完全拉出,移动要轻缓,谨防蜱虫头部断裂遗留在皮肤内。蜱虫夹要注意防腐、防潮,要远离火源、儿童、宠物放置。

(四)美容配套

常见的有精油、美容石、橡皮圈、香水、浴盐、泡泡浴球、美容纸、美容服、美容桌、美容粉、染色剂、造型液(图7-4-4)。

(1)精油　宠物专用精油。吹干宠物后,如需要更有效地护毛及留香效果,倒出适量精油于双手掌心,揉搓均匀后涂抹于宠物身上及毛发部位,经1～2 min能呈现出光泽。注意防腐、防潮,远离火源、儿童、宠物放置。

(2)美容石　专为宠物设计,方便清洁和按摩宠物。使用时逆着毛发生长的方向梳,可以更彻底地清洁和美容。逆着毛发生长的方向打圈,轻轻用美容石按摩。再用粗糙的表面摩擦或者和另一块美容石摩擦即可清洁美容石。

(3)橡皮圈　结扎固定使用。美容纸、蝴蝶结、发髻、被毛等的固定,以及美容造型的分股、成束都需利用不同大小的橡皮圈,一般最常使用的是7号或8号。适用于约克夏、西施、贵宾、马尔济斯等犬用及长毛的猫用。

(4)香水　宠物专用香水。根据宠物特殊被毛生理构造,采用植物提取液、水溶性维生素等制成,起到掩盖宠物体味,防虫、消毒的作用。

使用时避开口、眼、鼻,洒在宠物颈部、左右前腿内侧、左右后腿内侧、背部、耳部,然后用宠

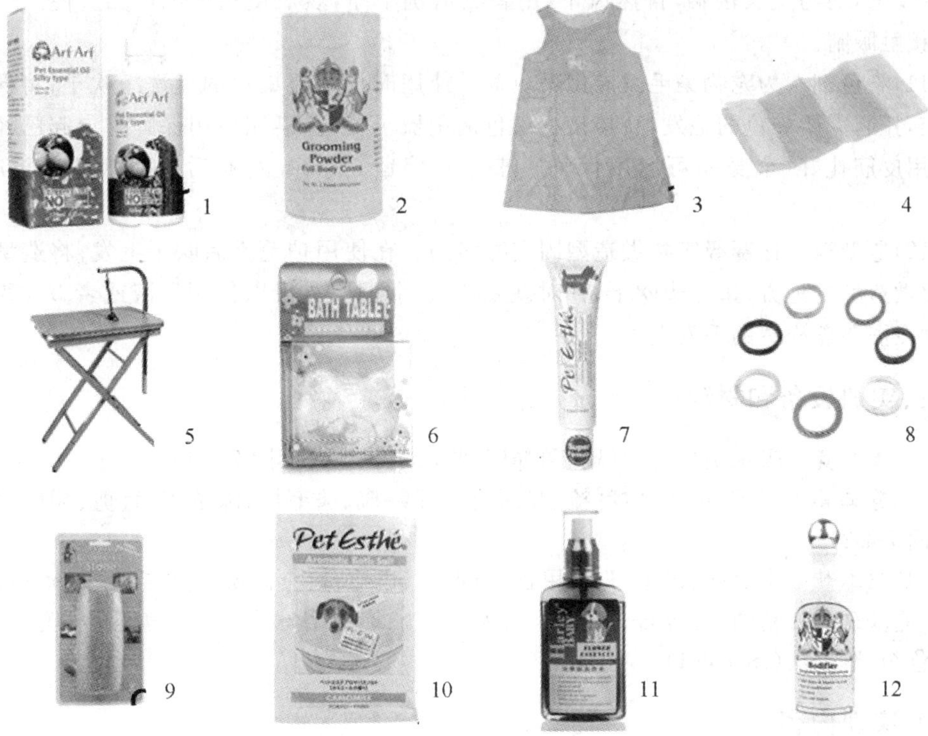

图 7-4-4　其他美容用品

1.精油　2.美容粉　3.美容服　4.美容纸　5.美容桌　6.泡泡浴球
7.染色剂　8.橡皮圈　9.美容石　10.浴盐　11.香水　12.造型液

物专用梳梳理几遍，彻底激活香味活性。宠物不可使用人用香水。远离宠物和儿童放置，于常温下保存。

(5)浴盐　专为宠物设计的带自然气息的浴盐主要由中草药、天然海盐、矿物质及植物精油科学配合而成，可以给予宠物安宁和健康，同时能紧缩皮肤，使宠物皮肤健康。

宠物洗浴后在浴缸内倒入 100 L 的温水，然后加入 15 g 浴盐充分搅拌，如果浴缸的容量刻度线为 200 L，那么倒入容量刻度线一半的温水来稀释浴盐，宠物在其中浸泡 10～15 min，在浸泡的同时，给宠物按摩，促进血液循环。

(6)泡泡浴球　专为宠物设计，调理、平衡油脂，补充皮肤及毛囊的水分，增加柔嫩弹性的浴球。使用时将清洗干净后的宠物放入已经投入过泡泡浴球的温水中，浸泡 7～10 min 后不用冲洗，直接吹干毛发就可以。

(7)美容纸　保护毛发及造型结扎使用。

(8)美容服　为给宠物洗澡或美容的人设计的防水、防粘毛、防污渍的衣服。

(9)美容桌　为宠物做美容而设计的桌子。由塑料台面、不锈钢桌腿、两挡可调桌子高度、不锈钢固定杆、固定绳等组成。可根据犬的身高，调节吊杆的高度，作为犬展示 T 台，为比赛、家用和小型犬美容做准备。注意防腐、防潮，远离火源存放。

(10)美容粉　美容粉主要用于美白宠物发黄的毛发、去除污渍。使用时直接将美容粉撒在毛发上，用鬃刷刷去多余粉末。或者将美容粉与过氧化氢(3%～5%)调至奶油稠度，涂抹在干的毛发上，勿与皮肤接触，自然风干，用香波清洗干净，然后使用护毛产品。使用时戴上手套，勿接触眼睛。

(11)染色剂　为宠物染毛发专用染色剂。使用时把需要染色的毛洗净吹干；将保鲜袋套在手上，托起需要染色的毛发，直接挤上染色剂用梳子梳匀，染完后用保鲜袋包起已经被染过的毛，用皮筋扎好（全身染可以用保鲜膜来包）；停留 30 min 左右后用清水冲洗干净，最后吹干。

(12)造型液　比赛级宠物做造型固定时多用。在使用护毛素后吹干毛发；将造型液喷洒到需要做造型的地方，边梳边吹干；针对硬发质犬例如㹴犬，可以使用原液或者 3:1稀释液轻轻喷洒在需要蓬松感的毛发上。

三、实训设备和材料

1. 洗澡工具　吸水毛巾、洗澡刷、稀释瓶、吹风机、吹水机（图 7-4-1）。

2. 梳剪工具　针梳、排梳、按摩梳（双面梳）、开结梳、褪毛梳、除蚤梳、直剪、牙剪、弯剪、电推剪（图 7-4-2）。

3. 护理工具　指甲剪、锉甲刀、磨甲器、拔毛剪、拔毛粉、止血粉、蜱虫夹（图 7-4-3）。

4. 美容配套　精油、美容石、橡皮圈、香水、浴盐、泡泡浴球、美容纸、美容服、美容桌、美容粉、染色剂、造型液（图 7-4-4）。

四、实训内容

洗澡工具、梳剪工具、护理工具和美容配套的识别、使用与保养。

五、操作方法和步骤

(1)准备好美容工具，一一摆放在美容台上。

(2)学生通过观察，逐一认识各种美容工具，并描述其基本特点。

(3)指导教师逐一讲解各种美容工具的使用与保养方法。

(4)学生动手操作，学会正确使用各种美容工具。

六、操作重点提示

(1)在操作过程中正确使用剪刀、吹水机、吹风机等物品，在实际操作时应先稳定宠物情绪再进行。

(2)剪刀不能打空剪，不能用于剪毛以外的任何用途，用后需消毒。电剪刀头用后须将毛发刷净，消毒，放在洗刀头油中清洗，然后上刀头润滑油进行保养。

(3)吹风机开时先开风量控制开关，再开热量控制开关；关时先关热量控制开关，再关风量控制开关。

(4)吸水毛巾用后将其消毒漂洗干净，折叠好放在盒子里。

七、实训过程检查与评价

实训过程检查内容及评价方法请参照实训 7-1。

八、问题与思考

1. 宠物常用的美容用具有哪些？
2. 如何正确使用与保养宠物美容用具？

实训 7-5　犬的基础护理技术

一、实训目标和要求

通过实训，掌握犬的基础护理方法和操作技术。

二、知识背景与原理

犬要定期洗澡，频率视犬种类及毛的长短而定。帮犬洗澡要注意水温，夏天不要用凉水洗澡，温水最合适。如果犬身上有跳蚤，用较暖的水会较有效地驱除跳蚤。但如果犬患有皮肤病，水温太高会破坏局部皮肤组织。

另外，要选择合适的浴液（宠物专用），长毛的犬应用一些蛋白质较高的性质温和的浴液，有跳蚤的犬应选用具有除虱功能的浴液，但要小心不可沾湿眼睛及进入耳朵内。

如果发觉除虱浴液仍不能杜绝犬身上的虱子和跳蚤，可以选用犬用除虱、蚤脖圈。洗澡时要尽量把犬的每一部分用护毛液，效果会更明显。

对于毛发缠结较严重的宠物犬，应该先用梳子或钢丝刷子顺着毛的生长方向，从毛尖开始梳理，再梳到毛根部。假如非常严重，可用剪刀顺毛根的方向将毡片剪开，然后再梳理。为了防止犬的毛毛打结，可以在给犬洗澡的时候，抹一些橄榄油和婴儿油。开结梳的梳齿是刀刃状的，遇到毛结时，会将毛结“切”下来。使用手术弯剪剪除胳肢窝底下、大腿内侧、生殖器周围的毛结。如果犬身上太脏，可以用热的湿毛巾或加上一点 84 消毒液擦干净。给犬洗澡一定要在天气好的时候或在室内进行，以免着凉。犬的皮肤很薄，只有 3～5 层（人类的皮肤有13～14 层），而且没有汗腺，如果天天洗澡，会破坏皮肤表层的油脂，使皮肤的保护力降低，容易受到外界细菌的侵蚀，应向犬主建议 2 周洗一次澡。定期洗澡并梳理毛发非常重要，梳理可以使犬的皮毛干净、健康；同时也可以检查犬是否患有皮肤病或毛发中是否有寄生虫。短毛犬可 1 周梳理一次，长毛犬应梳理频繁一些。为幼犬洗澡、梳理时应温柔一些、耐心一些，以使幼犬逐渐适应。

犬、猫耳道为 L 形结构，很易积聚油脂、灰尘和水分，尤其是大耳犬，下垂的耳壳常把耳道盖住，或耳道附近的长毛（如贵妇犬、北京犬等）也可将耳道遮盖，由于空气流通不畅，易积垢潮湿而使耳道感染发炎。因此，要仔细检查犬、猫的耳道。

肛门腺是犬的特有腺体，又称肛门囊，是一对梨形腺体，位置在犬的肛门两侧约四点钟及八点钟的地方，左右各一个且各有一个开口。当犬排便时，肛门腺的开口随着肛门口打开，排出肛门腺液润滑肛门，使犬能顺利排便。肛门腺囊内充满肛门腺液，积久会变成黑色或深咖啡色液状或泥状，气味臭不可闻。犬在受到惊吓或紧张时，肛门括约肌会收缩，肛门腺液也会排出。肛门腺的另一个作用是犬之间的互相辨识，当犬见面的时候，会互相闻对方的屁股进行分辨。肛门腺液积累时间长了，就要进行必要的清洁，以防止其发炎。有时看到犬往地上磨屁股，那就有可能是犬的肛门腺出口阻塞出现炎症了。轻度阻塞时，犬会在地上磨屁股或是翘脚舔屁股；严重时因肛门腺肿疼痛，会使犬排便困难，甚至会造成更大的病痛。所以对肛门腺的清洁不可不注意，最好在给犬洗澡之前进行挤压清洁，因为肛门腺液很臭，清洁后洗澡可去除臭味。

三、实训设备和材料

1.梳毛物品　钢针梳(针梳)、排梳、褪毛梳、开结梳(刀)、按摩梳(双面梳)。

2.沐浴物品　宠物专用沐浴露，在有皮肤病的情况下可适当选择硫黄皂。硫黄皂可以有效抑制螨虫、杀菌止痒，并可以杀灭跳蚤、虱子等寄生虫，所以用硫黄皂给宠物洗澡好处是很多的，不过如果条件允许的话最好能配合使用专业的宠物浴液。

3.耳道清理用品　耳毛粉、止血钳、洗耳水、棉签、滴耳油等护耳用品。

4.其他用品　指甲剪、止血粉、锉甲刀、眼药水、鬃毛刷、柄梳；犬用牙膏、牙刷、超声波洗牙机；干洗粉、浴液、吸水毛巾等。

四、实训内容

梳毛及擦刷毛、犬眼睛的护理、犬指甲的修剪、犬的耳朵护理、挤肛门腺、洗澡、吹干、犬牙齿的护理等。

五、操作方法和步骤

1.梳毛及擦刷毛

(1)梳子的选择　短毛犬选用兽毛型刷子、钢针梳；中长毛犬选用钢针梳、排梳；长毛犬选择柄梳、钢针梳、排梳。

(2)梳毛顺序　由后向前，由下向上，从毛根到毛尖。

(3)打结犬毛的梳理　死毛长期未被梳落纠结在一起容易产生毛结。犬被毛的特点决定了犬被毛毛根不打结、毛尖不打结，中间打结。打结犬毛梳理的方法是：用手撕开毛结成若干小块，左手捏住毛根，右手持针梳从毛尖开始顺毛流向下梳，然后换排梳梳，将毛结彻底与好毛分开。

(4)梳毛时应注意事项　①梳毛时应使用专门的器具，不要用人用的梳子和刷子。排梳的用法是用手握住梳背，以手腕柔和摆动，横向梳理，粗目、中目、细目的梳子交替使用。使用梳子时用手腕的力量。刷子的齿目多，梳理时一手将毛提起，刷好后再刷另一部分。②梳毛时动作应柔和细致，不能粗暴蛮干，否则犬会疼痛，梳理敏感部位(如外生殖器)附近的被毛时尤其要小心。③注意观察犬的皮肤。清洁的粉红色为良好，如果呈现红色或有湿疹，则有寄生虫、皮肤病、过敏等可能性，应及时治疗。④发现虱、蜱、蚤等寄生虫(虫体或虫卵)寄生时，应及时用细的钢丝刷刷拭，或使用杀虫药物治疗，一般外用的寄生虫类药物主要是“福来恩”。⑤犬的被毛沾污严重时，在梳毛的同时，应配合使用护发素(1 000倍稀释)和婴儿爽身粉。⑥在梳理被毛前，若能用热水浸湿的毛巾先擦拭犬的身体，则被毛会更加发亮。⑦对细茸毛(底毛)缠结较严重的犬，应以梳子或钢丝刷顺着毛的生长方向，从毛尖开始梳理，再梳到毛根部，一点一点进行，不能用力梳拉，以免引起疼痛和将毛拔掉。如果缠结非常严重，可用剪刀顺毛根的方向将毡片剪开，然后再梳理，仍梳不开时，可将带毡部分剪掉，待新毛逐渐长出。

2. 犬眼睛的护理

(1)正常犬眼睛的护理　洗澡前滴眼药水于犬眼内,形成保护膜,防止浴液过敏导致眼睛红肿。①听话的犬可以从正面点。②不听话的犬可从额头向下滴或将头卡住拽起眼皮将眼药水滴进眼皮内。③将洗眼水滴入犬眼内,闭上眼睛揉一揉,用棉花擦拭犬的眼睛,去除眼睛里面和眼角的污垢。

(2)睫毛倒长的犬眼睛的护理　沙皮犬常因头部有过多的皱皮,而使其眼睫毛倒长,倒长的睫毛刺激眼球,引起视觉模糊、结膜发炎、角膜混浊(角膜翳)时,应请兽医做手术,割去部分眼皮(类似人的割双眼皮整容术),但如果手术效果不好,反而导致眼皮包不住眼眶,甚至眼球露出。简易的方法是将倒睫毛用镊子拔掉。

(3)犬眼内异物的处理　犬眼内有异物时应该用吹气方法吹掉,或者用眼药水冲洗,或者找兽医进行处理,切忌用手或纸巾将异物擦掉,否则易将眼角膜划伤。

3. 犬指甲的修剪

(1)剪指甲

白色指甲的修剪:先在自然光下找犬指甲的血线;然后在血线前横剪第一刀确定指甲的长短;第二刀、第三刀去除边角形成一尖角,剪后的指甲呈多棱形。

黑色指甲的修剪:将犬的指甲翻过来看,发现有一口袋形空心状,在其后横剪一刀将指甲剪掉,再环状修剪周围,不剪中心,直至剪到横切面微微潮湿,中间有一区别于其他颜色的点状物时停止。

(2)磨平　用锉甲刀将棱角磨圆,使指甲从任何角度抚摸均呈弧状。

4. 犬的耳朵护理

(1)拔耳毛　首先应检查耳朵,用手揉一揉耳根,确认有没有恶臭,然后将犬的耳朵向上翻起,将适量的耳毛粉倒在犬的耳廓的位置;然后将犬耳下翻,轻揉耳根,让耳毛粉与耳毛完全融合在一起,减少耳道的湿滑度,更有利于耳毛的拔除;耳道浅处耳毛用手指捏住毛根拔除,耳道深处毛用止血钳拔除,要注意少量多次,减少犬的疼痛感。

(2)洗耳朵　用棉花裹住止血钳,将少许洗耳水滴在止血钳的顶端;然后用手指轻轻挤出棉花上多余的洗耳水,洗耳并擦净耳廓内多余的耳毛粉,要仔细擦出耳内的污垢和水分。在倒洗耳水的时候要注意不能倒多,防止过量的洗耳水进入耳道,引起耳道疾病。

5. 挤肛门腺

(1)在洗澡前或犬毛打湿后、涂抹浴液前进行。

(2)用手捏住尾根向背部下压使肛门突出,拇指和食指放在肛门下如时针、分针指向 8:20 的位置,向下挤的同时向上抬,慢慢试着挤。或先找到坐骨,坐骨骨尖上的两个软坑为肛门腺,拇指食指压下去并向肛门方向挤出。

(3)最好在洗澡的时候进行;挤肛门腺时一定要找对位置,动作不要过于粗暴,防止弄伤犬只。

6. 洗澡

(1)干洗　干洗适用于病犬、尚未注射完疫苗的犬及幼犬。将干洗粉喷撒在犬身上,按摩后用梳子将干洗粉梳刷掉。

(2)水洗

①洗澡前的准备事项　调水温至 35～38℃。水压适当:水压小难以湿透,水压大导致声

音大，犬易受惊吓，易产生刺痛感，感觉不舒服。准备好吸水毛巾、梳子、浴液、护发素、吹水机、吹风机、浴刷。用棉球将犬耳塞住以防止水进入犬耳内，注意不要塞得太深，以免取不出来。

②洗澡　使犬头朝向左侧，尾朝向右侧，侧立在浴缸内。然后打开淋浴器(刚开始水不要开得太大，以免吓到犬)，依次将犬背部、四肢、腹底、后腿内侧、前躯胸部、前肢、下颌的毛发打湿，最后是头部。头部打湿的方法：将淋浴喷头放在犬头上方，水流朝下，由额头向颈部的方向冲洗，耳朵要下垂似的冲洗，由额头上方向耳尖处冲洗，再翻转耳内侧，用手轻轻地将耳内侧的毛发打湿。注意不要将水浸入耳内，以免造成耳内感染。眼角周围及嘴巴周围的毛发也不能用淋浴喷头冲洗，因为急流的冲洗会使犬不适应，产生恐惧感，应用双手将其慢慢地打湿，可以边打湿边用浴刷刷拭。接下来涂抹浴液，浴液涂好之后用双手进行全身的按摩，使浴液充分地吸收并产生丰富的泡沫，用双手轻轻地挤压清洗。最后将浴液冲洗干净。

③洗澡的次数　根据犬的被毛类型、干净程度、居住条件和天气情况而定。原则上是既能保留皮肤上分泌的油脂，又能清洁皮毛。被毛较短、分泌物较少的品种 1 个月洗 1～2 次；被毛较长、分泌物较多、腥臭味较大的品种每周洗 1 次；夏季多一些，冬季少一些；在户外活动较多或在窝里逗留时间较长的犬洗澡次数多一些。

7. 吹干

(1)工具及设备　①吹水机：可吹掉 80％的水分，风是温凉的；方法是从后向前，从下至上，从毛根到毛尖，逆毛流贴皮吹。②吹风机：烘干，与皮肤保持安全距离，避免烫伤。③烘干箱：烘干箱中吹干的犬不能做造型，一般毛 80％干后再手动吹干。另外，烘干箱也不是万无一失的，要随时观察在烘干箱内的犬，年老犬、有心脏病犬勿用。

(2)方法　先用吹水机吹掉 80％的水分，再用吹风机吹干。吹毛时用针梳边梳边吹风，也可不用。若是中长毛犬要做造型，应将毛根吹起，选针梳或柄梳。注意长毛犬只能用立式吹风机(风口大，出风散，温度适中，只能选择柄梳，顺毛流方向吹)，不用吹水机。

①尾巴的吹干方法　由助手拎起尾巴，左手拿针梳，右手拿风筒，沿尾尖向尾根部，边梳边吹，此时应逆毛进行，直到把尾都吹干为止。

②四肢及肚皮的吹干方法　四肢是全身吹起来比较麻烦的部位，因为四肢的内侧吹起来比较费劲，所以吹干时风筒可以稍微接近身体内侧，或让助手将犬体抱起并直立站起，这样方便吹四肢的内侧，同时还能将肚皮的毛发吹干。需要注意的是，在吹肚皮及四肢内侧的毛发时不能用针梳梳理。因为肚皮及四肢内侧的皮肉比较娇嫩，易剐伤。此时，应该用手轻轻抚摩其毛发，再进行吹干。

头部及前胸是最后吹干的部位。头部为犬吹干中最为困难的部位，因为犬头部的器官最多，并且头部是犬听觉、嗅觉、视觉最为敏感的部位，并且大多数犬不适应风筒吹干的方式，所以在吹干的过程中犬会动来动去，而且有的还会将头藏起来，并产生敌意。所以，在这个时候给犬吹干一定不能用针梳梳理，以免扎到眼睛或其他部位。

吹干时还需要注意吹风机不可以过于靠近被毛，保持 20 cm 以上的距离比较好；吹干时要用梳子轻柔、迅速地进行梳理；不要让吹风机的风量过大，也不要让温度过高；要使被毛从根部开始完全干燥；不要对着同一个部位吹太久，把吹风机一边慢慢移动一边吹干；如果是卷毛犬的话，若不对着同一个部分集中吹干，毛就会卷缩起来；不要用吹风机从正面朝着脸吹。

8. 犬牙齿的护理

(1)刷牙的方法　①在牙刷指套上挤上适量牙膏；②将犬嘴巴掰开，固定好；③将牙刷指套套在食指上,从牙根由上往下轻柔地刷牙;④刷牙后用牙龈按摩指套,以转小圈的方式按摩牙龈。

给犬刷牙一定要使用宠物专用牙膏,最好在幼犬时期就进行,使犬适应刷牙。如果犬比较凶猛,可以使用一些犬咬胶等食物或玩具,也一样能起到清洁牙齿的作用。

(2)超声波洗牙 ①对犬实施全身麻醉,待其完全麻醉后将其平放到美容台上,眼内滴入眼药。②将犬脖颈用软垫垫起,使其头向下低,防止在洗牙时,水流入气管内造成窒息。将两根绷带分别绑在犬的上、下颌,并拉动绷带,使其嘴巴完全张开,牙齿暴露在外,一手拿起洁牙机柄,将洁牙头对准牙齿,一手用棉签将吻部翻开露出牙齿,进行清理。清理过程中出血属正常现象,及时撒上少许止血粉即可。清理结束后,检查牙齿内侧是否有结石,如有也应一同清理干净。③在清理过的牙齿与牙龈处涂上少许碘甘油消炎。犬洗牙过后,应连喂 3～4 天消炎药(阿莫西林糖浆即可),并连续喂 3 天流食,以免食物过硬损伤牙龈,造成感染。

六、操作重点提示

(1)梳毛前检查犬身上是否有皮屑、皮肤病和外伤,有问题应及时和犬主沟通,在得到确定的情况下对犬选择适合的香波和清洁方式。若皮肤病较轻,可选择用药浴,若病症较严重应及时就医。在打过疫苗 1～2 周内,犬不可以进行洗浴。

(2)清洁前首先应梳理毛发,应先选择合适的针梳按从下往上从后往前的顺序一层层将结梳开,再用排梳慢慢地将全身被毛梳理一遍。犬身上的毛结应该全部打开,毛结较严重的则应用手慢慢撕开,再用针梳一点一点将毛结梳开。特别严重的可以用开结刀。但是,开结刀对被毛和皮肤伤害较大,要注意力度的轻重,尽量减小对毛发的损伤。

(3)在对犬的耳朵进行护理时,一定要注意对犬进行适当的保定,防止在操作过程中伤害到犬;当犬耳朵有疾患时,要先治愈再进行清理;止血钳不要伸入耳道太深,防止伤害犬的耳朵。

(4)洗眼睛、点眼药水是为了让眼睛形成保护膜,在洗澡过程中如浴液进入眼睛可以减少刺激。在滴眼药水时要注意手的动作,不能将手在犬的眼前越过头顶,这样会引起犬的紧张。对于泪斑较为严重的犬应用洗泪腺的药水进行擦拭,清洁局部。

(5)剃腹底毛:让犬自然站立,轻轻提起犬前肢,用 1 mm 刀头的电剪剃腹底毛。在剃腹底毛时应于腹部皮肤保留一点空隙,母犬应剃到倒数第三对乳头,剃成 U 形。公犬剃的时候要注意生殖器,剃到倒数第二对乳头,呈倒 V 形即可。

(6)剃脚底毛:将犬的脚掌反过来,用拇指和食指握住脚尖,用 1 mm 刀头的电剪将跑出脚垫的毛和趾缝的毛剃净,放下犬肢,将脚面修剪成圆形,脚垫后毛较多时应先用排梳梳好,再将多余的毛修剪整齐。

(7)剃肛门毛:将犬的尾巴向上轻轻拎起,用 1 mm 刀头的电剪将肛门周围的毛剃净。

(8)犬的耳道很易积聚油脂、灰尘和水分,尤其是大耳犬,下垂的耳壳常把耳道盖住,或耳道附近的长毛(如贵妇犬、北京犬等)也可将耳道遮盖,由于空气流通不畅,易积垢潮湿而使耳道感染发炎。因此,要仔细检查犬的耳道,并询问犬主是否发现犬经常搔抓耳朵,或不断用力摇头摆耳,以确定犬耳道有没有问题。

耳垢清除方法是:先用酒精棉球消毒外耳道,再用 3%碳酸氢钠滴耳液或 2%硼酸水滴于耳垢处,待干涸的耳垢软化后,用小镊子轻轻取出。镊子不能插得太深,精力要高度集中,如果犬摇动头部,要迅速取出镊子,以免刺伤鼓膜或刺破耳道黏膜。对有炎症的耳道,可用 4%硼酸甘油滴耳液、2.5%氯霉素甘油滴耳液、氢化可的松新霉素滴耳液等滴耳，每日 3 次。此外，应定期修剪耳道附近的长毛，洗澡时防止洗发剂和水溅入耳道。

(9)狼趾(俗称狼爪)为无实际功能的退化物，但会妨碍犬步行或割伤犬，应在仔犬出生后 1 周内切除。一般位于前肢内侧腕关节上，但后肢也可能生长。

(10)在开始护理之前，要训练犬站立在桌子上，并能使犬适应这种训练方法。如果犬不能配合将非常难以进行护理，既费时又费力，人和犬都会很疲惫。因此在幼犬时就要进行护理方法的相应训练。

七、实训过程检查与评价

实训过程检查内容及评价方法请参照实训 7-1。

八、问题与思考

1. 如何接触性情凶猛的犬并给其洗澡？
2. 犬在哪些情况下不能洗澡？

实训 7-6　犬被毛的修剪、包毛与染色

一、实训目标和要求

通过实训，了解犬被毛的修剪方法，掌握毛包的分界和包毛的方法，掌握染色的方法步骤和注意事项。

二、知识背景与原理

1. 被毛的修剪　适宜的美容修剪可以展现犬种的特点，矫正犬外形上的不足，使之呈现出完美的身姿。成功的修剪在于修剪后的被毛自然而流畅。若犬患有传染病或严重的皮肤病，暂时不要修剪。

修剪犬的被毛允许在不违背犬种标准规定的前提下，根据犬主人的要求和个人的感觉进行设计和操作。为了取得较理想的剪毛效果，在修剪的过程中，每时每刻都要留心观察并与相邻的部位进行比较。在实践中，可采用的原则性手法包括以下几种。

(1)修饰法　把局部的毛留得长一些，使凹陷部位得到填充而产生丰满的效果，看起来就显得大。例如，对于头部较小的犬，修剪时把头上的毛留得长一些，并把外部轮廓修剪成圆形，颈部的毛尽可能留长一些，耳毛也不宜剪得太多，使头部与躯体的比例显得协调，于是就会产生头部不小的视觉效果。体形单薄的犬也可通过把毛留长些而使它看起来比较粗壮。

(2)紧缩法　把突出部位的毛多剪掉一些，使之有所收敛。例如，因四肢弯曲而导致肢势不正的犬，可将腿弯曲部位大弯处的毛多剪去一些，而小弯处适当留长一些，这样从外观上就不易看出其原来向外突出的缺陷了。

(3)扩张法　把凹陷部位周边的毛剪去，就会使凹陷处的面积变大。在犬的美容实践中，

对眼睛较小的犬，通常只需沿着上眼睑的边缘线适当剪掉几毫米宽的新月形毛，它的眼睛就会显得大了。

(4)衬托法 是为了使某一局部变得突出，加大其与邻近部位差异的手法。例如，对于颈部较短的犬，可把颈部的毛多剪去一些，这样在较大的头部和厚重的躯体前后衬托下，颈部就显得细长、明显了。

(5)自然过渡法 此法恰与衬托法相反，原理在于消除邻近部位之间的差异，使两者结合得非常自然、流畅。例如，对头部较大的犬，可将其头部的毛留得短一些使之缩小，而颈部的毛留住不剪，以减小颈部与头部的反差，使头部显得不过大。

在修剪时，要根据犬体部位的特点以及修剪的目的，选用合适的修剪工具和适宜的手法，并要顺着毛势剪，以免剪出的毛茬明显分段。例如，需要成片地剪短、剪平被毛时，可使用电推剪；相邻部位的被毛需要自然过渡时，就需用牙剪将交界处厚而长的毛打薄；修剪腹底等身体下侧部位的毛且操作难度较大或犬乱动时，可将它的两前肢抬起来，只让其后肢站立，使操作部位充分暴露出来后再修剪，并注意不要伤及乳头和外生殖器；修剪肛门周围的毛时，剪刀的尖部要朝向外方。此外，在夏天，犬的被毛可适当地剪短些，冬天则宜留得长些；还可以结合修剪，采用烫、染、包毛等方法，把犬的被毛装点得更加美观。

2.包毛

(1)包毛的作用 长毛犬包毛不仅便于运动、易于打理、防止毛发开叉断裂、加速毛发生长，而且是比赛的需要。

(2)包毛的时间 只要毛可以梳起小辫来即可包毛。开始时给犬梳小辫主要是因为犬在很小时不适应包毛的感觉，会用爪子挠，使得毛从包毛纸中退出。

3.毛的美白与染色处理 这是适用于白毛犬的两种美毛技术。白毛犬的耳部或头顶饰毛，适当染色后会显得分外美观。按照一定的方法，利用市售的商品染毛剂，可调制出所需的新色型。

美白是利用美白剂对犬的白色被毛进行处理以达到增白的美容效果。目前常用的一种方法是将漂白粉加到可产生丰富泡沫的香波液中，顺着毛的伸展方向涂于毛上，仔细而耐心地进行揉搓、按摩，使毛纤维充分濡湿并达到平顺，经 10～15 min 后，把美白剂冲洗干净，再涂以适量护毛素即可。

参展犬若按传统的美白方法用过化妆粉，则务必在参展前用手反复拍打涂粉处的被毛而将其充分除去，不能留有任何涂粉的痕迹。

(1)染前 染前需要给犬洗澡，可用普通清洁型浴液或漂白浴液。洗好后毛要完全吹干拉直，不能有死毛和毛结。

(2)染中 须配备人员 2 个或 2 个以上。①将染毛膏放入调色碗。②选择染色位置，身体任何部位均可(常见部位在耳朵、尾巴)，如选择在身体上进行局部造型，应先修出造型的图案。③戴好塑料手套，将染色膏挤在毛发上，用染色刷均匀刷开。④刷匀后用保鲜膜将上色的毛发包裹好。⑤用吹风机吹 10～15 min。

(3)染后 一个人操作，一个人保定(这样染的力度和深度较为一致)。打开保鲜膜，将染色部位冲洗干净，吹干并修型。

三、实训设备和材料

1. 实训动物　成(幼)年犬若干只。

2. 实训材料　直排梳、分界梳、包毛纸、包毛带、包毛皮筋、不沾毛皮筋、皮筋专用小剪刀。保鲜膜、锡箔纸、调色碗、染色刷、染色膏、橡皮筋、发夹、橡胶手套/一次性手套。

四、实训内容

犬的包毛;犬的染色。

五、操作方法和步骤

1. 包毛(图 7-6-1)

(1)准备好包毛用具。包毛前要将毛梳遍、梳顺,不能有毛结,注意毛要顺。

(2)从头部开始操作,用分界梳将头部一侧的毛分成若干小绺儿。毛包之间的分界线要整齐,这样犬不会觉得不舒服,若分界线交错,则犬会有拉扯的感觉。

(3)选择其中一绺毛发,取一定长度的包毛纸,将其折叠包裹,再用橡皮筋扎好,包扎要整齐。包毛纸不可以油腻。

(4)同理将头部其他毛发包裹起来。

(5)同理将身体、尾部的毛发包裹起来。

(6)依照情况短时间内拆除,最多不能超过 2 天。

2. 染色(图 7-6-2 和图 7-6-3)

(1)准备好染色工具。

(2)选择染色位置,身体任何部位均可(常见部位在耳朵、尾巴),如选择在身体上进行局部造型,应先修出造型的图案。因尾部与耳部毛质不同,尾部毛发应上两遍色。

(3)戴好塑料手套,将染色膏挤在毛发上,用染色刷均匀刷开,注意颜色要均匀,内外都要刷到。

(4)刷过后用锡纸将上色的毛发包裹好。

(5)用吹风机吹 10～15 min。

(6)打开锡纸,将染色部位用清水冲洗干净,吹干。

(7)染色仅限于白颜色被毛使用。染过色的犬,不要用白毛专用洗毛液洗澡,以免染过颜色变旧。

六、操作重点提示

(1)包毛纸不能松脱,否则就失去了包毛的意义。包毛不能太紧,否则会拉扯到毛根,犬感到不舒服甚至挠皮肤;也不能太松,否则毛包中心部分的毛会打结。

(2)以前做过包毛的犬,要先将犬身上毛包完全拆除,重新梳通梳顺,重新分界,而且在每次分界时分界线应前后稍做错动,若长期在同一部位作分界线则此处不长毛或毛发稀疏。

(3)采用分毛法,分毛是包毛程序中的重点。原则上所分的毛应该体积相等,准确分理各部位的毛发,在不影响其正常活动和运动的情况下分界分区包毛,不能妨碍各个部位的肌肉活动,尤其是耳部与头部的毛发、脸部与嘴部的毛发,一定要先分清,再进行包裹。

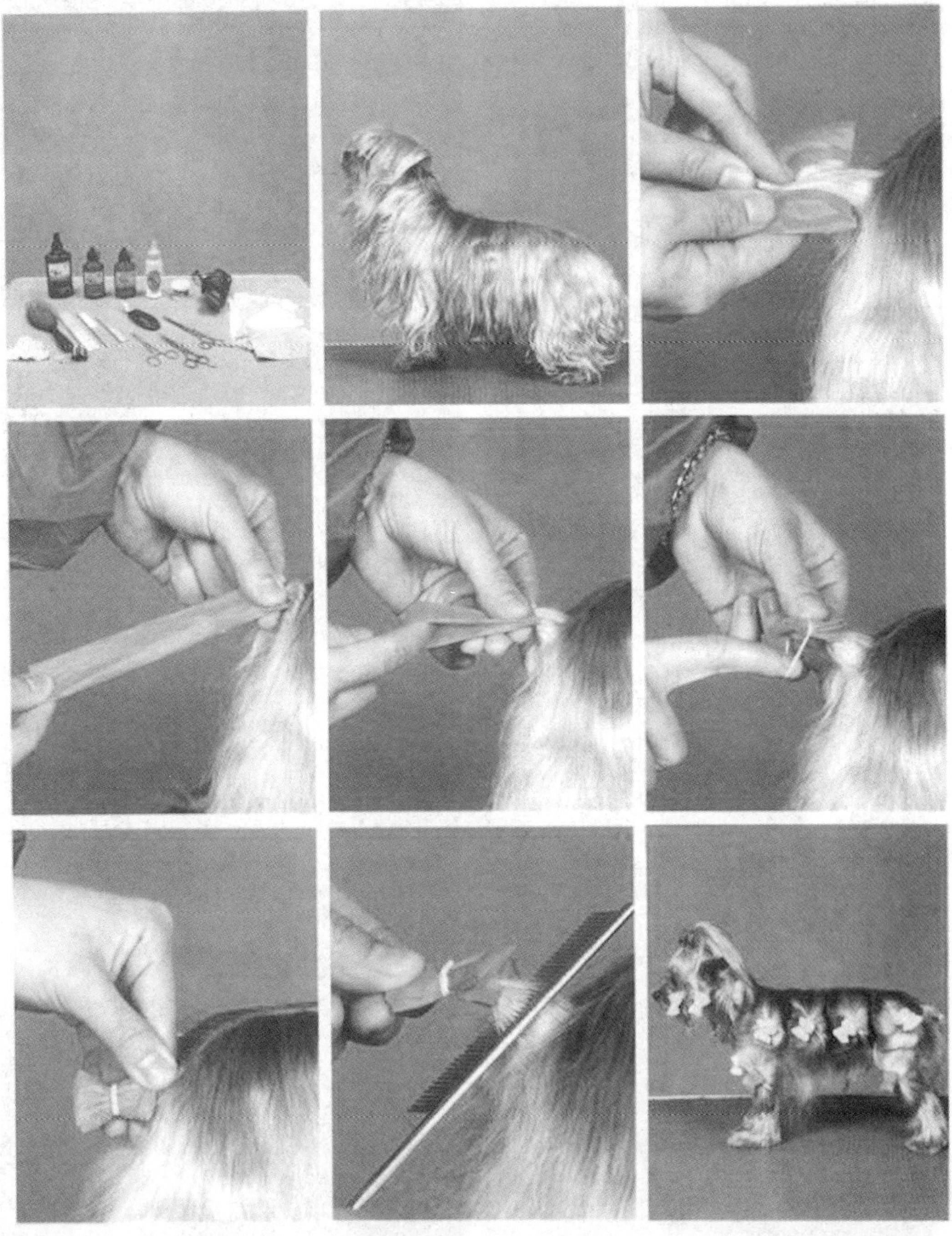

图 7-6-1　包毛操作方法

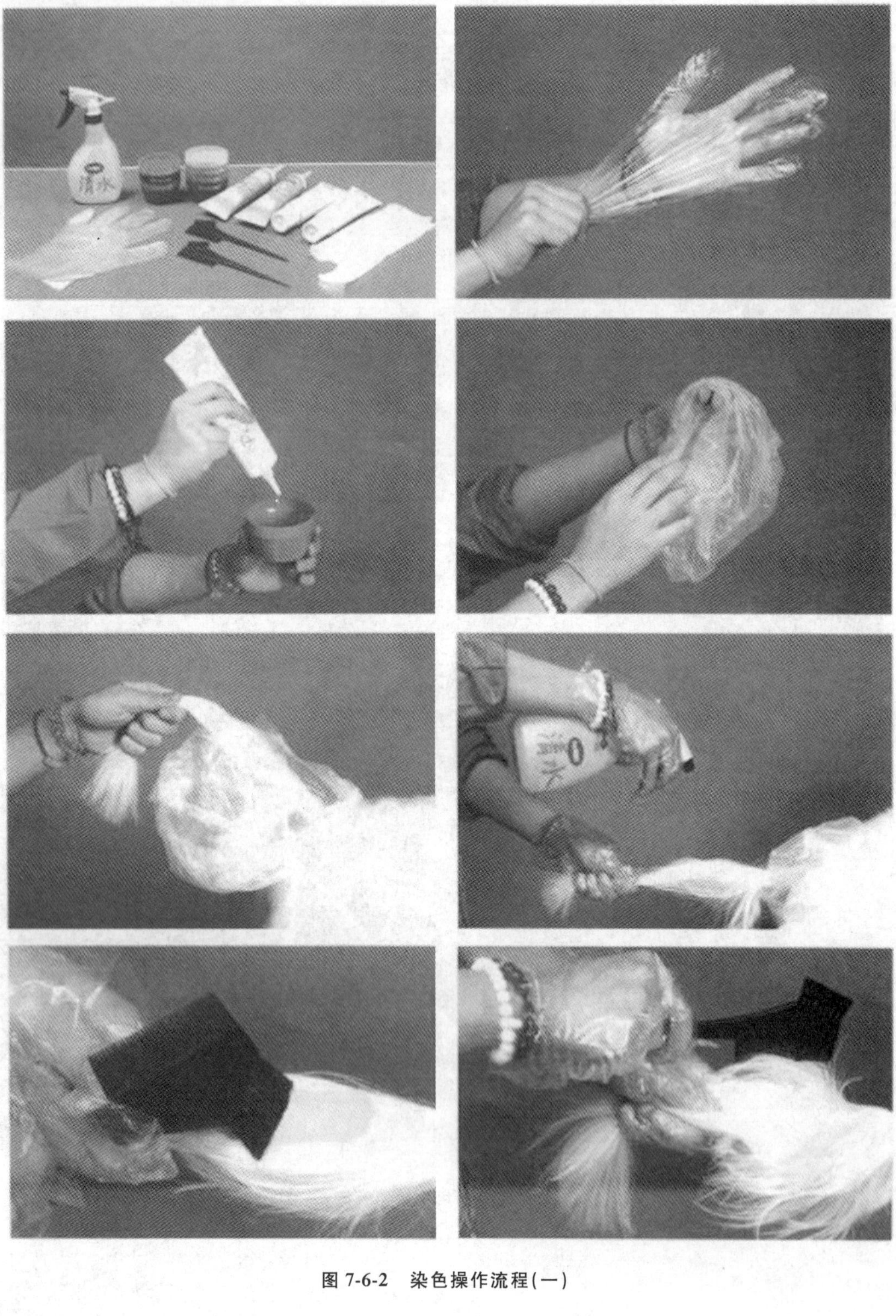

图 7-6-2　染色操作流程(一)

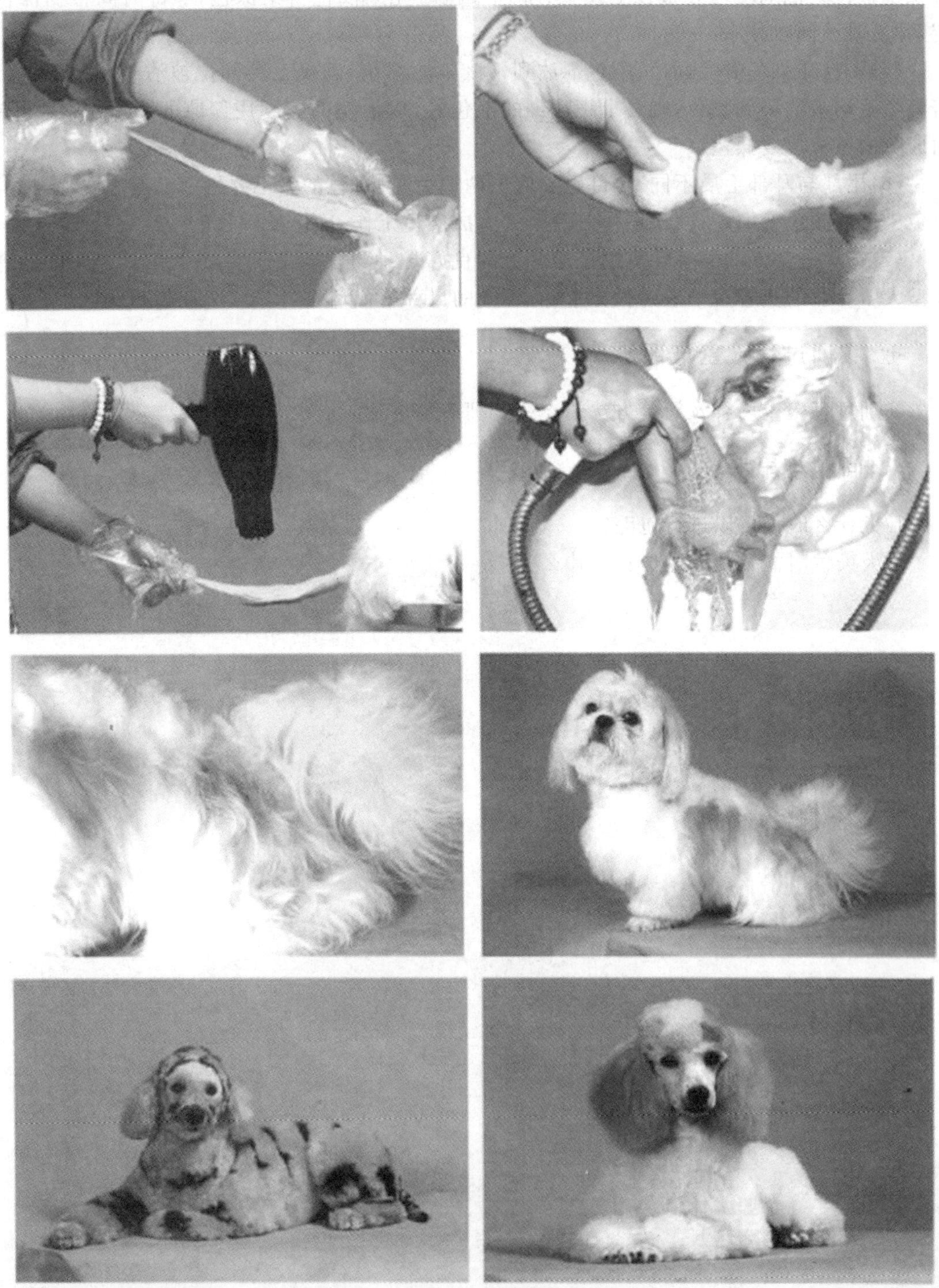

图 7-6-3　染色操作流程(二)

(4)染色前洗澡不能用润丝乳液等含护发成分的浴液；上色时先染毛尖再染毛根，染好后轻揉毛根让染色剂均匀分布在毛发上；多色染色时先染浅色再染深色，等待时间根据深色而定，冲洗时可同时冲水。

(5)一旦在染色时犬逃掉，染色剂沾到不该染的部位，若仅毛尖部位被沾染，可染后修剪；若整个毛均被沾染到颜色，则马上把该染的毛包好，以最快的速度用偏凉的水冲洗，用含有漂白成分的原液反复揉搓。

(6)尾部与耳部毛质不同，尾部毛发应上两遍色；染过色的犬不要用白毛专用洗毛液洗澡，以免染过的颜色变旧；小面积操作时一个人完成染色工作，确保染后颜色一致。

(7)选择一个好的美容台有助于培养犬的良好护理习惯。美容台要平整、稳定，特别是对大型犬。专业的美容台一般为长方形，有不同的尺寸，可以根据需要，适宜选择。

七、实训过程检查与评价

实训过程检查内容及评价方法请参照实训 7-1。

八、问题与思考

1. 犬什么时候可以进行包毛？

2. 犬染色时需要几人操作？为什么？

项目八

动物防疫检疫综合实训

实训 8-1　免疫预防技术

一、实训目标和要求

通过实训，在掌握兽医生物制品最基本理论的基础上，熟悉免疫预防接种的操作，掌握免疫预防基本技术及操作方法。

二、知识背景与原理

（一）相关概念

兽医生物制品：是指用天然的或人工改造的微生物、寄生虫、生物毒素或生物组织及代谢产物为原料，采用生物学、化学、生物化学或分子生物学等技术制成的生物活性制品，用于预防、诊断和治疗动物疾病。

兽医生物制品的分类：狭义包括疫苗、免疫血清和诊断制剂，广义还包括各种血液制剂、肿瘤免疫、移植免疫及自身免疫病等非传染病的免疫诊断、治疗及预防制剂以及提高动物机体非特异性抵抗力的免疫增强剂等生物制品。

疫苗：用于人工主动免疫的生物制品。

免疫接种：是根据免疫学的原理给动物接种疫苗或免疫血清，使机体自身产生或被动获得特异性的抵抗力，以达到预防和控制疾病的一种手段。

免疫接种的分类：预防免疫接种、紧急免疫接种、临时免疫接种。

（二）疫苗的分类

1. 常规疫苗

（1）灭活疫苗　又称死疫苗或灭能疫苗。是指用标准强毒菌种、毒种或免疫原性良好的弱毒株，经人工大量培养后，用物理、化学的方法将其杀死（灭活）而制成的疫苗。如鸡新城疫苗、猪丹毒灭活疫苗等。

优点：研制、生产方便，使用安全，易于保存、运输。

缺点：接种剂量较大，免疫效力较差，免疫期较短。

（2）活疫苗　又称弱毒疫苗。是指应用通过人工诱变获得的弱毒株或者是筛选的自然减弱的天然弱毒株或丧失毒力的无毒株所制成的疫苗。

如猪瘟活疫苗、鸡新城疫低毒力活疫苗等。优点:可用较少的免疫剂量诱导动物机体产生坚强的免疫力,免疫期长。缺点:有的可能散毒,贮存和运输要求条件较高。

2.亚单位疫苗　利用微生物的一种或几种亚单位或亚结构制成的疫苗。它可免除全微生物疫苗的一些副作用,保证了疫苗的安全性。

3.分子生物技术疫苗　是指利用分子生物技术制备的疫苗。包括:基因工程苗、合成肽疫苗、抗独特型疫苗、核酸疫苗等。

4.联苗　指一次应用,即可预防多种病原或一种疫病的多种血清型病原的疫苗。前者为多联疫苗,后者称为多价疫苗。

(1)多联疫苗　是指由两种以上不同种的病原微生物联合制成的疫苗,一次免疫可达到预防几种疾病的目的。例如,猪瘟、猪丹毒、猪多杀性巴氏杆菌病三联活疫苗,羊快疫、猝狙、肠毒血症三联灭活疫苗,犬细小病毒、犬瘟热、犬副流感、犬病毒性肝炎四联苗。

(2)多价疫苗　是指将同种不同血清型的病原微生物混合而制成的疫苗,一次免疫可同时预防同一种疫病的多种血清型的同种病原。例如,仔猪大肠杆菌埃希氏三价苗可同时针对K88、K99和987P三种血清型的大肠杆菌;口蹄疫A型、O型、亚洲Ⅰ型三价苗,可同时预防牛、羊的A型、O型和亚洲Ⅰ型口蹄疫。

(三)疫苗的运输

疫苗运输要求包装完好,防止运输途中损坏,特别要防止温度忽高忽低或冻结。运送途中应避免日光直射,并尽快运送到保存地点或预防接种场所。

活疫苗:应在－15℃条件下运送,大量运送应用冷藏车,少量运送可用装有冰块的保温瓶或保温箱运送,鸡马立克氏病活疫苗应用－196℃的液氮罐进行运输。

灭活疫苗:应在2～8℃条件下运送,夏季运送应采取冷藏措施,冬季运送应采取保温措施,特别注意防止冻结。

(四)疫苗的保存

疫苗保存不当就会引起失效。疫苗不能随意放置,要有良好的保存设施,严格按规定的温度保存,并每天检查和记录保存温度,发现问题及时采取措施。

活疫苗一般要求－15℃以下贮藏,但鸡马立克氏病活疫苗必须在－196℃的液氮罐中贮藏。灭活疫苗、免疫血清、诊断液等一般要求2～8℃贮藏,温度不能过高,也不能低于0℃,不能冻结。如果超越此限度,温度愈高影响愈大。如鸡新城疫中等毒力活疫苗在－15℃以下贮藏,有效期为2年;在0～4℃贮藏,有效期为8个月;在10～15℃贮藏,有效期为3个月;在25～30℃,有效期为10天。猪瘟活疫苗,在－15℃贮藏,有效期为12个月;在0～8℃贮藏,有效期为6个月;8～25℃贮藏,有效期为10天;如已在－15℃贮藏一段时间后移入8℃贮藏,其保存时间应减半计算。

(五)疫苗的免疫接种

1.免疫接种前的准备

(1)制定免疫接种计划或免疫接种程序　根据当地动物传染病的流行情况和流行特点,制定适合本场的免疫接种计划,包括接种动物、疫苗种类、接种次数、接种途径和方法、接种日期等,按免疫程序有计划地进行免疫接种。

(2)准备器械和药品　根据免疫方法,事先准备好免疫接种器械,如注射器、刺种针等。同时需准备好消毒用的酒精棉球、常用消毒药水等。

(3)器械消毒　将注射器、点眼滴管、刺种针等接种用具先用清水洗干净，如为玻璃注射器，将注射器针管、针芯分开，用纱布包好；如为金属注射器，应拧松活塞调节螺丝，放松活塞，用纱布包好；将针头用清水冲洗干净，成排插在多层纱布的夹层中；镊子、剪子洗净。将洗净的器械放入煮沸消毒器内，加水淹没 2 cm 以上，煮沸 30 min，或高压灭菌 15 min，待冷却后放入灭菌器皿中备用。如果灭菌后长时间不用，下次使用前应重新消毒灭菌。禁止使用化学药品消毒。

(4)人员消毒　免疫接种人员剪短手指甲，用消毒液洗手，穿消毒工作服、鞋、帽，戴橡胶手套、口罩、护目镜等。

(5)检查接种动物健康状况　为了保证免疫接种动物安全及接种效果，接种前应了解预定接种动物的健康状况，必要时可测量体温和进行临床检查。凡精神、食欲、体温不正常的，有病的，体弱的，幼小的，年老的，怀孕后期的等，均不予接种或暂缓接种(注意登记，以便以后补种)。

(6)检查疫苗外观质量　接种前应仔细检查疫苗外观质量，凡发现疫苗瓶破损、瓶盖或瓶塞密封不严或无标签或标签不完整(包括疫苗名称、批准文号、生产批号、出厂日期、有效期、生产厂家等)、超过有效期、色泽改变、发生沉淀、破乳或超过规定量的分层、有异物、有霉变、有摇不散凝块、有异味、无真空等疫苗质量与说明书不符者，一律不得使用。

(7)详细阅读使用说明书　了解疫苗的用途、用法、用量和注意事项等。

(8)预温疫苗　为了便于免疫接种，疫苗在使用前从冰箱中取出，置于室温(22℃左右)2 h左右。

(9)稀释疫苗　按疫苗使用说明书规定的稀释方法、稀释倍数和稀释剂，稀释疫苗。同时检查是否真空。

(10)吸取疫苗　轻轻振摇，使疫苗混合均匀；排净注射器、针头内水分；用 75%酒精棉球消毒疫苗瓶瓶塞；将注射器针头刺入疫苗瓶液面下，吸取疫苗，吸出的疫苗切不可回注于瓶内。

(11)消毒注射部位　注射部位要严格消毒，首先剪去注射部位的被毛(剪毛时应逆毛方向剪，面积不宜过大，直径 0.5 cm 左右)，再用 2%～5%碘酊棉球由内向外螺旋式消毒接种部位，最后用挤干的 75%酒精棉球脱碘(接种活疫苗时不能用碘酊消毒接种部位，应用 75%酒精消毒，待干后再接种)。

2.免疫接种方法

(1)肌肉注射　肌肉注射应选择肌肉丰满，血管少，远离神经干的部位。大家畜(牛、马)宜在臀部或颈部，猪宜在耳后、臀部、颈部，羊、犬、兔宜在颈部，鸡宜在翅膀基部或胸部肌肉。根据畜禽大小和肥瘦程度，掌握刺入深度，以免刺入太深(瘦小畜禽)而刺伤骨膜、血管、神经，或因刺入太浅(大肥猪)将疫苗注入脂肪而不能吸收。

(2)皮下注射　皮下注射宜选择皮薄、被毛少、皮肤松弛、皮下血管少的部位。大家畜(牛、马)宜在颈侧中 1/3 部位，猪宜在耳根后或股内侧，犬、羊宜在股内侧，家禽宜在翼下或颈背部下 1/3 处，兔宜在耳后。注射时，左手食指与拇指将皮肤提起呈三角形，右手持注射器，沿三角形基部刺入皮下约 2 cm，左手放开皮肤(如果针头刺入皮下，则可较自由地拨动)，然后再推动注射器活塞将疫苗徐徐注入即可。

(3)皮内注射　皮内注射宜选择皮肤致密、被毛少的部位。马、牛宜在颈侧、尾根、肩胛中央，猪宜在耳根后，羊宜在颈侧或尾根部，鸡宜在肉髯部位。注射时，左手绷紧固定皮肤，右手持注射器，将针头在皮肤上斜着使针头几乎与皮面平行地轻轻刺入皮内 0.5 cm 左右，徐徐注入药液。如针头确在皮内，则注射时感觉有较大的阻力，同时注射处形成一个圆丘，突起于皮肤表面。注射完毕，拔出针头，用酒精棉球轻压针孔，以免药液外溢。

(4)刺种　多用于家禽，此法可用于鸡新城疫Ⅰ系弱毒苗、鸡痘弱毒疫苗的接种。在翅内侧无血管处，用刺种针或钢笔尖蘸取疫苗刺入皮下。

(5)点眼、滴鼻　是一种常见的、适用于禽类一些预防呼吸道疾病的活疫苗免疫方法，包括新城疫(Ⅱ系、Ⅲ系、Ⅳ系)疫苗、传染性支气管炎疫苗、传染性喉气管炎疫苗，常用于雏鸡的基础免疫。

(6)口服免疫　将疫苗均匀地混于饲料或饮水中经口服下而获得免疫。猪肺疫弱毒菌苗，鸡新城疫弱毒冻干苗等都可应用口服法。口服免疫时，应按畜禽头数和每头畜禽平均饮水量及吃食量，准确计算疫苗剂量。免疫前应停饮或停喂半天，以保证饮喂疫苗时，每头畜禽都能饮用一定量的水或吃入一定量的饲料。

稀释疫苗的水，应用纯净的冷水，不能用含有消毒药物(如漂白粉)的水。混有疫苗的饮水及饲料的温度，以不超过室温为宜。疫苗混入饮水或饲料后，必须迅速口服，不能停放。口服免疫法能节省人力及时间，适用于大群畜禽的免疫，但必须想办法让每头畜禽服入足量的疫苗，才能保证免疫的效果。

(7)气雾免疫　多用于家禽、羊。将稀释的疫苗用带有压缩空气的雾化器射出去，使疫苗形成 1～10 μm 的雾化粒子，均匀地悬浮于空气中，动物随自然的呼吸运动，将疫苗或菌苗吸入而获得免疫。它适用于大群动物的免疫。目前冻干布鲁氏菌羊型 5 号弱毒活菌苗和鸡新城疫Ⅰ系弱毒疫苗可采用此法进行接种。

3.免疫程序示例　养殖场根据自身企业的管理水平、养殖动物种类及当地疫情，针对自家企业设计的免疫方法叫免疫程序，包括免疫时间、免疫疫苗的种类、免疫剂量、免疫方法等。因每个企业管理水平、各地疫情等不同，故各企业免疫程序一般均不相同。现将猪场的一般免疫程序介绍如下(供参考)。

(1)猪瘟疫苗　①仔猪 21～25 日龄第一次注射 2 头份，60～70 日龄时进行二免，注射3 头份。②后备母猪在第一次交配前 30 天注射 4 头份。③生产母猪在每胎断奶当天注射 4～6 头份，但不可给已孕母猪注射。④种公猪每年春、秋季各注射 4～6 头份。

(2)猪丹毒肺疫二联苗　①仔猪在 60 日龄时注射 2 头份。②后备公母猪在第一次配种前 30 天注射 3 头份。③生产母猪每胎断奶当天注射 3 头份。④种公猪每年 3 月份、9 月份各注射 1 次，每次 3 头份。

(3)仔猪副伤寒苗　仔猪出生后 21～25 日龄注射 1.5 头份。

(4)口蹄疫苗　①仔猪 35～45 日龄第一次注射 1 mL，70～80 日龄二免，注射 2 mL。②后备猪在配种前 20 天注射 2 mL。③生产母猪分娩前 45 天注射 2 mL。④种公猪每年 2 月份、9 月份各注射 1 次，每次 2 mL。

(5)传染性萎缩性鼻炎苗　①仔猪 35 日龄注射 2 mL。②生产母猪产前 30 天注射 2 mL。③种公猪每年 3 月份、9 月份各注射 1 次，每次 2 mL。

(6)链球菌苗　①仔猪 7 日龄注射 1.5 头份，70 日龄再注射 2 头份。②生产母猪和种公猪每年 3 月份、9 月份各注射 1 次，每次 2 头份。

(7)乙脑细小病毒二联苗　①后备种猪首次配种前 15 天、30 天各注射 1 次，每次 2 mL。

②生产母猪产后 20 天一次注射 2 mL。③生产母猪和种公猪每年 3 月份、9 月份各注射 1 次，每次 2 mL。

(8)伪狂犬病苗　①后备猪首次配种前 1、2 个月分别免疫 1 次。②生产母猪产前 30 天注射 1 次。③种公猪在春、秋季各免疫 1 次。

表 8-1-1、表 8-1-2、表 8-1-3 和表 8-1-4 分别为种鸡、商品蛋鸡、商品肉鸡和肉鸭的免疫接种程序示例，生产中可根据实际情况进行制订。

表 8-1-1　种鸡综合免疫程序(仅供参考)

日龄	疫病	疫苗	剂量	免疫方法	备注
1	马立克氏病	CV1988/Rispens	0.2 mL	颈部皮下注射	
7～14	新城疫、传染性支气管炎	Ⅱ系、LaSota 株、克隆 30、H_{120}	1 羽份	点眼滴鼻、气雾	或用新支二联苗
14～21	传染性法氏囊炎	NF_8、B_{87}、BJ_{836} 中毒苗	1 羽份	饮水、滴口	
	禽流感	油乳剂苗	0.2 mL	皮下注射	
21～28	新城疫	Ⅱ系、LaSota 株、克隆 30	1 羽份	点眼滴鼻、饮水、气雾	油乳剂与Ⅱ系或Ⅳ系同时免疫
	禽痘	鹌鹑化弱毒苗	1 羽份	皮下刺种	
28～35	传染性法氏囊炎	NF_8、B_{87}、BJ_{836} 中毒苗	1 羽份	饮水、滴口	
	鸡毒支原体	TS_{200} 株弱毒苗	1 羽份	点眼	
35～42	传染性喉气管炎	冻干弱毒苗	1 羽份	点眼滴鼻	非疫区不用
	传染性鼻炎	油乳剂灭活苗	0.5 mL	皮下注射	
42～50	传染性支气管炎	H_{52} 株	1 羽份	滴鼻、饮水	或用新支二联苗
	禽流感	油乳剂苗	0.5 mL	肌肉注射	
70～80	新城疫	LaSota 株或Ⅰ系	1 羽份	喷雾或饮水	根据抗体水平使用
	传染性喉气管炎	冻干弱毒苗	1 羽份	点眼滴鼻	非疫区不用
90	禽霍乱	$C_{190}E_{40}$ 弱毒苗	1 羽份	肌肉注射	
110	传染性鼻炎	油乳剂灭活苗	0.5 mL	皮下注射	
	鸡毒支原体	TS_{200} 株弱毒苗	1 羽份	点眼	
120～140	新-支-减	油乳剂苗	0.5 mL	肌肉注射	可用单苗，也可用二联或三联苗免疫，商品鸡不免传染性法氏囊炎苗
	传染性法氏囊炎	油乳剂苗	0.5 mL	肌肉注射	
	禽流感	油乳剂苗	0.5 mL	肌肉注射	
300	新城疫	LaSota 株	4 倍量	喷雾或饮水	根据抗体水平使用
	禽流感	油乳剂苗	0.5 mL	肌肉注射	

注：1. 商品蛋鸡开产前不需要注射传染性法氏囊炎油苗。

2. 各地区可根据当地实际情况增减使用疫苗，但要注意疫苗之间的干扰现象。

表 8-1-2　商品蛋鸡参考免疫程序

日龄	疫苗种类	方法
1	马立克氏病(MD)疫苗	皮下注射
4	新城疫活毒疫苗＋传支 120 二联苗	滴鼻或点眼
10	鸡传染性法氏囊炎(IBD)弱毒苗	饮水
18	新城疫活毒疫苗＋传支 52 二联苗＋新城疫油苗(半量)	滴鼻＋肌肉注射
18	鸡痘弱毒苗	刺种
20	鸡传染性法氏囊炎(IBD)弱毒苗	饮水
30	鸡传染性法氏囊炎(IBD)弱毒苗	饮水
36	鸡传染性喉气管炎(ILT)弱毒苗	滴鼻
70	鸡传染性喉气管炎(ILT)弱毒苗	饮水
119	新城疫＋传染性法氏囊炎＋减蛋综合征＋传染性支气管炎四联油苗	肌肉注射
119	禽流感(H5＋H7)疫苗	肌肉注射
119	鸡痘弱毒苗	刺种

表 8-1-3　商品肉鸡参考免疫程序

日龄	疫苗	种类	剂量	免疫方法
5～7	新城疫-传支-肾型传支三联苗	Clone30＋H_{120}＋$IB_{28/86}$	1 羽份	点眼或滴鼻
5～7	新城疫-流感油乳剂灭活苗	NDL-H_9	1 羽份	肌肉注射
14	鸡传染性法氏囊炎弱毒苗	B_{87} 株	1 羽份	饮水或滴鼻
21～30	新城疫-传支二联苗	LaSota/H_{120}	1 羽份	饮水、滴鼻或点眼

表 8-1-4　肉鸭参考免疫程序

日龄	疫病	疫苗	免疫方法
1～3	鸭病毒性肝炎	鸭病毒性肝炎活疫苗	颈部皮下注射 0.5 mL/只
7～8	鸭传染性浆膜炎	鸭传染性浆膜炎灭活苗	肌肉注射 0.5 mL/只
10～14	禽流感	禽流感疫苗*	肌肉注射 0.5 mL/只

* 饲养期为 40 天以上的肉鸭，禽流感首免应在 5～7 日龄进行，每羽皮下或肌肉注射 0.5 mL 灭活苗。二免在首免后 30 天左右进行，每羽肌肉注射 0.5～1.0 mL 油乳剂灭活苗。

三、实训设备和材料

疫苗、稀释液、注射器、针头、镊子、75％酒精、2％～5％碘酊、脱脂棉、纱布、剪毛剪、体温计、急救药品、煮沸消毒器、搪瓷盘、疫苗冷藏箱、冰块、免疫接种登记表、免疫证、免疫耳标、耳标钳、保定用具、洗手盆、毛巾、防护服、胶靴、工作帽、护目镜、口罩等。

四、实训内容

了解规模化家畜、家禽养殖企业的动物免疫程序；了解不同疫苗的稀释方法；猪、牛、羊等主要家畜免疫接种方法；鸡、鸭、鹅等主要家禽免疫接种方法。

五、操作方法和步骤

1. 猪场预防接种

(1)熟悉猪场免疫程序　接种前要熟悉猪场免疫程序，熟记各类不同猪只接种疫苗的时间、种类。

(2)选择合适的疫苗和佐剂　大部分疫苗是固体状态，因此使用前要将其使用合适的佐剂溶解、稀释。选择佐剂和稀释倍数时要严格按照不同种类疫苗的要求进行。

(3)免疫接种　接种前将需要的注射器、针头进行高温蒸煮消毒，待自然冷却后备用。将疫苗按规定稀释并低温保存。将需要接种的猪进行检查，有病的单独隔离饲养，待康复后再进行接种。接种时应采取一猪一针头的方式进行接种，注意注射部位并严格按注射剂量进行注射，每接种完一头必须做好记号，以防遗漏。全部接种完后对猪舍和猪群进行消毒。同时注意观察猪群，发现有应激猪只应及时处理。

2. 家禽疫苗接种

(1)注射法　注射法分肌肉注射和颈背部皮下注射。肌肉注射可选择翅下胸肌发达部位和外侧腿肌肉注射射。颈背部皮下注射时，针头向后下方，与颈椎基本持平。鸡马立克氏苗、鸡新城疫Ⅰ系苗、各种油乳剂苗的免疫使用注射法进行。

(2)点眼、滴鼻法　应先对点眼、滴鼻的滴管进行计量校正，以保证免疫剂量。操作时一只手握鸡，另一只手持滴管吸取疫苗滴入上侧鼻孔或眼睑内，或鼻孔和眼睑各一滴，待鸡将疫苗吸入后，方可放鸡。通过呼吸道传播的疾病，如鸡新城疫、禽流感、鸡传染性支气管炎等，均可用此方法进行弱毒疫苗的免疫。

(3)皮肤刺种法　展开鸡的翅膀内侧，暴露三角区皮肤，避开血管，用刺种针或蘸水笔尖蘸取疫苗刺入皮下。只有鸡痘疫苗的免疫用此方法。

(4)饮水免疫法　饮水免疫时，应按鸡只数量和饮水量准确计算需用的疫苗剂量和稀释疫苗的用水量，疫苗用量一般加倍，用水量掌握在 2 h 内饮完。免疫前饮水器要清洗干净，无消毒剂残留，数量要充足，保证 2/3 以上的鸡能同时饮到水；免疫前应停水 2～4 h；应当用冷的洁净清水稀释疫苗，最好加入 0.15%脱脂奶粉作保护剂；免疫前后 24 h 内禁止饮用高锰酸钾水或其他含有消毒剂的饮水。

(5)气雾免疫法　使用特制的专用气雾喷枪，将稀释好的疫苗汽化喷洒在禽只高度密集的禽舍内，使禽吸入汽化疫苗而获得免疫。实施气雾免疫时，应将禽只相对集中，关闭门窗及通风系统。气雾法免疫尤其适合大群免疫，是群体免疫的好方法，但并非所有的疫苗都适合，应选用对呼吸道有亲嗜性的疫苗，如新城疫Ⅱ、新城疫Ⅳ系、新城疫-传染性支气管炎(H_{120})二联苗、新城疫-禽流感二联苗等适合气雾免疫。而鸡痘、鸡传染性法氏囊中等或弱毒活疫苗、鸡马立克氏疫苗及各种油乳剂灭活苗等，均不能用气雾法免疫。

六、操作重点提示

(1)免疫接种人员要注意个人消毒和防护。免疫接种时，免疫人员的手指甲应剪短，用消毒液洗手，然后穿防护服，戴橡胶手套、口罩、护目镜，穿胶靴等，要注意人身安全。

(2)注意选择疫苗。选择疫苗时,应注意预定免疫预防的疫病有无血清型区别,若有血清型的区别,应选择与预定免疫预防的疫病血清型相同的疫苗或多价疫苗。

(3)疫苗使用前,必须充分振荡,使其均匀混合后才能应用。疫苗稀释后要立即使用。疫苗稀释后,活疫苗一般应在3～6 h内用完,灭活疫苗一般应当天用完。但随气温高低和疫苗不同而不同,如猪瘟活疫苗稀释后,气温在16℃以下时,6 h用完;气温在15～27℃或以上时,则应在3 h内用完。鸡马立克氏病活疫苗稀释后,应在1 h内用完。超过规定时间未用完的疫苗,应当废弃。

(4)防止污染疫苗。一次吸不完的疫苗,疫苗瓶塞上应固定一个消毒针头,专供吸取疫苗,吸液后不拔出,用酒精棉包裹,以便再次吸取。给动物注射用过的针头,不能吸液,以免污染疫苗。

(5)针筒排气溢出的药液,应吸积于酒精棉球上,并收集后烧毁。吸入注射器内未用完的疫苗应注入专用空瓶内,进行消毒处理。

(6)接种疫苗的家畜,应加强护理,适当减轻使役,以免加重接种后的反应。接种后观察7～10天,有明显反应的家畜,视具体情况进行隔离治疗(注射免疫血清或对症治疗),反应极严重者应予以宰杀。同时将接种后的一切反应情况详细记载,并找出原因。

(7)必须严格按照免疫程序在规定的时间内开展接种。由于不同疫苗安排接种的时间和剂量不同,因此接种时必须严格遵循免疫程序,在规定的时间、按标准剂量进行接种,严禁随意改变接种时间和接种剂量。

七、实训过程检查与评价

序号	检查内容	检查标准	学生自查	教师检查
1	教学互动	乐于参与		
2	出勤状况	出勤95%以上		
3	合作精神	能够积极参与课程讨论,互相补充		
4	创新意识	不随波逐流,能提出合理的独到见解		
5	兽用疫苗质量检查	熟悉不同疫苗的质量要求		
6	兽用疫苗的稀释	熟悉不同疫苗的稀释方法,操作规范		
7	疫苗免疫接种技术	熟悉不同疫苗的接种方法,操作规范		
检查评价	评语: 组长签字: 教师签字: 年 月 日			

八、问题与思考

1. 活苗与灭活苗的保存条件有何不同?

2. 疫苗使用过程中应注意什么?

实训 8-2　猪瘟抗体监测

一、实训目标和要求

本实训的目标是通过采集猪群的血液获得免疫血清，通过正向间接血凝试验(IHA)或酶联免疫吸附试验(ELISA)方法检测其中的免疫抗体。要求学生通过实训操作，掌握猪瘟抗体检测正向 IHA 法、猪瘟抗体检测 ELISA 法的操作方法；掌握试验结果的判断，在指导老师的协助下，能根据检测结果，对生产提出相关建议。

二、知识背景与原理

猪瘟是目前猪群中最重要的病毒性传染病之一，其危害极大，且目前尚无有效的药物治疗方法，为此均采用疫苗免疫接种以达到控制本病的目的。而免疫效果的好坏，从外表无法得知；同时，母猪免疫后产生的母源抗体，一方面可保护仔猪渡过哺乳期，以免受猪瘟病毒的攻击，但同时对仔猪的初次免疫也会产生一定的干扰作用，猪瘟疫苗的首免日龄选择不同，直接影响免疫效果。这些都必须通过血清抗体检测，一方面确认免疫效果；另一方面，为仔猪首免提供参考。

(一)猪群血液样品的采集、保存与运送

1. 猪群血液样品的采集

(1)耳静脉采血　一般用于成年种猪和肥猪的血液采集。将猪站立或横卧保定，耳静脉常规消毒；一人用手指捏压耳根部静脉处或用胶带于耳根部结扎，使耳静脉充盈、怒张(或用酒精棉反复于局部涂擦以引起其充血)；术者用左手把持耳部，将其托平使采血部位稍高，右手持带针头的一次性注射器，沿耳静脉使针头与皮肤呈 15°～45°角，刺入皮肤及血管内，轻轻回抽活塞手柄，如见回血即已刺入血管，再将针管放平沿血管稍向前伸入；解除结扎胶带或撤去压迫静脉的手指，抽取血液约 3 mL 即可。

(2)前腔静脉采血　一般用于仔猪采血。仰卧保定仔猪，把前肢向后方拉直；选取胸骨端与耳基部连线上胸骨端旁 2 cm 的凹陷处，消毒；用装有 20 号针头的注射器刺入消毒部位，针刺方向为向后内方与地面呈 60°角，刺入 2～3 cm，当进入约 2 cm 时可一边刺入一边回抽针管内芯，刺入血管即可见血液进入管内，抽取血液约 3 mL 即可，采血完毕后局部消毒。

2. 血液样品的保存与运送

(1)血清样品的要求　制备血清的样品不能添加抗凝剂，要求无菌操作。制备好的血清样品应澄清、透明、略带微黄色。

(2)血清分离操作　装有待分离血液的容器必须留有一定未占用空间，即血液液面上方有一定量的空气层，有利于血清析出。在室温(25℃左右)下倾斜放置 2～4 h(防止暴晒)，待血液凝固自然析出血清。也可用离心机 1 500～2 000 r/min 离心 5 min，分离血清。将血清移到另外洁净的容器，密封，贴好标签，4℃冷藏。如长期保存，应置于－20℃冷冻保存，但注意避免反复冻融。

(3)血液样品的运送　血液样品采集后，每管血液样品均应做好标记(标记必须牢固，不易

抹去)，如当地没有分离血清条件，可将其置冻盒中密封，一般要求 12 h 内快速送检有条件的实验室进行处理。到达实验室之前不能冻结，否则血中红细胞等将被冻破而溶血，直接影响检测结果。

如果有条件，可先将血清分离后再标记，可以冷冻后置冻盒中密封送检，但不能反复冻融。所有血液样品在室温甚至更高温度下保存，不能超过 24 h，否则将影响检测结果。

(二)猪瘟免疫抗体 IHA 检测

1. 反应原理　凝集试验是指颗粒性抗原与相应抗体，在电解质参与的情况下，出现肉眼可见的凝集现象，又称凝集反应。而病毒等抗原为可溶性抗原，即使出现凝集，肉眼也观察不到凝集现象。为此将可溶性抗原或抗体通过惰性载体致敏，来检测未知的抗体或抗原，称为间接凝集。

常用的惰性载体有红细胞、胶乳颗粒等，用红细胞致敏而进行的间接凝集试验，称为间接血凝试验。用已知抗原致敏红细胞来检测未知血清抗体的试验，称为正向间接血凝试验(IHA)。用已知抗体致敏红细胞来检测未知抗原的试验称为反向间接血凝试验。

2. 检测方法　在 96 孔血凝板上进行标记，每排 12 孔，第一排为阳性对照、第二排为阴性对照，第三排开始为样品检测孔。每孔加入 50 μL 稀释液；第一排第一孔加入 50 μL 阳性样品，混匀后取 50 μL 到第二孔，依次稀释到第 12 孔，弃去多余 50 μL。依此类推，分别进行阴性对照和样品稀释。

每孔加入抗原致敏红细胞各 25 μL，在微量振荡器上振荡 1～2 min 混匀。室温或 37℃下静置 1.5～2 h 判定结果。

3. 判定标准　将血凝板置于白纸上，观察阴阳对照及血清样品反应结果。判定标准：完全不凝集为"－"；10%～25%凝集为"＋"；50%凝集为"＋＋"；75%凝集为"＋＋＋"；完全凝集为"＋＋＋＋"。

以出现 50%以上凝集"＋＋"的最高稀释度为该样品的血凝价。阳性样品血凝价＞$1:2^8$、阴性样品血凝价＜$1:2^3$，试剂盒有效；否则试验不成立。

(三)猪瘟免疫抗体 ELISA 法检测

1. 反应原理　猪瘟病毒抗体 ELISA 检测试剂盒用于检测猪血清或血浆中猪瘟病毒抗体。该试剂盒是用猪瘟病毒抗原包被微量反应板，利用阻断 ELISA 原理来检测血清或血浆中的猪瘟病毒抗体。如被检血清中存在猪瘟病毒抗体，它们就会阻断辣根过氧化物酶(HRPO)标记的抗猪瘟病毒的单克隆抗体。单克隆抗体与猪瘟病毒抗原的结合，可以通过辣根过氧化物酶与底物的显色程度进行判定，即用酶标仪在单波长 450 nm 或双波长 450 nm 与 650 nm 测定该反应体系的吸光度。当被检样品中含有猪瘟病毒抗体(阳性结果)时，显色就会浅，当被检样品中不含有猪瘟病毒抗体(阴性结果)时，显色就变深。样本的阻断率可通过阴性对照样本 450 nm 波长吸光度减去样品吸光度再与阴性对照吸光度的比值来确定。

2. 检测方法

(1)取出包被抗原的酶标板，在记录表上记录样本的位置。一般第一、二孔设置为阴性对照孔，第三、四孔为阳性对照孔，以后为待检样品孔。

(2)分别将 50 μL 样品稀释液加入阴阳对照孔和每个检测孔中；在阴性对照孔加入阴性对照溶液、在阳性对照孔中加入阳性对照溶液各 50 μL；依次将待检样品血清各 50 μL 加入待检样品孔中，置微量振荡器混匀。

(3)将反应板放入密闭不透明湿盒中，置室温(18～26℃)孵育 2 h；然后用 300 μL 左右洗涤液洗涤每个孔 3 次。

(4)在每孔中加入 100 μL 酶标抗体，用盖板封闭反应板置室温(18～26℃)孵育 30 min，然后重复上述洗涤步骤洗涤 3 次。

(5)在每个反应孔中加入 100 μL 底物溶液，18～26℃条件下避光显色 10 min。

(6)每孔加入 100 μL 终止液终止反应。

(7)在 450 nm 处测定样本以及对照的吸光值，也可用双波长(450 nm 和 650 nm)测定样本以及对照的吸光值，空气调零。

3. 计算结果

(1)实验有效性判定　阴性对照 A_{450} 平均值$>$0.500，阳性对照平均阻断率≥50%，为试剂盒有效，反之为试剂盒失效。

(2)判断标准　阻断率≤30%为样品抗体阴性(－)；阻断率在 30%～40%之间为可疑(＋/－)；阻断率≥40%为样品抗体阳性(＋)。

$$\text{样品阻断率}=\frac{\text{阴性对照}A_{450}\text{平均值}-\text{样品}A_{450}}{\text{阴性对照}A_{450}\text{平均值}}\times 100\%$$

三、实训设备和材料

96 孔血凝板、不同量程的微量移液器、高速台式离心机、电热恒温箱、微量振荡器、猪瘟正向间接血凝试验试剂盒(中国农业科学院兰州兽医研究所产品)、猪瘟抗体检测酶联免疫检测试剂盒(美国爱德仕产品)。

四、实训内容

种猪采血、仔猪采血操作；IHA 方法检测猪瘟抗体试验操作；ELISA 方法检测猪瘟抗体试验操作。

五、操作方法和步骤

(1)在指导老师和猪场工作人员协助下，进行猪群采血。

(2)在实验人员指导下，进行血清分离。

(3)在实验人员指导下，进行猪瘟抗体检测。

(4)在老师指导下，进行猪瘟抗体水平分析，并提出相关建议。

六、操作重点提示

1. 血液采集的注意事项

(1)采血场所应有充足的光线；室温夏季最好保持在 25～28℃，冬季 15～20℃。

(2)应严格遵守无菌操作规程，对所有采血用具、采血部位均应认真进行消毒。

(3)采血针头、注射器必须洁净、干燥，如有水可引起溶血，可用无菌生理盐水润洗后再用。

(4)怀疑传染病时，采血过程应防止血液流散，检验后的残余血液及所有器皿必须进行消毒处理。

(5)采血完毕,局部消毒并及时止血。

2.血清分离的注意事项　用于分离血清的血液不能加抗凝剂;采集的血液在凝集之前尽量避免振动,以防溶血;采集的血清根据需要进行保存,冷冻保存的血清应进行分装,需要时取用一管,尽量避免反复冻融。

3.IHA检测猪瘟抗体注意事项

(1)用过的血凝板应及时在水龙头下冲净血细胞,再用蒸馏水或去离子水冲洗2次,甩干水分后放37℃恒温箱内烘干备用。

(2)每次检测均需做一份阴性、阳性对照。

(3)每次检测应使用相同批次抗原致敏红细胞和稀释液。

(4)收到试剂盒后,应立即打开包装,并取出抗原致敏红细胞试剂瓶,用力摇动,使黏附在瓶盖上的红细胞摇下,否则易出现沉渣,影响使用效果。

4.ELISA检测猪瘟抗体注意事项

(1)试剂盒中所有试剂在使用之前应平衡至室温(20～25℃),一般要求回温时间为2 h以上。

(2)试剂盒保存温度为2～8℃,避免紧贴冰箱壁,造成试剂上冻结上冻结水。

(3)尽量避免使用不同批次试剂(尤其是反应酶标板、对照及酶标抗体)。

七、实训过程检查与评价

实训过程检查内容及评价方法请参照实训8-1。

八、问题与思考

1.成年猪一般采用什么方法采血?仔猪常用什么方法采血?

2.为什么猪瘟抗体不能用凝集试验来检测?

实训8-3　鸡新城疫抗体监测

一、实训目标和要求

本实训的目标是通过采集鸡群的血液获得免疫血清,通过血凝抑制试验(HI)检测血清中鸡新城疫病毒(NDV)免疫抗体。要求学生通过实训操作,掌握鸡群抗体检测操作方法;掌握试验结果的判断,对鸡群免疫预防管理提出相关建议。

二、知识背景与原理

(一)鸡的采血方法

鸡一般于翼根静脉采血。将翅膀展开,露出腋窝,将羽毛拔去,即可见明显的由翼根进入腋窝的较粗的翼根静脉。用碘酒消毒皮肤,用左手拇指、食指压迫此静脉向心端,使血管怒张。右手持针头由翼根向翅膀方向沿静脉平行刺入血管内,即可采血。每羽鸡采血样2～3 mL,采血完毕，用消毒棉球压迫止血。血液样品的处理、保存和运送同实训 8-2。

（二）血凝试验（HA）

新城疫是由新城疫病毒（NDV）引起的鸡的一种急性、热性、高度接触性传染病，是引起鸡和火鸡死亡最重要的传染病之一。NDV 是有囊膜病毒，其囊膜上有两种糖蛋白，即血凝素-神经氨酸酶（HN）和融合蛋白（F）。HN 具有吸附凝集一部分动物的红细胞（RBC）的作用，故可利用其凝集 RBC 的功能，通过血凝试验（HA）检测 NDV 的滴度，来对 NDV 标准抗原进行定量。

NDV 凝集红细胞的作用，可以被 NDV 免疫血清所阻断，故可通过 HA 定量 NDV 标准抗原后，将其稀释至四单位凝集价，再进行血凝抑制试验（HI），检测待检样品免疫血清的血凝抑制价，即血清中 NDV 抗体的水平。

首先介绍 NDV 抗原定量的血凝试验，采用 96 孔血凝板进行微量操作，加样参照表 8-3-1 进行。

表 8-3-1　血凝试验加样表　　μL

孔号	1	2	3	4	5	6	7	8	9	10	11	12
稀释度	$1:2^1$	$1:2^2$	$1:2^3$	$1:2^4$	$1:2^5$	$1:2^6$	$1:2^7$	$1:2^8$	$1:2^9$	$1:2^{10}$	$1:2^{11}$	阴性对照
生理盐水	50	50	50	50	50	50	50	50	50	50	50	50
NDV 抗原	50	50	50	50	50	50	50	50	50	50	50	弃去 50	—
1%鸡红细胞	50	50	50	50	50	50	50	50	50	50	50	50
振荡混匀，37℃作用 15～30 min 观察结果												
结果举例	#	#	#	#	#	#	+++	++	+	—	—	—

注：“—”为不凝集，“+”为 25%凝集，“++”为 50%凝集，“+++”为 75%凝集，“#”为完全凝集。

（1）在 96 孔血凝板上，自左至右 1～12 孔各加 50 μL 生理盐水。

（2）第 1 孔加 50 μL NDV 标准抗原，依次倍比稀释至第 11 孔时弃 50 μL，稀释后病毒稀释度依次为 $1:2^1$、$1:2^2$、$1:2^3$、…、$1:2^{11}$，最后 1 孔为红细胞对照，置微量振荡器混匀。

（3）每孔各加 1%鸡红细胞 50 μL，置 37℃温箱中作用 15～30 min 观察结果。

（4）判定结果：以 100%凝集的病毒最大稀释度为该病毒血凝价，即一个血凝单位。不凝集者红细胞沉于孔底呈点状，血凝板倾斜即流动呈红线状，凝集者红细胞形成凝集膜平铺于孔底，血凝板倾斜时，短时间内不流动。

（三）血凝抑制试验（HI）

1. 四单位病毒配制　用于血凝抑制试验的病毒需含 4 个血凝单位，即将一个血凝单位的病毒稀释度增加 4 倍浓度。例如，经过 HA 检测得知 NDV 标准抗原的一个血凝单位为 $1:2^6$，4 个血凝单位则为 $1:2^4$。所以 NDV 标准抗原的血凝滴度为 $1:2^6$ 时，配制成 4 个血凝单位需稀释 2^4，即稀释 16 倍。

2. HI 操作步骤　用固定病毒稀释血清法，操作顺序参照表 8-3-2 进行。

（1）在每排第 1～11 孔各加 50 μL 生理盐水。

（2）在第一排第 1 孔加第一个待检 NDV 免疫血清 50 μL，混匀后取 50 μL 至第 2 孔；依次倍比稀释至第 10 孔，吸弃 50 μL。如此稀释后血清浓度分别为 $1:2^1$、$1:2^2$、$1:2^3$、…、$1:2^{10}$。其他待检血清加样稀释方法同上。

(3)在所有待检血清稀释完成后，在每排第 1～11 孔各加 50 μL 四单位病毒液，第 12 孔加 50 μL 标准阳性血清，置微量振荡器上振荡混合均匀，置 37℃温箱作用 30 min。

(4) 病毒与血清作用后，取出血凝板，在每孔加 1%鸡红细胞 50 μL，混合均匀后置 37℃温箱再作用 15 min，观察结果。

表 8-3-2　血凝抑制试验加样表

μL

孔号	1	2	3	4	5	6	7	8	9	10	11	12
稀释度	$1:2^1$	$1:2^2$	$1:2^3$	$1:2^4$	$1:2^5$	$1:2^6$	$1:2^7$	$1:2^8$	$1:2^9$	$1:2^{10}$	病毒对照	阳性血清对照
生理盐水	50	50	50	50	50	50	50	50	50	50	50	—
待检血清	50	50	50	50	50	50	50	50	50	50 弃去50	—	50
四单位病毒	50	50	50	50	50	50	50	50	50	50	50	50
振荡混匀后，37℃ 感作 30 min												
1%鸡红细胞	50	50	50	50	50	50	50	50	50	50	50	50
振荡混匀，37℃或常温作用 15 min 观察结果												
结果举例	—	—	—	—	—	—	+	++	+++	#	#	—

注：“—”为不凝集，“+”为 25%凝集，“++”为 50%凝集，“+++”为 75%凝集，“#”为完全凝集。

血清的 HI 滴度：在对照出现正确结果的情况下，以完全抑制红细胞凝集的最大稀释度为该血清的 HI 滴度。如表 8-3-2 所示，该血清的 HI 滴度为 $1:2^6$，一般写作 $6\log_2$。

3. 血凝抑制试验的应用

(1)雏鸡最适 NDV 首免时间的确定　主要根据其血清母源抗体水平。雏鸡在 3 日龄时母源抗体滴度最高，以后逐渐下降，其半衰期约 4.5 天，一般认为，当母源抗体滴度下降至 $3\log_2$(1:8)以下进行首免可获得理想的免疫效果。

(2)监测 NDV 疫苗免疫效果　鸡群免疫后 10～14 天，抽样采血测定 HI 效价，若 HI 抗体滴度增加 2 个以上，如免疫前 1:8，免疫后 1:32 为合格；若免疫后仅有 1:(4～8)，则应进行重新免疫。

三、实训设备和材料

96 孔血凝板、不同量程的微量移液器、高速台式离心机、电热恒温箱、微量振荡器；NDV 标准抗原、NDV 标准阳性血清、无菌生理盐水(0.85% NaCl)、1%鸡红细胞。

四、实训内容

鸡的采血操作；HA 试验操作；HI 方法检测 NDV 免疫抗体试验操作。

五、操作方法和步骤

(1)在指导老师和鸡场工作人员协助下，进行鸡群采血。

(2)分离血清。

(3)在实验人员指导下，进行 NDV 抗体检测。

(4)在老师指导下，进行 NDV 抗体水平分析，并提出相关建议。

六、操作重点提示

(1)不论是 HA 试验还是 HI 试验，检测成功的前提是对照必须成立。即 HA 时，红细胞阴性对照结果必须是阴性结果，否则可能是红细胞自凝，结果就不可靠。HI 试验时，阳性血清对照结果必须是完全抑制，不出现血凝；病毒对照结果必须完全凝集，否则为试验失败。

(2)免疫监测时要随机采样，所采血样数量应根据鸡群大小而定。1 000 羽以下的鸡群，采取 10～15 羽鸡的血样；1 000～5 000 羽采取 25～30 羽，5 000～10 000 羽采取 40～50 羽。

七、实训过程检查与评价

实训过程检查内容及评价方法请参照实训 8-1。

八、问题与思考

1. 什么是血凝价？
2. 如何判断免疫血清的血凝抑制价？
3. 检测血清血凝抑制价有何意义？

实训 8-4　鸡白痢快速检测

一、实训目标和要求

通过实训，掌握凝集试验方法。

二、知识背景与原理

鸡白痢是由鸡白痢沙门氏菌引起的，一般鸡场都不进行免疫预防，而是采用药物预防或加强饲养管理等综合措施进行控制，最根本的方法是进行本病的净化。在净化过程中必须进行检验，了解其污染情况，才能有针对性进行控制或净化。

本病常用的检疫方法有快速全血平板凝集反应和血清试管凝集反应两种，现分别介绍如下。

(一)快速全血平板凝集反应

1. 操作方法　先将鸡白痢全血平板凝集抗原充分摇匀，用滴管吸取抗原，垂直滴一滴于玻片上，然后使用注射器针头刺破鸡的翅静脉或冠尖，以金属环蘸取血液一环，混入抗原内，随即搅拌均匀，并使散开至直径 1～2 cm 为度。

2. 结果判定　抗原与血液混合在 2 min 内发生明显颗粒状或块状凝集者为阳性。2 min 以内不出现凝集，或出现均匀一致的极微小颗粒，或在边缘处临干前出现絮状物者判为阴性。在上述情况之外不易判断为阳性或阴性者为可疑。

(二)血清试管凝集反应

1. 鸡血清样品制备　以 20 号或 22 号针头刺破鸡翅静脉，使之出血，用一清洁、干燥的无菌试管靠近流血处，采集 2 mL 血液，斜放凝固以析出血清，离心获得血清，置 4℃保存备用。

2. 抗原稀释　将试管凝集反应抗原用 0.5%石炭酸生理盐水稀释至 10 亿/mL，pH 调到 8.2～8.5，稀释好的抗原必须当天用完。

3. 操作步骤　在试管架上依次摆 3 支试管，吸取稀释抗原 2 mL 置第 1 管，再各吸取 1 mL 稀释抗原分别置第 2、3 管；取被检血清 0.08 mL 置第 1 管，混匀后取 1 mL 移入到第 2 管；第 2 管再混匀再移入 1 mL 至第 3 管；第 3 管混匀后弃去 1 mL。最后将试管摇振数次，使抗原与血清充分混合，置 37℃温箱中反应 20 h，观察结果。

4. 结果判定　试管 1、2、3 的血清稀释倍数依次为 1∶25、1∶50、1∶100。凝集阳性者，抗原显著凝集于管底，上清液透明；阴性者，试管呈均匀混浊；可疑者，介于前两者之间。在鸡 1∶50 以上凝集者为阳性；火鸡 1∶25 以上为阳性。

三、实训设备和材料

玻璃板、20 号或 22 号注射针头、带柄不锈钢金属丝环、橡皮乳头滴管、无菌试管、工作服等；鸡白痢全血平板凝集抗原、鸡白痢试管凝集抗原、0.5%石炭酸生理盐水等。

四、实训内容

快速全血平板凝集反应操作；鸡血采集、血清制备操作；血清试管凝集试验操作。

五、操作方法和步骤

(1)在指导老师和鸡场工作人员协助下，进行采血。

(2)分离血清。

(3)快速全血平板凝集反应检测鸡白痢抗体。

(4)血清试管凝集反应检测鸡白痢抗体。

六、操作重点提示

(1)抗原应在 2～10℃干燥阴暗处保存，在使用前必须充分摇匀，抗原有效期为 6 个月，避免温热及日光曝晒。

(2)快速全血平板凝集抗原适用于产蛋母鸡及 1 岁以上公鸡，幼龄鸡敏感性较差。

(3)每批检查开始时，必须做阴性、阳性血清对照。本试验应在室温(18～26℃)进行，否则易影响反应结果。

七、实训过程检查与评价

实训过程检查内容及评价方法请参照实训 8-1。

八、问题与思考

1. 鸡白痢是由什么病原引起的？有何危害？

2. 为什么检测到鸡白痢抗体，即可认为鸡群是阳性鸡群？

3. 鸡白痢检疫时，应注意什么？

实训 8-5　牛的两病检测技术

一、实训目标和要求

通过实训，掌握牛布鲁氏菌病和结核病检疫的具体操作方法和步骤。

二、知识背景与原理

牛的两病是指牛布鲁氏菌病和结核病，这两种疫病均为人兽共患传染病，故牛的两病检疫意义重大。

(一)牛的布病检疫

1. 反应原理　布鲁氏菌病常表现为慢性和隐性感染，其诊断和检疫主要依靠血清学检查和变态反应检查，而细菌学检查仅在必要时用于发生流产的动物和其他特殊情况。

牛布鲁氏菌抗原为颗粒性抗原，可以直接与相应抗体发生反应，在电解质存在的情况下，根据肉眼可见的凝集块是否出现，即可判定结果，如玻板凝集反应。如需要定量，可将抗血清进行稀释，再进行玻板凝集试验，但灵敏度相对较差，一般定量需用试管凝集法，反应时间更长，需要 37℃恒温静置 20～22 h，而且其结果的判定有一定的主观性，只能算是半定量试验。

2. 检测方法

(1)牛的血液采集　在颈部静脉沟的上 1/3 与中 1/3 交界处，局部剪毛消毒，用左手拇指压住近心端颈静脉入胸部位的皮肤，使颈静脉怒张，右手持针头，沿血管平行方向从远心端刺入血管。

(2)虎红平板凝集试验　取被检血清和虎红平板抗原各 0.03 mL，滴加于玻板上，混匀，在 4～10 min 内出现任何程度凝集者即为阳性反应。每一批检查材料均须设立阳性、阴性血清和抗原对照。

虎红平板抗原为用虎红(四氯四碘荧光素钠盐)使抗原细菌染色的酸性(pH 3.6～3.8)缓冲平板抗原，能抑制引起非特异性反应的 IgM 和增强特异性 IgG 的活性，其反应敏感、稳定，特异性优于试管凝集试验。但本方法只能用于定性。

(3)试管凝集反应

①每份血清用 4 支试管，另取 3 支对照管，共 7 支试管，置试管架上。如待检血清多时，对照只需做一份。

②按照表 8-5-1 加入 0.5%石炭酸生理盐水 2.3 mL，然后用 1 mL 吸管吸取被检血清 0.2 mL，加入第一管中，反复吹吸 3 次将血清与管中生理盐水充分混匀，吸出 1.5 mL 弃去，再吸出 0.5 mL(第一管最后剩余 0.5 mL)加入第二管，用吹吸法将管中液体混匀后，吸出 0.5 mL 加入第 3 管，依此类推至第 4 管，混匀后弃去 0.5 mL。第 5 管不加待检血清，第 6 管加 1∶25 稀释的布鲁氏菌阳性血清 0.5 mL，第 7 管加 1∶25 稀释的阳性血清 0.5 mL。

③待检血清稀释度：1∶25、1∶50、1∶100、1∶200；大规模检疫时可只用两个稀释度，即 1∶50 和 1∶100。

④每管各加入 0.5%石炭酸生理盐水稀释 20 倍的布鲁氏菌抗原 0.5 mL。

⑤在各管加毕抗原后，将7支试管同时充分混匀，置37℃温箱中反应24 h，然后观察并记录结果。

表 8-5-1 布鲁氏菌试管凝集反应加样程序

mL

样品	1号管	2号管	3号管	4号管	5号管	6号管	7号管
	1:25	1:50	1:100	1:200	抗原对照	阳性血清 1:25	阴性血清 1:25
0.5%石炭酸生理盐水	2.3	0.5	0.5	0.5	0.5	—	—
被检血清	0.2（弃去1.5）	0.5	0.5	0.5（弃去0.5）	—	0.5	0.5
抗原	0.5	0.5	0.5	0.5	0.5	0.5	0.5

⑥结果判定：根据管中液体的清亮程度和管底沉淀物的形成予以判定。

＋＋＋＋：液体完全透明，底部形成伞状沉淀，振荡时沉淀物呈片状、块状或颗粒状，即100%的菌体被凝集。

＋＋＋：液体略呈混浊，菌体大部分凝集于管底，振荡时情况，即75%的菌体被凝集。

＋＋：液体不甚透明，管底有明显的凝集沉淀，振荡时有块状或小片絮状物，即50%的菌体被凝集。

＋：液体透明度不显或不透明，有不甚显著的沉淀或仅有沉淀的痕迹，即25%的菌体被凝集。

－：液体不透明，管底无凝集。有时管底可呈现一部分沉淀，但振荡后立即散开呈均匀混浊，即菌体不被凝集。

⑦判定标准：凝集效价是指能同一定量的抗原发生凝集的最小血清量(即血清的最大稀释倍数)。凝集价在1:100以上判为阳性；凝集价在1:50判为可疑。

(4)细菌学检查(显微镜镜检)　病料最好用流产胎儿的胃内容物、肺、肝和脾以及流产胎盘和羊水等，也可用阴道分泌物、乳汁、血液、精液和尿液等。病料直接涂片，做常规革兰氏染色和鉴别染色(常用科兹洛夫斯基染色)检查，如发现革兰氏染色为阴性、科兹洛夫斯基染色呈红色的球状杆菌或短小杆菌，即可做出初步的疑似诊断。

(二)牛结核病检疫

1.反应原理　结核杆菌又称结核分枝杆菌，是引起人、畜、禽结核病的病原体。分枝杆菌细胞壁不仅有肽聚糖，还有特殊的糖脂。因为糖脂的影响，致使革兰氏染色不易着染，采用抗酸染色，能抵抗3%盐酸酒精的脱色作用，呈红色，其他杂菌被染成蓝色。动物感染结核分枝杆菌后3～6周，产生Ⅳ型变态反应，在注射结核菌素部位可出现肉眼可见红肿。

故动物检测可采集痰、乳汁、尿样、粪样等病料经处理后经抗酸染色(萋-尼氏抗酸染色，即Ziehl-Neelsen染色)进行检疫，或采用结核菌素提纯蛋白衍生物(purified protein derivative of tuberculin，PPD)注射，观察变态反应来进行检疫。

动物感染细菌后，一般于7～14天后能出现凝集素，结合抗体(IgG)比凝集素晚出现10～15天，但持续时间长，皮肤变态反应的出现则更晚。因此，凝集反应、补体结合反应和变态反应结合使用能使检测结果更加准确。

2.检测方法

(1)结核分枝杆菌PPD皮内变态反应试验

①注射部位及术前处理 将牛只编号后在颈侧中部上1/3处剪毛,3月龄以内的犊牛也可在肩胛部进行,直径约10 cm。用卡尺测量术部中央皮皱厚度,做好记录。

②注射剂量 不论大小牛只,一律皮内注射0.1 mL(含2 000 IU)。即将牛型结核分枝杆菌PPD稀释成2万IU/mL后,皮内注射0.1 mL。冻干PPD稀释后当天用完。

③注射方法 先以75%酒精消毒术部,然后皮内注射定量的牛型结核分枝杆菌PPD,注射后局部应出现小包,如对注射有疑问时,应另选15 cm以外的部位或对侧重作。

④注射次数和观察反应 皮内注射后经72 h判定,仔细观察局部有无热痛、肿胀等炎性反应,并以游标卡尺测量皮皱厚度,做好详细记录。对疑似反应的牛应立即在另一侧以PPD同一剂量进行第二次皮内注射,再经72 h观察反应结果。

对阳性牛和疑似反应牛,于注射后96 h和120 h再分别观察一次,以防个别牛出现较晚的迟发型变态反应。

⑤结果判定

阳性反应:局部有明显的炎性反应,皮厚差大于或等于4.0 mm。

疑似反应:局部炎性反应不明显,皮厚差大于或等于2.0 mm、小于4.0 mm。

阴性反应:无炎性反应,皮厚差在2.0 mm以下。

凡判定疑似反应的牛只,于第一次检疫60天后进行复检,其结果仍为疑似的,经60天再复检,仍为疑似反应,应判定为阳性。

(2)细菌学检测

①病料采集和处理 用于细菌学检查的材料应采自淋巴结及其他组织;活畜有可疑的呼吸道结构、乳房结核、泌尿生殖道结核、肠结核时,其痰、乳汁、尿、粪便、精液、子宫分泌物可作为细菌学检查材料。

痰:宜在清晨采集。用硬橡胶管自口腔伸入支气管内,外端接注射器吸取痰液。痰样品稀薄时,可加入等量4%~6%硫酸处理;痰液黏稠时,则加入5倍量4%硫酸处理。充分摇匀后37℃作用20 min,以3 000~4 000 r/min离心20 min,沉淀物作染色镜检。

乳:可无菌采集乳汁进行检验,一般以挤出之最后乳汁含菌量较多,早晨挤出的乳中含菌量高。将乳汁分置4~6支离心管中,每管10 mL,以3 000~4 000 r/min离心20 min,吸取上层乳脂和管底沉淀物作染色镜检。

尿:一般采集中段尿液,以早晨第一次尿为宜。将尿液以3 000~4 000 r/min离心20 min,取沉淀涂片染色镜检。

粪便:尽量采集混有黏液或脓血的粪便。取粪便约10 g加2倍量灭菌蒸馏水磨碎,然后加氯化钠至饱和。当液体中残渣沉淀后,浮起的薄膜中含有大量结核分枝杆菌。取出薄膜,用等量4%氢氧化钠充分混合,37℃处理3 h,以3 000~4 000 r/min离心20 min,取沉淀物8%盐酸中和后,染色镜检。

②染色镜检

涂片:先在玻片上涂布一层薄甘油蛋白(鸡蛋白20 mL、甘油20 mL、水杨酸钠0.4 g,混匀),然后吸取标本滴于其上,涂布均匀。自然干燥后火焰固定。

萋-尼氏染色：加苯甲酸复红染色液覆盖，将玻片在火焰上加热至出现蒸气（不能产生气泡），如此加热染色 5 min。水洗后加 3%盐酸酒精脱色 30～60 s。水洗后，以骆氏美蓝染色液复染 1 min。水洗吸干，镜检。

结果判定：抗酸菌不被盐酸酒精脱色而染成红色，其他细菌与动物细胞可被盐酸酒精脱色而均被染成蓝色。

三、实训设备和材料

(1)布鲁氏菌玻板凝集抗原、布鲁氏菌试管凝集抗原、布鲁氏菌标准阳性和阴性血清、待检动物血清、革兰氏染色剂、科兹洛夫斯基染色剂。

(2)苯甲酸复红染色液、3%盐酸酒精、骆氏美蓝染色液、PPD、蒸馏水、氯化钠。

(3)游标卡尺、离心管、烧杯、显微镜、酒精灯等。

四、实训内容

牛血液、痰、乳汁、尿液、粪便采样；牛布鲁氏菌病检疫和牛结核病检疫。

五、操作方法和步骤

(1)在实训教师指导下进行牛只采血，牛痰、乳汁、尿液、粪便采样。

(2)牛布鲁氏菌病虎红玻板凝集和试管法凝集试验操作。

(3)牛结核分枝杆菌 PPD 皮内变态反应试验操作。

(4)痰、乳汁、尿液和粪便样品抗酸染色镜检。

六、操作重点提示

(1)布鲁氏菌病和结核病均是人畜共患病，因此在进行活菌试验时，应严格遵守个人防护规则。

(2)用作本试验的待检血清必须是新鲜的，采后于 24 h 送实验室，最迟不能超过 3 天。不能按期送达者，需加石炭酸防腐，每 0.9 mL 血清加 0.5%石炭酸 0.1 mL，立即振荡混合，血清应无明显的凝块、无严重溶血和腐败气味。

(3)不能凭某一试验结果判定畜群的布鲁氏菌病阳性，而要进行必要的其他血清学和细菌学检查，再与畜群情况及临床检查相结合进行综合判断。

(4)牛结核分枝杆菌 PPD 皮内变态反应试验选择注射部位时，术部不能有明显的病变。

七、实训过程检查与评价

实训过程检查内容及评价方法请参照实训 8-1。

八、问题与思考

1. 牛布鲁氏菌病凝集试验结果如何判定？

2. 为何萋-尼氏染色法可区别结核菌与其他细菌？

实训 8-6　羊疥癣病的检疫技术

一、实训目标和要求

通过实训，在熟悉羊疥癣病临床症状的基础上，掌握疥螨的实验诊断方法。

二、知识背景与原理

疥癣主要由疥螨、痒螨和足螨三种寄生虫引起。羊疥癣的特征是皮肤炎症、脱毛、奇痒及消瘦。在秋末、冬季和早春多发生，阴暗潮湿、圈舍拥挤和常年的舍饲可增加发病概率和流行时间。

羊疥癣的症状：病初虫体刺激神经末梢，引起剧痒，羊不断在圈墙、栏杆等处摩擦。在阴雨天气、夜间、通风不良的圈舍病情会加重，然后皮肤出现丘疹、结节、水疱，甚至脓疮，以后形成痂皮或龟裂。绵羊患疥螨时，病变主要在头部，可见大片被毛脱落。患羊因终日啃咬和摩擦患部，烦躁不安，影响采食和休息，日见消瘦，最终极度衰竭死亡。疥螨病一般开始于皮肤柔软且毛短的地方，如嘴唇、口角、鼻面、眼圈及耳根部，以后皮肤炎症逐渐向四周蔓延；痒螨病则起始于被毛稠密和温度、湿度比较恒定的皮肤部分，如绵羊多发生于背部、臀部及尾根部。

1.病料的采集　病料采集的正确与否，是检查螨准确性的关键。其采集部位在动物健康皮肤和病变皮肤的交界处。刮取的病料置于消毒的小瓶或带塞的试管中。刮取病料处用碘酒消毒。

2.检查方法

(1)加热检查法　将病料置于培养皿中，在酒精灯上加热至 37～40℃后，将玻璃皿放于黑色衬景上，用放大镜检查，或将玻璃皿置于低倍显微镜或实体显微镜下检查，发现移动的虫体即可确诊。

(2)温水检查法　将病料浸于盛有 45～60℃温水的玻璃皿中，或将病料浸于温水后放在 37～40℃的恒温箱内 15～20 min。然后置于低倍显微镜或实体显微镜下观察，若看见虫体从痂皮中爬出，浮于水面或沉于皿底可确诊。

(3)煤油浸泡法　将病料置于载玻片上，滴数滴煤油，加盖另一块载玻片，用手搓动两片，使皮屑粉碎，然后置于低倍显微镜或实体显微镜下检查。

(4)皮屑溶解法　将病料浸入盛有 5%～10%氢氧化钠溶液的试管中，经过 1～2 min 痂皮软化溶解，弃去上层液后，用吸管吸取沉淀物，滴于载玻片上，加盖玻片镜检。

(5)漂浮法　在上法的基础上，在沉淀物中加入 60%硫代硫酸钠溶液，然后进行离心分离，最后用金属圈蘸取液面薄膜，抖落于载玻片上，加盖玻片镜检。

三、实训设备和材料

(1)疥螨和痒螨的形态构造图。

(2)器材：显微镜、实体显微镜、手持放大镜、平皿、试管、试管夹、手术刀、镊子、载玻片、盖玻片、温度计、带胶乳头移液管、离心机、污物缸、纱布、5%氢氧化钠溶液、60%硫代硫酸钠、煤油。

(3)动物皮肤病料:患螨病的羊或含螨的病料。

四、实训内容

羊疥螨的临床症状观察;羊疥螨病料采集;羊疥螨实验检测。

五、操作方法和步骤

教师讲述皮肤刮取物的采集方法和注意事项,学生按操作要求进行病料采集,同时进行患病动物的临诊检查,观察皮肤变化及全身状态。病料采集后,教师概述病料的各种检查方法并简要示教,然后学生分组进行检查操作。

六、操作重点提示

1. 样品采集比较关键,要求采集部位在动物健康皮肤和病变皮肤的交界处。

2. 采集时剪去该部位的被毛,用经过火焰消毒的外科刀,使刀刃和皮肤垂直用力刮取病料,一直刮到微微出血为止。

七、实训过程检查与评价

实训过程检查内容及评价方法请参照实训 8-1。

八、问题与思考

1. 羊疥螨病料采集要注意哪些事项?

2. 羊疥螨的检查方法有哪些?

实训 8-7 羊痘的检疫技术

一、实训目标和要求

通过实训,掌握羊痘的临诊特点及巴信氏小体的观察方法,掌握羊痘病毒的中和试验。

二、知识背景与原理

羊痘是由羊痘病毒感染引起的一种急性接触性传染病。本病在绵羊及山羊都可发生,也能传染给人。以皮肤的无毛区或少毛区出现痘疹和结痂为特征。

1. 染色镜检　采取新形成的丘疹作切面,在载玻片上轻轻涂抹,用莫洛佐夫镀银染色法,在显微镜下观察,可见黑色或暗褐色的圆形、散在或成双、成堆的小颗粒——巴信氏小体。

根据典型特征性临床表现:在少毛或无毛的皮肤上形成红斑→丘疹→水疱→脓疱→结痂等临床病理过程,再结合剖检所见,特别是经过病理组织学检查,发现巴信氏小体,最后确诊为山羊痘。

2. 中和试验　将易感羊每组 1 只分成三组:第一组划痕接种可疑痘痂生理盐水病料;第二组将可疑病料先与抗羊痘阳性血清中和 60 min 后,再同样划痕接种羊;第三组划痕接种无菌生理盐水为空白对照。如第一组感染有典型羊痘，第二组和第三组均无痘疹出现即可确诊为羊痘。

三、实训设备和材料

莫洛佐夫染色液、无菌生理盐水、抗羊痘阳性血清；显微镜、香柏油；典型羊痘病例、健康青年羊若干、羊痘接种器等。

四、实训内容

羊痘典型病例观察；羊痘样品染色镜检；羊痘病毒的中和试验。

五、操作方法和步骤

(1)在实训老师指导下对典型羊痘病例进行临床观察。
(2)在老师指导下对典型羊痘样品进行采集。
(3)进行羊痘样品染色镜检操作。
(4)进行羊痘病毒中和试验操作。

六、操作重点提示

注意个人防护。学生操作前，必须穿好工作服，做好消毒工作。

七、实训过程检查与评价

实训过程检查内容及评价方法请参照实训 8-1。

八、问题与思考

1. 羊痘的临床特点有哪些？
2. 什么是巴信氏小体？

实训 8-8 盐酸克伦特罗快速检测

一、实训目标和要求

通过实训，掌握猪组织样品的处理及盐酸克伦特罗的快速检测方法。

二、知识背景与原理

克伦特罗属于β-兴奋剂，是一种人和兽医作为治疗哮喘的药物。在牲畜中超剂量使用可以使脂肪组织转化为肌肉组织，由于能够显著改善脂肪率和生产效率，β-兴奋剂往往被滥用于畜牧业养殖生产中。国家已经明令禁止克伦特罗在动物饲养中使用。

目前因胶体金盐酸克伦特罗快速诊断试剂盒具有快速、简便，不需要任何仪器设备，就可以对尿液或组织材料进行检测，适合在生产第一线推广应用等优点，已经被广泛应用于猪群盐酸克伦特罗的初筛。

1.反应原理 盐酸克伦特罗快速检测试纸基于胶体金免疫层析技术。检测时，样品中的盐酸克伦特罗在流动过程中与胶体金标记的特异性抗体结合，抑制了抗体与固相载体膜上的盐酸克伦特罗-BSA偶联物的结合。如果尿样中的盐酸克伦特罗含量大于检测灵敏度，T线在规定时间内不显颜色，结果为阳性，反之，T线显紫红色条带，结果为阴性。无论检测液中盐酸克伦特罗浓度高低，C线均显紫红色条带。

2.尿液样品采集 尿液标本必须收集在洁净、干燥且不含有任何防腐剂的塑料尿杯或玻璃容器内。若不能及时送检，尿样标本在2～8℃冷藏可保存48 h。长期保存需冷冻于－20℃，忌反复冻融。

3.组织样本采集及处理 组织样本（包括精肉、肝脏、肺脏和肾脏）立即检测或收集在塑料袋中送检。若不能及时检测，样本在2～8℃冷藏可保存24 h，－20℃冷冻保存1周，冷冻时忌反复冻融。将组织样本剪碎，称取0.5 g组织样本装入配套组织提取液中。充分混匀，然后将离心管放入90℃以上沸水浴加热10 min便有液汁浸出，取出此离心管放至室温。将离心管放入离心机中，4 000 r/min离心5 min后，取上清为待检液；如果没有离心机，需将离心管静置15 min，此离心管中的样本渗出液为待检样品，检测时应尽量取上清液。

4.操作步骤

(1)从原包装铝箔袋中取出检测卡，在1 h内应尽快使用。

(2)将测试卡置于干净、平坦的台面上，用塑料吸管吸取离心管中事先准备好的检测样本，垂直滴加2滴浸出液（60～80 μL）于加样孔(S)内。

(3)等待紫红色条带的出现，测试效果应在5 min时读取，30 min后判定结果无效。

5.结果判定

阳性(＋)：仅质控区(C)出现一条紫红色条带，在测试区(T)内无紫红色条带出现。阳性结果表明：盐酸克伦特罗含量在阈值(3 ng/mL)以上。

阴性(－)：出现两条紫红色条带。一条位于测试区(T)内，另一条位于质控区(C)内。阴性结果表明：盐酸克伦特罗含量在阈值(3 ng/mL)以下。

无效：质控区(C)未出现紫红色条带，表明不正确的操作过程或检测卡已变质损坏。在此情况下，应再次仔细阅读说明书，并用新的检测卡重新测试。（图8-8-1）

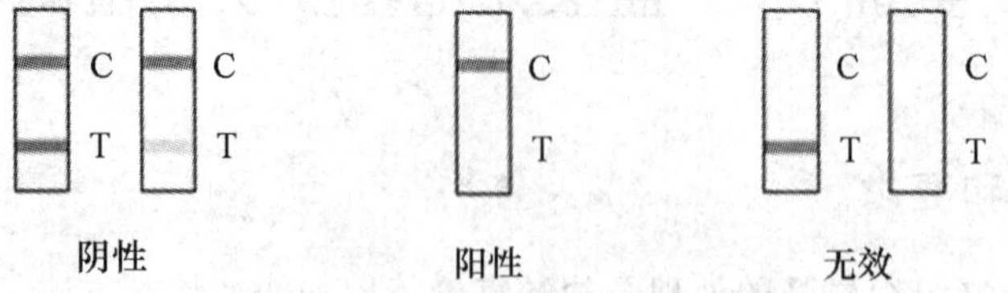

图8-8-1 盐酸克伦特罗检测结果判定示意图

三、实训设备和材料

离心机、电炉、烧杯、水浴锅、冰箱等；盐酸克伦特罗胶体金法检测试剂盒；猪尿液等样品。

四、实训内容

猪尿样采集；猪组织材料处理；猪尿液中盐酸克伦特罗快速检测；猪组织中盐酸克伦特罗

快速检测。

五、操作方法和步骤

(1)在猪场工作人员协助下进行猪尿液采样。

(2)组织样品采集。

(3)猪尿样、组织样中盐酸克伦特罗快速检测。

六、操作重点提示

(1)试剂盒原包装应储存于阴凉避光干燥处,有效期 18 个月。忌冷冻或者在已过有效期后使用。

(2)操作失误或标本中存在干扰物质,都有可能导致错误的结果,请查阅在特异性中列出的能引起阳性结果的物质。

(3)一定注意未使用产品的防潮保护,确保封口的紧密度,否则会产生错误或者不确定的结果。

(4)滴加样品的过程在一定程度上影响产品的有效判断,因此,请务必严谨操作。

(5)当实验操作环境温度过低时,会影响线条浓淡,并可能出现假阳性结果,建议操作环境温度最好不低于 10℃。

(6)试剂盒仅用于定性的筛选鉴定,不能确定克伦特罗在尿样或组织中的精确浓度。判定为阳性的样本需要用其他方法,如高效液相色谱法(HPLC)、气相色谱-质谱联用仪(GCMS)、液相色谱-质谱联用仪(LC-MS)复合确定。

(7)试剂盒仅用于体外诊断,必须在有效期内使用,当包装袋被打开后应立刻使用,使用前,需先将检测卡和待检样本置室温复温,蒸馏水或去离子水不能作为阴性对照。

七、实训过程检查与评价

实训过程检查内容及评价方法请参照实训 8-1。

八、问题与思考

1. 胶体金盐酸克伦特罗快速诊断试剂盒的原理是什么?

2. 如何判断盐酸克伦特罗快速检测结果?

实训 8-9　犬瘟热病毒、犬细小病毒快速检测

一、实训目标和要求

通过实训,掌握临床犬瘟热病毒(CDV)、犬细小病毒(CPV)的快速检测方法,并能独立判断犬瘟热病毒、犬细小病毒检查结果。

二、知识背景与原理

犬瘟热和犬细小病毒感染是犬科动物最重要的两种传染病，尤其是犬瘟热是目前已知对幼犬危害最大的传染病。这两种病都是病毒性疫病，快速诊断对其防治具有重要意义。

目前对CDV和CPV的快速诊断均采用胶体金快速诊断试纸。胶体金诊断技术具有简单、快速、灵敏的特点，被宠物门诊广泛应用。以下介绍这两种病的快速检测技术。

(一)检测原理

胶体金快速检测试纸能以免疫色谱分析法定性地检测犬样品中的抗原。在快速检测试纸表面，有字母“T”和“C”分别作为测试线和控制线。在检测前测试线和控制线在结果窗中均不显示。控制线被用作质量控制，如果测试正常地完成，控制线试剂会正常反应，而且会始终显示。在测试线处包被了特异性的病毒抗体，用来捕捉和检测病毒抗原。如果样品中含有足够的病毒抗原，会在结果窗中显示一条紫色的测试线。

(二)样品的收集和准备

1. CDV抗原(CDV Ag)样品收集

(1)该测试需要使用犬类眼结膜上皮细胞、尿液、血清或者血浆。

(2)用棉签蘸取样品后必须立刻萃取和测试。

(3)如果样品不能立刻测试，必须保存于2～8℃或者－20℃甚至更低，且保存时间必须少于48 h。

2. CPV抗原(CPV Ag)样品收集

(1)该测试使用犬类的粪便。

(2)用棉签蘸取样品后必须立即测试。

(3)采集的样本量非常重要，以浸透棉签1/3～2/3为好。

(三)测试步骤

(1)用已经被生理盐水沾湿的棉签收集样品(CDV检测收集犬类眼结膜上皮细胞、尿液、血清或者血浆；CPV检测收集粪便样品)。

(2)将棉签浸入装有300 μL反应缓冲液的样品收集管。

(3)将棉签上的样品和反应缓冲液充分混匀。

(4)取出试纸，将它平放于宽敞和干燥的表面。

(5)用滴管向样品孔中缓慢并且精确地加入4滴混合液，滴稀释缓冲液必须准确地、缓慢地、一滴一滴地加入。

(6)当反应进行时，可见紫色的条带在试纸中间的结果窗中移动。

(7)10 min后判定结果，不要超过10 min。

(四)结果判定

如果在结果窗的左面出现一根条带说明测试是正常的，这条是质量控制线，结果窗的右面显示测试结果。如果在结果窗的右面出现另一根条带，这条是测试线。

1. 阴性结果　如果只在结果窗质量控制线“C”出现一根条带，检测带“T”不呈色，说明是阴性结果(图8-9-1)。

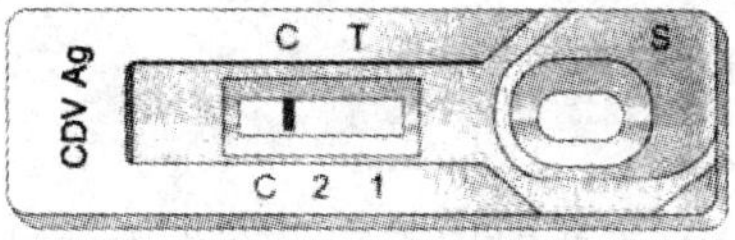

图 8-9-1　阴性结果

2. 阳性结果　如果在结果窗中两根条带同时出现（“T”和“C”），无论哪条先出现都表明阳性结果（图 8-9-2）。

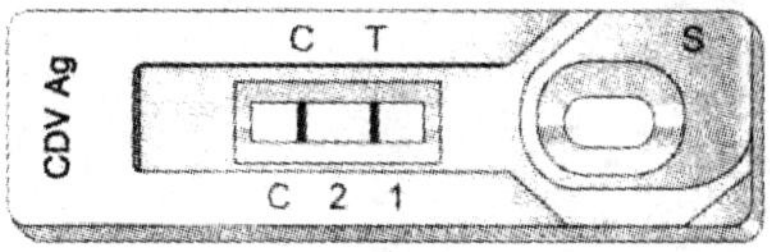

图 8-9-2　阳性结果

3. 无效的结果　在反应开始后只要左侧质量控制线“C”不呈色，不论检测线是否出现，即表明使用方法不当或者试纸已经变质，试验无效。推荐更换检测试纸重新测试样品（图 8-9-3）。

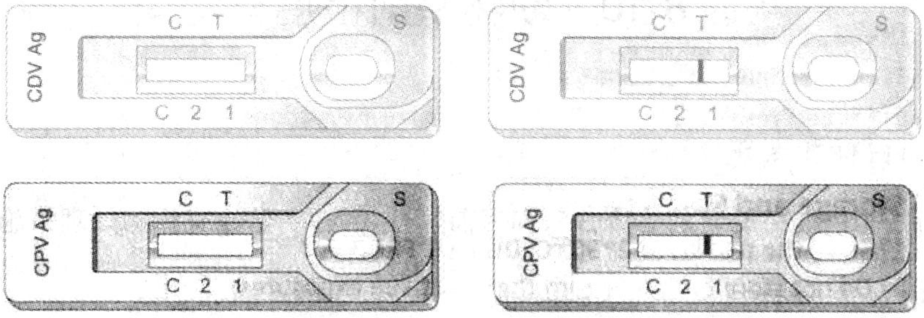

图 8-9-3　无效结果

三、实训设备和材料

犬胶体金 CDV 抗原快速诊断试纸、犬胶体金 CPV 抗原快速诊断试纸、样品收集棉签、一次性滴管、装有反应缓冲液的样品收集管。

四、实训内容

患犬 CDV 抗原检测样品采集；患犬 CDV 抗原检测；患犬 CPV 抗原检测样品采集；患犬 CPV 抗原检测。

五、操作方法和步骤

(1)犬只外观观察，体温检测。

(2)在宠物医生指导下，进行犬样品采集。

(3)在实验人员指导下，进行犬 CDV、CPV 抗原快速检测。

六、操作重点提示

(1)所有的样品必须当作具有潜在传染性来处理。

(2)在试纸使用以前不要随便打开。

(3)在反应之前所有的反应物必须处于室温状态。

(4)不要使用超过标签上有效期的试纸。

(5)每一批试纸中的组分经过质量控制的测试,不要混用不同生产批次的试剂。

(6)试纸可以保存于室温(2～30℃)或者冷藏保存,在有效期内的试纸是稳定的。不要冷冻,不要将试纸放置于太阳直射处。

七、实训过程检查与评价

实训过程检查内容及评价方法请参照实训 8-1。

八、问题与思考

1. 胶体金 CDV 抗原、CPV 抗原快速检测方法的原理是什么?
2. 如何判断胶体金 CDV 抗原、CPV 抗原快速检测结果?

实训 8-10　动物宰前检疫与管理

一、实训目标和要求

通过实训,了解屠畜的宰前检疫方法和宰前管理,掌握宰前检疫后的处理措施。

二、知识背景与原理

(一)宰前检疫的程序

宰前检疫可分为预检、住检和送检三个程序。

1. 预检　预检即入场验收,是待宰畜禽由产地运抵屠宰加工企业时进行的检疫。它是防止疫病混入的重要环节。

(1)验讫证件、了解疫情　官方兽医首先向押运人员索取"动物检疫合格证明(动物 A)"或"动物检疫合格证明(动物 B)",了解产地有无疫情和运输途中病、死情况,并亲临车、船,仔细观察畜群,核对畜禽的种类和数量。若畜禽数目有出入,或有病死现象、产地有严重疫情流行时,可禁止入场。有可疑疫情时,应将该批待检畜禽立即转入隔离圈,进行详细临诊检查和必要的实验诊断,待疫病性质确定后,按有关规定妥善处理。

(2)视检畜禽、分圈分群　经过初步视检和调查了解,认为合格的畜群允许卸下,并赶往预检圈。此时,官方兽医要认真观察每头(只)畜禽的外观、运动姿势、精神状况等。如发现异常,立即涂刷一定标记并赶入隔离圈,待验收后进行详细检查和处理。赶入预检圈的畜禽,必须按产地、批次分圈饲养,不可混杂。

(3)逐头测温、剔出病畜　进入预检圈的牲畜,要给足饮水,待休息后,再进行详细的临诊检查,逐头测温。经检查确认健康的牲畜,可以赶入饲养圈。病畜或疑似病畜则赶入隔离圈。

(4)个别诊断、按章处理　被隔离的病畜禽或可疑病畜禽,经适当休息后,进行详细的临诊检查,必要时辅以实验室检查。确诊后,按有关规定处理。

2. 住检　预检合格的畜禽，在宰前饲养管理期间，官方兽医要经常深入圈舍观察。发现病畜禽或可疑病畜禽应及时挑出。

3. 送检　为了最大限度地控制病畜禽进入屠宰线，避免污染屠宰加工车间，在送宰前需要进行详细的外貌检查。检查合格的畜禽，签发检疫合格证，送候宰圈等候屠宰。

（二）宰前管理

畜禽宰前管理包括休息管理、停食管理和淋浴净体。

1. 休息管理　宰前休息时间不少于 48 h。

2. 停食管理　屠畜经过两天以上的宰前休息，经官方兽医检查认可，准予送宰。屠畜送宰前，还要实施一定时间的停食管理。按规定，牛、羊应停食 24 h，猪停食 12～24 h，鸡、鸭一般停食 12～24 h，鹅停食 8～16 h，但停食期间必须保证充足的饮水，直到宰前 3 h。

3. 淋浴净体　就是利用自来水或压力适中的水流喷洒、冲洗畜体。本法一般多用于猪，在电麻放血前进行。淋浴水温以 20℃ 为宜，水流压力不宜过大，以喷雾为最佳。

（三）宰前检疫后的处理

宰前检查发现患病畜禽时，根据所患疾病的种类和性质、病势轻重，按现行肉品卫生检验规程分别加以处理。

1. 准宰　经检查认为健康合格的畜禽送往屠宰。

2. 禁宰　发现有口蹄疫、猪瘟、高致病性蓝耳病、炭疽等疫病症状的，限制移动，一律不准屠宰，并按规定严格处理。

3. 急宰　确认为无碍于肉食安全且濒临死亡的畜禽，视情况进行急宰。

4. 缓宰　发现患有屠宰规程规定以外疫病的，隔离观察，确认无异常的，准予屠宰。

三、实训设备和材料

体温计、听诊器、喷雾器和各种消毒药。

四、实训内容

参观屠宰企业；宰前检疫程序；宰前检疫后处理。

五、操作方法和步骤

(1)在实训老师和屠宰加工企业人员带领下，到屠宰企业参观。

(2)在官方兽医和实训老师指导下，观摩官方兽医进行宰前检测。

(3)在官方兽医指引下，观察宰前检疫后的处理方法。

六、操作重点提示

(1)加强个人防护。

(2)整个实训过程中，要注意遵守纪律和屠宰加工企业的工作要求。

七、实训过程检查与评价

实训过程检查内容及评价方法请参照实训 8-1。

八、问题与思考

1. 简述宰前检疫的程序。

2. 宰前检疫后如何处理?

实训 8-11 动物宰后检疫

一、实训目标和要求

通过实训,掌握屠畜的宰后检疫程序、宰后检疫结果登记和宰后检疫的处理措施。

二、知识背景与原理

(一)宰后检疫程序

宰后检疫程序一般分为头部检验、皮肤检验、内脏检验、胴体检验、寄生虫检验和复检等检验工作。各种家畜的宰后检疫操作方法略有不同,下面主要介绍猪的检验方法。

1. 头部检验

(1)颌下淋巴结检验　在放血之后,烫毛或剥皮之前进行。由助手右手握猪右前蹄,左手用钩钩住放血刀口右壁中间部分。检验者左手持钩,钩住放血刀口左壁中间部分,向左拉开切口,右手持刀将刀口向深部纵切一刀,使深度达到喉头软骨,再以喉头为中心,朝向下颌骨的内侧,左右各作一弧形切口,便可在下颌骨内沿、颌下腺的下方(倒挂时)剖出颌下淋巴结,要求不超过三刀。

视检淋巴结是否肿大,切面是否呈砖红色,有无坏死灶,周围有无水肿、胶样浸润等,主要是检查猪的局限性咽炭疽。

(2)咬肌检查　如果加工工艺流程规定劈半之前头仍留在胴体上,该步检验在胴体检验时一并进行,否则单独做离体检验。检验人员左手持钩,右手持刀,钩住外侧咬肌中间剖面,分别切开左右两侧咬肌,暴露咬肌面达 2/3 以上,仔细观察有无猪囊尾蚴。要求一刀切开咬肌,切面完整,暴露充分。

2. 皮肤检验　带皮猪在脱毛后开膛前进行检验,剥皮猪则在头部检验后洗猪体时初检,然后待皮张剥除后复检。主要观察皮肤的完整性和色泽变化,注意耳根、四肢内外侧、胸腹部、背部等处,有无点状、斑状出血和弥散性充血,有无疹块、痘疮、黄染等。

一般疾病引起的皮肤上的出血点和出血斑多发生在皮肤表层和固有层,刀易刮除。鞭伤、电麻、疲劳等均可造成皮肤变化。当发现有传染病、寄生虫病可疑时,即刻打上记号,不宜解体,由岔道转移到病猪检验点,进行全面剖检与诊断。

3. 内脏检验　根据屠宰企业加工条件不同,猪内脏检验可分离体和非离体两种情况。离体检查时要注意使受检脏器的编号与胴体编号相同。非离体检查,按照内脏摘除顺序,分两步进行。取出内脏前,观察胸腔、腹腔有无积液、粘连、纤维素性渗出物。检查脾脏、肠系膜淋巴结有无肠炭疽。取出内脏后,检查胃肠、心脏、肝脏、肺脏、支气管淋巴结、肝门淋巴结等。

(1)脾检验　首先视检脾脏,注意其形态、大小和色泽,触摸其弹性及硬度。操作人员左手提起脾脏，右手用刀背来回刮脾脏表面，观察有无梗死、瘀血等病变，必要时剖检脾髓。

(2)肠系膜淋巴结检验　在盲肠端的右下侧迅速找到十二指肠，用左手提起十二指肠，使肠管展开，即可暴露十二指肠和空肠前部，可见呈串珠状的肠系膜淋巴结。要求右手持刀，一刀下去切开淋巴结不能少于4个，不得切破肠管。注意有无肠炭疽。

(3)胃肠检验　视检胃肠浆膜及肠系膜，必要时将胃肠移至指定地点，剖检黏膜、胃门淋巴结，检查色泽，观察有无充血、出血、水肿、胶样浸润、痈肿、糜烂、溃疡、坏死等病变。注意有无慢性胃肠炎变化、猪瘟回盲瓣附近纽扣状溃疡、仔猪副伤寒纤维素性坏死性病变和坏死性肠炎溃疡变化。

(4)心脏检验　仔细检查心包并剖开，观察心脏外形及心包腔、心包膜的状态。随后用检验钩钩住心脏左纵沟加以固定，在左心室肌上作一纵斜切口，露出两侧的心室和心房，心脏只能纵切成两半，呈分离状态，不能切断。观察心肌、心内膜、心瓣膜及血液凝固状态。特别注意有无慢性丹毒在二尖瓣上形成的菜花状增生物，心肌有无囊尾蚴、浆膜丝虫寄生等。

(5)肝脏检验　先用刀轻轻刮去表面的血污后观察其外表，触检其弹性和硬度，注意大小、色泽、表面损伤及胆管状态。然后剖检肝门淋巴结，并以刀横断胆管，挤压胆管内容物(检查肝片吸虫)。必要时剖检肝实质和胆囊，注意有无变性、脓肿、坏死和肿瘤等病变。

(6)肺脏检验　先视检其外表，剖开左、右支气管淋巴结，然后触摸两侧肺叶，剖开其中每一硬结的部分，必要时剖开支气管。重点检查有无结核、实变、寄生虫及各种炎症变化。

4.胴体检验　胴体检验最好在劈半后进行，因此时淋巴结及体腔组织暴露明显，便于视检和剖检。

(1)体表检查　主要检查内外体表有无各种病变存在，同时判定胴体的放血程度。

检查病变：观察皮肤、皮下组织、脂肪、胸腹膜、骨骼、关节及鞘等组织有无出血、水肿、脓肿、蜂窝织炎、肿瘤等病变。

判定放血程序：胴体的放血程度是评价肉品卫生质量的重要指标之一，放血不良对肉的质量和耐存性有重要影响。畜禽宰前衰弱、疲劳、患病或循环系统及生理功能遭到破坏或减弱时，均会导致放血不良。放血不良的肉颜色发暗，皮肤静脉血液滞留，在穿行于背部结缔组织和脂肪沉积部位的微小血管以及沿肋两侧分布的血管内滞留的血液明显可见，肌肉切面上可见暗红色区域，挤压有少许残血流出。

(2)淋巴结检查　主要剖检腹股沟浅淋巴结和腹股沟深淋巴结，必要时剖检髂下淋巴结。腹股沟浅淋巴结检验时，钩住最后乳头稍上方的皮下组织，拉开肥膘，并在肥膘层的正中部，纵切一刀，即可见到该淋巴结。要求一刀切开淋巴结。腹股沟深淋巴结一般分布在髂外动脉分出旋髂深动脉后、进入股管前的一段血管旁，有时靠近旋髂深动脉的起始处，甚至与髂内淋巴结连在一起。剖检淋巴结主要是看其是否有传染病的变化。如猪瘟的淋巴结大理石样出血等。

(3)腰肌检查　两侧腰肌是猪囊尾蚴常寄生部位，必须剖检。剖检时，以检验钩钩住左侧腹壁肌肉，向左侧拉开，右手持刀沿脊椎骨顺肌纤维割开，刀迹长度2/3以上，深3 cm，然后再在腰肌剖面中间来一小刀，充分暴露切面，检查有无囊尾蚴。要求保持腰肌完整，不能斜切或横切。

(4)肾脏检查　检查时，首先剥离肾包膜，左手持检验钩钩住肾盂部，右手持刀，用刀沿肾脏中间纵向轻轻一划，然后刀外倾以刀背将肾包膜挑开，用钩一拉肾脏剥离肾包膜。要求肾脏充分露出，但不能划破肾脏。察看外表，触检其弹性和硬度。必要时沿肾脏边缘纵向切开，对皮质、髓质、肾盂进行观察。肾脏是泌尿系统中最主要的器官，多种传染病均可引起肾脏病变：猪瘟引起出血性贫血；猪丹毒引起肾瘀血、肿大；猪肾虫引起肾门附近结缔组织包囊，切开可见成虫等。

5.寄生虫检验

(1)囊虫病的检验　猪的囊虫病检验合并在头部检验和胴体检验中分两个工序进行，分别检查咬肌和腰肌。

①样品分离　成熟的猪囊尾蚴为椭圆形白色半透明的囊泡，囊内充满液体，大小为(6～10) mm×5 mm，囊壁上有1个内嵌的头节。将受检样品任何部位的囊尾蚴，以手术刀和镊剥离后，用生理盐水洗净，并用滤纸吸干。

②压片制备和观察　将分离样品以剪刀剪开囊壁，取出完整头节，再以滤纸吸干囊液后，将其置于两张载玻片之间并压片。于两张载玻片间加入1～2滴生理盐水后置于显微镜下，以低倍镜观察囊尾蚴头节的完整性。

③结果判定　低倍镜检，可见到头节的顶部有顶突，顶突上有内外两圈排列整齐的小钩，顶突的稍下方有四个均等的圆盘状吸盘，即判为猪囊尾蚴；头节上无顶突和小钩的为牛囊尾蚴。

(2)旋毛虫检验　猪的宰后检验要检查有无旋毛虫寄生。其检验程序是：采样→编号→送旋毛虫检验室检查→撕去肌膜→目检→剪取24个麦粒大肉粒→放在旋毛虫检验器上→盖上玻片压扁展开→低倍镜下观察→肌肉中发现旋毛虫→复检→胴体上打上适当标记→提出处理意见。

有条件的屠宰场，可采用集样消化法。如发现旋毛虫体或包囊，应根据编号进一步检查同一头猪的胴体、头部和心脏。

①压片镜检

受检样品采集和处理：左手持检验钩钩住横膈膜肌脚，左右两侧各采样一块，记为一份肉样，其质量不少于50～100 g，与胴体编成相同号码，如果是部分胴体，可从肋间肌、腰肌、咬肌、舌肌等处采样。

压片：将旋毛虫夹压玻片放在检验台的边沿，靠近检验者；用剪刀顺肌纤维方向，按随机采样的要求，自肉上剪取麦粒大小的肉样24粒，使肉粒均匀地在玻片上排成一排；将另一夹压玻片重叠放在有肉粒的玻片上，并旋动螺丝，使肉粒压成薄片。

镜检：将制好的压片放在低倍显微镜下，从压片一端的边沿开始观察，直到另一端为止。

②结果判定

没有形成包囊的旋毛虫：在肌纤维之间呈直杆状或逐渐蜷曲状态，或虫体被挤于压出的肌浆中。

包囊形成期的旋毛虫：在淡蔷薇色背景上，可看到发光透明的圆形或椭圆形物，囊中央是蜷曲的虫体。成熟的包囊位于相邻肌细胞所形成的菱形肌腔内。

钙化的旋毛虫：在包囊内可见数量不等、浓淡不均的黑色钙化物，或可见到模糊不清的虫体。

机化的旋毛虫：将夹压玻片启开平放桌上，滴加数滴甘油透明剂于肉片上，肉片变得透明时，再覆盖夹压玻片，置低倍镜下观察，虫体被肉芽组织包围、变大，形成纺锤形、椭圆形或圆形的肉芽肿。被包围的虫体结构完整或破碎，甚至完全消失。

(二)宰后检疫结果的登记

对所发生的各种病变进行详细的登记是畜禽宰后检疫的常规程序。宰后检疫必须准确统计被检屠宰畜禽的数量,并将检疫中发现的各种传染病、寄生虫病和病变进行详细登记。登记工作应坚持经常,并指定专人负责。登记的项目包括:胴体编号、屠宰畜禽种类、产地、畜主姓名、疾病或病变、病变组织器官及病理变化、检疫员的结论、处理意见等。同时,检疫记录应保存12个月以上。

(三)宰后检疫的处理

1.合格的处理　经检验无各种法定疫病的存在,品质良好,符合国家卫生标准,可不受任何限制新鲜出厂或进行分割、冷却和贮存。由官方兽医出具"动物产品检疫合格证明",加施检疫标志。

(1)检验合格的胴体上加盖验讫印章。剥皮肉类,在其胴体或分割体上加盖方形针码验讫印章;带皮肉类加盖滚筒式验讫印章。

(2)检验合格的内脏(已包装)应加封"检验粘贴标志"。

(3)对准备运输和交易的合格胴体和内脏应出具全国统一的"动物产品检疫合格证明",省内运输和交易的出具"动物检疫合格证明(产品B)";运出省境的出具"动物检疫合格证明(产品A)"。

2.不合格的处理　由官方兽医出具"动物检疫处理通知单",并按相关规定处理。

三、实训设备和材料

检验刀、检验钩、磨刀棒、搪瓷盘、显微镜、剪刀、镊子、载玻片、滤纸、生理盐水等;胶靴、手套、工作服、工作帽、口罩、记号笔等。

四、实训内容

熟悉猪各种脏器所在部位和结构;头部检验、皮肤检验、内脏检验、胴体检验和寄生虫检验;宰后检疫的处理措施。

五、操作方法和步骤

(1)在实训老师带领下到屠宰加工企业参观完整的猪屠宰过程。

(2)在企业人员指导下分组进行头部检验、皮肤检验、内脏检验、胴体检验和寄生虫检验。

(3)了解宰后检疫的处理措施。

六、操作重点提示

(1)在实训过程中要注意消毒和个人防护。

(2)宰后检验的头部检验主要注意检查猪的局限性炭疽。

(3)皮肤检验着重检查不同传染病引起的皮肤变化。

(4)肠道检验需注意慢性猪瘟、仔猪副伤寒和猪丹毒的检查。

(5)心脏检验需重点检查慢性猪丹毒、囊尾蚴和浆膜丝虫的可能。

(6)肝脏检验注意肝片吸虫等各种吸虫引起的胆囊炎,蛔虫异位寄生导致的阻塞性黄疸等变化。

(7)胴体体表检验主要检查各种病变及放血不良等变化。

(8)肾脏检查要注意先将肾包膜去除再进行检查。

(9)旋毛虫检查要按规定的程序进行操作,并要求做到随机采样。

七、实训过程检查与评价

实训过程检查内容及评价方法请参照实训 8-1。

八、问题与思考

1. 宰后检疫的基本程序是什么?

2. 宰后检疫登记的项目有哪些?

项目九

毕业综合实习实训

实训9-1 饲养工岗位实训

一、实训目标和要求

通过实训，熟练掌握生猪、奶牛、肉牛、肉羊、家禽的饲养管理技术，能够胜任牧场饲养工工作岗位。

二、知识背景和原理

(一)猪的一般饲养管理

猪的饲养管理包括种猪(种公猪、后备母猪、妊娠母猪、泌乳母猪等)、哺乳仔猪、断奶仔猪和生长育肥猪的饲养管理技术，一般来说，猪场日常管理技术包括如下内容：

1.合理分群

(1)要按品种、性别分群　把同一品种、同一杂交组合的猪或同样生理状态的猪分到同一栏内饲养。但种公猪、哺乳母猪、怀孕后期的母猪最好单栏饲养，以防止咬架。

(2)要根据体重大小、强弱和采食速度的快慢进行分群　分群后，大致经过1周时间，才能建立比较安定的群居秩序。在整个饲养期内，应尽量避免并群，若确实需要并群，则应把强壮的调出，弱小的留下；或少的留下，多的并群；或同时调入另外一个栏；同时，并群应该在晚上进行，并群的次数以不超过3次为宜。

2.加强调教　猪在新合群或调入新圈时，要及时加强调教，以养成固定地点排便、睡觉、采食和饮水的习惯。调教应根据猪的生活习性进行，关键是要抓得早，猪进入猪圈后就应进行，重点要抓好以下两项工作：

(1)要防止强夺弱食　在猪新合群或调入新圈时，要建立新的群居秩序。为使猪都能充分采食，要有足够的料槽和水槽。对较强且霸道的猪要勤轰赶，让不敢接近槽的猪能得到槽位采食。经过一段时间看管，就会养成同时上槽的习惯。

(2)使猪采食、睡卧、排便“三点定位”，以保持舍内清洁卫生干燥　猪进新圈前，预先将圈舍打扫干净，并按常规进行消毒，然后在躺卧处铺上清洁柔软的垫草，饲料槽中放入饲料，水槽中备足水，并在指定地点堆放少量新鲜粪便，泼一点水，然后将猪调入新圈，使猪知道吃、睡、拉的地点，养成“三点定位”的习惯。

3.注意圈养密度和群体的大小　圈养密度过大或过小都是不合理的。因此，为了充分利用圈舍面积及各种设备，提高饲养效果，圈养密度以每头育肥猪占 0.8～1 m^2 为宜。圈养密度要适宜，但每群数量不要过多。在固定圈养的条件下，育肥猪每群以 10～20 头为宜，即一窝或两窝育肥猪放在一个圈舍内饲养。若采用舍内养、舍外排便或漏缝式地面、活动围栏的密集饲养，每群以 40～50 头以内为宜。但种公猪、怀孕后期母猪和哺乳母猪最好单栏饲养。

4.运动　断奶仔猪转入育肥猪舍后，应给予充分的运动，以促使骨骼和肌肉充分发育。进入育肥后期，应保持安静，让猪充分休息，吃饱睡足，以减少消耗。对于种公猪，在配种时应适当减少运动，在非配种时应加强运动，每天的运动时间不少于 2 h。对于空怀母猪和怀孕前期的母猪，也应加强运动，促使母猪发情。母猪在产崽前应减少运动，以防止流产。

5.保持栏舍的清洁卫生、干燥　保持猪舍环境的清洁卫生、干燥，是保证猪充分发挥其生产性能、提高养猪经济效益的关键。

6.经常供给充足的清洁饮水　一般春、秋季节饮水量为正常采食量的 4 倍或体重的 16%，夏季为采食量的 5 倍或体重的 23%，冬季为采食量的 2～3 倍或体重的 10%。

7.定期对猪进行驱虫　在不同季节和猪的不同阶段，要对猪定期进行驱虫，以提高猪的生长速度，提高饲料利用率。

8.严格按免疫程序对猪进行预防接种　根据不同猪种和不同的季节特点，制定科学合理的免疫程序，按时对猪进行免疫注射，以提高猪的免疫能力，防止疾病的发生。在制定免疫程序时，一定要根据猪场的实际情况，切忌生搬硬套。对新引入的猪，在待其正常采食后，要及时进行免疫注射。

9.定期药物保健　在猪的饲料中添加药物，以减少猪病的发生率。不同的季节，可在饲料中拌入不同的药物，以进行针对性的预防。

(二)奶牛的饲养管理

1.犊牛的饲养管理

(1)哺乳期(0～60 日龄)　①饲养：犊牛饲喂必须做到“五定”，即定质、定时、定量、定温、定人，每次喂完奶后擦干嘴部。新生犊牛出生后必须尽快吃到初乳，并应持续饲喂初乳 3 天以上；1 周以后开始补饲，以促进瘤胃发育。②饮水：保证犊牛有充足、新鲜、清洁卫生的饮水，冬季饮温水。每头每天饮水量平均为 5～8 kg。③卫生：应做到“四勤”，即勤打扫、勤换垫草、勤观察、勤消毒。犊牛的生活环境要求清洁、干燥、宽敞、阳光充足、冬暖夏凉。哺乳期犊牛应做到一牛一栏单独饲养，犊牛转出后应及时更换犊牛栏褥草，彻底消毒。犊牛舍每周消毒一次，运动场每 15 天消毒一次。④去角：犊牛出生后，在 20～30 天去角(用电烙铁或药物去角)。⑤去副乳头：在犊牛 6 月龄之内进行，最佳时间在 2～6 周龄，最好避开夏季。先清洗消毒副乳头周围，再轻拉副乳头，沿着基部剪除副乳头，用 2%碘酒消毒。

(2)断奶期(断奶至 6 月龄)　①饲养：犊牛的营养主要依靠精饲料供给。随着月龄的增长，逐渐增加优质粗饲料的喂量，选择优质干草供犊牛自由采食，4 月龄前禁止饲喂青贮等发酵饲料。干物质采食量逐步达到每头每天 4.5 kg。②管理：断奶后犊牛按月龄体重分群散放饲养，自由采食。应保证充足、新鲜、清洁卫生的饮水，冬季饮温水。保持犊牛圈舍清洁卫生、干燥，定期消毒，预防疾病发生。

2.育成牛(7～16 月龄)的饲养管理

(1)饲喂　日粮以粗饲料为主,每头每天饲喂混合精料 2～2.5 kg。日粮粗蛋白水平达到 13%～14%;选用中等质量的干草,培养耐粗饲性能,增进瘤胃机能。干物质采食量每头每天应逐步达到 8 kg,日增重为 0.77～0.82 kg。

(2)管理　适宜采取散放饲养、分群管理。保证充足新鲜的饲料供给,非 TMR 日粮饲喂时,注意精饲料投放的均匀度。应保证充足、新鲜、清洁卫生的饮水。应定期监测体尺、体重指标,及时调整日粮结构,以确保 17 月龄前达到参配体重(≥380 kg),保持适宜体况,并注意观察发情,做好发情记录,以便适时配种。

3.青年牛(17 月龄至分娩)的饲养管理

(1)饲喂　17～18 月龄的日粮以中等质量的粗饲料为主,混合精料每头每天饲喂 2.5 kg,日粮粗蛋白水平达到 12%,干物质采食量每头每天控制在 11～12 kg。19 月龄至预产前 60 天的混合精料饲喂量为每头每天 2.5～3 kg,日粮粗蛋白水平 12%～13%。预产前 60 天至预产前 21 天的日粮干物质采食量每头每天控制在 10～11 kg,以中等质量的粗饲料为主,日粮粗蛋白水平 14%,混合精料每头每天 3 kg。预产前 21 天至分娩采用干奶后期饲养方式,日粮干物质采食量每头每天控制在 10～11 kg,日粮粗蛋白水平 13%,混合精料每头每天 4.5 kg 左右。

(2)管理　应做好发情鉴定、配种、妊娠检查等工作并做好记录。应根据体膘状况和胎儿发育阶段,合理控制精料饲喂量,防止过肥或过瘦。应注意观察乳腺发育情况,保持圈舍、产房干燥、清洁,严格执行消毒程序。注意观察牛只临产征兆,以自然分娩为主,掌握适时、适度的助产方法。

4.成母牛各阶段的饲养管理

(1)干奶前期(停奶至产前 21 天)　①饲养:日粮应以中等质量粗饲料为主,日粮干物质采食量占体重的 2%～2.5%,粗蛋白水平 12%～13%,精粗比以 30%∶70%为宜。混合精料每头每天 2.5～3 kg。②管理:停奶前 10 天,应进行妊娠检查和隐性乳房炎检测,确定怀孕和乳房正常后方可进行停奶。配合停奶应调整日粮,逐渐减少精料供给量。停奶采用快速停奶法,最后一次将奶挤净,用消毒液将乳头消毒后,注入专用干奶药,转入干奶牛群,并注意观察乳房变化。此阶段饲养管理的目的是调节奶牛体况,维持胎儿发育,使乳腺及机体得以休整,为下一个泌乳期做准备。可根据个体不同体况,增减精料饲喂量。控制饲喂食盐、苜蓿。

(2)干奶后期(产前 21 天至分娩)　①饲养:日粮应以优质干草为主,日粮干物质采食量应占体重的 2.5%～3%,粗蛋白水平 13%,可适当降低日粮中钙的水平,添加阴离子盐产品,促进泌乳后日粮钙吸收和代谢,不补喂食盐。②管理:此阶段为围产前期,应防止生殖道和乳腺感染以及代谢病发生,做好产前的一切准备工作。产房产床保持清洁、干燥,每天消毒,随时注意观察牛只状况。产前 7 天开始药浴乳头,每天 2 次,不能试挤。

(3)泌乳早期(分娩至产后 15 天)　①饲养:应注意产前、产后日粮转换,分娩后视食欲、消化、恶露、乳房状况,每头每天增加 0.5 kg 精饲料,自由采食干草。提高日粮钙水平,每千克日粮干物质含钙 0.6%,磷 0.3%,精粗比以 40%∶60%为宜。喂 TMR 日粮时,应按泌乳牛日粮配方供给,并根据食欲状况逐渐增加饲喂量。②管理:应让牛只尽快提高采食量,适应泌乳牛日粮;排尽恶露,尽快恢复繁殖机能。

(4)泌乳盛期(产后 16～100 天)　①饲养:日粮干物质采食量应从占体重的 2.5%～3.0%逐渐增加到 3.5%以上,粗蛋白水平 16%～18%,钙 0.7%,磷 0.45%。精粗比由 40%∶60%逐渐过渡到 60%∶40%。应多饲喂优质干草,对体重降低严重的牛适当补充脂肪类饲料(如全棉籽、膨化大豆等)并多补充维生素 A、维生素 D、维生素 E 和微量元素,饲喂小苏打等缓冲剂以保证瘤胃内环境平衡。应适当增加饲喂次数,运动场采食槽应有充足补充料和舔砖供应。②管理:应尽快使牛只达到产奶高峰,保持旺盛的食欲,减少体况负平衡。搞好产后监控,及时配种。

(5)泌乳中期(产后 101～200 天)　①饲养:日粮干物质采食量应占体重的 3.0%～3.5%,粗蛋白水平 13%,钙 0.6%,磷 0.35%,精粗比以 40%∶60%为宜。②管理:此阶段产奶量渐减(月下降幅度为 5%～7%),精料可相应渐减,尽量延长奶牛的泌乳高峰。此阶段为奶牛能量正平衡,奶牛体况恢复,日增重为 0.25～0.5 kg。

(6)泌乳后期(产后 201 天至停奶)　①饲养:日粮干物质应占体重的 3.0%～3.2%,粗蛋白水平 12%,钙 0.6%,磷 0.35%,精粗比以 30%∶70%为宜。调控好精料比例,防止奶牛过肥。②管理:该阶段应以恢复牛只体况为主,加强管理,预防流产。做好停奶准备工作,为下胎泌乳打好基础。

5. 奶牛夏季的饲养管理

(1)管理　运动场应有凉棚,可减少 30%的太阳辐射热。牛舍应打开门窗,必要时应安装排风扇,保证通风。对高产牛、老弱体质差的牛要及时淋浴降温。在牛舍周围、运动场四周植树绿化。应定期灭蝇,至少每月一次。应调整牛只的活动时间,中午尽量将牛留在舍内,避免辐射热。

(2)饲养　应确保新鲜、清洁、充足的饮水供应。可适当提高日粮精料比例,但精料最高不宜超过 60%。可在日粮中添加脂肪,如添喂 1～2 kg 全棉籽。使用瘤胃缓冲剂,在日粮干物质中添加 1%～1.5%的碳酸氢钠或 0.4%～0.5%的氧化镁。应注意补充钠、钾、镁,提高维生素添加量。

(三)肉牛的饲养管理

肉牛饲养管理原则首先要满足其营养需要和瘤胃微生物的活动,其次是根据不同生理阶段牛的生产目的及经济效益配合日粮。日粮精、粗、青饲料合理搭配,种类多样化,适口性强,易消化。

犊牛要及早哺喂初乳,确保健康;哺乳犊牛可及时补喂植物性饲料,促进瘤胃机能发育,并加强犊牛对外界环境的适应能力。育成牛是骨骼、肌肉、瘤胃机能生长发育最快的阶段,日粮以优质粗料为主,并根据生产目的和粗料品质,合理配比精料,精料饲喂量应控制在每头每天 1.5～3 kg;妊娠母牛饲养管理的总原则是加强营养、防止流产和保证胎儿的正常发育;育肥牛则以高精料日粮为主进行肥育。

在管理上,严格执行防疫、检疫及其他兽医卫生制度。定期进行牛舍消毒,保持清洁卫生的饲养环境,及时防病、治病,适时免疫接种。经常仔细观察牛的精神状态、采食行为、粪便等情况。对断奶犊牛和育肥前的架子牛要及时驱虫保健,杀死体表寄生虫。要定期刷拭牛体,保持牛体清洁。夏天注意防暑降温,冬天注意保温防寒。定期进行称重和体尺测量,仔细做好必要的记录工作。定期运动,促进消化,提高新陈代谢,防止牛体质衰退和肢蹄病的发生。加强饮水,保证充足的饮水,水质应符合饮用标准。

(四)肉羊的育肥管理

1.哺乳羔羊育肥　哺乳羔羊基本上以舍饲为主,从羔羊群中选择体格大,早熟性能好的公羔作为育肥对象。为了提高育肥效果,母子同时加强补饲,要求母羊母性好泌乳多,哺乳期间每日喂足量的优质豆科牧草,另加 0.5 kg 的精料。对羔羊进行隔栏补饲,要求开饲越早越好。一天补饲两次,以谷粒饲料为主,搭配适量大豆饼,每次喂量以 20 min 内吃净为宜。另给优质的苜蓿干草,任羔羊自由采食。如干草品质欠佳,每千克补饲日粮中应添加 50～100 g 蛋白质饲料。

3 月龄后,从羔羊群中分批选出活重达到 27 kg 以上的羔羊出栏上市,达不到活重标准的羔羊留群继续饲养,一直到 4 月龄断奶为止。断奶后再转入舍饲育肥群,进行短期强度育肥。不做育肥用的羔羊,可以优先转入繁殖群饲养。

2.断乳羔羊育肥　羔羊断奶离开母羊和原有的生活环境,转移进入肥育场时,会产生较大的应激反应,需做好各项饲养管理工作。

转群后,首先按羔羊体格大小合理分群。在 3～5 天内只喂草和饮水,在此之后,逐步加喂精料,应避免过快更换饲料种类和饲粮类型。当必须用一种饲料代替另一种饲料时,一般在 3～5 天内先替换 1/3,再在 3 天内替换 2/3,最后再全部替换完成。饲喂用的各种青干草和粗饲料要铡短,块根块茎饲料要切片。精料每天可分两次投喂,使用青贮饲料和氨化秸秆时,每只每天喂量宜控制在青贮 1.5～2.5 kg,氨化秸秆 0.5～1.5 kg 以内。要确保肥育羊每天有清洁的饮水。气温在 15℃左右时,羊每天的饮水量为 1～1.5 L,当气温在 15～20℃时,羊饮水量为 1.5～2 L,气温达 25℃以上时,羊的饮水量接近 3 L。

3.成年羊育肥　一般来讲,凡不作种用的公母羊和淘汰的老、弱、残羊均可用于育肥。成年羊育肥时应按品种、体重和预期增重等主要指标确定育肥方式和日粮标准。育肥方式可根据羊只来源和牧草生长季节来选择,目前主要的育肥方式有放牧与补饲混合型和颗粒饲料型两种。

(1)育肥方式

①放牧与补饲混合型　夏季,成年羊以放牧育肥为主,其青绿饲料日采食量可达 5～6 kg,精料 0.4～0.5 kg,合计折成干物质 1.6～1.9 kg,可消化蛋白质 150～170 g,育肥日增重在 140 g 左右。秋季,主要选择淘汰老母羊和瘦弱羊为育肥羊,育肥期一般为 60～80 天,将羊先转入秋场或农田茬子地放牧,待膘情好转后,再转入舍饲育肥;选择体躯较大、健康无病、牙齿良好的羊育肥。

②颗粒饲料型　此法适用于有饲料加工条件的地区和饲养的肉用成年羊或羯羊。颗粒饲料中,秸秆和干草粉可占 55%～60%,精料 35%～40%。典型日粮配方如下:草粉 35.0%,秸秆 44.5%,精料 20.0%,磷酸氢钙 0.5%。此配方饲料中含干物质 86%,粗蛋白质7.2%,钙 0.48%,磷 0.24%,代谢能 6.897 MJ/kg。

(2)饲养管理要点

①选羊与分群　要选择膘情中等、身体健康、牙齿好的羊育肥,淘汰膘情很好和极差的羊。挑选出来的羊应按体重大小和体质状况分群,一般把相近情况的羊放在同一群育肥,避免因强

弱争食造成较大的个体差异。

②入圈前的准备　对待育肥羊只注射羊快疫-猝狙-肠毒血症三联苗和驱虫。同时在圈内设置足够的水槽和料槽，并进行环境（羊舍及运动场）清洁与消毒。

③选择最优配方配制日粮　选好日粮配方后严格按比例称量配制日粮。为提高育肥效益，应充分利用天然牧草、秸秆、树叶、农副产品及各种下脚料，扩大饲料来源。合理利用尿素及各种添加剂（如育肥素、喹乙醇等）。

④安排合理的饲喂制度　成年羊日粮的日喂量依配方不同而有差异，一般为 2.5～2.7 kg。每天投料 2 次，日喂量的分配与调整以饲槽内基本不剩为标准。喂颗粒饲料时，最好采用自动饲槽投料，雨天不宜在敞圈饲喂，午后应适当喂些青干草（每只 0.25 kg），以利于成年羊反刍。

（五）肉鸡的饲养管理

1. 鸡群观察　当鸡生长至育肥阶段时，鸡的生长发育处于非常旺盛的时期，任何疏忽都有可能对鸡以后的生产性能带来严重影响。因此饲养员在饲养过程中必须不定时观察鸡群的健康程度，要及时发现有问题的鸡，迅速采取措施，提高饲养效果。

每天进入鸡舍的第一件事就是观察鸡粪的颜色是否正常。正常鸡粪为软硬适中的条形或者堆状物，鸡群内部一旦有病鸡存在，就会产生相应临床症状，在粪便中就可以体现出来。鸡如果缺水，粪便会变得非常干燥；鸡饮水过多或者消化不良会导致鸡拉稀；如果粪便为白色糊状稀粪，则有可能是鸡感染了白痢或者鸡传染性法氏囊病。及时发现鸡群中的病鸡对于保证鸡群整体健康有着重要意义。

早晚喂食要观察鸡的采食量，一般来说健康的鸡采食量一般都较为正常，一旦发现某只鸡的个体特别小，采食量下降，行动迟缓，就应该引起饲养员的注意，应该及时将该鸡单独进行处理。如果感染了较为严重的传染病则应该立即掩埋，并且对该鸡接触过的所有用具都进行消毒；晚上饲养员要仔细听鸡的呼吸声，如果鸡存在打喷嚏、呼噜声则表明鸡的健康程度不佳，或有病鸡存在，及早作进一步处理。

此外要观察鸡群是否有啄癖，如果有这类鸡存在，应该及时将这类鸡隔离饲养，采取相应措施避免啄癖在鸡群蔓延而降低鸡的生产性能。

2. 分群管理　随着鸡的日龄慢慢增加，鸡所需要的物质条件会慢慢提高。在育肥过程中，要及时分群饲养，合理安排鸡的饲养密度。饲养密度一般控制在 10～13 只/m^2 的范围内，不宜过大，而且要根据鸡的发育程度和强弱进行分群，保证鸡的整齐发育。

3. 垫料管理　潮湿的生长环境对于鸡来说也许是致命的，因此保持垫料的干燥、松软是育肥期地面平养的重要环节。环境过于潮湿，容易引起鸡群发生疾病，为了避免这种情况的发生，必须让鸡舍有良好的通风，通风是让水汽蒸发的重要举措；还需要调整饮水器和水位的高度，鸡可以喝到水即可，不能让鸡在饮水过程中，将水洒到地面上；消毒过程中，喷洒的消毒液不能太多；饲养员要按时清扫鸡粪，保持鸡舍环境卫生，根据实际情况补充清洁、干燥的垫料。

4. 日常记录　记录是养殖过程中重要的管理工作，及时、准确地记录鸡群的变动，鸡群健康状况，免疫情况及药物使用情况，饲料消耗量，收支情况，为以后的养殖工作提供丰富的经验。

5. 搞好卫生消毒工作

(1)带鸡消毒　鸡舍每周带鸡用消毒水喷雾 1～2 次，可以有效预防疾病。带鸡消毒对于鸡育肥阶段有着重要影响。消毒液可以使用0.5%的百毒杀溶液，在使用过程中，喷头不能离鸡太近，不能在消毒后使垫料过湿。

(2)人员消毒　避免非鸡场内部人员无故进入鸡场，杜绝除饲养员以外的所有人员进入养殖区域。生产区与管理区之间要设置消毒区间，管理区与鸡场外界连通处要设置消毒池与消毒间。进出鸡场和养殖区域必须严格消毒。

(3)病鸡和鸡粪处理　病鸡的尸体必须严格进行处理，用专用的装置将其存放，然后集中焚烧或者掩埋。一批鸡养殖完毕，对鸡粪要进行清除。

6.减少应激　应激是由于外界的不良因素刺激生物机体，引起机体产生不良的紧张状态，严重者可以引起死亡。养鸡过程中产生应激的主要原因可以分为两点：管理不善和环境变化。其中管理不善包括转群、称重、疫苗接种、更换饲料等；环境变化包括鸡群生活环境中突然出现较大的噪声，鸡舍内的空气不够新鲜且非常潮湿，或者刮风下雨、下雪等天气变化。

及时根据变化而向鸡饲料加入药物或者维生素等，以防不利因素对鸡群造成太大伤害。

7.合理抓鸡、运鸡　养鸡提供的健康鸡本身品质是非常高的，然而在上市之前的抓鸡和运送过程中往往因为人员的行为过于粗暴而导致鸡受到创伤，使鸡品质下降，不被消费者看好。所以在抓鸡和运输过程中，饲养人员一定不要过于简单粗暴，鸡笼等设备也不能有尖锐的棱角；不能使鸡笼的鸡密度过大，否则会由于缺氧而引起鸡的窒息，夏天一般要选择清晨或者晚上温度较低的时候抓鸡，否则可能会引起鸡的应激死亡；抓鸡过程中应将光线调暗。

8.适时出栏　根据鸡的特点，在公母分开饲养后，公鸡一般在90日龄左右出售，母鸡在120日龄左右出售。鸡尽量不要散卖，应该整批出售。鸡出售的前一段时间，要了解市场行情，准确把握出售时机。上市前不要使用药物，确保产品安全。

三、实训设备和材料

畜禽养殖场所、喂饮器具、生产设备、舍内外环境调控设备等。

四、实训内容

(1)猪群的合理结构；猪生产中主要经济技术指标及计算方法；猪的饲养管理技术。

(2)奶牛犊牛的饲养管理；育成牛和青年牛的饲养管理；泌乳母牛泌乳阶段各期的饲养管理关键技术。

(3)肉用犊牛的饲养管理要点；肉牛的育肥技术；育肥牛的饲养管理要点。

(4)肉羊羔的饲养管理；肉羊的育肥管理；母羊不同阶段的饲养管理关键技术。

(5)养禽场管理的总体原则；养禽场不同养殖环节的管理基本要求；养禽场不同阶段家禽的管理基本要求。

五、操作方法和步骤

(一)猪场饲养工

1.配种妊娠舍的工作

(1)后备母猪使用前合格率在90%以上，后备公猪使用前合格率在80%以上；初配母猪最小体重为 140 kg;饲养 430 头生产母猪年出栏 1 万头;母猪窝平均分娩健壮仔数≥10.5 头,母猪年平均分娩健壮仔数≥24 头;异常空怀母猪数低于生产母猪总数的 1%;母猪年均非生产天数≤35 天/头;母猪配种分娩率≥87%;母猪年生产胎次≥2.35 胎;公猪原精液精子活力达到 85%以上,公猪原精液精子密度在 2.5 亿个/mL 以上。

(2)保持公猪健壮的体质、坚强有力的四肢、不肥不瘦的结实体态、旺盛的配种能力,保持良好的精液品质和高的受胎率、产仔率;保证母猪体质健壮,四肢有力,肥瘦适中;保证后备猪体质健壮,四肢结实,体态肥瘦适中;各月龄活重不低于该品种猪正常活重的平均数;体长、体宽和腿臀发育优于上一代。

2. 分娩哺乳舍的工作

(1)母猪从分娩后第 3 天开始,采食量逐渐提高,第 7 天起达到 6.5 kg/(天・头)以上;仔猪 21 日龄断奶,21 日龄断奶仔猪成活率≥98%,21 日龄断奶仔猪头均重≥6.8 kg;仔猪 21 日龄断奶转群后第 2 天采食量≥80 g/(天・头);第 3 天采食量≥120 g/(天・头);第 4 天采食量≥150 g/(天・头);第 7 天采食量≥250 g/(天・头);母猪断奶后 7 天内发情率≥95%。

(2)保持哺乳母猪的中等体况和强壮体质,母猪哺乳期内不损失体重;防止营养缺乏症,特别是钙的缺乏症;防止乳房炎;防止仔猪黄白痢。

3. 保育舍的工作

(1)保育期成活率 97%以上;8 周龄转出体重 20 kg 以上。

(2)减少断奶应激,防止营养缺乏症;防止仔猪黄白痢。

4. 生长育肥舍的工作

(1)成活率≥96.5%;料肉比≤2.65∶1;确保出栏猪安全卫生零事故;生长育肥阶段(15～95 kg)饲养日龄≤119 天;170～185 日龄个体重达 115～125 kg 出栏。

(2)促进肥育猪快速增长,提高日增重,缩短肥育期,以获得最大的活重、最好的发育度、最高的饲料报酬和最佳的经济效益。

(二)奶牛饲养工

(1)严格遵守场纪场规,服从场部和班组统一安排调动;服从场长调遣和技术员饲养管理安排,遵守各项管理制度。

(2)认真学习养牛理论知识和基本饲养技术,不断地提高饲养技能。

(3)掌握牛各阶段饲养要点和管理要求,认真执行有关各种牛饲养的操作规程。

(4)保证充足、清洁、新鲜的饮水,不定期清洗、消毒水槽。

(5)保证牛体卫生、刷拭牛体;清理槽道、床面,保持环境卫生;及时维修或报修栏舍、饮水器、食槽等设施。

(6)仔细观察,巡舍发现病牛及其他异常应及时处理并汇报。

(7)协助防疫技术员做好驱虫、防疫、消毒等工作。

(8)协助繁殖育种人员做好配种、种猪转栏、调整工作。

(9)认真填写报表,积累各项指标数据,字迹工整清晰。

(三)肉牛饲养工

按照育肥牛的年龄不同,肉牛肥育可分为犊牛育肥、育成牛或青年牛育肥、架子牛育肥、成年牛(或淘汰牛)育肥。

1.犊牛育肥

(1)小牛(犊牛)肉生产技术　是指犊牛出生后1周岁内,在高营养精料和粗料条件下,快速催肥,体重达到450 kg以上时屠宰所生产的牛肉。

①犊牛的选择　一般选择大型肉牛和黄牛杂交一代品种。犊牛的来源主要为乳用或肉用公犊、淘汰的肉用母犊。犊牛应健康无病,无生理缺陷和不良遗传症状。初生重宜在40～42 kg或以上。喂过初乳后即转入饲养场进行育肥。

②犊牛育肥　犊牛断奶体重为200～280 kg时开始育肥,出栏重500～600 kg,平均日增重为1.2～1.3 kg。犊牛每增重1 kg消耗日粮干物质6.59～7.29 kg,其中精料3.22～5.82 kg,粗饲料1.9～3.75 kg。犊牛舍要通风良好,舍温保持在14～20℃。勤打扫粪尿,每周消毒一次牛舍。

(2)小白牛肉生产技术　犊牛出生后完全饲喂鲜奶、脱脂乳或代用乳,不饲喂其他任何固体饲料,3～5月龄体重达95～125 kg时屠宰获得的牛肉称为小白牛肉。

①犊牛的选择　尽量选择早期生长快品种的公犊,初生重在38～45 kg,健康、无生理缺陷,平均日增重在3月龄前达到0.7 kg以上。

②犊牛饲养管理　犊牛在出生后7天内应吃到初乳。平均每生产1 kg小白牛肉需要消耗鲜奶11～12.4 kg或者消耗代用乳13 kg。代用乳尽量接近全乳的营养成分,尤其是氨基酸组成、热量等要符合犊牛的消化生理特点。小白牛肉最大的特点是肉的颜色发白、具有奶香味道,因此在营养上要严格控制含铁量,不能饲喂精粗饲料。每天饲喂2～3次,第一个月每日饲喂6～7 kg,第二个月每日饲喂7～9 kg,第三个月每日饲喂9～10 kg,自由饮水。冬季注意水温,维持在20℃左右。注意不要让其接触泥土,最好采用漏缝地板。

2.育成牛持续强度育肥　5～6月龄断奶后的健康犊牛直接进入育肥阶段,提供高水平营养,进行强度育肥,在13～24月龄出栏时体重达到360～550 kg。持续强度育肥一般分为舍饲强度育肥和放牧补饲强度育肥。

(1)舍饲强度育肥技术　指在育肥的全过程中采用舍饲,不进行放牧,始终一致的保持较高营养水平,直到肉牛出栏。舍饲强度育肥一般分为适应期、增肉期、催肥期3个阶段。适应期一般需要1个月左右时间,主要是让刚进舍的断奶犊牛适应环境和饲料;增肉期需要持续7～8个月,分为前后两期;催肥期一般需要2～3个月,目的是促进牛体增膘,沉积脂肪。

(2)放牧补饲强度育肥技术　在牧草条件较好的地区,犊牛断奶后,以放牧为主,根据草场情况,适当补充精料或干草。一般在18月龄时体重达到400 kg。要求犊牛在哺乳期间的平均日增重达到0.9～1.0 kg,冬季日增重达到0.4～0.6 kg,第二个夏季日增重保持在0.9 kg。枯草季节,每天精料饲喂量在1～2 kg。放牧牛群一般50头左右为一群。体重为120～150 kg的牛,每头应占有1.3～2 hm^2 草场;150～300 kg的牛,每头应有2～2.67 hm^2 草场;300～400 kg的牛,每头应有2.67～4 hm^2 草场。草长到12 cm以上开始放牧,以免“跑青”(由于春季枯草刚返青,牛放牧时跑来跑去,走得多吃得少)。每天每头补喂1～2 kg精料。不宜在出牧前或归牧后立即补料,一般在牛回舍几小时后再进行补饲,否则会减少放牧时牛的食草量。

3.架子牛育肥

(1)架子牛的选择　架子牛应选择优良的肉牛品种及其与本地黄牛的杂交后代。牛的年龄对育肥牛的增重、饲料利用效率均有很大影响。肉牛1岁时饲料转化率、增重最快,2岁时为1岁的70%,3岁时只有2岁时的50%。如果计划育肥3～5个月出售,最好选购1～2岁的架子牛;如果秋天购买架子牛,第二年出栏,应选择1岁左右的牛;采用大量粗饲料肥育时,选择2岁牛较为合适。

如果生产一般的优质牛肉最好公牛在1岁左右时去势,生产高等级优质雪花牛肉时,应该在犊牛1月龄左右去势。架子牛育肥最好选择没有去势的公牛,其次为去势的公牛,不宜选择母牛;应选择体质健壮、精神饱满、身体健康、双眼有神、被毛光亮、四肢粗壮、性情温顺的架子牛。应选择体躯深长、背部平宽、胸围深大及臀部较宽的架子牛,切忌选择腹部小、身窄、体浅、屁股尖的架子牛。体重越大年龄越小说明牛早期的生长速度快,育肥潜力大;一般要选择1.5岁时体重达到350 kg以上的架子牛。

(2)架子牛的管理

①隔离观察　对进场的架子牛要登记进场日期、品种、年龄、体重、进价等,进行编号,建立技术档案,并要隔离10～15天,使其适应饲养环境。注意观察牛的精神状态和饮水、反刍、采食及粪尿情况。

②饮水和饲喂　肉牛经过长时间运输,有一定的应激反应,进场30 min后要饮水15～20 L,水中加100 g盐,严禁暴饮。3～4 h后进行第二次饮水,之后自由饮水。饮水后饲喂青干草,每头4～5 kg,2～3天后逐渐增加,5～6天后自由采食。精饲料一般从2～3天开始饲喂,逐渐增加饲喂量,开始时为体重的0.5%,5天后为体重的1%～1.2%,15天后为体重的1.6%。

③分群　根据牛的年龄、强弱、体重分群。每头牛占围栏面积4～5 m^2。

④驱虫、防疫　架子牛进场1周后进行驱虫,一般可选用阿维菌素、左旋咪唑。驱虫一般每隔2～3个月进行一次。根据当地疫病流行情况,还要进行疫苗接种。

⑤牛舍要求　架子牛进牛舍之前打扫干净,地面和墙壁用2%火碱喷洒消毒,采用0.1%的高锰酸钾对器具进行消毒。舍内温度冬季不低于5℃,夏季不高于30℃,保证通风良好。牛床一般长160 cm、宽110 cm,铺设垫草使牛躺卧更加舒适。

⑥运动　运动场要设在背风向阳处。架子牛适当运动,接受日光照射,可以提高牛的新陈代谢,促进其生长发育。刷拭牛体可以促进体表血液循环和保持体表清洁,有利于新陈代谢,促进增重。

(3)架子牛快速育肥的饲养方法　架子牛过渡饲养结束后即进入快速育肥期。育肥时首先要按饲养标准,满足架子牛的营养需要;其次要保证饲料的品质和适口性,满足采食量和良好的消化性能;第三,要保证饲料原料多样化,以达到营养互补,提高饲料利用率;第四,充分利用当地丰富的饲草料资源,以保证日粮供给的稳定性和成本低廉。快速育肥方法主要有高能日粮强度育肥法、酒糟育肥法、青贮料育肥法等。肉牛最佳育肥结束期可以根据肥育度指数进行判断。肥育度指数的计算公式如下:

$$\text{肥育度指数} = \frac{\text{体重}}{\text{体高}} \times 100$$

牛的肥育度指数以475最佳,阉牛的肥育指数以526为佳。架子牛经过育肥后整个躯干呈圆筒状,头颈、四肢厚实,背、腰、肩宽阔丰满,尻部圆大厚实,股部肥厚时可以出栏。活牛的出栏体重一般为450 kg，高档牛肉需要达到550～650 kg。

4. 成年牛育肥　成年牛育肥对象主要是役用牛、乳牛、肉用母牛群中的淘汰牛，采用放牧育肥或舍饲育肥方法，经过短期催肥，提高肉品质、屠宰率和经济价值，改善肉的味道。公牛在育肥前10天去势。育肥期以90～120天为宜，避免长时间育肥体内沉积大量脂肪。有条件的地方，一般先放牧育肥1～2个月，再舍饲育肥1个月。舍饲育肥时，粗饲料以优质青干草、青贮玉米、氨化秸秆或糟渣类为主，任其自由采食，并饲喂一定量的精料。日粮精料的参考配方：玉米72%，油饼类15%，糠麸8%，矿物质5%。每天每头喂量以体重的1%为宜。育肥期间减少运动，加强刷拭牛体，注意牛舍的卫生并保持安静。

（四）肉羊饲养工

（1）认真学习养羊理论知识和基本饲养技术，不断地提高饲养技能。服从场长调遣和技术员饲养管理安排，遵守各项管理制度。

（2）服从领导工作分配，服从技术员技术指导，忠于职守，不怕脏不怕累，做好本职工作。

（3）搞好圈舍防疫卫生，每10天对圈舍进行一次消毒。

（4）及时报告饲料利用情况，协助购进所需饲料原料，按照配方进行配合，不得在缺少有关原料的情况下配料。

（5）供给羊群充足的饲料和饮水。

（6）对发情羊要及时发现并配种。

（7）刈割牧草并合理饲喂。牧草要铡短后饲喂，减少浪费。饲料要保持无霉变，无塑料、布、绳等杂物。

（8）管好羊群，做到不乱跑，不串圈。

（9）对病、弱、瘦、幼羊单独管理，促使复膘快长。

（10）夏天搞好防暑降温，冬季搞好保暖增温措施的落实。

（11）落实越冬牧草，确保安全越冬。

（12）饲喂羊群时要勤于巡查，散落的饲草要及时放入槽内，减少饲草、饲料的浪费。

（13）搞好怀孕母羊的饲养管理，正确推算预产期。

（14）早、中、晚对临产母羊进行观察，发现产羔时，要及时接产，要专人守候。

（15）对初生羔羊要做好登记，及时称重，打耳标；仔细观察吃奶情况，母乳不足或羔羊不能自行吮乳的，要适时人工哺乳或补饲；15日龄以上的羔羊及时补充精料。

（16）对羔羊及时注射破伤风疫苗，15 kg后及时断奶，保证成活率达到95%以上。

（17）认真填写报表，积累各项指标数据，字迹工整清晰。

（五）家禽饲养工

必须熟练掌握家禽饲养各阶段的工作目标和要求，认真执行有关各种家禽饲养的操作规程；保证充足、清洁、新鲜的饮水，不定期清洗、消毒；负责禽舍的水槽、灯光、风扇管理；保持环境卫生；协助有关人员做好其他工作。

六、操作重点提示

1. 严格执行防疫、检疫及其他兽医卫生制度　定期进行消毒，保持清洁卫生的饲养环境，防止病原微生物的增加和蔓延；经常观察畜禽的精神状态、食欲、粪便等情况；及时防病、治病；

制订科学的免疫程序，适时免疫接种；及时驱虫保健，及时杀死体表寄生虫。

2.做好必要的防寒避暑工作　夏天注意防暑降温，冬天注意防寒保暖。

3.规范操作，认真记载、收集各类数据资料　严格规范操作技术，注意安全；认真收集生产数据资料，填写各种报表，以便于分析生产情况。

七、实训过程检查与评价

序号	检查内容	检查标准	学生自查	教师检查
1	饲养工岗位实训前预习	充分了解角色的工作内容，预习细致周到		
2	实训过程中的纪律	实训认真，遵守纪律，不迟到、不早退		
3	岗位工作互动	乐于参与		
4	实训出勤状况	出勤 95%以上		
5	合作精神	能够积极参与角色工作讨论，互相补充		
6	创新意识	不随波逐流，有合理的独到见解		
7	实训笔记	认真做好实训笔记		
8	岗位工作任务完成情况	善于积极思考，认真完成工作任务		
检查评价	评语： 组长签字：　　教师签字： 年　月　日			

八、问题与思考

1.猪的一般饲养管理原则是什么？

2.我国肉牛育肥方式有哪几种？

实训 9-2　繁育工岗位实训

一、实训目标和要求

通过实训，了解家畜发情周期的形成及其机理，母畜发情期的形态变化及主要特征；熟练掌握母畜的发情鉴定、人工授精和分娩接产助产方法；能够胜任畜牧场繁育工工作岗位。

二、知识背景与原理

(一)牛群繁殖性能

1.受配率　指受配母牛占适龄母牛的百分比。受配率的高低受饲养管理和营养水平的影响，一般在 80%以上。

$$受配率=\frac{受配母牛}{适龄母牛}\times 100\%$$

2.情期受胎率 指妊娠母牛数占总配种情期数(包括复配情期数)的百分比。奶牛的情期受胎率一般为50%左右。

$$情期受胎率=\frac{年内受胎总头数}{全年配种总头次(情期数)}\times 100\%$$

3.一次情期受胎率 指在一个情期内受胎母牛数占配种母牛数的百分比。一次情期受胎率受配种技术水平和发情质量的影响。一次情期受胎率通常高于情期受胎率。

$$一次情期受胎率=\frac{一个情期内受胎母牛数}{一个情期内受配母牛数}\times 100\%$$

4.总受胎率 反映总的配种效果。年总受胎率应在(90±5)%,低于80%要引起重视。

$$总受胎率=\frac{年内总受孕母牛数}{年内受配母牛数}\times 100\%$$

5.产犊率 衡量繁殖性能的综合指标,一般在90%以上。

$$产犊率=\frac{本年度出生犊牛总数}{上年度未成年母牛头数}\times 100\%$$

$$母犊存活率=\frac{全年产母犊头数-全年在6月龄内死亡的母犊头数}{年产母犊头数}\times 100\%$$

6.年繁殖率 指年度内出生的犊牛头数占本年度初应繁母牛头数的百分比。

$$年繁殖率=\frac{\begin{matrix}年内分娩\\总头数\end{matrix}+足月死胎+\begin{matrix}出售牛中预测\\年内分娩头数\end{matrix}-移入母牛分娩头数}{年初18月龄以上母牛头数+年初18月龄以下在年内分娩头数}\times 100\%$$

统计繁殖率应按自然年度统计,全年繁殖率,经产牛应在80%以上,育成牛应在95%以上。

7.有效配种率(受胎指数) 指每次受胎的配种次数,即平均受胎配种次数。

$$受胎指数=\frac{年内配种次数}{年内受胎头数}$$

受胎指数计算时的统计期限可按年、季、月,也可按某一个种公牛精液配种次数和受胎头数之比。通过计算受胎指数,可以检验和分析技术人员的技术素质、公牛精液质量等因素对受胎的影响。

8.犊牛成活率 在本年度断奶成活的犊牛数占本年度出生犊牛数的百分比。反映母牛育仔能力和犊牛生活力及饲养管理水平。

9.产犊间隔 产犊间隔是一项重要的繁殖指标。是指各母牛本胎产犊日距上胎产犊日的间隔天数。产犊间隔越短,奶牛一生所产的牛奶和产的犊牛也就越多,而治疗、育种和繁殖的投入越低。理想的产犊间隔为12~13个月。

(二)猪群繁殖性能

(1)后备母猪使用前合格率在90%以上,后备公猪使用前合格率在80%以上。

(2)母猪年生产胎次≥2.35胎。

(3)饲养430头生产母猪年出栏1万头。

(4)母猪窝平均分娩健壮仔数≥10.5头,母猪年平均分娩健壮仔数≥24头。

(5)异常空怀母猪数低于生产母猪总数的1%,母猪年均非生产天数≤35天/头。

(6)母猪配种分娩率≥87%。

(7)公猪原精液精子活力达到85%以上,公猪原精液精子密度在2.5亿个/mL以上。

(8)公猪的稀释精液合格率为100%。

(三)羊群繁殖性能

(1)后备母羊使用前合格率在90%以上,后备公羊使用前合格率在80%以上。

(2)母羊年生产胎次≥1.5胎。

(3)母羊窝平均分娩健壮仔数≥1只,母羊年平均分娩健壮仔数≥2只。

(4)异常空怀母羊数低于生产母羊总数的1%。

(5)母羊配种分娩率≥90%。

(6)公羊原精液精子活力达到85%以上,公羊原精液精子密度在20亿~50亿个/mL以上。

(7)公羊的稀释精液合格率为100%。

(四)家兔繁殖性能

家兔繁殖性能指标主要包括受胎率、产仔数、产活仔兔数和泌乳力等。为了提高繁殖力,一般可采取以下措施:

1.注意选种和合理配种　严格按选种要求选择符合种用的公母兔,要防止近交,公母兔保持适当的比例。一般商品兔场和农户,公母比例为1∶(8~10),种兔场纯繁以1∶(5~6)适宜。在配种时要注意公兔的配种强度,合理安排公兔的配种次数。

2.加强配种公母兔的营养　从配种前2周起到整个配种期,公母兔都应加强营养,尤其是蛋白质和维生素的供给要充足。

3.适时配种　虽然兔可以四季繁殖产仔,但盛夏气候炎热,多有“夏季不孕”现象发生,即公兔性欲降低,精液品质下降,母兔多数不愿接受交配,即使配上,产弱仔、死胎也较多。繁殖一般不宜在盛夏,春秋两季是繁殖的好季节,冬季仍可取得较好的效果,但须注意防寒保温。适时配种,除安排好季节外,母兔发情期内还要选择最佳配种时间,即发情中期,阴部大红或者含水量多、特别湿润时配种。

4.重复配种和双重配种　重复配种是指第一次配种后,再用同一只公兔重配。重复配种可增加受精机会,提高受胎率和防止假孕,尤其是长时间未配过种的公兔,必须实行重复配种。这类公兔第一次射出的精液中死精子较多。双重配种是指第一次配种后再用另一只公兔交配。双重配种只适宜于商品兔生产,不宜用于种兔生产,以防弄混血缘。双重配种可避免因公兔原因而引起的不孕,可明显提高受胎率和产仔数。在实施中须注意,要等第一只公兔气味消失后再与另一只公兔交配,否则,因母兔身上有其他公兔的气味而可能引起斗殴,不但不能顺利配种,还可能咬伤母兔。

5.正确采取频密繁殖法　频密繁殖又称“配血窝”或“血配”,即母兔在产仔当天或第二天就配种，泌乳与怀孕同时进行。采用此法，繁殖速度快，但由于哺乳和怀孕同时进行，易损坏母兔体况，种兔利用年限缩短，自然淘汰率高，需要良好的饲养管理和营养水平。因此，采用频密繁殖生产商品兔，一定要用优质的饲料满足母兔和仔兔的营养需要，加强饲养管理，对母兔定期称重，一旦发现体重明显减轻时，就停止血配。在生产中，应根据母兔体况、饲养条件，将频密繁殖、半频密繁殖（产后 7～14 天配种）和延期繁殖（断奶后再配种）三种方法交替采用。

6. 人工催情　在实际生产中遇到有些母兔长期不发情，拒绝交配而影响繁殖，除加强饲养管理外，还可采用激素、性诱等人工催情方法。激素催情可用雌二醇、孕马血清促性腺激素等，促排卵素 3 号对促使母兔发情、排卵也有较好效果。对长期不发情或拒绝配种的母兔，可采用关养或将母兔放入公兔笼内，让其追、爬跨后捉回母兔，经 2～3 次后就能诱发母兔分泌性激素，促使其发情、排卵。

7. 妊娠诊断　配种后及时检胎，减少空怀。

8. 其他　创造良好的环境，保持适当的光照强度和光照时间；做好保胎工作，怀孕期间不喂霉烂变质、冰冻和打过农药的饲料，防止惊扰，不让母兔受到惊吓，以免引起流产。

三、实训设备和材料

1. 器材　母牛发情录像带、兔发情录像带、冷藏箱、镊子、高压灭菌器、灭菌纱布、脱脂棉、塑料纸；假台畜、假阴道、显微镜、人工输精器材、集精杯，恒温水浴箱、离心机、比色仪、开膣器、输精枪、载玻片。

2. 药品　0.1％新洁尔灭、酒精棉球、70％酒精、肥皂、生理盐水。

3. 标本　母牛、母猪、母羊、公兔、母兔等家畜生殖器官的标本。

4. 动物　发情母牛、公猪、母猪、母羊、种公兔、发情母兔。

5. 其他　工作服、工作帽、口罩、眼镜、胶皮手套、胶靴、毛巾、肥皂、脸盆。

四、实训内容

(1) 观察识别家畜生殖器官的构造，了解其生理机能。

(2) 通过现场识别，辅助观看录像、图片等影像资料，使学员熟练掌握家畜的发情鉴定方法；准确鉴定发情，保障及时配种。

(3) 能熟练操作家畜人工授精全过程；准确诊断母畜是否妊娠。

(4) 掌握母畜分娩症状，能够进行接产与助产。

五、操作方法和步骤

（一）牛场繁育工

1. 监督牛只饲养管理　在饲养管理中，营养不足与过量均可引起繁殖疾病。产前、产后饲养管理中，蛋白质与能量不足均可导致子宫复旧延迟，继发子宫炎症，可造成卵巢机能不全。维生素 A、维生素 E 不足，微量元素缺乏，母牛可长期不发情或发情无规律、不排卵、受精卵着床困难，胚胎早期死亡等。粗纤维不足除可导致代谢病以外，还可造成胎衣不下与产科疾病。

2. 正确鉴定母牛发情　对于牛场来说，正确鉴定母牛发情，适时配种，是提高牛场母牛繁殖率的主要手段之一。如果发情鉴定不及时,检查不适当,会造成受胎率低下,直接影响牛场的经济效益,因此母牛发情观察很重要。

3.适时有效输精　在排卵前3 h内输精,母牛受胎率最高。准确鉴定发情牛,并对发情牛进行卵泡检查。当卵泡像成熟的葡萄,卵泡壁变薄、软而有弹性,具有一定波动时可输精。如果对一侧卵泡发育情况把握不准时,可采取两侧子宫角同时输精。在输精过程中需注意以下几点:①输精枪前移时,如遇到阻力,应立即停止输精枪的移动;②输精枪进入两侧子宫角的深度不一定一致,但两侧子宫角的输精量要一致。

4.掌握牛群动态　①母牛卵巢与子宫监测(表9-2-1)。产后15～20天应进行直肠检查,检查卵巢和子宫复旧情况,如有异常应及时处理。②观察发情。产后应及时观察发情,便于检查卵巢和子宫复旧情况,针对子宫复旧不全的牛可进行子宫冲洗,促进母牛子宫恢复正常。对于产后卵巢及子宫恢复良好的母牛可实施配种。

表9-2-1　母牛生殖器官观察

工作程序	操作要求
操作前准备	穿好工作服、胶靴,戴工作帽、眼镜、胶皮手套
监测	1.卵巢的位置与形状 2.输卵管个数、位置与形状 3.子宫的构成 4.阴道位置与形状 5.尿生殖前庭位置与形状 6.阴门位置与形状
注意事项	1.要爱护标本,不得损坏实训所用各标本 2.实训结束后,应及时将标本放回标本池或用塑料纸将标本包裹好,以免标本干燥

5.做好疾病预防　母牛生殖道疾病,如卵巢囊肿、卵巢静止、持久黄体、子宫内膜炎等将直接影响母牛的受胎率。对产后母牛应首先做好子宫清洗工作,对生殖道疾病采取积极有效的方法及时治疗。对于卵巢囊肿,可用促黄体素100～200 IU一次肌肉注射,连续5～7天;静脉注射地塞米松100 mg,隔日注射一次,连用2～3次。对于子宫内膜炎可采取抗生素子宫内注射,土霉素5～10 g隔日一次进行冲洗。

(二)猪场繁育工

1.公猪的管理　一个繁育工可以管理12～15头公猪。能针对公猪饲养管理特点进行技术指导,合理调整营养和适当运动。内容有:扩大与配母猪数量,增加采精量,品质检查,精液的稀释、包装、贮存和输精。

2.母猪的管理　一个繁育工可以承担200～300头母猪的配种任务。主要内容包括:配种母猪群的组织、群体繁殖节律的制定、查情和输精以及配种母猪的妊娠检查和异常情况的处理。繁殖性能考查的指标有:配种数量、情期受胎率、返情头数、产仔数、产道疾病处理等。

猪群繁殖管理的内容、技术要求或方法、工作量分配等如表9-2-2所示。

表 9-2-2　猪群繁殖管理

项目	内容	技术要求或方法	工作量分配
公猪管理(12～15 头)	饲养、管理、性能、质量、状态、健康	性能优良	1.0 h
采精	采精记录(采精时间、猪的品种、耳号、采精量、品质等)	足量、优质	1.5 h
精液处理	精液量、气味、颜色、精子密度、形态、活力,精液稀释、分装、贮存与运输等	保持品质	2.0 h
输精	输精前母猪发情检查	及时、准确	1.5 h
母猪管理(200～300 头)	查情、输精、妊娠诊断以及异常情况	受胎率高	1.0 h
其他	日常管理及其他情况	合作完成	1.0 h

(三)羊场繁育工

(1)服从羊场统一领导,遵守各项规章制度,听从管理人员的指挥,配合技术人员的工作,及时准确填写各项数据和报表。

(2)认真做好每周种羊的选种工作并做好记录。

(3)做好公、母羊繁殖档案管理,要了解每头待配母羊的档案卡,预测发情期和配种期,确定配种时间和配种方式、次数;有计划地搞好繁殖羊群的使用和调整。

(4)根据纯种母羊的生产性能对种羊群进行筛选,及时淘汰性能较差的母羊,并做好记录。

(5)对转入后备舍的不宜留作种用的母羊进行挑选、淘汰,并做好记录。

(6)确保纯种母羊所生羔羊中留种用羔羊的耳缺正确无误并及时做好留种档案;客户购买种羊时,必须做好出售种羊的档案(耳号、出生日期、免疫情况等)。

(7)协助场长做好后备母羊的补充计划。

(8)配种后将母羊由待配栏移至观察栏内,绵羊经 16 天(14～21 天)左右的观察,山羊经 21 天(18～24 天)观察,若不再出现发情征兆,而母羊呈现食欲增加,性情温顺,贪睡等受孕的特征,即可初步确定怀孕,若有疑问可用妊娠检测仪测定。确定妊娠后填写档案卡,推算预产期,并迁到妊娠舍中饲养。

(9)定期检查公羊的精液品质,以便及时发现问题,采取相应措施。

(10)配合防疫员做好繁殖羊群的防疫。

(11)配合饲养员搞好繁殖羊群的饲养管理。

(12)做好配种记录、人工授精记录、母羊受胎产仔记录、母羊繁殖性能记录的登记,及时填报统计报表。

(四)家兔繁育工

(1)根据场内母兔配种计划,按要求进度及时配种。

(2)熟练操作兔的人工授精技术,且受胎率高。

(3)做好配种记录,在规定时间内摸胎,准确预算产仔时间,并提前三天挂好产仔箱,适当添加垫草。

(4)产仔箱必须标明舍号,不得混用;产仔箱如有损坏及时维修。

(5)做好种母兔的分娩工作,加强护理,不得出现产在笼底板上的现象。

(6)对个别难产的分娩母兔及时使用催产素进行助产。

(7)对产后无乳、哺乳母兔病死或产仔过多者及时适当地采取寄养措施。

(8)做好仔兔的护理工作,每天观察清点仔兔,及时捡出病死兔,并确保窝内垫料适量、卫生,不得出现脏湿或冻死仔兔现象。

(9)撤出产仔箱后必须将垫料及时清理,并经冲刷和火焰消毒后存放。

六、操作重点提示

(1)公畜采精时,人员、场地要相对稳定,环境要相对安静。

(2)采精应选择在早晨或傍晚未投喂前进行,如已饲喂,需经 1 h 后才能采精。公畜适宜采精的频度应视年龄而定,如 1 岁以上的成年公猪以每周 1～2 次、青年公猪以每周 1 次为宜。成年公羊适宜采精的频度根据输精量的需要,1 天采精一次,连续 5 天,休息 1 天;或 1 天采精两次,连续 3 天,休息 1 天的方式较为适宜。

(3)在公猪射精时,不要强行拉出阴茎,以免拉伤,手握的力量以不让阴茎从手中滑落为准;公猪阴茎对温度不及对压力敏感,掌握适当的压力是采精成功的关键;采完精后,让公猪阴茎自然收回包皮内,防止挫伤阴茎。

七、实训过程检查与评价

实训过程检查内容及评价方法请参照实训 9-1。

八、问题与思考

1. 根据精神状态、卵巢的变化及生殖道生理变化特点,牛的发情周期如何划分?

2. 家兔人工授精时需要注意哪些问题?

实训 9-3　饲料员岗位实训

一、实训目标和要求

通过实训,了解畜牧场常用饲料种类,掌握饲料配制的原则和畜禽的营养调制调控技术;能够胜任畜牧场饲料员工作岗位。

二、知识背景与原理

饲料作为畜禽生长繁殖的物质基础,其质量直接影响到畜产品的营养、安全。因此,在饲草料的选择上应遵循“饲料安全即是畜禽产品安全”的原则。其供给必须与动物生理需求一致,从营养和饲料配方上保证畜禽的健康体质。饲料原料应使用安全无污染的,避免含有霉菌毒素及农药残留。饲料加工上,严格执行《产品质量法》、《饲料与饲料添加剂管理条例》和《饲料和饲料添加剂使用准则》等。对能量、蛋白质、碳水化合物、矿物质、维生素和微量元素的配比应科学合理,以保证畜禽的免疫力。而且饲料添加剂必须无残留、无毒副作用,不得添加防腐剂、兴奋剂、激素类药以及禁用的抗生素、安眠镇静药等。

1. 注意饲料原料的品质和适口性　饲料原料应来源于经认定的无公害、绿色产品及其副产品，且新鲜、无毒无害；原料应消化率高、营养变异小。选择优良蛋白质饲料，提高蛋白质利用率，减少粪尿氮的排放。做好料库的防潮、防霉、防鼠害工作，尽量缩短产品在库内的存放时间。

2. 充分利用当地饲料资源，开发生态饲料　饲料使用尽量因地制宜，充分利用本地饲料资源，如稻草、酒糟、豆渣、花生藤等，价格便宜，可有效降低饲养成本，饲养效益好，保持生产的相对稳定性；种草养牛，科学选择牧草品种，施足基肥，适时刈割。

3. 满足营养需要，合理配制日粮　根据畜禽不同生长阶段进行日粮的配制，可以提高饲料利用率，增进健康，减少养分浪费和环境污染。主要包括以下几种：

(1)全价配合饲料　全价配合饲料能满足动物所需的全部营养，主要含有蛋白质、能量、矿物质、微量元素、维生素等物质。

(2)浓缩饲料(蛋白质补充饲料)　浓缩饲料是由蛋白质饲料(鱼粉、豆粕等)、矿物质饲料(石粉等)及添加剂预混料配制而成的配合饲料半成品。只要再加入一定比例的能量饲料(玉米、高粱、大麦等)就成为满足动物营养需要的全价饲料。

(3)添加剂预混料　添加剂预混料是指用一种或多种微量的添加剂原料，与载体及稀释剂一起搅拌均匀的混合物。可供生产全价配合饲料或蛋白质补充饲料用，不能直接饲喂动物。

(4)超浓缩饲料(精料)　是介于浓缩饲料与添加剂预混料之间的一种饲料类型。在添加剂预混料的基础上补充了一些高蛋白饲料及具有特殊功能的一些饲料，一般在配合饲料中添加量为5%～10%。

4. 平衡营养，优化日粮组合　日粮由粗饲料和精饲料组成。实践中，应注意精粗比例适当，尽量使用多种原料，发挥各原料间的互补作用。精饲料种类应不少于3～5种，粗料种类不少于2～3种。

5. 通过饲料加工技术提高其营养价值　采用膨化、颗粒化、蒸汽压片技术可以提高饲料养分消化率和适口性，破坏其中的抗营养成分，改善饲料质量，减少粪便排出量。例如，饲料粉碎、制粒可以减少饲料浪费，防止牛的挑食，提高饲料利用效率。

6. 严禁使用违禁饲料添加剂和药物　在配制饲料时，要严格遵守有关饲料法规和卫生标准，严禁使用违禁药物、动物源性饲料，规范使用药物添加剂。

7. 做好粗料的加工利用　青干草要适时刈割，合理加工调制，科学贮存，保持最大的营养价值。一般认为，禾本科牧草在孕穗至抽穗期刈割。多年生豆科牧草以现蕾至初花期为刈割期。秸秆类饲草通过物理处理(粉碎、铡短)、化学处理(碱化、氨化)等方法，提高营养价值和利用率，改善适口性，减少浪费。青贮可以保持青绿饲料的营养价值，适口性好，耐贮存，可以供全年饲喂。

8. 确保计量设备的准确性和稳定性　定期对计量设备进行维护和检修，保证其精确性。样品室应保持清洁干燥，有专人负责保管。

三、实训设备和材料

体视显微镜、生物显微镜、离心机、烘箱、抽滤器、分析天平、分样筛(10目、20目、30目、40目)、电热板、载玻片、盖玻片、探针、镊子、镜头纸、滤纸、漏斗、滴管、烧杯、试管。

四、实训内容

饲料的采购、配制原则和调制调控方法。

五、操作方法和步骤

(1)按照畜禽饲料定额,按时上报当天饲料的加工、发放和余缺情况,月底配合统计保管人员清库。

(2)组织好养殖场各阶段饲料的工作计划,严把饲料的质量关、数量关,严禁霉败变质饲料和其他不合格饲料进场。发现有霉变或其他质量问题,应立即停止使用,并及时向主管领导反映处理。

(3)节约饲料,减少浪费,并根据实际情况,对饲料的配方、定额及饲料质量向技术人员提出意见和建议。

(4)按计划采购原料,每种原料使用时必须准确过秤,严禁估计或过秤不准。

(5)加工按规定程序操作,搅拌要均匀,计量包装要准确。

(6)按时按量准备好各舍各品种饲料。

(7)及时翻仓和晾晒,严禁饲料在场内发生霉败变质,严禁使用霉败变质原料。

(8)保管、爱护好饲料车间(饲料间)工具,节约水电,并做好交接班工作。

饲料员岗位的工作内容和技能要求见表 9-3-1。

表 9-3-1 家禽或兔养殖场饲料员岗位的工作内容和技能要求

工作内容	技能要求
饲料试验	1. 按相关要求进行试验 2. 试验过程中必须注意观察粪便及畜禽健康状况,如有异常现象及时汇报 3. 做好试验记录,按规定时间书面上报相关试验数据,试验数据必须真实
料盒	1. 料盒不得串舍使用 2. 料盒如有损坏及时维修 3. 备用的料盒整齐存放到物料库中,使用时须进行浸泡消毒
饲料管理	1. 领用饲料时必须开具领料单,并签字确认 2. 领用后妥善保管,做到先进先出,并注意防潮、防霉、防鼠 3. 使用前必须过筛,粉末状饲料妥善保管并及时制粒 4. 拌料及饲喂过程中严禁撒落,杜绝浪费现象 5. 空笼中严禁料盒里有以前的剩料 6. 根据要求定时定量饲喂,料盒中不得发现霉变饲料 7. 注意观察饲料质量,发现可疑问题及时汇报

六、操作重点提示

(1)选择和使用的饲料添加剂应符合农业部 318 号公告《饲料添加剂品种目录》的要求。

(2)日粮中的各种饲料原料在感官上应有一定的新鲜度,具有相应品种应有的色、臭、味和组织形态特征,没有发霉、变质、结块、异味及异臭。粗饲料要经过加工处理,进行粗粉碎或压扁加工。精饲料应符合一定的粒度要求。

(3)外购饲料时，应事先考察供货方的资质、信誉、管理和产品质量等综合情况，选择名优专业化生产企业的产品。进货时必须核对产品标签和产品质量合格证，并确认营养成分、含量、使用方法、生产日期、保质期及注意事项等。

(4)自配精饲料应确保选料、设计、计量和加工等环节准确无误。应配有专用的生产设备，如与其他畜禽使用同一设备生产饲料，应当对生产设备进行彻底清洗，防止交叉污染。

(5)组配全价混合日粮时，粗、精饲料必须按比例充分混合均匀，现用现配，足量喂给。

(6)设计和生产的全价混合日粮必须符合 GB 13078《饲料卫生标准》规定。

七、实训过程检查与评价

实训过程检查内容及评价方法请参照实训 9-1。

八、问题与思考

1. 养殖场常见的饲料种类有哪些？

2. 什么是超浓缩饲料？

实训 9-4　防疫员岗位实训

一、实训目标和要求

通过实训，掌握常用消毒方法，消毒药物的选择及配制，常用消毒器材的使用方法；掌握常用免疫接种的途径、部位、剂量和注意事项；了解畜禽常见病诊断的常用方法，协助兽医进行诊疗；能够胜任牧场防疫员工作岗位。

二、知识背景与原理

生物安全是有关集约化生产过程中保护和提高畜禽群体健康的新理念，是一个畜群管理策略。规模养殖场在具备卫生防疫的建筑和设施后，通过生物安全的实施能最大限度地减少引入致病性病原体，是一种最有效、最经济的控制疫病发生和传播的方法。合格的防疫员应能制定规模养殖场生物安全措施，并能在规模养殖场全面实施。

1. 生物安全措施

(1)优化品种和营养管理。

(2)优化养殖场的生态环境。这就要求掌握养殖场的场址选择、总体布局和设计。

(3)加强环境控制的力度。这就要求掌握如何调控养殖场环境，如何搞好养殖场粪污和废弃物的处理，给动物提供一个良好的生活环境。

(4)生产上实行分点饲养和全进全出制度，并科学地进行饲养管理。

(5)实现严格的场区管理。

(6)控制和消灭鼠类和一切有害物种。

(7)实现严格的隔离措施。

(8)配备完善的消毒设施，实现严格消毒。

(9)禁止人员参观访问,一切非必要人员不得进入养殖场;养殖场工作人员也不得与外界动物和外界人员随意接触。

(10)及时做好病死畜及废弃物的处理工作。

(11)定期进行畜群健康监测。

2.日常生物安全管理制度

(1)认真贯彻"预防为主,防重于治"的方针。安全防疫是规模养殖场的生命线。养殖场全体员工、来场参观指导及进行业务洽谈的一切人员,均必须遵守生物安全管理相关规定。对违反生物安全管理规定的人员一律从严处理。

(2)严格执行门卫制度。门卫工作是防止"病从口入"的工作。所有进入养殖场工作人员必须在门卫的监督下沐浴、消毒和换上场内已消毒的衣服、鞋、帽,中途一般不允许出入养殖场;外出或休假工作人员返场时必须先经消毒,在生活区隔离 48 h,沐浴、更衣、换鞋后方可进入养殖场;外来人员一般谢绝入内,如果非入不可,须在清楚地知道他们至少 24 h 未接触任何病畜的情况下,经紫外线照射 15～20 min,通过沐浴、更衣、换鞋等有效消毒后方能进入指定畜舍,结束后,门卫及时对所穿衣、鞋、帽跟踪消毒。

(3)建立结构层级严密的整体防疫体系和生物安全屏障。密切关注畜群健康状况、气候变化、环境因素、国际国内及周边地区的疫情,敏锐反应,未雨绸缪,防患于未然。

(4)防疫的保障是免疫。严格执行消毒制度,严格执行本场的畜群免疫程序,建立有效的预防体系。免疫接种原则:宜少不宜多,宜巧宜准。

(5)禁止在场区饲养其他动物。定期对养殖场环境、畜舍做好消毒、杀虫、灭鼠工作。

(6)防疫的基础是健康。改善环境,满足营养,精细管理,提高畜群自身抵抗力,是实现规模养殖场生物安全的关键所在,是防控疾病的保障。畜群健康监测包括:观察畜群、测量统计、饲料监测、环境监测。

(7)严格遵守疫苗的使用程序:①防疫员预通知接种时间;②饲养员提前一天统计受免畜禽的数量,并投喂 2 天电解多维;③饲养员领取疫苗;④防疫员如实接种;⑤饲养员监督实施。

(8)控制养殖场物体的随意出入,防止包括场内人员等在内的移动物体自觉不自觉地将一些病原微生物带入养殖场。对从外面带进来的物品或场内与病畜直接或间接接触的物品用甲醛进行熏蒸消毒。

(9)兽医人员和饲养人员均不能到场外串场或给动物看病;饲养员除公务劳动外,不能串舍;饲养工具不能交叉使用,不能带出养殖场外用。

(10)任何人不得在场区内饲养宠物和其他动物,不能从外购进或带入畜禽产品。场内员工除了能吃本场产的畜肉外,不准吃其他畜禽产品。

(11)做好养殖场环境、畜舍的清洁、卫生及消毒工作;发现病因不明的患畜要及时隔离治疗或淘汰,死畜要及时清理出场烧毁或深埋,并对停放病畜尸体的圈舍及场地用高效消毒剂消毒,尽快消除病原和阻断传染途径;所有死畜和必须处理的病畜、残次畜,禁止上市销售,都必须进行无害化生物处理。

(12)饲料车等必须出入的车辆首先要对车体彻底消毒,静置 10 min 后再经过消毒池入场,如需进入生产区须再消毒一次,驾驶员入场区和生产区必须严格控制,不准驾驶员出驾驶室。运输畜禽车辆必须在大门外使用高效消毒药液对车外表、车轮、车架内外、车底与车厢板严格进行喷雾消毒,必须停在围墙外以便汽车和司机隔离在场外,在车辆离开后,立即对所停留场地进行严格消毒。

(13)饲料定向流转,不回流;饲养区内饲料包装物相对固定,定期消毒;畜禽从出生到出售,顺向流转;粪污以各栋为单位,顺向及时堆放固定地点。防止粪场的积粪外溢,做好灭鼠灭蚊蝇的工作。

(14)采用"全进全出制",各栏舍动物出栏后,须经过严格清洗消毒,待干后方可转入畜禽。

(15)外来购畜人员不准进入生产区,只能通过电视监控系统选好自己想要的畜禽,由场内人员运至待售舍,再在待售舍选购。

(16)做好常规消毒,环境消毒前先将有机物、杂物、灰土等全面清理干净。紧急防疫和扑灭疫情要视情况增加消毒次数和浓度,紧急消毒时还要对生活区房屋内地面进行擦拭消毒。

(17)生产部门各出入口消毒药物的使用必须执行生产技术部的规定。按月交替使用酸碱消毒药,不准同时使用和混合 2 种及以上的消毒药,每次用清水将消毒池、盆清洗干净后,才能换新的有效消毒药液。

(18)健全后备种畜、基础种畜的免疫档案。

(19)养殖场以自繁自养为主,引种时要了解对方当地疫情及种畜免疫情况。引进种畜后在隔离舍观察 45 天,补免有关疫苗,经确定为健康畜方能转入生产区。

(20)密切注意当地疫病动态,发现附近出现疫情,严禁人员出入和外来车辆进入,迅速启动特殊防疫程序;当发现畜群发生或怀疑发生某种传染病时,实施逐级报告规定。

(21)全场每年 4、10 月份各驱虫 1 次,平时做好畜禽的局部驱虫工作。

3.消毒制度

(1)常规消毒时间安排:后备舍、公畜舍、配种舍、妊娠舍、育肥舍 3 天消毒 1 次;场区和圈舍内走道每周用 3%的烧碱溶液消毒 1 次;场区大门口消毒池用 3%烧碱做消毒液,4 天更换 1 次;水井或大水池 3～5 天用氯制剂消毒一次,大水池 15 天洗 1 次;调出的空圈和产床首先用 3%烧碱溶液消毒后,再用其他常规消毒剂消毒;每栋畜圈的脚踏消毒池和养殖场小门消毒池用 3%的烧碱做消毒液,隔天更换一次;隔离舍进畜后 3 天内连续带畜喷雾消毒,每天 1 次,转入生产线前 2 天内连续带畜喷雾消毒,每天 1 次,其他时间每周消毒 2 次;中转站每周消毒 2 次,污水处理厂每周消毒 1 次,生活区每 2 周消毒 1 次,无害化生物处理池每周消毒 2 次,舍内粪沟每周消毒 1 次。消毒剂要交替使用,每月更换 1 种。

(2)员工进入养殖场和圈舍,必须双脚踩踏消毒池进行消毒;员工每次外出回来必须用消毒液洗手,用紫外线照射 15 min,洗澡、更衣、换鞋后才可上班;炊事员购物回场时除采取相同的消毒措施外,还必须更换衣服才能继续上班(换下的衣物用紫外线照射 30 min)。

(3)食堂采购食品必须用紫外线照射 15 min 方可进入场区,对从外面带进来的其他物品或场内与病畜直接或间接接触的物品用甲醛进行熏蒸消毒;饲料袋收好放入消毒室用紫外线消毒。

(4)采精室的集精杯、分装瓶、输精器(管)等清洗后再用蒸馏水冲洗干净放入干燥消毒箱消毒,温度计、玻棒用 70%酒精浸泡消毒,使用时必须用蒸馏水冲洗干净;采精或输精前必须用 0.1%的高锰酸钾溶液清洗双手、公畜的腹部及包皮、母畜的外阴及周围,再用清水洗净,用卫生毛巾擦干后方可操作。

(5)每次向无害化生物处理池倒入胎衣或死畜后,必须对人员手和鞋进行浸润消毒,将工具清洗干净后进行有效的喷雾消毒。

(6)待产母畜上产床前 2 h 要用火焰枪对产床、保温箱、料槽、防护栏进行彻底消毒(小心使用,防止烧坏电线、灯头等);接产用的纸巾、垫子须用紫外线消毒后方可使用;接产前必须用 0.1%的高锰酸钾溶液清洗母畜外阴和乳房并擦干;断脐、断尾时必须用碘酒消毒断端。

(7)当母畜流产时,其流出物盛放在有消毒药液的消毒桶内,并对该母畜所在栏舍及其周围进行严格喷雾或泼洒消毒;死畜和胎衣用桶运输时须放适量有效的消毒液。

(8)称重用的磅秤、转畜与赶畜用具用完后,及时清洗、消毒;场内运输车辆在运完畜只、畜粪后,在进入另一条生产线或另一场区之前,必须在规定的污道处对其进行清洗和有效的喷雾消毒;特殊情况下,车辆需要进入场区必须全方位消毒。

(9)转群前后、销售畜禽之后,对赶畜通道彻底清洗后进行喷雾或泼洒消毒;临产母畜转产房前、断奶母畜转配种舍后,对其彻底清洗并进行喷雾消毒。

(10)切除畜体溃烂、脓肿组织时需用双氧水清洗创口创面。

(11)被病、死畜污染的地方,首先用 3%烧碱全方位消毒,再用其他消毒剂消毒。

(12)注射器、针头、止血钳、手术剪煮沸消毒,时间不少于 15 min;注射常规药品用碘酒消毒,接种疫苗用 70%酒精消毒。

(13)产房仔畜拉稀时采用擦拭消毒,用蘸有消毒药水的拖把将产房擦净,并保持产房干燥。

(14)参观人员必须严格遵守本场消毒制度,离场后,立即用强消毒剂对其所经过的区域进行消毒。

(15)本场工具如在外使用必须消毒后方可收回。

(16)配制消毒液时要严格按要求浓度稀释,先把清水加到一定量,再加适量的消毒剂,摇匀后再使用。

4.药房管理制度

(1)使用药品必须仔细阅读说明书,根据病情对症下药;领取药品必须如实登记。

(2)正确配伍,注意配伍禁忌;正确计算药物使用剂量,不欠量或超大剂量用药;严禁对妊娠母畜使用有“孕畜禁用”标识的药品;工作时要集中精力,避免取错药品造成不良后果。

(3)配制药品必须在药房内完成,不得在其他地方存放或恣意浪费;医疗器械用好后立即放回原处,严禁在药房外闲置;煮沸医疗器械时要有人守候,以防损坏。

(4)药品均按性状、种类、用途归类整齐摆放,用完一盒再开启另一盒并放回原位,不得乱拿乱放。

(5)激素和剧毒药要由技术人员指导使用。

(6)保护好医疗器械的消毒效果,取用后随即盖好,以防细菌污染,禁止将整盒注射器或针头带入圈舍。

(7)用凉开水稀释新生仔畜口服药物。

(8)疫苗专用注射器和常用注射器分开摆放,不可混用。

(9)保持室内卫生,药盒、空瓶、废针、包装袋不得随便丢弃,要放入垃圾箱统一处理。

(10)装卸和使用金属注射器时要正确操作,小心用力,避免损坏零部件;小心使用天平和玻璃器皿。

5.药物预防的注意事项　为了保证在饲料或饮水中添加药安全有效,必须注意以下问题:

(1)预防剂量的控制　预防剂量一般为治疗剂量的 1/4～1/2,在多数情况下,饲料添加药物是作为预防传染病使用，一般添加的时间较长，所以必须严格控制药物剂量，以免用药剂量过大造成蓄积中毒。特别值得提出的是，不要将用于治疗的口服剂量换算成饲料添加量用于长期预防。

(2)配合饲料中原本添加药物的确认　现代配合饲料生产中大多数加有一定量的化学药物。所以在向饲料厂家生产的配合饲料中添加自己拟订防治某一传染病的药物品种时，必须十分谨慎，避免同一药物重复添加造成畜禽的药物中毒。

(3)药物与饲料混合　将药物添加到饲料中预防或治疗传染病，药物的量较饲料量少得多，药物浓度通常为1～500 mg/kg(饲料)。相对饲料来讲，药物所占的比例极小，要将这"小量"的药物均匀地混合到"大量"的饲料中去，并不是一件容易的事情。生产实践中，因药物与饲料混合不均匀造成中毒或防治无效的事故时有发生，这给养殖业造成极大的经济损失。因此，混合时必须严格依照生产工艺执行。通常采用的方法是"等量递升"法，即先取与药物等量的饲料和药物混合，再逐渐增加饲料量混合，直至完全、反复混合完毕。对于某些药物原粉，应先将药物与适量的饲料混合制成预混料，然后再与全价料混合。

(4)添加方式　可以将药物添加到饲料中用药，也可以添加到饮水中用药。添加到饲料中比较适合于传染病的预防，添加到饮水中用药比较适合于传染病的治疗。畜禽在发生传染病时，由于病情原因致使食欲下降，严重时废绝，此时通过饲料给药，进入到畜禽体内的药量不足，达不到理想的治疗效果。但病畜禽的饮水有时略有增加，此时通过饮水添加用药常能达到预期效果。通常，在生理条件下猪的饮水量约为饲料摄入量的2倍，依此推理，饮水中添加药物剂量(比例)应为饲料中添加剂量的1/2。例如，治疗猪病诺氟沙星添加到每千克饲料中的剂量为200～400 mg，则添加到饮水中的剂量应为100～200 mg，即1 000 L饮水添加诺氟沙星100～200 g。通过饮水添加用药，其药物应是水溶性的制剂，否则，药物会在饮水中沉积下来，造成用药不均匀而引起中毒或治疗无效。

(5)掌握一次给药的化学药物在饲料中的添加方法　某些化学药物特别是抗寄生虫药物如左咪唑、苯并咪唑类药物(如丙硫咪唑、甲苯咪唑)、伊维菌素类药物在防治传染病时多是内服或注射给药一次，即按规定剂量使用一次就可以达到防治传染病的效果。前面介绍的混饲给药方法是将药物按照一定的比例添加到饲料中，治疗传染病时添加用药一个疗程(3～7天)，预防传染病时则是长时间(几周至几个月)添加或使用。这种长时间混饲添加用药方法要求药物的毒性较小，安全范围大，不易发生蓄积中毒。对于一次给药的抗寄生虫药物混饲添加方法为：首先根据体重计算畜禽所需要的药量，然后将药物(一次量)均匀地拌入畜禽1天的日粮中喂给，有时，也可将一次量的药物拌入2～3天的日粮中喂给。

(6)注意防止产生耐药性　长期使用化学药物预防，容易产生耐药性菌株，而影响防治效果。因此，必须根据药物敏感试验结果，选用高度敏感的药物。另外，长期使用抗生素等药物进行畜禽传染病的预防，形成的耐药性菌株将会使治疗难度增大，某些人畜共患病病菌一旦感染人，将会对人类健康造成危害。因此，使用药物预防必须严格遵守有关法规合理使用。

6. 药物的保管、贮存、使用

(1)药物的保管　药物保管应做到"专人、专账、专柜"，并建立严格的保管制度，特别是剧毒药品和麻醉品，应严格按国家颁发的有关法令、条例进行管理。

(2)药物的贮存　药物应按其理化性质、用途等科学合理地贮存。药典对各种药品的贮存都有具体的要求，总的原则是遮光、密封贮存，以防药物被污染或发生挥发、潮解、风化、变质、燃烧甚至爆炸等。要经常检查药品，以免过期失效。

(3)药物的使用　临床用药必须建立在正确诊断的基础上，采用适当的给药方法和剂量，以节约人力、药品，减少疾病应激，提高治疗效果为原则。用药前必须仔细阅读药物的使用说明书，注意药物的限用、禁用对象和范围，注意药物的剂量、用法、配伍禁忌以及药物的残留和休药期等。药物的浓度、剂量、用法、批号、用药时间和用药效果应详细登记，以便查阅。

三、实训设备和材料

1. 器械和药品　常用的医疗器械设备，各种接种疫苗、药品。

2. 动物　动物若干。

3. 其他　一次性口罩、注射器等；相关文件、规章制度、防疫档案、免疫记录等。

四、实训内容

1. 建立防疫档案　记录养殖场的存栏、出栏、购入、出售等数量；记录免疫日期和疫苗名称、免疫人员；记录疫情监测与处理、消毒等情况；记录畜禽发病、死亡和无害化处理情况；正确填写免疫档案和疫苗使用登记表，健全免疫档案。

2. 承担免疫任务　负责免疫注射；接种疫苗应安排在早、晚进行，精确、足量注射，并根据动物的大小，选择型号合适的针头；仔畜出生后要及时整理免疫计划，严格执行场定各阶段种畜和仔畜的免疫程序；注意防止交叉感染，一头畜一枚针头。

3. 做好卫生消毒和杀虫、灭鼠工作　负责本场生物安全管理具体工作的执行；负责本场大门口的防疫消毒、消毒设备的配置和管理；负责消毒工作的安排、消毒药液配备的指导，并做好消毒效果检查、评估和记录工作；做好灭鼠、灭蚊、灭蝇工作。

4. 调查和报告疫情　每天关注畜群健康状况，发现异常及时报告；做好其他生物安全管理的原始记录，并及时准确地上报疫情。

5. 参与疫病防控和疫情扑灭工作　协助兽医和上级主管部门积极参与重大动物疫病和畜禽疾病的预防、控制和扑灭工作。

6. 采集样品　按照动物疫病预防控制机构的计划要求，完成免疫检测、疫情监测与检测、疫病诊断、流行病学调查所需样品的采集任务，并能妥善送至兽医诊断室。

7. 协助诊疗　协助专业兽医技术人员做好疾病诊断和治疗工作，按兽医人员的要求给病畜投药。

8. 协助检疫　协助当地或上级动物卫生监督部门开展畜禽及其产品的产地检疫和运输检疫工作，以及本场出栏、出售或调入畜只及畜产品的检疫工作。

五、操作方法和步骤

(一)猪场防疫员

1. 初生仔猪(0～6日龄)

(1)目的　预防母源性感染(如脐带、产道、哺乳等感染)，主要针对大肠杆菌、链球菌等。

(2)推荐药物　①强力霉素、阿莫西林：每吨母猪料各加200 g，连喂7天。②慢呼清(复方新强霉素)饮水，每千克水添加2 g；或母猪拌料1周。③呼肠舒：每吨母猪料加1 000 g，连喂7天。④长效土霉素：母猪产前肌肉注射5 mL。⑤仔猪吃初乳前口服庆大霉素、氟哌酸1～

2 mL 或土霉素半片。⑥微生态制剂(益生素)，如赐美健、促菌生、乳酶生等。⑦2～3 日龄补铁、补硒。

2. 5～10 日龄开食前后仔猪

(1)目的　控制仔猪开食时发生感染及应激。

(2)推荐药物　①恩诺沙星、诺氟沙星及环丙沙星，饮水：每千克水加 50 mg；拌料：每千克饲料加 100 mg。②新霉素，每千克饲料添加 110 mg，母仔共喂 3 天。③强力霉素、阿莫西林：每吨仔猪料各加 300 g，连喂 7 天。④呼肠舒：每吨仔猪料加 2 000 g，连喂 7 天。⑤上述方案中都添加维生素 C 或多维或盐类抗应激添加剂。

3. 21～28 日龄断奶前后仔猪

(1)目的　预防气喘病和大肠杆菌病等。

(2)推荐药物　①普鲁卡因青霉素＋金霉素＋磺胺二甲嘧啶，拌喂 1 周；②慢呼清(复方新强霉素)，拌料 1 周；③呼诺玢，每吨料加 2 000 g，连喂 7 天；④土霉素碱粉或氟甲砜霉素，每千克饲料拌 100 mg，拌料 1 周；⑤上述方案中都添加维生素 C 或多维或盐类抗应激添加剂。

4. 60～70 日龄小猪

(1)目的　预防气喘病、胸膜肺炎、大肠杆菌病和寄生虫。

(2)推荐药物　①呼诺玢或支原净或泰乐菌素或土霉素钙预混剂，拌料 1 周；②喹乙醇拌料；③选用伊维菌素、阿维菌素或帝诺玢、净乐芬等驱虫药物进行驱虫，可采用混饲或肌肉注射。

5. 育肥猪或后备猪

(1)目的　预防寄生虫和促进生长。

(2)推荐药物　①呼诺玢或支原净或泰乐菌素或土霉素钙预混剂，拌料 1 周；②促生长剂，可添加速大肥和黄霉素等；③驱虫用药，帝诺玢、净乐芬等驱虫药物拌料驱虫。

6. 成年猪

(1)目的　①后备、空怀猪和种公猪：驱虫，预防气喘病及胸膜肺炎。②怀孕母猪、哺乳母猪：驱虫，预防气喘病、子宫炎。

(2)推荐药物　呼诺玢或支原净或泰乐菌素，拌料，脉冲式给药；帝诺玢、净乐芬等驱虫药物，拌料驱虫 1 周，6 个月一次；可在分娩前 7 天到分娩后 7 天，慢呼清、强力霉素或土霉素钙拌饲 1 周；或使用呼立消(红霉素)进行阶段饲喂；可在分娩当天肌肉注射青霉素 1 万～2 万 IU/kg 体重，链霉素 100 mg/kg 体重，或肌肉注射氨苄青霉素 20 mg/kg 体重，或肌肉注射庆大霉素 2～4 mg/kg 体重，或德力先、长效土霉素 5 mL。

(二)牛场防疫员

牛场的防疫员应做好牛场疾病的预防、治疗和免疫注射、检疫工作以及全场的消毒防疫工作；做好常见病、多发病的监测、预防和治疗工作，及时填写病历和处方；按规定定期进行牛体健康检查，详细记录牛的健康状况，对主管牛只的健康状况做到心中有数；依照牧场的卫生防疫管理条例对牛场员工进行监督；配合畜牧技术人员，共同搞好牛群饲养管理，减少发病率。其岗位职责是：

(1)协助兽医完成牛群的免疫、保健、治疗等工作。及时记录免疫牛只耳号、品种、出生日期及疫苗的厂家、品种、有效期、批号、免疫剂量。

(2)监督消毒水的配制浓度，协助饲养员完成每周的消毒工作。

(3)拟定全场的防疫、消毒、检疫、驱虫等工作计划,参与组织实施。

(4)建立疫苗的领用、管理制度,定期对所保存疫苗进行检查,及时补充每月该进的疫苗种类及数量;各类药品采购要做到提前计划,保证供应,保证质量,防止购进假冒劣质或过期变质的药品。

(5)配合各生产部门主管加强对牛群的饲养管理、生产性能及健康状况监测。

(6)负责浴室消毒池、各栋舍脚踏消毒池或消毒盆中药液的更换,并定期对饮水进行投药消毒;检查、监督进场人员是否沐浴、更衣、按消毒程序进行消毒。

(7)制定疫苗的注射计划,参照免疫程序进行疫苗注射,并做好注射记录。

(8)按计划做好牛群药物保健、消毒等工作,并做好记录。

(9)对可疑病死牛只进行解剖,检查死亡原因,并做好登记。

(10)从大局出发,服从服务于生产,紧急用药随叫随到。

(三)羊场防疫员

(1)负责羊场生物安全管理具体工作的执行;负责羊场大门口的防疫消毒、消毒设备的配置和管理;负责消毒工作的安排、消毒药液配备的指导,并做好消毒效果检查、评估和记录工作。

(2)根据药品、疫苗的贮藏要求,妥善保管,先进先用,失效不用,每周检查 2 次,并做好相关记录;所需生物药品必须提前 10 天申报。

(3)每天关注羊群健康状况,发现异常及时报告。

(4)负责饲养员相关生物安全管理的培训。

(5)负责免疫注射;接种疫苗应安排在早、晚进行,精确、足量注射,并根据羊的大小,选择型号合适的针头;正确填写免疫档案和疫苗使用登记表,健全种羊的免疫档案。羔羊出生后要及时整理免疫计划,严格执行各阶段种羊和羔羊的免疫程序;注意防止交叉感染,一羊一针头。

(6)稀释疫苗前统计受免羊只数量,按需用量稀释,减少浪费。看清药名,不取错药,仔细阅读说明书,准确稀释疫苗,严格按要求操作,以免造成不良后果。发现过期药品报场办处理;稀释后的疫苗必须在 90 min 内用完,在使用过程中附以冰块降温;当受免羊出现过敏反应时,用肾上腺素等药物进行脱敏治疗。

(7)负责死、病羊和生物垃圾的无害化处理。

(8)尽量减少贮藏柜的开关次数,遇停电时则不要打开。

(9)做好其他生物安全管理的原始记录,并及时上报生产技术部。

(10)做好灭鼠、灭蚊、灭蝇工作。

(四)禽场防疫员

(1)负责本场生物安全管理具体工作的执行;负责本场消毒设备的配置和管理;负责消毒工作的安排、消毒药液配备的指导,并做好消毒效果检查、评估和记录工作。

(2)负责管理各类药品、疫苗,根据药品、疫苗的贮藏要求妥善保管,所需药品提前申报采购计划。

(3)每天关注全场禽群健康状况,发现异常及时采取措施处理并报告。

(4)负责饲养员相关生物安全管理的培训。

(5)负责免疫注射并正确填写免疫档案和疫苗使用登记表。

(6)疫苗按需用量稀释,减少浪费。按要求操作,以免造成不良后果。

(7)负责死、病禽和生物垃圾的无害化处理。

(8)协助制订场内免疫计划,严格执行场定各阶段禽只的免疫程序,注意防止交叉感染。

(9)做好灭鼠、灭蚊、灭蝇工作。

(五)兔场防疫员

工作内容包括防疫体系建立和实施,兔病诊断、预防和治疗等。做好兔场疾病的预防、治疗和免疫注射、检疫工作以及全场的消毒防疫工作;做好常见病、多发病的监测、预防和治疗工作,及时填写病历和处方;按规定定期进行兔体健康检查,详细记录家兔的健康状况,对主管动物的健康状况做到心中有数;依照兔场的卫生防疫管理条例对饲养员、繁育工进行监督;配合畜牧技术人员,共同搞好兔场饲养管理,减少发病率;负责死兔、残次兔和生物垃圾的无害化处理;做好药物管理及使用工作;做好灭鼠、灭蚊、灭蝇工作。

六、操作重点提示

(1)每年 11 月份至次年 4 月份为养殖场紧急防疫期;按照紧急防疫期消毒规定和要求做好消毒工作。消毒工作注意事项如下:

①喷洒消毒剂前要彻底打扫卫生。彻底打扫卫生有利于细菌、病毒彻底暴露,增大与消毒剂的接触面积,使消毒效果更加明显。另外,环境中的有机物会消耗或中和消毒剂中的有效成分,降低对病原微生物的作用浓度,所以彻底清除粪便等垃圾是非常必要的。

②不能随意加大消毒液浓度。只有将消毒液浓度调到杀菌浓度时才有效果,并非浓度越高越好。当浓度达到一定值后杀毒效力并不会随着浓度的提高而继续增高,而且随着浓度的增加,不仅提高了养殖成本,还带来了腐蚀性及安全隐患。尤其带畜(禽)消毒,要严格按照说明书的浓度控制范围配比,浓度过高容易引起畜禽呼吸道疾病。

③控制好雾粒的大小。雾粒过大,从上空坠落较快,消毒效果不明显;雾粒过小,容易吸入肺泡,引起呼吸困难。

④提倡交替使用消毒剂,禁止混合使用消毒剂。不同的消毒剂混在一起有可能发生拮抗作用,削弱甚至丧失消毒作用;因一种消毒剂杀灭的病原种类一定,因此,交替使用有助于杀灭细菌、病毒。

⑤保证消毒时间。消毒剂的效力与作用时间成正比,消毒剂与病原微生物接触时间越长,其效力越明显。

⑥制定合理的消毒制度。养殖场应根据养殖规模、人员进出频次以及所处地理位置等多方面因素制定本场的消毒制度,尤其在消毒频率方面要明确说明,严格遵守。

(2)紧急防疫期间,对全场的道路,各栋畜舍的外围、墙壁、地面、用具等用 2%的烧碱溶液进行喷雾消毒,每天一次。场外消毒人员不能随便进入场内。

(3)饲养员换下来的衣物,用 0.5%的甲醛浸泡 30 min 后再清洗。

(4)实行封闭式防疫管制,严禁物、人、车流动,外来人员、车辆不准进入养殖场,特殊情况须经养殖场经理批准;饲养员只能在其负责的畜舍内活动,禁止串栏;严禁养殖场员工外出,特殊情况须经养殖场经理批准。

(5)根据当地正在发生疫病的特点,随时注意畜禽的状态。

(6)加强呼吸道疾病、肠道疾病和体内外寄生虫病的防治,减少畜禽群应激反应因素,做好畜群与环境的协调工作,提高动物抵抗力。

(7)及时处理病、弱、残次畜禽,减少病原存量。

七、实训过程检查与评价

实训过程检查内容及评价方法请参照实训 9-1。

八、问题与思考

1.药物预防的注意事项有哪些?

2.药物添加到畜禽饲料中的用药剂量,与添加到饮水中的用药剂量是一样的吗?

参考文献

[1] 黄国清,兰旅涛.草食动物生产.北京:中国农业大学出版社,2016.
[2] 张英杰.羊生产学.2版.北京:中国农业大学出版社,2015.
[3] 李福昌.兔生产学.北京:中国农业出版社,2009.
[4] 周贵,张栓林.牛生产学实验实习教程.北京:中国农业大学出版社,2015.
[5] 王根林.养牛学.2版.北京:中国农业出版社,2006.
[6] 刘海霞,张力.牛羊生产.北京:中国农业出版社,2012.
[7] 姜明明.牛羊生产与疾病防治.北京:化学工业出版社,2012.
[8] 莫放.养牛生产学.2版.北京:中国农业大学出版社,2010.
[9] 赵聘,黄炎坤.家禽生产技术.北京:中国农业大学出版社,2011.
[10] 黄炎坤,钱林东,赵云焕.家禽生产.郑州:河南科技出版社,2012.
[11] 郑万来,徐英.养禽生产技术.北京:中国农业大学出版社,2014.
[12] 杨宁.现代养鸡生产.2版.北京:中国农业大学出版社,2010.
[13] 孙志智,周元军.现代畜禽生产技术.北京:中国农业科学技术出版社,2015.
[14] 王秋梅,唐晓玲.动物营养与饲料.北京:化学工业出版社,2009.
[15] 曲强.动物营养与饲料.南京:江苏教育出版社,2013.
[16] 乔春生.养猪生产管理实务.长沙:湖南科学技术出版社,2009.
[17] 黄国清,刘三凤.家禽生产.北京:中国农业大学出版社,2016.
[18] 王三立.禽生产.重庆:重庆大学出版社,2007.
[19] 车永顺.禽生产学实验指导.长春:吉林大学出版社,2008.
[20] 张丽英.饲料分析及饲料质量检测技术.3版.北京:中国农业大学出版社,2007.
[21] 陈宏智.动物病理学.2版.北京:化学工业出版社,2016.
[22] 孙若雯.宠物美容师(初级、中级).北京:中国劳动社会保障出版社,2006.
[23] 张江.宠物护理与美容.北京:中国农业出版社,2008.
[24] 陆叙元,马美蓉.畜牧兽医专业综合能力实训.杭州:浙江大学出版社,2012.
[25] 徐孝宙,陈军.畜牧兽医专业技能包.北京:中国农业出版社,2010.
[26] 王庆林.畜牧兽医综合实训.北京:中国农业出版社,2011.
[27] 黄国清,吴华东.猪生产.北京:中国农业大学出版社,2016.
[28] 邢军.养猪与猪病防治.北京:中国农业大学出版社,2012.
[29] 谷子林,薛家宾.现代养兔实用百科全书.北京:中国农业出版社,2007.
[30] 李碧春.动物遗传学.北京:中国农业大学出版社,2008.
[31] 何英俊,李润元.草食家畜生产.北京:科学出版社,2012.
[32] 刘太宇.畜禽生产技术实训教程.北京:中国农业大学出版社,2014.
[33] 陈顺友.猪配种员培训教材.北京:金盾出版社,2008.

[34] 薛慧文.羊防疫员培训教材.北京:金盾出版社,2008.
[35] 胡金尧.猪饲养员培训教材.北京:金盾出版社,2008.
[36] 岳炳辉,闫红军.养羊与羊病防治.北京:中国农业大学出版社,2011.
[37] 宋晓宇.销售管理.北京:中国法制出版社,2015.
[38] 朝阳.销售应该这样听这样说这样做.北京:中国纺织出版社,2014.

附录　常见动物的体温、呼吸数、脉搏数和妊娠期一览表

动物	体温/℃	呼吸数/（次/min）	脉搏数/（次/min）	妊娠期/天
奶牛、黄牛	39.0(37.5～39.5)	10～30	60～80	285
水牛	37.9(36.6～39.9)	10～68	40～80	310
山羊	39.5(38～40)	15～30	70～80	152±2
绵羊	39.5(38～40.5)	12～25	70～80	150±2
猪	39.5(38～40)	10～20	60～80	115±2
犬	38.2(37.5～39)	10～30	70～90	62±2
马	38.0(37.5～38.5)	8～16	36～44	340
骡	38.0～39.0	8～16	42～54	
驴	37.5～38.5	8～16	40～50	360
骆驼	36.5～38.5	5～12	25～40	400
银狐	38.7～40.7	14～30	80～140	62±2
蓝狐	39.4～41.1	18～48	90～130	60±2
水貂	39.5～40.5	40～70	90～180	60±2
貉子	37.1～39.1		70～120	60
鹿	38～38.5	16～24	20～48	225
猫	38.5～39.5	20～30	110～130	60
兔	38.5～39.5	50～60	120～140	30
天竺鼠(豚鼠)	37.8～39	50～60	150	28
鸡	40～42	15～30	120～200	
鸭	41～43	20～30	120～150	
鹅	40～44	12～20	120～160	
鸽子	41～43	20～35	120～150	